核酸与蛋白质生物计量

王 晶 著

科 学 出 版 社

北 京

内 容 简 介

生物计量是 21 世纪发展起来的对生物体和生物物质的特性量计量的新学科。目前国际国内尚不多见生物计量专业书籍，本书以国内外生物领域计量发展的时间为轴，以核酸与蛋白质生物计量的研究为例，较为完整地介绍生物计量的开端、发展、研究和作用，展现生物计量的意义和地位。全书共分 9 章，包括绪论、生物计量学概述、核酸计量、蛋白质计量、核酸与蛋白质标准物质、核酸与蛋白质计量比对、生物分析测量有效性保障、核酸与蛋白质生物计量应用、生物计量发展展望等。

本书可供从事生物计量和标准的工作者与研究人员，生物学、医学、司法鉴定、食品安全和生物安全、生物资源和生物样本（库）等领域的教师、学生和科研工作者阅读，也可供相关行业企业家和从事质量管理的工作者、检测机构、认可认证工作者等参考，以及对生物计量与标准感兴趣的读者阅读。

图书在版编目（CIP）数据

核酸与蛋白质生物计量／王晶著．—北京：科学出版社，2024.6
ISBN 978-7-03-067987-1

Ⅰ.①核… Ⅱ.①王… Ⅲ.①核酸–生物–计量②蛋白质–生物–计量
Ⅳ.①Q52②Q51

中国版本图书馆 CIP 数据核字（2021）第 019488 号

责任编辑：刘　超／责任校对：樊雅琼

责任印制：徐晓晨／封面设计：无极书装

科学出版社 出版
北京东黄城根北街 16 号
邮政编码：100717
http://www.sciencep.com
北京建宏印刷有限公司印刷
科学出版社发行　各地新华书店经销

*

2024 年 6 月第 一 版　开本：720×1000　1/16
2024 年 10 月第二次印刷　印张：22 3/4
字数：460 000
定价：185.00 元
（如有印装质量问题，我社负责调换）

杨　　序

21世纪生命科学进入精准测量时代。没有精准量值溯源支撑的生命物质测量，会引发生物数据质量不可靠和不互认的问题。核酸、蛋白质作为构建生命密码的基础关键物质，其生物计量是精准解读生命物质量值统一的重要基石，是生物计量学科的核心组成。

为应对核酸与蛋白质精准计量的国际性挑战和我国亟待解决的问题，中国计量科学研究院王晶博士带领团队推进了国家核酸与蛋白质含量计量、生物标准物质的科技创新，建立了我国的核酸与蛋白质生物计量基标准体系，该项成果在2020年度国家科学技术奖励大会上接受国家领导人表彰。建立的核酸与蛋白质测量的国际互认校准和测量能力位居领先地位，显著提升我国在核酸蛋白质测量方面的能力，增强了我国在生命领域的国际竞争力。成果应用于（转）基因检测、遗传病基因筛查、病毒检测等，为生命健康、安全和生物产业发展提供持续技术支撑，为我国粮食安全、人民生命健康方面做出了贡献。紧密服务生物服务产业基因检测、产品研发等质量控制方面，提高产品质量。作者把承担的国家科技项目成果进行认真梳理，并希望通过书籍叙述的方式，向广大读者介绍生物计量的知识、核酸与蛋白质生物计量的内容，以及应用实例，极具特色和影响力。

该书内容具有领先性，体现了作者在生物计量领域的新思路。全书9章是作者十多年经历、研究、学习和思考的成果。特别是在对生物计量的框架式分类、生物标准物质分类、生物分析测量有效性、核酸与蛋白质计量的应用方面给予了独立思考和阐述，并对生物计量发展战略分析和展望。作为一位长期从事生命科学基因研究的科技工作者，希望通过这本书带动生物计量学科的进步，同时有益于生物科技和生物经济的高质量发展。生物计量将为生命科学的发展进程加速，让生命物质数据精准可靠更加助力我们的生活质量！

中国科学院院士

2023 年 8 月 31 日

王　序

生物计量是21世纪的计量新学科，也是21世纪最为活跃、影响力最为深远的计量新学科。精准的核酸与蛋白质生物计量能够解决量值无溯源而造成的生命物质测量数据不准确现象，并为疾病诊断、粮食安全等攸关人民生存与健康质量的国家重大战略提供保障。

面对人类生存与健康日益严峻的挑战，精准医疗、生物安全、生物市场和贸易的数据差异不互认的突出问题，对核酸与蛋白质精准测量量值统一的需求迫在眉睫，突破精准核酸与蛋白质生物计量已成为发达国家竞争的焦点。建立中国自己的生物计量源头，对我国生命科学发展和生物安全保障影响深远。经过17年的积累，在国家科技项目支持下，不仅突破了生物量值的溯源，创建了国际等效与互认的计量基准方法和基标准物质，填补国内国外空缺，而且研究成果支撑了我国量值溯源的一致性，实现量值准确传递；并为国家的生物计量校准规范的制定打下了基础，对保障我国生物分析仪器设备高质量发展等具有重要推动作用。

《核酸与蛋白质生物计量》一书是我国第一本生物计量领域针对核酸与蛋白质计量的书籍，是2020年国家科技进步奖二等奖项目"核酸与蛋白质生物计量关键技术及基标准体系创建和应用"的体现，也是作者20年来对生物计量学科的科学思考和领悟。特别是在生物计量、生物标准物质分类方面给予了深度思考和建议，创新建立生物计量学科理念、分类、发展路径。该书的出版将为科技、企业、计量部门提供生物计量知识的介绍，为提高生命科学领域科技工作者对生物数据准确性的认识、增进产业企业对质量控制的重视、促进机构人员对生物计量的研究等起到非常有意义的启发作用，为生命健康、安全和生物产业发展提供支撑，推动中国生物技术产品高质量发展。

作为一位长期从事生命科学领域蛋白质化学研究的科技工作者，我很欣慰，能亲自见证王晶博士带领下的我国年轻生物计量人才的奋斗、拼搏的精神，看到我国生物计量的发展对国家生物经济和生命科学的推动作用。相信这本书不仅给大家带来知识上的分享，也能带来从零起步砥砺前行的科学研究精神的力量。生物计量未来可期！

中国科学院院士

2023 年 8 月 30 日

前　言

"科技要发展，计量须先行"是聂荣臻元帅的重要论断。科学家门捷列夫曾说过"没有测量就没有科学"。而准确可靠的测量数据是科学发展的前提，并保证每个测量的单位统一。随着生物科技的高速发展，生命科学进入精准测量阶段，更离不开计量。21世纪生物计量的发展也已经进入了新时代，它是精准解读生物物质量值准确和单位统一的重要基石，逐渐成为研究生物体及其内在物质特性量值的精准测量科学，不断在推动生物科学技术高质量发展，保护人类生存、健康和安全，促进生物产品贸易公平中做出贡献。

1999年10月第21届国际计量大会提出了发展生物领域计量学的重要性。2002年国际计量局（BIPM）成立物质的量咨询委员会（CCQM）生物分析工作组（BAWG），这一举措标志着生物计量领域的国际比对研究开始。我国在2003年以参加BIPM/CCQM/BAWG第一个生物测量国际比对为起点，开始走上发展生物计量的道路。直到2020年，我国生物计量事业的阶段性成果获得了国家的肯定，由作者牵头的核酸与蛋白质生物计量研究成果获得国务院颁发的国家科学技术进步奖，至此为生物计量学科建设奠定基础。作为我国第一批生物计量人，作者深感有责任以此为起点，将生物计量在全球和我国的起步、发展现状及未来发展设想撰写成书，对当年的重要事件和生物计量的发展历程进行记述，不仅是对生物计量的理解和思考，也希望为投身生物计量领域发展的同路人提供更多思考和帮助。

生物计量是继物理计量和化学计量后发展起来的一门计量学新学科，并与它们紧密联系。历史总是会有惊人的巧合，从阅读《从实物到原子——国际计量局与终极计量标准的探寻》一书中得知，1968年，阿斯丁请求国际计量委员会考虑标准物质领域的工作，而这一年作者刚出生，还不知道这将是作者与计量缘分的悄然开始。25年后，1993年，国际计量局成立了物质的量咨询委员会（CCQM），化学领域计量正式纳入国际计量组织的专业范围。时间跨入21世纪后，2002年，在CCQM下成立了生物分析工作组（BAWG），生物领域的计量成为国际计量的内容，同年作者进入了计量机构——国家标准物质研究中心接触专业计量研究。也就在成立BAWG的2003年，在组织的信任下，作者有幸作为中国代表被派往法国巴黎国际计量局参加 CCQM 生物分析工作组会议，也正是这次会议让作者正式步入了生物计量的世界，开启了与生物计量的不解之缘。如今作者在我国生物计量拓荒之路上前行了近 20 年，一路虽然艰辛，但责任在肩深感仍需勇往直前，能为国家做出贡献，而感到无比的自豪。生命宝贵而奇妙，在有生之年，能够以生物计量作为终身事业，为生物计量学发展、为生物科技和生物产业助力乃人生的幸事。

时至今日，全球人类早已成为命运共同体。生物计量应运而生，它与标准、生命、健康、安全、产业、质量基础这些关键词越来越多地和生命质量联系在一起。生物计量是精准度量生物生命质量的基础，通过研究，建立生物物质特性量计量基标准，实现国际互认，以确保日常生物分析测量数据准确、可靠，量值可溯源。溯源到国际单位制（SI）单位或国际公认单位，进而实现生物数据结果可比、可信任，完成对健康、安全及生物产品质量的计量技术保障，推动生命科学发展，提高生命质量。

要实现这样的目标，唯一的出路就是我们在这个领域创建自己的科研成果，建设国家生物计量基标准体系，拥有自主研发的精准计量技术和生物计量标准这样的"标尺"，引领国内，比肩国外，使我国的生物计量发展真正做到可以顶天立地。不但能为国家赢得国际水平的话语权，更能增强我国的国际竞争力，为我国各领域在日常的核酸、蛋白质、细胞等生物分析测量数据结果的准确可靠起到支撑作用，提高数据质量从而保障健康、安全和生物产业产品的质量，为社会和谐和人民幸福生活做出影响深远的贡献。

生物计量的快速发展离不开国家的大力支持。在国家科技项目支持下，作者与团队从"十一五"国家科技支撑计划项目"生物安全量值溯源传递关键技术研究"和"生物化学计量基标准资源整合与共享体系建设""核酸和蛋白质测量技术标准研究"等课题开始了生物计量研究探索，截至 2021 年，中国计量科学研究院的生物计量团队经过十多年的科学研究攻关，突破核酸、蛋白质的测量结果不一致、不可比、不准确、无溯源标准等难题，迎接世界性的挑战，获得自主知识产权计量标准达上百项，填补了多项国内外空缺，建立了我国的核酸与蛋白质生物计量基标准体系，取得了阶段性的成果，并应用在转基因检测、过敏原检测、遗传病基因筛查、病毒检测和核酸、蛋白质体外诊断及其试剂盒产品质量保障等方面。现阶段生物计量的重点是对生物核酸、蛋白质、细胞和微生物等进行测量科学研究及其应用，已形成了以核酸计量、蛋白质计量、细胞计量、微生物计量为基础的生物计量体系重要组成，为生物计量学的发展奠定基础。

本书的内容主要源于对 2003 年以来生物计量研究和在国家科技项目支持下

所进行的科学研究成果小结，书中除了生物计量研究人员的文献内容外，还学习引用了一些国内外其他研究人员发表的相关研究内容。核酸计量与蛋白质计量研究是生物计量中优先发展的研究方向，因此本书重点以核酸与蛋白质生物计量研究为引导，以十多年来对生物计量溯源（技术）、生物标准物质、国际比对研究亲身经历、研究和掌握的相关知识为内容，其中既包含了在我国生物计量领域规划、研究与发展中遇到的问题和解决方法等内容，也有以生物计量历程回顾和计量知识为依据，并增加了国内外相关研究进展，也大胆提出了对我国生物计量体系和生物标准物质分类思想，尽量做到能体现生物计量的新知识、新思维和新技术。本书在力求做到通过文字叙述科学和技术研究的前提下，也阐述了对生物计量研究及其应用的思考、发展战略和展望，详尽介绍了作者在亲历中所认知和研究的生物计量概念、核酸与蛋白质计量、生物标准物质、生物分析测量有效性等内容，以及生物计量应用内容及在不同领域的应用举例。

全书共分为9章。第一章和第二章，介绍生物计量的意义、起源、发展，生物计量的概念和体系架构，着重阐述了生物计量研究的内容、目标、特性，以及生物计量的框架式分类和生物计量溯源传递体系建立过程等。

第三章和第四章，分别对核酸计量、蛋白质计量进行了阐述，从概念到研究现状，从计量方法和溯源性研究到建立溯源途径。

第五章是核酸与蛋白质标准物质，介绍了基本概念、分类和生物标准物质特点，举例介绍了核酸标准物质和蛋白质标准物质的相关内容。

第六章和第七章，分别就核酸与蛋白质的计量比对研究、生物分析测量有效性进行阐述。

第八章是核酸与蛋白质生物计量的应用，阐述了应用内容，举例介绍了核酸与蛋白质标准物质、溯源性在食品安全、生物安全、司法物证鉴定、体外诊断产品、临床检验、生物产业和生物样本库等领域中的应用和作用。

第九章是对生物计量发展战略分析和展望，其中包含了作者的许多思考和建议。

本书仅是作者现阶段对在近20年时间里从接触生物计量到全身心投入研究过程中的学识分享。希望通过本书，能帮助读者对生物计量知识及其发展，以及我国的生物计量的发展和特点等方面获得一定的了解，特别是对核酸与蛋白质计量研究有初步的了解。希望能对生物计量工作者、研究者和生物相关领域的学者带来一定的帮助和启发；也特别希望为从事检测、认证认可、标准化、质量管理的工作者提供一定的参考价值，进而带动生物计量与标准的普及和发展。这些也是作者撰写本书的初衷。

本书从 2020 年 8 月国家科学技术进步奖答辩结束后开始构思，到成文只有两年多的碎片时间，时间仓促，虽然写作过程已很努力，竭尽所能向大家呈现一本从对生物计量的起步、发展和到未来展望的一个相对全面的知识，但由于水平有限，书中难免会由于文字描述和表达不尽如人意而留有遗憾，或有考虑不周和不当之处，衷心期望广大读者批评指正。研究生物计量本身就极具挑战性和创新性，相信这一计量新学科未来前景非常广阔，期待更多人加入其中为之奋斗。

作　者

2022 年 12 月

目　　录

杨序

王序

前言

第一章　绪论 ……………………………………………………………………… 1
　　第一节　引言 …………………………………………………………………… 1
　　第二节　生物计量的意义 ……………………………………………………… 3
　　第三节　生物计量的发展 ……………………………………………………… 10

第二章　生物计量学概述 ………………………………………………………… 31
　　第一节　引言 …………………………………………………………………… 31
　　第二节　生物计量概念、特性及体系 ………………………………………… 33
　　第三节　生物计量分类 ………………………………………………………… 50
　　第四节　生物计量研究 ………………………………………………………… 55

第三章　核酸计量 ………………………………………………………………… 76
　　第一节　引言 …………………………………………………………………… 76
　　第二节　核酸计量概述 ………………………………………………………… 78
　　第三节　核酸计量溯源性 ……………………………………………………… 86
　　第四节　核酸计量方法研究 …………………………………………………… 90

第四章　蛋白质计量 ……………………………………………………………… 111
　　第一节　引言 …………………………………………………………………… 111
　　第二节　蛋白质计量概述 ……………………………………………………… 113
　　第三节　蛋白质计量溯源性 …………………………………………………… 123
　　第四节　蛋白质计量方法研究 ………………………………………………… 128

第五章　核酸与蛋白质标准物质 ………………………………………………… 147
　　第一节　引言 …………………………………………………………………… 147
　　第二节　生物标准物质概述 …………………………………………………… 148
　　第三节　核酸与蛋白质标准物质研制 ………………………………………… 163

第六章　核酸与蛋白质计量比对 ………………………………………………… 200

第一节	引言	200
第二节	计量比对概述	203
第三节	核酸与蛋白质测量国际比对研究	207
第四节	区域性国际计量比对研究	225
第五节	国内计量比对研究	227

第七章　生物分析测量有效性保障　234

第一节	引言	234
第二节	生物分析测量有效性保障体系	241
第三节	生物分析测量校准	252

第八章　核酸与蛋白质生物计量应用　263

第一节	引言	263
第二节	生物计量应用概述	264
第三节	核酸与蛋白质标准物质的选用	268
第四节	核酸与蛋白质生物计量应用领域	284

第九章　生物计量发展展望　311

第一节	引言	311
第二节	形势与战略思考	313
第三节	发展战略布局	315
第四节	发展路径和展望	321

参考文献	328
缩写词表	340
索引	347
致谢	349

第一章

绪　论

　　计量是实现单位统一、保证量值准确可靠的活动。随着全球一体化趋势不断加强，确保生物（物质）特性量值准确可靠和互认已是全球化趋势。世界各国促进生物产品贸易公平、对保护人类生存、健康和安全，以及推动生物科学技术高质量发展的渴求，促使生物计量这一崭新的计量科学领域产生并迅速发展。

　　1999 年国际计量组织提出并开始了生物领域全球性计量工作，2003 年启动开展国际比对研究，以此来提供生物核酸测量能力国际互认的计量支持，而主导国际比对和取得互认的测量能力也成为各国生物计量科技实力的体现。

　　我国的生物计量发展起步于 2003 年，从参与第一个国际比对开始，经过 17 年不断攻坚克难，在 2020 年，获得了国家科学技术进步奖的好成绩。我国初代生物计量研究者在党和国家的领导下，不惧从零起步，不断奋勇前行，直到步入该领域世界第一阵营，努力完成了生物计量学从开创到发展的进程。生物计量作为 21 世纪最具影响力的计量学新学科，我们始终以保障"质量、安全、健康"为宗旨，以造福社会、服务人类为目标。本章将通过对我国生物计量领域 2002～2020 年的回顾，记述生物计量在我国及国际发展的历程和意义。

第一节　引　言

　　意大利物理学家伽俐略（1564～1642 年）曾说"数可数的，测可测的，使不可测成为可测"，这用来描述对生物的测量非常贴切。21 世纪生物科技的发展，正是将曾经不可测的生物遗传特性以精准可测的基因序列、拷贝数和蛋白质序列、活性等形式展现的过程。面对世界日益增多的人口和日益减少的耕地，生物科技已在农作物种子改良、抗病、抗虫害、保障增产和保增收方面发挥了巨大作用；生物科技的发展使生命科学也逐步进入精准测量的时代，为人类对生命起源、健康发展的认识提供更为科学的数据证据。而生物计量与测量紧密关联、甚至有学者说 21 世纪是生物计量的世纪。那么生物计量究竟有多重要？它与测量又有什么关系?

生物计量是生物测量的科学及其应用,更是精准测量的科学,是保障生物可测量的数据结果有效性的客观证明。与我们生命、生活息息相关的生、老、病、死、医、食、住、康等诸多方面都离不开测量,因此日常的生物分析测量也就离不开生物计量。

在实际生活中,我们所吃的粮食/食品质量安全,居住所在的环境/生态安全,健康与疾病所面对的体检/体外诊断、干预治疗所用药物/药品质量,还有不可预知的生物安全风险预防控制,以及为保国门安全进行的贸易质量安全检疫等,都必须涉及生物(物质)核酸、蛋白质和细胞、微生物等的日常分析测量。这些日常生物分析测量不但要确定该如何测,还要确定所测得的数据准确可靠,因为这些测量数据不仅影响到科学性及科技发展,人类的生存、健康、安全的决策,更影响到国家安全和贸易公平。因此,以保"质量、安全、健康"为宗旨的生物计量不仅无时无刻不相伴在我们的生活中,而且还需要不断追求更高的精准尺度。

生物计量发展之初,有几个重要的时间节点,分别是1999年、2002年和2003年。1999年国际计量大会提出生物领域计量的重要性,2002年国际计量局(BIPM)成立了物质的量咨询委员会(CCQM)[①]生物分析工作组(BAWG),特别是2003年4月BIPM/CCQM启动了第一个核酸测量国际(计量)比对研究。该国际比对是针对世界各国都在关注的国际贸易中农作物/产品转基因(GM)检测结果准确性不高和不可比的问题,需要以生物测量量值准确和国际互认来支撑并解决而启动的。当时很多国家对"生物计量"一词还比较陌生,因此开展这一国际比对对推动生物计量在全球的发展有重要意义。也是在2003年,我国开始决定参加该项核酸测量国际比对,并以此为开端,正式开始我国的生物计量研究。当年开展生物计量研究似乎还是超前和激进的,但后续一件件的事实证明,生物计量不但是计量科学的重要领域,而且具有战略意义。

不久后,以生物技术构建的贸易壁垒屡屡出现。2006年,中国的米制品被欧盟(EU)列入"重点检查"范畴,从此中欧转基因米制品污染争端不断。时至今日,国际贸易中粮食、生物分析仪器和试剂等生物产品的市场竞争和技术壁

---

① CCQM(Comité Consultatif pour la Quantité de Matière, Consultative Committee for Amount of Substance)于1993年成立,为国际计量局(BIPM)所属的咨询委员会之一,即物质的量咨询委员会,2014年后,CCQM英文变为Consultative Committee for Amount of Substance: Metrology in Chemistry and Biology,翻译为物质的量咨询委员会:化学和生物计量,为便于阅读,除非特别说明,本书中统一用英文缩写CCQM。"国际计量局物质的量咨询委员会"用BIPM/CCQM表示。

垒更加明显，各国纷纷通过生物技术标准对本国利益加以保护，形成生物技术贸易壁垒，而打破这样的生物技术贸易壁垒的方法更加需要提升自身生物计量水平，使本国的生物测量量值准确并通过国际比对得到国际互认。

而自 2020 年以来，由新型冠状病毒引发的疫情大流行事件，造成全球感染人数持续快速增长，使对病毒核酸与蛋白质的日常检测得到快速应用，判断感染病毒有无和多少的程度，是有效预防和控制此类事件发生的重要量化定性手段之一。其检测结果是否准确可靠得到大众和管理者的高度重视。需要采用核酸与蛋白质标准物质作为质控，以严密和标准的检测程序，才能准确得到传染病毒的核酸、蛋白质检测结果。与此同时，相关的核酸与蛋白质检测试剂盒等生物技术产品质量同样非常重要，直接影响检测结果质量，因此试剂盒产品的准入和上市使用，也都需要遵循国际法规对体外诊断试剂产品计量溯源性要求。而我国已经建立了核酸与蛋白质国际互认的测量能力，使核酸与蛋白质生物计量溯源性及研制标准物质在抗击新型冠状病毒感染疫情中发挥了积极和重要的作用（王晶，2020）。

生物科技、生物产业、生物经济贸易的需要，使生物计量这一崭新的计量学科快速发展，并造福于民的时代已经到来，同时也成就了我国新时期初代的生物计量开拓者和研究者。生物计量新学科是从建立生物计量理论、生物计量溯源传递体系着手，17 年时光虽如白驹过隙，但对我国的生物计量发展却极为宝贵，在此期间我国生物计量体系已有了雏形。尽管曾经生物计量研究起步和创业时困难重重，但经过生物计量开拓者和研究者的不懈努力，现今我国生物计量的核酸与蛋白质含量计量溯源传递体系已经建立，截至 2020 年，我国建立的核酸与蛋白质国际互认的校准和测量能力（CMC）达到 16 项，已参加并主导的国际比对项目达到 40 多项。核酸与蛋白质生物计量诸多研究成果已在生物领域得到应用，并在由生物科技创新所驱动的生物产业及其经济（活动）领域成为坚实的支撑力量。

第二节　生物计量的意义

随着经济全球化、生态全球化、安全全球化的发展，生物数据可测、可控、可靠和可互认的重要性日益增加。贸易公平、生物产品质量、生物科技创新都需要生物计量，实现这一切的基础都取决于各国生物计量基标准和测量能力的水平及一致性。生物计量科学研究发展的基础动力是为国家和人民服务，推动生物领域高质量发展，提升人民健康的生命质量和安全的生活质量。这也是发展生物计量最重大的意义。如今，粮食/食品安全、生物安全、医疗诊断、生物产品等质量安全及其全球一体化问题持续受到关注，提升日常生物分析测量数据的质量，使之更为准确可靠已成为当务之急。生物计量正是提供生物分析测量数据结果有效性保障的基础。而生物计量面临极大挑战并极具影响力，需要更多专业人才投身到生物计量这一具有巨大发展潜力的领域中来，为守护国家实力与安全、保障人民生存与健康贡献力量。

一、国家实力的体现

对于一个国家来说，应建立一个统一单位体系，按照国家计量法规要求管理，并具有法律效力。发展生物计量是维护国家在生物科技及其相关领域日常生物分析测量单位统一、数据有效可比的保障，这对国家社会稳定、贸易公平和经济发展来说都至关重要。社会发展离不开有效测量，而保证有效测量的国家计量水平是国家实力的体现。只有有了能够与国际互认和等效一致的生物计量标准及生物测量校准和测量能力，才具备在生物产品贸易、医疗和安全等生物科技应用诸多方面与世界平等对话的基础。

计量是计量学的简称。计量的英文单词"metrology"来源于两个希腊语源词"métron"和"lógos"，其中"métron"意为测量，"lógos"意为科学，那么计量（metrology）一词从语义上就是测量的科学。计量是对物质对象进行精准量化，建立准确定量值标准的测量科学。近年来计量学越发成为应用科学非常重要的组成部分。科学发展及创新的基础是准确、可比、可重复的测量数据，并保证每个测量单位的统一，每一个计量单位都必须有对应的量值传递和溯源体系，保障测量数据结果准确可比。因此说科学依赖计量并不夸张。准确可比的测量数据是科学研究的前提和基石，也是一个国家科研能力和实力发展的基础，因此计量具有增强国家综合国力的能力。早在很久以前我们的祖先就意识到了计量的重要性，秦始皇统一度量衡就是其重视"计量"并认识其重要性的有力证明，也带有国家主权象征的意义。

目前，全世界已有40多个国家把计量写入宪法。1985年我国《中华人民共和国计量法》颁布，并于1986年7月1日起实施，时至今日已有近40年的时间。"计量基准"通常是国家最高计量标准（国家质量监督检验检疫总局，2016）。在国际上为了减少因分析测量结果不一致造成贸易摩擦，避免因重复分析测量带来的浪费，会采取国际计量组织提出的建立全球各国家间计量领域的国际互认协议（MRA）① 方式，溯源至国际单位制（SI）单位。而达成 MRA 的前提是不同国家的测量能力必须达到相同的等效一致。实现等效一致的方式可以通过国际计量局组织的国际比对来确定，通过国际比对展现出各国测量能力和实力。

国际互认协议（MRA）起步于 1999 年。在当年的国际计量大会上提出了各国的计量基标准和国家计量院（NMI）签发的标准、测量证书的互认方案，达成国际互认协议（MRA）下的测量结果国际互认。如今已经被国际各国采用。同年，在国际计量大会上提出了发展生物领域计量的重要性。这两件事在同一年被提出，对生物计量而言是一份加速发展的助推剂，使得生物计量在最初的发展阶段就有了与物理计量、化学计量共同高度，以国际化比对来展现国家实力的舞台，参与国际比对的国家计量院需要与国际快速接轨发展，也奠定了生物计量作为计量领域新学科的位置。生物计量将成为计量学体系中的一个新分支。

生物领域计量的新起点确立了，但是实现生物测量国际互认的路却是艰难漫长的。因为生物计量在很多国家都是空白，生物领域的计量研究在国与国之间水平差距很大，导致最初得出的国际比对结果差距也很大。自 2003 年在国际计量局搭建的平台上，CCQM 的第一个生物领域核酸测量国际比对（CCQM-P44），众多国家开始展现生物测量能力，但多年来一直存在差距，经过各国计量机构从事生物领域计量研究者持续的努力，直到 2012 年生物测量领域国际互认的校准和测量能力（CMC）才逐步形成，并纳入国际计量局的关键比对数据库（KCDB）。也正是从这时起，如果一个国家自身的生物测量能力达不到国际比对的等效一致和互认，那么这个国家的生物测量数据结果将得不到互认，从而在国际上失去了在计量领域话语权，只能履行义务。这直接导致的最大影响就是无法通过自身的生物测量能力来保护国家的尊严和利益。在实际案例中，当某些国家缺乏国际互认的核酸测量能力时，会在国际贸易交往中，受到发达国家极力设置的技术壁垒而限制了这些国家或者实力较弱国家的对外贸易和经济发展。

因此，每一个国家的国家计量院在国家测量体系和计量体系中都占据着最高的位置，也担负着捍卫国家主权和尊严的任务。发展我国的生物计量事业，开展生物计量理论创新、计量科技创新，提升我国生物测量实力，建立自主的生物计量基标准，实现国际等效一致测量能力，通过主导国际比对获得话语权的意义则

---

① 1999 年 10 月 14 日，世界上 38 个国家（地区）计量研究院签署了《国家计量（基）标准和国家计量院签发的校准与测量证书互认协议》，也就是国际计量委员会（CIPM）国际互认协议（MRA），即"CIPM MRA"，要求各国计量院所保存的基标准进行国际比对，从而使其具有等效性和可比性。

更为重大。在推进国家生物科技战略、生物产业战略、贸易战略实施中，做自主创新的先锋是我国生物计量人在为推进国家高质量发展战略方面应该做出的贡献。

二、生物科学技术发展的需要

20世纪新技术在核酸、蛋白质、细胞领域的创新应用，使研究植物、动物和微生物等生物体结构、功能、发生和发展规律的生物学得以发展，也带动了遗传学、微生物学、分子生物学、生物化学、细胞生物学等生物科学的发展。生物科学技术（简称生物科技）在21世纪正改变着生命科学的发展。由生物科技带动的生命科学已进入精准测量时代，正在与粮食生产、健康诊断、安全监测相关的多个领域以多样的方式影响着我们的生活。

自1953年发现DNA双螺旋结构后，人类对生命物质的科学研究便从实验室测量生物物质开始进入更为深入的生命科学探索阶段。生物科学实验结果也出现了使用不同单位表示的情况。1964年在医学和生物化学领域表达催化活性采用了国际单位（IU），而卡塔尔（Katal）单位也在被使用。20世纪70年代末到80年代诞生了脱氧核糖核酸（DNA）测序方法和聚合酶链反应（PCR）技术，碱基对（bp）和拷贝数（copy）被使用。干细胞研究、基因组学研究等使用现代生物测量技术，使得生命科学的发展进入了一个新阶段。同时，出现了许多由生物技术方法带来的生物特性量和测量单位。随着生物科技发展和产业化应用的加速，由生物技术发展和应用引发的单位统一和生物物质数据准确可靠的需求，迫切要求生物计量与时俱进加速发展。同时，也对生物计量研究带来了全新挑战。

生物科技发展的需求表现在农业、医学、公共卫生等多个领域。在农业领域，早在2000年前，转基因生物技术和PCR技术就已经被应用到粮食作物种子改良中，通过转基因获得整合有外源基因植物个体的转基因植物，采用PCR技术进行基因分析，有效提高了种子成活率、抗病率、粮食产量等，部分缓解了诸多粮食安全问题，使得人们面对由于粮食危机引起的全球性生存危机时，看到了更多解决路径。与此同时，对转基因检测数据准确可靠的要求也被提上了议事日程。

在医学领域，对出生缺陷、癌症、心血管病、罕见病、遗传病等人类重要疾病在遗传、发育、免疫等方面开展的生物科技研究；研发生产酶、疫苗和体外诊断（IVD）技术产品；对疾病进行有效预防、诊断、治疗和控制，这些都需要有效可比的准确测量和质量来保证，特别是要获得准确可靠的基因筛查数据和诊断数据。例如，在全国进行新生儿基因筛查，测准靶向耳聋基因可直接避免新生儿用药致聋，基因数据准确可靠对于耳聋疾病诊断至关重要。

当前，对疾病诊断的科学研究已经不局限于单个基因，通过测序技术对遗传信息基因序列的分析测量，研究生物体所有遗传信息总和的基因组学已快速发展。1990 年美国启动了世界范围的人类基因组计划，中国在 1999 年作为唯一的发展中国家加入并出色地完成了所承担的基因组测序的任务，也加速了中国在该领域的发展。随后世界各国也都在加强基因组计划研究，如英国在 2012 年 12 月启动"十万人基因组计划"，2018 年 10 月再次启动"五百万人基因组计划"，2020 年英国政府还颁布了全国性基因组学医疗保健战略《基因组英国：未来健康》。可以看出，基因组检测在健康医疗中将起到极大的推动作用，这一观点已得到广泛认同，而数据准确是关键。如今随着后基因组时代的人类表型组学发展，对于健康、疾病与基因、环境之间关系的理解不断深入。为了准确可靠地获得这些数据，对生物计量与标准提出了需求，并将生物计量研究内容不断延伸。

在公共卫生领域，随着新旧病毒的更替出现，人类生存与健康所面临的挑战日益严峻。以生物计量与标准研究应对病原微生物检测需求，从而有效预防和监控，已成为国家安全中极为重视的一项任务。

2019 年末全球暴发了新型冠状病毒引起的疫情，从研究新型冠状病毒的载量、危险性、变异的复杂性，直到如何防疫治疗的每一步判定，都需要依靠生物分析测量获取数据信息。从新型冠状病毒核酸检测和病毒基因测序，与已知的新型冠状病毒不同变异基因高度同源作为临床确诊的主要依据，到通过核酸检测、基因测序进行疾病的快速诊断和病毒变异型的确定，再到以分子生物学等技术开展疫苗生物药品的研究，都离不开准确可靠的生物体核酸与蛋白质数据的使用。2020 年以来我国正是依靠生物技术把基因测序、核酸检测、蛋白质检测等手段实现病毒早发现早诊断以及及时防控，而依靠生物计量技术研制的核酸、蛋白质、微生物等标准物质强有力地支撑了检测数据准确可靠，保障了生物安全实验设施的校准，在应对疫情暴发监测和防治中起到了积极和重要的作用。

事实表明，生物物质可测量是可研究、可生产、可诊断、可预防和可控制的前提。21 世纪生物科技和生命科学的发展应用需要生物计量。生物计量作为 21 世纪的计量领域新学科，以融合计量科学与生物科学的活动，通过对生物核酸、蛋白质、细胞等精准测量科学研究，保证生物体和生物物质的分析测量数据跨时空（时间和空间）的准确可靠。生物计量与我们解读生命的数据信息息息相关，更是为我们的生命健康、安全提供有效测量的保障。

三、生物产业经济发展的助力

当今,生物技术在社会诸多领域中所起的作用日益增强,已经成为21世纪生物产业的重要支撑。生物技术进步更加促进了生物产业发展,通过对生物体物质成分、结构、功能、活性和相互作用等研究,研发并制造生物技术产品(简称生物产品),涉及农业、医药、制造、环保、能源等领域,随之产生的生物(产业)经济已逐渐成为国家经济发展和社会发展的支柱。

生物计量是生物(产业)经济发展的重要助力,不但给国家生物产业提供可靠测量标准和生物特性标准数据集以推动生产出高质量生物产品,而且决定着生物产业发展效能和可持续性,最终助力生物产业在解决人口、环境、能源、健康、安全等领域的重大问题上持续发挥重要的作用。

长期以来,生物技术从实验室研究已经逐步走向产业化,进入21世纪后发展进程大大加快。特别随着生物技术、图像技术、计算机技术等高新技术在生物领域中的集成应用,生物产业的发展更是得到了飞速的提升。在高速的发展过程中,市场对于生物产品的质量也逐渐提出了更高的要求。生物计量作为生物产业发展的重要质量保障和技术基础,尤其是生物计量基标准对于提高生物分析测量结果的可比性、增强生物诊断结果的准确性、确保生物分析仪器应用的可靠性都将起着关键的作用。

随着生物技术集成高速发展对生物产业所产生的影响,国际社会对生物产品在生命科学研究与应用领域中的质量及监督的重视程度也越来越高。生物技术处于领先地位的美国、德国、英国等国家较早就开始了发展生物技术产业、研发生物产品并应用在健康、安全领域,他们对生物检测或诊断产品及方法的质量和可靠性要求,已经成为监管的重要内容,美国食品与药品监督管理局(FDA)就启动了生物分析过程技术管理的办法。

我国在历经"九五"到"十三五"这5个五年计划后,生物技术产业已开始具备了一定的国际竞争力。2009年6月5日,国务院办公厅发布的《促进生物产业加快发展的若干政策》中确定了包括生物医药、生物农业、生物能源、生物制造、生物环保五大领域为现代生物产业发展重点领域。我国生物产业作为国家重点战略产业正在飞速发展,在基因治疗、基因诊断、基因工程、细胞工程、组织工程、蛋白质工程、生物信息学和生物组学等方面的新生物技术产业不断涌现,中国制造的生物分析仪器、生物分析试剂等生物产品已进入市场并得到广泛应用。2013年国产化聚合酶链反应(PCR)仪和2016年国产化测序仪相继实现量产化，2018年国产数字PCR仪也开始生产，为应对疾病诊断、粮食育种、生物环境监测等快速、大规模核酸检测提供了技术支持。特别是在2019新型冠状病毒疫情防控中我国研发了多项生物分析产品，如核酸检测用PCR仪、测序仪、试剂盒等，这些产品的应用不但大大提高了人类健康生活质量、保障了国家安全，也在生物经济发展中发挥了重要作用。而通过这些生物分析仪器和试剂检测产品得出的检测结果是否准确可靠，检测过程质量控制更加需要计量校准和生物标准物质的质量保障。

在实际应用中，生物产品出现的质量问题主要反映在检测产品使用中的重现性、一致性，生物药品的纯度和效能/效价的高低等方面。这些问题不但会影响产品的使用效果，也会影响到对生物系统的科学研究结果。由于生物系统的特点，导致对于大分子核酸与蛋白质、细胞、组织、器官等的分析测量不准的问题更加复杂，加上生物所具有生物活性的特点，要避免测不准问题就离不开对生物系统的生物特性量和标称特性的测量科学研究。

目前，国内外在精准医疗、体外诊断、生物医药方面开展的研究越来越深入，对于预防、诊断、治疗疾病的精准测量也就有了更为迫切的需要。随之而来研发生产的大量生物诊断试剂、生物医药、生物分析仪器等产品和资源更加需要高质量保障，也就是对生物计量研究及标准研制提出了更高的需求与挑战。因此，需要将生物产品与生物系统和生物分析测量紧密结合，开展生物计量与标准研究。这也正是生物计量在助力生物产业与经济发展中具有的重要意义。

四、国际贸易公平保证

随着全球经济一体化不断加强，生物产业和经济发展带动了生物产品国际贸易的互惠。世界各国和地区之间的社会经济活动增多，国际贸易日益频繁，生物产品在贸易中的占比更是逐年增加。与此同时，各国也纷纷开始以标准壁垒搭建贸易壁垒，交易的公平公正问题也在逐渐显现。生物计量在确保实验室间数据准确、可比，保证公平交易的基础上发挥着重要作用，因此无论是从过去、现在还是从长远趋势看，加快发展生物计量具有极其重要的意义。

以粮食进出口贸易为例，保障粮食供给的需求加速了国际贸易的往来，因此粮食贸易出现任何问题都将对各国经济和稳定产生重大影响。从转基因生物技术用于农业种植生产起，对转基因成分进行检测的PCR方法就得到应用，但是由于不同实验室检测的转基因成分数据不同，没有统一的标准，致使各国数据不可比，也就是当不同实验室检测的如植物产品中转基因成分含量变化差异大，将导致产品是转基因还是非转基因的最终判定结果完全不同。由此,就会因检测结果差异而引起的粮食进出口国际贸易摩擦频繁发生。

为保证各国生物分析数据的可比较,保障农业粮食贸易公平,国际农业组织向国际计量组织提出了迫切的需求,希望解决各实验室在转基因检测上的可比性问题。由此,BIPM/CCQM 生物分析工作组(BAWG)成立伊始组织的第一个国际比对就是关于转基因测量的,通过各国国家计量院参加国际比对实现国际互认,以解决当时贸易中面临的实验室转基因检测数据严重不可比的问题。通过国际计量比对的等效性提高各国计量机构转基因测量能力和结果准确的可比性,以计量溯源传递保障其他实验室转基因检测的可比性。

而且,国际标准化组织(ISO)制定的相关转基因检测国际标准,在实施中需要有准确量值的实物标准来衡量,这离不开准确的标准物质的使用,同时欧盟、美国、韩国、中国等国家和地区的转基因生物或产品的安全管理条例及标示也相继开始实施,转基因标示更加需要依据准确可靠的检测数据来决策和监管。各国国家计量院实现转基因核酸测量国际互认是对本国国际贸易的有力支持。

另外,在临床体外诊断领域,非常重视计量溯源性。国际标准化组织(ISO)在临床体外诊断领域也制定了多项与计量有关的国际标准,提出计量溯源性的要求。这为核酸、蛋白质等体外诊断产品的市场准入和应用都提供了标准依据。ISO 制定的核酸 PCR 技术质量要求通则中,同样也要求了计量溯源性。为国际贸易往来和互认提供保障。

经过十多年的努力,各国国家计量院在生物测量能力上已完成对国际互认协议(MRA)的充分运用。我国也已经做到不仅参加国际比对与国际同步发展,而且具备了核酸、蛋白质测量国际比对中的领先实力和水平,实现独立主导国际比对。能为国家在生物产品的贸易公平竞争中提供具备国际互认的核酸、蛋白质的国家测量能力。

总之,生物计量对维持贸易公平的生物数据可比性,确保计量单位统一和量值准确可靠提供支撑。它还可以为生命科学、生物产业发展等提供质量基础设施保障。

第三节 生物计量的发展

生物计量是伴随着保障国际贸易公平交易的紧迫需求起步的,随着生物技术和生物产业的蓬勃发展,生物科技创新、生物产品质量、贸易公平对生物数据准确可比的要求不断增加,生物计量越来越被世界各国重视。生物计量的发展以测量能力国际互认来提升本国生物分析测量数据质量为根本,关系着生物技术在与人类健康安全息息相关的食品安全、医疗诊断、生物安全、环境保护、生命科学研究等重要领域应用发展的质量。回顾生物计量在国际、国内的发展历程不难看出,虽然这一崭新的学科由于发展时间短暂还显得有些稚嫩,但是在众多生物计量研究者的不断拼搏下,生物计量正在稳步发展、不断完善。以往的历史也将给未来更多的启发,生物计量将会成为21世纪发展最为活跃、影响最为深远的计量领域新学科。

一、生物计量国际发展

生物数据不可比,屡屡出现在商品检验、临床检验、生命科学研究及生物产业等领域中,这一现象受到农业、医药、医学(含法医)、临床检验与各行业组织、计量组织等的广泛关注。

快速发展的生物技术被广泛采用的同时,也对各国间贸易往来中生物数据有效性提出了高要求。对生物分析测量数据结果准确可靠的保障需求,加速了国际计量组织对生物领域计量的重视和发展。同时,人们也越来越体会到核酸、蛋白质精准测量科学的重要性,随之产生的各国国家计量机构间在国际比对中关于可互认、可比较的生物测量能力和溯源性的争论,也成为了生物计量发展的推动力。

(一)生物计量国际工作启动

1. 国际计量大会的推动

1999年10月,第21届国际计量大会(CGPM)在巴黎召开,此次大会提出生物领域计量的发展需求并指出了其重要意义。将生物领域计量学提上日程,并决定建立一个生物领域计量研究的国际性组织,以支撑生物测量国际比对工作。

在大会上,与会各国专家开始认识到生物技术在人类健康、食品生产、司法医学鉴定和环境保护等领域中的重要性。而生物技术在这些领域的发展无一不需要正确测量并溯源到国际单位制(SI)。因此,大会指出了与生物计量相关的两方面问题的重要性:各国国家计量机构在支持生物领域计量中的重要性、发展生物技术领域定量测量中相关计量项目的重要性。大会确定要致力于建立一个合适的国际计量机构组织以保证生物分析测量可以溯源到国际单位制(SI)单位。同时在此次大会上，由国际计量委员会（CIPM）发起，米制公约成员国所委派的国家计量机构还签署了国际计量委员会国际互认协议（MRA）。

为方便读者理解，本小节先介绍几个国际组织之间的关系。

国际计量委员会（CIPM）是全球计量领域最高的技术委员会，经国际计量大会（CGPM）授权，承担国际米制公约（The Metre Convention）组织管理和监督机构的职责。1875年国际米制公约签署，其重要作用是保证国际单位统一的权威，其重要内容是签署国建立各国国家计量院（NMI），建立计量体系的公制单位并进行国际合作。各国国家计量院的主要责任就是确保量值单位统一和最高测量能力，实现可溯源到国际单位制（SI）单位，从而服务于社会各方面。同时，国际计量委员会还是基于国际互认协议的全球测量体系与各国计量体系相联系的桥梁。

国际计量局（BIPM）是由国际米制公约设立的一个机构，也是在国际计量大会、国际计量委员会领导和监督下的执行机构。作为国家间合作中心，国际计量局负责研究和协调各专业范围内的计量科学技术问题。国际计量局下设10个国际咨询委员会（CC），各国际咨询委员会下再设"工作组"（Working Group，WG）（国家市场监督管理总局，2021）。由国际计量局咨询委员会组织各国进行所属专业领域的国际比对，参加国际比对的各国实验室通常是国家计量院实验室，代表各专业领域的国家测量能力。

2. 成立生物分析工作组

自1999年国际计量大会召开后，生物领域的计量工作便开始进行。2000年国际计量局安排了一次生物计量学发展国际会议，讨论成立生物分析工作组。2002年，国际计量局正式成立物质的量咨询委员会（CCQM）生物分析工作组（BAWG）。生物分析工作组是推动生物计量发展的重要国际组织，承担了生物测量国际比对研究，解决溯源性和可比性难题的工作。国际比对测量对象为生物大分子和生物体，被测物包括但不限于核酸、蛋白质、细胞、微生物等，并进行生物特性表征及大分子结构测量等与功能活性相关的研究。

CCQM是国际计量局下设的10个国际咨询委员会中的一个，于1993年成立。目前其主要任务是向国际计量委员会提供化学和生物专业领域计量的建议，包括所涵盖专业范围的国际比对研究和计量科学计划活动等。在BIPM/CCQM系统内，生物计量起步比化学计量晚。

BIPM/CCQM积极与世界气象组织（WMO）、世界卫生组织（WHO）、国际原子能机构（IAEA）、国际临床化学和实验室医学联盟（IFCC）、世界反兴奋剂机构（WADA）、国际标准化组织（ISO）和国际实验室认可合作组织（ILAC）联系合作，进一步促进生物领域计量的溯源性和单位统一的国际化。

3. 生物分析工作组的发展与改革

基于生物计量学科发展方向，以及生物测量的重要作用和特殊性，2012年6月微生物特设指导组（MBSG）成立，旨在提高微生物测量能力，保证微生物测量可比性，同时成立了微生物定性工作组和微生物定量工作组，中国的代表成为微生物定量工作组联合主席，第一次在国际计量局舞台拥有了生物计量领域的国际主动权和领导权。2002~2015年，CCQM共有10个工作组和两个特设工作组。

2015年是生物分析工作组成立的第13年，也是生物分析工作组改变的一年，国际计量局物质的量咨询委员会生物分析工作组被重新分组，在BIPM/CCQM下新设3个生物分析领域的工作组（图1-1），即核酸分析工作组（NAWG）、蛋白质分析工作组（PAWG）、细胞分析工作组（CAWG）。这一年在美国国家标准技术研究院（NIST）3个工作组分别召开了第一次工作组会议。2015年10月核酸分析工作组、蛋白质分析工作组和细胞分析工作组成立（除特别指出，本书中3个工作组的会议统称为生物分析工作组会议）。

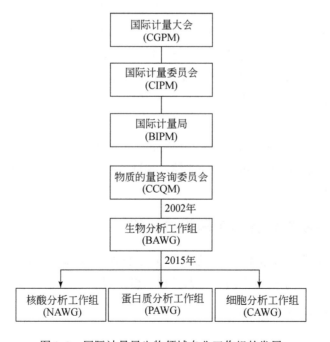

图1-1　国际计量局生物领域专业工作组的发展

从 2015 年起，改变后的 BIPM/CCQM 设有 11 个工作组和 1 个特设工作组，即电化学分析工作组（EAWG）、无机分析工作组（IAWG）、关键比对工作组（KCWG）、有机分析工作组（OAWG）、表面分析工作组（SAWG）、气体分析工作组（GAWG）、同位素比工作组（IRWG）、细胞分析工作组（CAWG）、核酸分析工作组（NAWG）、蛋白质分析工作组（PAWG）、战略计划工作组（SPWG）和摩尔特设工作组（ah-WG-Mole）。

（二）国际比对推动生物计量发展

国际计量局的主要任务是保证世界范围内计量单位的统一和测量结果一致性，建立主要计量单位的基准，组织国家基准与国际基准的比对，协调有关基本单位的计量工作和有关计量技术等。因此，BIPM/CCQM 所属的生物分析工作组，自 2002 年成立后就开始了生物领域计量研究、制订发展规划、组织国际比对等工作。其主要目标之一就是确定生物分析测量的可溯源系统优先领域，并优先考虑了核酸测量和蛋白质测量的国际比对及其应用领域，支撑应用领域迫切需要并快速发展的核酸与蛋白质测量方法和程序标准化，研制标准物质。将基于生物测量科学相关的全新计量描述为生物计量。

2003 年和 2004 年 CCQM 生物分析工作组先后启动组织第一个生物核酸测量国际比对（CCQM-P44）和蛋白质测量国际比对（CCQM-P55）。从此开始了核酸与蛋白质测量科学的计量技术国际研究。核酸与蛋白质测量国际比对的开展，使生物计量作为一个重要计量科学领域不仅逐步得到了世界各国及其国家计量院（NMI）的广泛重视，而且推动生物计量发展进入一个关键时期。

截至 2022 年，BIPM/CCQM 已正式立项了 40 多项核酸与蛋白质测量的国际比对（参见本书第六章）。这些国际比对带动了世界各国国家计量院生物测量能力的提升，各国取得了国际等效的成绩，保证了在核酸、蛋白质生物测量上的国际互认和可比。

（三）生物领域计量专题报告战略

在 2010 年后，国际计量组织加强了对生物领域计量的研究和探讨，为各国发展生物计量提供了阶段性的战略思考和思想碰撞。

1. 国际计量局调查报告

在启动第一个国际比对 8 年后，2011 年国际计量局在网站上发布了首个生物领域调查报告"生物科学和生物技术国际计量基础设施服务需求研究"（以下简称"调查报告 2011"）(Marriott et al., 2011)。这项工作是在国际计量局指导下由英国政府化验室（LGC）牵头组织调查生物科学和生物技术对计量需求的研究工作，美国、澳大利亚、韩国和中国等部分国家计量院参与完成。"调查报告 2011"对当时全球生物计量的现状和未来的发展方向进行了阐述。其中，各国提供了生物测量及计量基标准体系架构，并提出了在生物计量领域的发展计划，成为国际计量局"调查报告 2011"的组成内容之一。

2. 微生物计量发展报告

国际计量局陆续开始重视微生物计量工作的发展可能。2011 年 4 月 6 日至 8 日，BIPM/CCQM 在法国巴黎组织并召开了"关于可靠可溯源的微生物测量确保食品质量和安全研讨会"。此次会议共邀请了 6 个国家的国家计量院代表做了报告，除中国计量科学研究院外还包括美国、韩国、英国、阿根廷和澳大利亚等国的国家计量院。中国代表王晶在此次会议上做了题为"中国微生物计量"的报告。报告的内容主要对微生物计量溯源研究的设计和相关微生物计量思考，以及生物计量框架下微生物计量在食品安全中的作用。

2017 年在加拿大召开了核酸分析工作组年度二次会议，讨论了后 10 年核酸分析工作组规划。结合世界面临的食品安全、生物安全问题，基于自身在生物安全领域开展的相关计量技术和标准物质研究工作基础，会上中国代表王晶提出了将生物安全纳入工作组规划，以加强病原微生物（病毒）核酸测量比对等的建议。现在看来，生物安全成为了生物计量分类中一个重要的研究领域。在 2019 年新型冠状病毒感染疫情暴发后显现出核酸计量、蛋白质计量和微生物计量标准及核酸、蛋白质测量能力在疫情防控中的重要作用。

2019 年 10 月 2 日，生命科学先进分析技术研讨会在意大利国家计量院（INRiM）召开，来自瑞士、美国、英国、意大利、中国、韩国、加拿大的专家应大会组委会应邀做了与生命科学紧密联系的基因、蛋白质、细胞和微生物技术与生命健康相关报告，来自瑞士的专家强调了基因型变化及其生物学价值意义，中国代表王晶作了题为"食品微生物新技术的发展与应用"报告，回顾了我国在 2011 年法国巴黎国际计量局召开的微生物计量发展研讨会上所做的报告，7 年后微生物计量的发展，及对生命科学精准测量时代的到来在确保生命质量、健康、安全为目标的生物计量展望进行了分享。

3. 蛋白质计量发展报告

研究生物特性量测量和溯源性一直是生物计量追求的目标。2019 年 4 月，

CCQM 第 25 届周年纪念大会在法国巴黎召开,在此次大会上,中国代表武利庆应邀在会上做了报告,介绍了新建立的高效液相色谱-圆二色光谱(LC-CD)的蛋白质含量计量方法,以及基于表面等离子共振(SPR)技术的蛋白质活性浓度计量方法等蛋白质活性计量最新进展。同年,成立了蛋白质工作组(PAWG)蛋白质活性焦点工作组,致力于为国际提供蛋白质活性国际比对计划和比对研究。

从以上列举的报告可以看出,在国际舞台,生物计量从起步到之后的每一步发展,我国都积极参与其中。展现了我国提出生物计量发展架构、微生物计量溯源性、核酸含量和蛋白质活性测量的新计量方法等思想和研究的国际分享。这既是对世界生物计量发展的有益输出,也体现了我国生物计量研究的战略思维和科研人员的国际担当。

二、我国生物计量发展历程

在国家层面上,我国生物计量的起源、发展都是以中国的国家计量院为主体。中国计量科学研究院是中国的国家计量院,是国家最高的计量科学研究中心和国家级法定计量技术机构,担负着确保国家量值统一和国际等效一致、保持国家最高测量能力的使命。中国计量科学研究院不仅承担国家生物计量科学研究工作,还承担国际比对任务,确保国家生物领域的校准和测量能力处于国际先进水平。

我国生物计量的发展离不开在国际舞台上的积极参与、努力学习并逐步发展成为国际主力军的过程。在国际计量局启动生物计量发展的大背景下,2003 年我国代表参加 BIPM/CCQM 生物分析工作组会议,尽管当时我国的生物计量基础几乎为零,为不落后于发达国家,在会上毅然做出了参加第一个生物领域国际比对的决定。至此,中国生物计量工作以步入国际计量舞台的方式起步了。在国家支持下,历时十多年的生物计量工作发展和计量科学研究,如今我国生物计量逐步成为一个新的计量学科领域,并蓬勃发展,为国家和社会贡献力量。下面将简单回顾我国生物计量发展相关历程,以及我国生物计量在国际领域贡献的中国力量,为该领域发展起到的推动作用。

(一) 国际组织中的发展

1. 参与国际计量局相关工作

1)参加国际比对:2002 年,国际上已经开始规划生物领域计量比对工作,而当时中国的生物计量还是零基础、零团队的情况。2003年，中国国家标准物质研究中心（NRCCRM）① 派王晶博士赴法国巴黎参加了BIPM/CCQM生物分析工作组（BAWG）会议。这次参会对中国生物计量的发展和人才培养影响深远。当时参加这次会议的各国国家计量院或指定机构实验室有：美国国家标准技术研究院（NIST）、中国国家标准物质研究中心（NRCCRM）、韩国标准科学研究院（KRISS）、日本计量科学研究院（NMIJ）、英国政府化学家实验室（LGC）、英国国家物理研究所（NPL）、泰国计量科学研究院（NMIT）、比利时标准物质测量研究院（IRMM）、澳大利亚国家计量研究院② （NMIA）和澳大利亚政府分析实验室（AGAL）、法国国家计量测试实验室（LNE）、德国联邦物理技术研究院（PTB）、德国联邦材料测试研究院（BAM）、墨西哥国家计量中心（CENAM）等。也就是在这一年，我国参加了BIPM/CCQM生物分析工作组组织的第一个生物领域核酸测量研究性国际比对（CCQM-P44），从此中国以生物测量国际比对研究开始与国际同时期起步，同时也加快进行国内生物计量工作和研究规划，开启了我国生物计量发展的探索之路。

BIPM/CCQM生物分析工作会议每年举行两次。从2002~2022年，我国已连续20年参加了国际计量局生物分析工作组会议。先后代表国家参加的国家计量机构2002~2005年为国家标准物质研究中心，2006年以后为中国计量科学研究院。在两个时间段尽管名称不同，但是生物计量团队成员代表国家参加了几乎所有BIPM/CCQM立项的生物领域国际比对，并突破了我国在国际计量舞台上独立主导生物领域国际比对的局面。

2003~2020年，我国参加和主导的40多项生物领域国际比对中，我国在测量结果量值的准确度和测量不确定度③（以下简称"不确定度"）等方面实现了国际等效一致，获得了国际互认的校准和测量能力（CMC）。特别是通过我国生物计量研究者多年的不懈努力，我国独立主导的4项核酸与蛋白质测量的国际比对（其中主导两项关键比对）更是得到国际同行认可。这其中还不包括我国与国际计量局和/或其他国家计量机构联合主导的国际关键比对。2020年后我国又

---

① 1980年在中国计量科学研究院的基础上建立标准物质研究所，1988年中国国家标准物质研究中心建立。2005年中国计量科学研究院与国家标准物质研究中心合并，称为中国计量科学研究院。

② 澳大利亚国家计量研究院（NMIA）于2004年成立，由原国家计量实验室（National Measurement Laboratory，NML）与澳大利亚政府分析实验室（AGAL）和国家标准委员会（National Standards Commission，NSC）合并而成。

③ JJF 1001《通用计量术语及定义》中，不确定度是表明基于所用的信息来表征被测量值分散性的参数。测量不确定度与测量结果紧密联系，并完整表示在测量结果中。

与其他国家联合主导了新型冠状病毒核酸与蛋白质测量的研究型国际比对，这些都说明我国具备主导国际比对的生物计量技术水平与测量能力。

2）独立主导国际比对：在国际比对的舞台上，一个国家承担独立主导国际比对，从一定程度上表现了主导国的实力与其愿意承担国际责任、站在相关领域国际前沿的态度和魄力。

从2003年4月报名参加BIPM/CCQM第一个转基因玉米测量国际比对，我国的生物计量起步，到2011年4月我国代表站在国际计量局生物分析工作组会议上做争取主导国际比对的报告，不到8年的时间，我国的生物计量发展实现了质的飞跃，实现由跟跑到主导的转变。在不断地坚持和努力下，2012年我国主导转基因水稻核酸测量国际比对提案最终获得比对立项（编号CCQM-K86.b/P113.2），两年后（2015年）我国再次以主导实验室的身份独立主导蛋白质领域的第一个活性测量国际比对，即CCQM-P137人血清α-淀粉酶催化活性浓度测量国际比对。至此，在核酸拷贝数测量、蛋白质活性测量上，我国已经站在了国际生物计量领域的前端。截至2022年，我国已发展为独立主导BIPM/CCQM立项的6项国际比对（含1项微生物测量国际比对）。可以说，2011年中国代表敢于申请主导国际比对开始，就为后续中国承担主导多项生物领域国际计量比对打下了基础。

我国生物计量研究开始步入国际计量舞台后，主导并重点攻克了转基因核酸国际关键比对和蛋白质酶活性国际关键比对，这不但体现了我国在核酸与蛋白质计量领域的能力，而且率先占据了在蛋白质活性测量的国际位置。并勇于在国际计量组织中担当职务。

3）在国际组织任职：2011年，在BIPM/CQM下成立了微生物特设指导组（MBSG），下设定性工作组（Identity Working Group）和定量工作组（Quantity Working Group），以提高微生物测量能力，保证微生物测量可比性。微生物特设指导组在成立初期有22个成员，2012年澳大利亚计量院Dean Clarke和中国计量科学研究院王晶被任命为微生物特设指导组（MBSG）定量工作组联合主席，负责规划并启动在世界范围内推动微生物领域计量比对研究和溯源，提出微生物定量测量国际比对计划。

2015年以后，在BIPM/CCQM所属生物专业领域的3个新工作组中，中国继续发挥了积极作用。在2019年中国计量科学研究院傅博强成为BIPM/CCQM细胞分析工作组（含微生物）副主席，这也是我国生物计量科研人员首次在此国际咨询委员会工作组任副主席一职。在蛋白质分析工作组中，中国计量科学研究院武利庆为蛋白质活性测量焦点工作组（Focus Group of Protein Activity

Measurement）牵头人，并于 2023 年成为 BIPM/PAGW 蛋白质分析工作组副主席。我国生物计量科研人员传承发展，在国际计量舞台上不断贡献着自己的力量，这也是国家计量实力的呈现。

2. 参加亚太计量规划组织的工作

亚太计量规划组织（APMP）是主要由亚太区域发展中经济体参加的计量组织，包括中国、韩国、日本、澳大利亚、新加坡、泰国、马来西亚、印度尼西亚、斯里兰卡、巴基斯坦、越南等国家和地区。目前，亚太计量规划组织物质的量技术委员会（APMP/TCQM）主要是组织对化学和生物测量的亚太区域国际计量比对规划。

从 2005 年开始，APMP/TCQM 才增加了对生物领域计量的研讨，中国代表多次报告了参加 CCQM 生物领域的国际比对研究内容。虽然亚太计量规划组织比国际计量局在生物领域的国际计量比对晚了近十年时间，但中国持续开展了生物计量工作，在 APMP/TCQM 中起到了带动发展的作用。2007 年 2 月，中国计量科学研究院代表应邀出席了在泰国召开的亚太经济合作组织/亚太法制计量论坛（APEC/APLMF）大会，并主持了"法制计量培训和研讨会"（Seminars and Training Courses in Legal Metrology）分会议，并就粮食领域中生物计量特别是转基因测量研究做了特邀报告"粮食和大豆产品质量评价的计量技术"（Metrology for Quality Evaluation on Grain and Soybean Products），后续提出主导亚太区域国际计量比对和国际能力验证的建议。

近十多年来，我国不断在 TCQM 中发挥生物计量发展的积极作用，主导核酸和微生物测量的 TCQM 亚太区域国际计量比对。2012 年后，中国在亚太区域计量规划组织独立主导了 APMP QM-P21 "复杂基体转基因水稻 *Bt63* 相对定量"、APMP. QM P35 "水中微生物大肠杆菌计数"等亚太区域国际比对。

3. 参加国际标准化组织工作

2008 年 10 月 17 日国际标准化组织（ISO）理事会决定，组建生物技术工作组。中国计量科学研究院王晶被提名为国际标准化组织理事会生物技术工作组专家，并于 2009 年 4 月代表国家标准化管理委员会应邀出席了国际标准化组织理事会生物技术任务组专家会议，就生物技术中计量的工作做了"中国生物计量发展"报告，首次将生物计量与标准融合发展的思想带入到国际标准化组织，此报告被写入国际标准化组织文件（Council TF Biotech 07/2009）中。此次会议是国际标准化组织生物技术工作组召开的第一次成员会议，对全球发展生物技术标准化有着重要的意义和影响。2013年，国际标准化组织成立了生物技术标准化委员会（ISO/TC276），计量被专门纳入生物技术标准化委员会（ISO/TC276）的工作范围。

2016年，中国向ISO TC276生物技术标准化委员会提出了"Traceability in the Nucleic Acid Quantification（核酸定量溯源性）"国际标准提案（ISO TC276 WG3/N115、N145）。之后中国生物计量领域的技术专家负责测量溯源性和不确定度相关标准内容，作为ISO 20395 Biotechnology —Requirements for Evaluating the Performance of Quantification Methods for Nucleic Acid Target Sequences- qPCR and dPCR起草成员（WG3/N371）参与到标准的制定中。历时4年的努力，该国际标准于2019年8月正式发布，标准关于目标核酸定量方法性能评估和质量保证的一般性要求，包含了数据质量控制与分析、方法验证、溯源和不确定度评定等标准内容。2024年3月15日，由中国计量科学研究院牵头我国主导制定的首个合成基因质量控制国际标准ISO 20688-2：2024 *Biotechnology Nucleic acid synthesis Part 2：Requirements for the production and quality control of synthesized gene fragments, genes, and genomes* 由国际标准化组织正式发布，该标准包含了合成基因片段、合成基因和合成基因组的质量管理、资源管理、生物安全、生产质量控制、产品质量和交付产品规格等要求内容，适用于长度小于10Mbp（碱基对）的线性非克隆片段和质粒中环状克隆基因形式的合成基因片段、基因和基因组。

（二）国内生物计量发展

纵观我国生物计量发展历程，具有起步晚、发展快、后来居上的特点。自我国2003年开始参加的第一个国际比对研究来计算，至2020年中国的生物计量发展历经17年。将我国国内生物计量工作、生物计量研究的历程发展关键事件串联起来，包括参与国际比对项目，建设生物计量团队，成立全国生物计量专业组织，团队成员成长为国际计量界人才，加强生物计量国家科技创新研究，创新建立生物计量溯源传递体系，成果获得国家科学技术奖励等（图1-2）。下面将从我国生物计量工作主要历程和生物计量创新研究历程两方面简介国内生物计量发展。

1. 我国生物计量工作历程

（1）生物计量研究团队建设

2002年我国还没有生物计量科研人员，2003年我国生物计量起步于参加第一个国际比对研究。从当时的一无队伍，二无经验，甚至连实验室设备都要去借

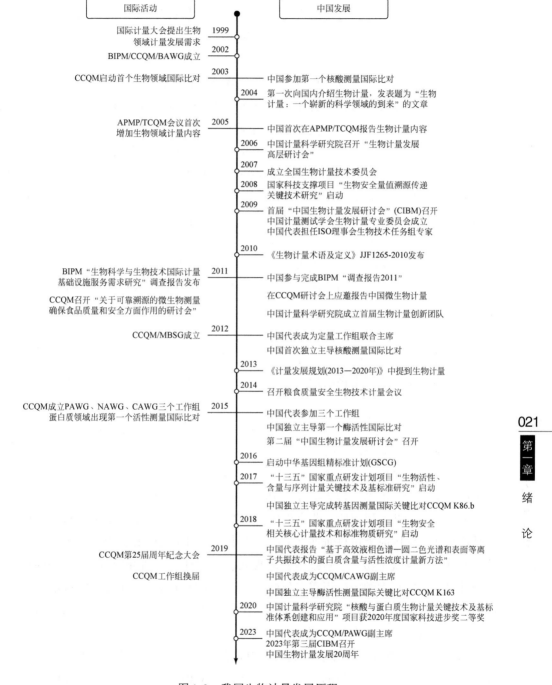

图 1-2 我国生物计量发展历程

的现状到搭建队伍并积累国际比对经验。2005年中国计量科学研究院正式组建生物实验室和研究团队，创建伊始就明确了生物计量发展战略研究规划，以搭建生物计量体系框架，跟踪生物计量发展前沿技术，建立生物计量基标准溯源体系为目标。

2012年中国计量科学研究院成立了"生物计量创新团队"，研究方向是生物计量溯源途径、新技术方法、计量标准研究，展开了探索建立生物（物质）特性测量量值溯源途径、创新研究生物（物质）特性量值共性精确测量技术和计量标准，以及生物测量的不确定度评定研究。重点针对国家在农业、食品安全、生物安全、医疗卫生、生物医药、环境保护等领域的生物计量需求，提高国内生物测量能力。目前，几十位中青年科技工作者投身于持续开展核酸、蛋白质、细胞和微生物等生物计量研究，并发展了生物表型的标准化和计量研究。

（2）生物计量发展研讨

2003年，尽管我国的生物计量刚刚起步，却已经快速地意识到生物计量领域的发展必须要有前瞻性和计划性。对生物计量这一崭新科学进行了分析（王晶和方向，2004）。只有通过建设我国生物计量基标准体系，提升生物计量能力，建立生物计量基标准资源库和国家生物计量参考实验室并实现共享，建立国际前沿的生物计量技术和标准，才能有效满足我国生物技术在各行业、各领域迅速增长的应用中对国家高端生物测量能力的需求，为我国的经济发展和社会进步提供生物计量技术支持。

2006年12月28日"生物计量发展高层研讨会"在中国计量科学研究院召开。这次会议是针对我国生物计量发展的首次高层专家咨询会议。参加此次会议的院士、专家来自原公安部物证鉴定中心、中国计量科学研究院、中国合格评定国家认可委员会、国家生物医学分析中心、军事医学科学研究院、原人口和计划生育委员会科学技术研究所、北京市生物活性物质重点实验室、原中国药品生物制品检定所、中国航天员科研训练中心、原华大基因研究中心、原卫生部临床检验中心等。会议就生物测量新技术发展现状、生物计量的研究内容和发展方向、生物计量在国家重大领域应用需求分析、生物计量标准需求及在实验室认证认可中的应用、与生物计量相关的其他议题等五方面进行了讨论，分析并总结了当时我国生物计量面临和存在的问题。

1）生物量值源头不清晰，生物计量基准尚未建立，生物量值并不能完全实现到国际单位制（SI）单位的溯源，多渠道溯源现象明显，计量溯源传递体系亟待建立。

2）现有测量方法还不能成为生物计量方法，主要集中在量值溯源和不确定度方面，生物特性量值权威计量方法亟待建立。

3）生物安全、食品安全、生物诊断、临床检验、司法鉴定等领域国家有证生物标准物质极度匮乏。

4）没有生物计量的校准技术和规范来支撑生物分析仪器实施测量的量值传递。

此次会议以"质量、安全、健康"为主题，也为2009～2023年三届"中国生物计量发展研讨会"的成功召开奠定了基础。

(3) 全国生物计量技术委员会成立

为发展生物计量的国家计量技术规范，规范生物计量及生物分析测量仪器应用的发展，2007年6月原国家质量监督检验检疫总局（现为国家市场监督管理总局）《关于批准成立"全国生物计量技术委员会"的批复》（国质检量函〔2007〕500号），批准成立全国生物计量技术委员会（MTC 20）。该委员会负责组织制修订生物领域内计量器具检定规程和校准规范的国家计量技术规范，开展国家生物测量和基标准国内计量比对，提交生物计量领域发展规划报告和相关建议；负责生物计量领域国家计量技术规范和国内比对的归口管理工作。截至2022年委员会归口的生物计量国家计量技术规范有70多项，已发布实施的核酸、蛋白质、微生物、细胞等领域的生物计量国家计量技术规范为生物领域仪器校准提供了依据。

(4) 生物计量专业委员会成立

为发展并扩大生物计量学科交流，2009年成立了中国计量测试学会生物计量专业委员会，它是中国科学技术协会二级社会团体。生物计量专业委员会是联系生物计量和生物领域科技工作者的桥梁和纽带，具有全国性、学术性等特点。

生物计量专业委员会以普及生物计量和标准知识、推动先进生物计量和测试技术的应用、促进我国生物计量和测试科学技术的繁荣与发展、服务国家生物技术应用和生物产业为己任。十多年来积极开展各种活动，推动了生物计量和测试技术的普及、提高和发展，扩大了我国生物计量事业在国内外的影响，不断提高生物计量与标准技术为我国经济发展服务的能力和水平。

在中国科学技术协会和中国计量测试学会的支持下，生物计量专业委员会每年开展生物计量学术交流。以质量、安全、健康为主题，搭建了生物计量和生物技术标准在国家重点领域的学术交流和信息共享的桥梁。根据我国生物计量发展和生物技术发展的需要，将"中国生物计量发展研讨会"（CIBM）纳入生物计量专业委员会主题研讨会，按发展阶段适时举办。

1）2009年，由中国计量测试学会生物计量专业委员会和中国计量科学研究院主办了第一届"中国生物计量发展研讨会",此次会议将生物计量的理念进行了宣传和推广。通过会议确定了食品安全、药品和医疗设备、司法鉴定、微生物学、生物农业和海洋生物等五个优先发展领域的挑战。相关内容也被写入2011年国际计量局的"调查报告2011"中(Marriott et al., 2011)。

当时确定优先发展领域的内容汇总如下。

①建立国家标准物质:分子标准物质(如核酸、蛋白质等);药物代谢的标准物质;复杂基体标准物质(如转基因作物、转基因食品、食源性致病菌等);对生物的安全评价的技术标准;痕量值的标准物质;生物标志物检测与相应标准物质;生物农药、兽药和生物饲料检测用标准物质;海洋生物活性物质的标准物质;海洋物种的鉴定技术标准;特异性的微生物标准菌株。

②建立仪器校准标准和规范:保证基因测序准确度;克服测量基体效应。

③生物特性测量:酶活性的测量;中国的种群遗传属性;法医鉴定;毒理分析方法;遗传/表观遗传相关的生物特性测量;病原检测技术分析和测量;微生物活性、毒性测量;识别和量化复杂的微生物区系。

④建立溯源传递系统。

2) 2015年11月7日至8日,第二届"2015中国生物计量发展研讨会"在北京召开。2005~2015年,我国全面开展了生物计量科学研究,包括核酸、蛋白质、微生物、细胞、生物活性成分等计量技术和标准研究,并建立了生物计量研究平台和基地。通过将生物计量的理念和成果进一步宣传和推广,生物计量的重要地位和加快建立的紧迫性日益为大家熟识和重视。

3) 2023年11月7日至8日,第三届"2023年CIBM生物计量发展大会"在郑州召开。2015年后,生物计量的研究突破了关键技术,水平在不断提升,其中核酸与蛋白质生物计量基标准和溯源传递体系建立,成果在生物领域得到了广泛应用,并获得2020年度国家科学技术奖励。到2023年,中国生物计量已经从起步到发展走过20年,此次大会以推动生物计量与标准不断进步为主旨,共商生物计量发展大计,以助力生物科技和生物经济高质量发展。

另外,每年都以"质量、安全、健康"为宗旨开展生物计量科学基础研究和应用研究及其交流研讨会,加强生物计量知识科普,生物计量将支撑贸易公平、生物制造、健康与安全监测、生命科学研究的高质量,提升法规符合性高质量,让消费者更放心。

2. 我国生物计量研究历程

自2005年以来,规划并建立我国的生物计量研究体系,以植物、动物

（人）、微生物等的生物物质和生物体为研究对象，对测量对象进行分类，搭建了我国核酸计量、蛋白质计量、细胞计量、活性成分和代谢产物计量、微生物计量等生物计量研究平台（王晶和武利庆，2016）。

在国家科技项目的支持下，我国的生物计量研究经过了国家"十一五""十二五""十三五"时期的发展。利用多种创新思路研发路径，目前已建立了核酸与蛋白质含量计量方法和计量标准、实现不同单位间的关联和测量等效性，开展了国际和国内计量比对，推动国内外生物计量应用研究。特别是国际比对成绩达到国际等效一致的测量水平使我国获得了核酸与蛋白质测量国际互认的校准和测量能力。

从计量基础研究入手，初步解决了核酸与蛋白质大分子无法直接测量和溯源性问题，突破核心测量能力和计量标准关键技术，建立了核酸与蛋白质含量溯源传递体系，在应用研究中也逐步解决了食品安全、生物安全、临床检验和体外诊断、司法鉴定、生物产业等重点领域的应用需求（参见本书第八章第四节）。核酸与蛋白质计量溯源传递体系的应用与发展，带动了生物计量学科的整体发展，此发展历程也是在记录生物计量的发展历程。我国的核酸与蛋白质计量是生物计量核心基础，也是优先的研究方向。

生物计量科学研究道路是不断创新和积累的过程。从2003~2020年走过的历程里，生物计量及其溯源传递体系的发展经历了初创期、创建期和创新期三个研究阶段。这期间，生物计量研究得到了多项国家科技计划和专项的支持，如国家科技支撑计划、国家自然科学基金、国家高技术研究发展计划（863计划）、国家科技基础条件建设平台项目、公益性行业科研专项、国家重点研发计划专项等，且生物计量和生物标准物质纳入"十三五"国家生物产业发展规划和计量发展规划（2013—2020年），核酸与蛋白质生物计量研究、微生物计量研究的阶段性成果不断涌现。研究成果在农业种植、体外诊断、司法物证鉴定、食品安全和生物安全等领域发挥了积极的作用。2020年后的生物计量研究将进入国家"十四五"规划和计量发展规划（2021—2035年）的持续发展期。生物计量研究历程按五年计划时间段简述如下。

（1）2003~2005年（"十五"期间）

这一时期以获取生物计量领域国际互认的核酸与蛋白质测量能力为目标。参加第一个转基因核酸测量国际比对和第一个肽/蛋白质测量国际比对，从此开始了核酸与蛋白质生物计量的研究。这一时期是生物计量的起步阶段，可称为初创期。

(2) 2006~2010年（"十一五"期间）

这一时期以独立自主开拓生物计量科学与技术为目标。主持承担国家科技项目，开启我国具备溯源性计量方法和生物计量基标准关键技术研究，核酸与蛋白质生物计量量值溯源传递体系建立。我国首次制定了《生物计量术语及定义》（JJF1265—2010）国家计量技术规范，给出了生物计量定义，规划了生物计量发展战略研究，搭建生物计量体系架构。通过研究获得生物计量领域多项创新成果。这一时期是自学开拓创建阶段，可称为创建期。

2005年12月31日，国家科技基础条件平台建设项目课题"生物化学计量标准资源整合与共享体系建设"启动研究，探索生物计量领域相关标准资源及研究内容。经过3年研究工作，初步建立了出入境检疫、动物疫病、临床检验、生物安全、生物医药、司法鉴定、医疗器械等重要部门在生物领域的相关潜在计量标准、规范的统一和资源共享方法与平台，为生物计量研究在各领域的合作和应用奠定了基础。

生物技术的迅速发展促使我国储备了有潜力提升为生物计量标准的生物测量资源。生物测量与标准资源是生物技术产业发展的物质保障，也是推动临床检验、医疗器械体外诊断、生物医药（人用药物、兽用药物）、生物安全、检验检疫、司法鉴定等领域高质量发展的重要技术力量。因此，围绕我国生物技术和生命科学分析对象中核心的核酸、蛋白质、细胞和代谢产物展开，对检验相关的生物计量领域相关标准资源进行了系统调查分析、评价、整合和信息汇集，包括参考测量方法、参考测量标准、计量检定校准、技术规范、计量器具、国际比对等资源，并制定相应资源的标准规范。这项工作是生物计量研究在不同应用领域的前期调研，例如首次从检验检疫领域调研，建立生物安全领域相关的资源和服务平台，有助于今后提高国家各口岸实验室对生物安全、粮食/食品安全中所涉及的转基因成分、植物病原真菌、动物疫病、食品及饲料中动物源性成分和检疫性有害生物的检测能力和统一测量标准应用。

从2006年开始结合生物计量自身生物特性量和国家粮食和安全，决定将微生物和植物体作为生物计量研究对象，以核酸与蛋白质生物计量基础研究为优先发展方向，以期实现转基因植物、病原微生物的核酸、蛋白质测量的多种计量溯源途径的计量技术体系，解决当时我国还没有的核酸与蛋白质测量溯源性的瓶颈问题，并建立核酸、蛋白质含量测量的量值单位统一、国际互认的校准和测量能力。

2008年12月，"十一五"国家科技支撑计划项目"生物安全量值溯源传递关键技术研究"开始了转基因核酸量值溯源传递、病原微生物核酸量值溯源传递、转基因植物蛋白质量值溯源传递、病原微生物蛋白质量值溯源传递等四个方面关键技术及标准物质研究，重点建立转基因核酸、转基因蛋白质、病原微生物核酸和病原微生物蛋白质量值溯源途径。通过研究实现了基于转基因核酸特性量值到国际单位制（SI）单位和自然数的溯源途径，建立了针对病原微生物核酸含量测量量值到 SI 单位的溯源途径，转基因植物蛋白质和病原微生物含硫（S）蛋白质量值到 SI 单位的溯源途径。为创建国家核酸与蛋白质生物计量基标准体系打下基础，为我国转基因检测和病原微生物检测提供计量标准和量值溯源支撑。同时培养了一支生物计量研究人才队伍。2010 年，"生物安全量值溯源传递关键技术研究"课题组被授予中国计量科学研究院"巾帼文明示范岗"荣誉称号。

（3）2011～2020 年（"十二五""十三五"期间）

这一时期是创新生物计量研究和成果应用的重要十年时期。我国独立主导多项 BIPM/CCQM 立项的核酸测量、蛋白质测量的国际关键比对和研究性国际比对。通过研究建立核酸与蛋白质生物计量基标准体系并应用在重点领域，同时进入新一轮的生物活性计量、序列计量、蛋白质修饰测量等创新基础研究。可称其为生物计量科学创新发展期。

此期间，在"十一五"时期所取得的成果基础上，进一步加强了微生物计量溯源性和标准物质研究、基因和蛋白质计量标准提升研究等。重点建立新的微生物计量溯源性和核酸与蛋白质多途径溯源的方法体系。分别开展粮食质量安全生物计量技术研究，核酸、蛋白质及微生物的生物测量和标准物质技术研究，基因组计量研究，目的是应对国际挑战，特别是应对在粮食/食品安全、生物安全、环境安全、临床检验和体外诊断、生命科学等方面应用需求，服务国家的不时之需。

粮食质量安全一直是生物计量研究重点应用领域，紧密与国家战略和世界贸易相结合。在 2012 年 12 月 29 日国家发布的生物产业发展规划中，高品质/国际化发展是基本原则，规模和质量大幅提升，社会效益加快显现是发展目标。2013 年首个"计量发展规划（2013—2020 年）"出台，将粮食计量作为工作重点，生物计量基础研究和应用研究内容也首次写入了该规划中。2014 年中央一号文件强调完善国家粮食安全保障体系，更加注重粮食品质和质量安全。因此，需要加强生物计量和标准在粮食品质和安全领域的质量基础作用。

为推动生物计量工作在粮食质量安全方面的应用和发展，2014 年 12 月，中国计量科学研究院组织召开了 2014 年粮食质量安全生物技术计量工作会议，中国小麦专家程顺和院士参加了会议，水稻专家袁隆平院士专门为此次会议发来贺信称赞了这项工作（图 1-3）。

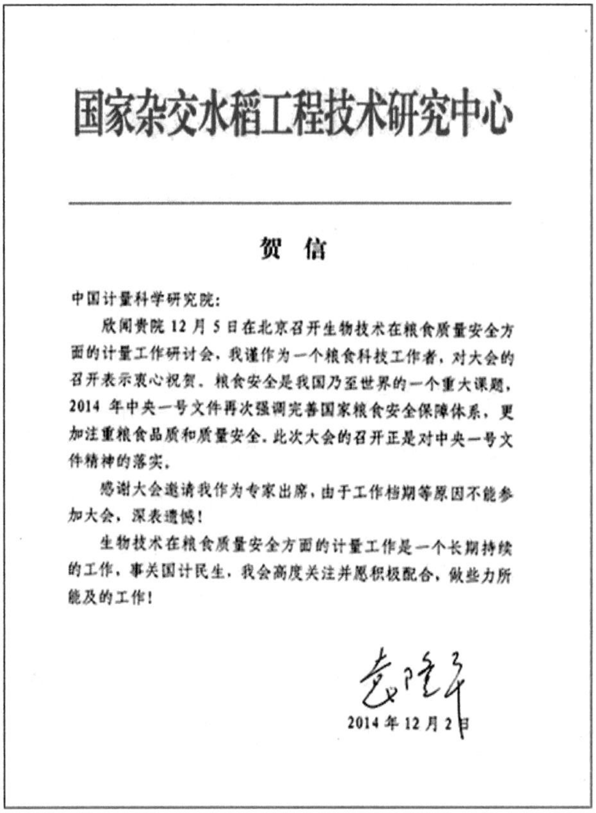

国家杂交水稻工程技术研究中心

贺 信

中国计量科学研究院：

欣闻贵院 12 月 5 日在北京召开生物技术在粮食质量安全方面的计量工作研讨会，我谨作为一个粮食科技工作者，对大会的召开表示衷心祝贺。粮食安全是我国乃至世界的一个重大课题，2014 年中央一号文件再次强调完善国家粮食安全保障体系，更加注重粮食品质和质量安全。此次大会的召开正是对中央一号文件精神的落实。

感谢大会邀请我作为专家出席，由于工作档期等原因不能参加大会，深表遗憾！

生物技术在粮食质量安全方面的计量工作是一个长期持续的工作，事关国计民生，我会高度关注并愿积极配合，做些力所能及的工作！

2014 年 12 月 2 日

图 1-3　2014 年袁隆平贺信

这次粮食质量安全生物领域技术计量工作会议达成以下共识：我国的主要粮食作物为水稻、小麦和玉米等，通过与作物研发院所和企业、种子和粮食质量检验部门的合作，研制具有准确量值和不确定度水平的基因检测标准物质，建立基因检测相关仪器设备检定校准规范，对基因检测方法的可靠性验证；组织相关能力验证、人员培训和应用示范等。建立在基因测量溯源传递体系，实现基因检测结果自下而上的量值溯源，以保证种子、粮食及其深加工产品质量安全检测数据的准确可靠，从根本上保障粮食质量安全提供计量支撑作用。

同期 2014 年，国家“十一五”生物产业发展规划中明确要求加快生物安全管理体系建设，提出加快建立生物测量量值传递与溯源体系、生物参考测量标准物质库。随后在 2016 年，发布“十三五”生物产业发展规划，其中创新基础平台单独列出“建设生物产业标准物质库”，夯实生物计量和质量控制标准创新基础。这十多年的生物计量研究的创新和积累，我国已建立的核酸与蛋白质生物计量基标准体系部分实现了以上的规划和共识目标。生物计量与标准化结合更是生物产业和蛋白质产品高质量发展的基础。

2015年，国家标准化管理委员会立项开展了"重要核酸生物技术30项国家标准研制"（201510208）质检公益性行业科研专项项目研究。该项目致力于搭建生物领域国家标准化研究平台，研制开发出了符合核酸检测环节相关的方法和质量控制技术标准，如《核酸检测试剂盒溯源性技术规范》（GB/T 37868—2019）、《核酸检测试剂盒质量评价技术规范》（GB/T 37871—2019）、《核酸提取纯化试剂盒质量评价技术规范》（GB/T 37875—2019）等国家标准，提供了计量标准的技术保障，推动了生物计量和标准化的有机结合。

经过国家"十一五""十二五"时期对生物计量科技研究的积极储备，我国已建立了具有国际水平的核酸、蛋白质、细胞和微生物计量研究平台，建立了核酸蛋白质含量计量溯源和量值传递体系，确保了生物测量量值的国际等效性，构建了生物计量和质量控制标准平台。在2017年，国家生物计量再启创新前沿研究，目标是建立新的计量技术和测量标准以支撑生命质量。为此中国计量科学研究院生物计量团队主持承担了"十三五"国家重点研发计划国家质量基础专项（NQI）项目"生物活性、含量与序列计量关键技术及基标准研究"，建立完善生物测量源头计量标准支撑生命健康（王晶，2017）。

"十三五"期间，我国生物计量研究加大力度与各部门生物领域密切合作，对人类健康、禽病和生物安全威胁因子的生物计量与质量控制标准的研究及示范应用进行攻关。通过研究，我国逐步建立了基因、蛋白质、微生物的生物计量溯源传递体系，服务国家农业、精准医疗、体外诊断产业、食品安全、司法鉴定、生物安全等方面，特别是为国家生物产业提供了强有力的支撑。进一步夯实国家《"十三五"生物产业发展规划》提出的"生物计量和质量控制标准创新基础"，支持生物产品的市场准入。

17年来，通过对生物计量术语及定义、生物特性量的溯源途径、计量基标准、计量方法和不确定度评定等研究，生物计量理论和研究体系初具雏形。我国生物计量在核酸与蛋白质含量计量的校准和测量能力（CMC）数量和水平上均走在了国际前列，首次创建了核酸与蛋白质生物计量关键技术及基标准体系（中国计量科学研究院生物计量团队，2022）。

2021年起，正式步入了国家"十四五"时期，一方面推进现有生物计量创新成果持续应用，运用好生物计量已有的科研成果，加强生物领域的应用研究。另一方面，加强新时期生物计量基础研究，围绕生物计量分类和生物计量树有针对性地再次挑战生物体和生物标称特性的生物计量创新研究。

综上，自2003年我国参加核酸测量国际比对研究、2004年肽/蛋白质测量国际比对研究，开启生物计量这一计量新领域的研究工作。在创新研究过程中坚持解决生物特性测量的量值溯源性基础问题为重点，从思考到摸索与探索研究，从国际比对到深入生物测量科学研究，从核酸、蛋白质纯度物质到生物体核酸、蛋白质测量的科学研究，建立了大分子生物物质核酸与蛋白质计量的溯源性，建立多条溯源途径和计量溯源传递体系，保证了生物测量的量值准确可靠、可溯源。

当前，是研究生物组学、生物大数据、生物表型跨尺度测量的时代，一方面是人们对生物分析测量数据的准确可比的有效性要求越来越高，另一方面是国家抢占生物科技制高点的需要。由于生物系统的复杂性和活性特点，生物计量研究将从单一测量对象到复杂测量对象、再到整合测量的逐步攻关，其所面临的挑战难度也在不断增加。生物计量研究之路漫长而艰辛。

本章通过对生物计量国际、国内发展进程和战略的梳理，总结得出发展生物计量具有的深远意义，它将成为21世纪最为活跃影响最为深远的计量领域新学科已不容置疑；它更是生命科学进步及产业发展的重要驱动力。生物计量的发展将不断发挥体现国家实力、支撑生物科技发展、助力生物产业经济发展、维护贸易公平的积极作用。

第二章　生物计量学概述

生物计量是生物测量及其应用的科学，关于生物计量的科学称为生物计量学。它是以生物特性的计量溯源性为基础的生物测量科学，通过研究建立生物计量溯源传递体系，来保证生物特性量值准确和单位统一；它也是生物测量科学的应用研究，包括生物特性量的计量基准、标准、方法、校准等在内的生物计量溯源传递体系应用，保障生物领域的生物分析测量数据结果有效性。计量溯源与传递是互为逆向的关系，即自下而上是量值溯源，自上而下是量值传递。

生物计量体系由生物计量分类、生物计量研究及生物计量应用三部分构成。从分类上看，生物计量是对生物大分子物质和细胞、微生物、植物等生物体的生物特性可测量的生物计量研究及其应用，使在生命科学领域的生物特性分析测量结果准确并可溯源到国际单位制单位、法定计量单位或国际公认单位。

进入 21 世纪，生物计量学成为继物理计量、化学计量后发展起来的一个计量学新学科，它是计量学与生物学相融合的一门学科。如今，生物分析测量技术已经是世界各国在不同时间、空间进行各种生物科技和生物产业活动中获取数据的基础手段。而且随着人类对生物学研究的深入和生物技术的发展，生物分析测量数据结果的表述不断出现新单位，而这些单位的统一、数据结果准确可靠和可比的需求依赖生物计量研究来解决。生物计量理论、生物特性量值溯源性及生物计量溯源传递体系是生物计量学的主要内容。

第一节　引　言

人类生活在一个活跃的生态环境中，地球上的生物无时无刻不在影响和改变着人类的生存环境和生命健康。而人类也在通过研究地球生物和自身，不断发展生物学和生命科学，提升生存质量和生命质量，并从生物科技及其产业中获得收益。

从 20 世纪末进入 21 世纪，在生物科技带动下的生物学和生命科学、生物产业崛起并快速发展，生物经济正在成为引领当今社会新质生产力的重要发展方向。特别是在与生命健康、生存安全紧密相关的粮食/食品安全、生物安全、体外诊断、精准医学、法医物证鉴定和环境保护等领域，通过采取先进的生物技术和生物分析测量手段不断获得更多更精准的测量数据及生物科技成果，其所产生的社会效益和经济效益与日俱增，特别是对保障生命健康、生存安全，提升生物产业质量、经济贸易等的影响越来越大。这也将生物分析测量数据结果的准确、可靠、可比（较）的需求和有效应用提到了新高度。

本书中所指的生物分析测量是在一定条件下，通过对采集到的生物样本[①]经处理后得到的样品进行可测量的程序操作，涉及日常检测、分析、测试、检验等可测量的程序操作方式，获得一个或一组数据信息（包括计量单位或不确定度）。这些数据信息可满足生物领域各方不同预期目的需求。要保障生物分析测量数据结果的有效性，就必须有生物计量研究、生物计量溯源传递体系，以及有效性保障措施。

当前，随着我国的科技创新精度显著加强[②]，关于生物大分子和基因组的研究进入了精准调控阶段。生物技术与生物信息技术的结合，对生物大分子物质核酸、蛋白质以及细胞和微生物等生物体的精准调控数据准确、可比的需求与应用，将加速生物计量的研究难度。要做到对生物大分子和基因组等生物特性的测量科学研究，就要依靠对精准的生物计量技术攻关，来获得标准生物特性量值，达到最小不确定度、实现可溯源性，以及国际互认的校准和测量能力，从生物计量学层面解决不断发展的系统生物学和组学所带来的对生物特性数据准确可比的需求。这些都是生物计量领域所要面对的全新挑战。

生物计量所面对的首要挑战是如何保证生物特性量值溯源性和单位统一，再者是研制生物计量基标准。由于被测生物样本、基质和被测物的复杂性、被测量生物特性量的多样性、生物特性量定义存在不统一而使单位多元等原因，极易引起生物特性测量结果不准确、不可比，实现特性量值的单位统一、溯源和准确存在困难。对生物计量进行分类，需要从简单到复杂加以研究，建立并不断完善生

---

① 生物样本（biological material）是指从生物个体获得或衍生的所有物质。生物个体包括人体、植物、动物、微生物或非动植物类的多细胞生物［来自《生物样本库质量和能力通用要求》(GB/T 37864—2019)（等同采用 ISO 20387：2018）］。

② "正如科技创新精度显著加强，对生物大分子和基因的研究进入精准调控阶段，从认识生命、改造生命走向合成生命、设计生命，在给人类带来福祉的同时，也带来生命伦理的挑战"［习近平在中国科学院第二十次院士大会、中国工程院第十五次院士大会、中国科协第十次全国代表大会上的讲话（2021年5月28日）］。

物计量溯源途径，通过国际约定，建立生物特性量值溯源性和国际互认。

第二节　生物计量概念、特性及体系

人类社会的发展离不开测量和计量。计量既是测量的科学又是其应用活动，它不仅研究精准测量，建立标准量值，它还必须具有溯源性和测量不确定度等基本属性。

简单说生物计量是生物测量及其应用的科学，它是在生物测量基础与理论上的计量科学。生物测量数据结果的准确可靠需要生物计量予以保证，所以生物计量是生物测量发展的客观需要，是严格意义的生物测量。从计量学基本属性来讲，生物计量是实现生物物质和生物体的精准测量并具有量值溯源性的生物测量及应用科学。

关于生物计量的科学则为生物计量学，它是计量学的一个分支。是继物理计量、化学计量后发展起来的一个计量学新学科。生物计量概念、定义和范畴是生物计量学的理论基础。

接下来将从生物计量的概念、特性、体系等方面进行概述，并结合国际比对战略、生物特性量、计量单位等加以介绍。

一、生物计量概念

（一）生物计量内涵

从中文和英文字面上看，生物（bio-）、计量（metrology）相组合就是生物计量（bio-metrology），但这里的内涵并不是简单的文字叠加。生物计量理论的本质和规律，来源于对生物样品测量的科学实验活动，其获取的准确数据结果，是具有溯源性、不确定度和计量单位的准确数据。将此生物特性量准确数据作为标准值，进而通过统一单位的计量标准量值指导或规范各领域的日常生物分析测量活动，使有效的生物分析测量数据结果被应用在相关决策中。

生物计量以实验开展严格精准的生物测量科学研究，是为使生物特性量测量结果达到最小不确定度，并可溯源到国际单位制。能保证所测量的生物特性量的数据准确和可溯源。当通过精准测量生物的生命基本物质核酸、蛋白质的特性量，得到生物特性量值信息并与国际单位制（SI）联系起来，便使生物核酸与蛋白质的测量值准确且具有溯源性。在确保生物特性量值溯源一致性后,再将这些量值信息作为计量标准进行有效应用,即生物计量应用,从而以统一的计量标准、统一溯源管理措施,保障日常生物分析测量数据结果的有效性。因此,生物计量不是简单的"生物"加"计量",也不是生物测量本身,更不是生物分析测量,它是结合生物学与计量学,以生物计量学理论为基础,通过生物测量的科学研究,建立生物计量溯源传递体系,并应用以保障日常生物分析测量结果的准确、可比和可溯源。

(二) 生物计量定义

英文"生物计量 (biometrology)"一词较早出现在 1984 年,是为当时研究支气管肺泡灌洗液标本中的粉尘而提出来的,用以研究粉尘对健康的影响(Sébastien, 1982)。可以看出当时提出的"生物计量 (biometrology)"一词,与本书所讲的生物计量概念有很大的差别。本书中的生物计量研究范围更广,要求测量更精准,并具有与国际单位制 (SI)、计量溯源性紧密连接的属性。

在 2000~2002 年的 BIPM/CCQM 生物分析工作组筹备过程中,筹备小组在计量领域提出了"生物计量 (bio-metrology)"这一名词,但当时没有确定明确的定义。2003 年我国参加 BIPM/CCQM 的核酸测量国际比对,开始了生物领域相关计量比对研究,并开始思考生物计量在我国的发展。为了统一对生物计量及相关术语的科学理解,我国在 2007 年成立了全国生物计量技术委员会,确定该委员会的首要任务就是制定我国的生物计量术语及定义的国家计量技术规范。从 2007 年提出制定《生物计量术语及定义》技术规范申请,到 2008 年该项技术规范申请被纳入国家计量技术规范制修定任务计划得到原国家质量监督管理总局立项,作者牵头组织了对生物计量术语及定义的研究,并在之后用两年时间,完成了《生物计量术语及定义》国家计量技术规范的起草制定任务,《生物计量术语及定义》(JJF 1265—2010) 于 2010 年首次发布后实施,第一次给出了生物计量定义及相关的术语定义。随着生物计量十多年来的发展,2022 年该项国家计量技术规范完成了修订工作并发布,以《生物计量术语及定义》(JJF 1265—2022) 代替《生物计量术语及定义》(JJF 1265—2010)。

生物计量是以生物测量理论、方法、标准为主体,实现生物体、生物物质的测量特性量值在国家和国际范围等效一致,使测量结果溯源到国际单位制 (SI) 单位、法定计量单位或国际公认单位(国家市场监督管理总局, 2021)。其中:①生物物质指如蛋白质、肽、酶、抗体、抗原、核酸、基因、生物活性成分等。②特性量值包括含量、序列、活性、结构、分型等的生物特性量值。③生物计量涉及核酸计量、蛋白质计量、微生物计量、细胞计量等。它们均属于生物计量的范畴。

简单说生物计量是生物测量及其应用的科学，这里的生物测量（biomeasurement）是指确定生物体、生物物质特性量值（一个或多个）的一组操作。通过对生物特性测量的科学研究，研究建立生物计量溯源性、生物特性量单位统一、测量不确定度等生物计量关键属性。计量溯源性（metrological traceability）是计量学基本属性之一，《通用计量术语及定义》（JJF 1001—2011）中指出，它是指通过文件规定的不间断的校准链，测量结果与参照对象联系起来的特性，校准链中的每项校准均会引入测量不确定度。所使用的校准文件通常是国家计量技术规范。

（三）生物特性测量

生物计量是通过具备计量学属性的生物测量科学研究而发展的。既在研究中传承计量基本属性，也是创新建立生物计量新学科。传承与创新的交融有助于生物计量发展。十多年前各国国家计量机构的计量科学研究者们启动的一系列生物测量国际比对研究已经反映出来，各种生物特性测量国际比对新项目的提出，对生物计量的科学研究具有指导意义。

也就是说，生物计量的发展，一是把生物特性测量做到具备计量学属性，以计量思想建设生物计量理论。二是围绕生物特性测量的生物计量思想研究方法、基标准、校准技术以建立生物计量溯源传递体系，并发展体系应用，最终将生物计量应用在生物领域发挥价值作用，解决对生物特性的日常生物分析测量所面临的数据误差大不准确、数据差异大不可比、数据结果表示单位不统一和无法溯源到国际单位制等诸多问题。要解决这些问题有必要条件和先决条件，其中建立生物计量溯源性是必要条件，获得生物测量国际计量比对国际互认是先决条件，而生物计量基础科学研究是根基。

1. 国际计量比对战略

国际计量比对简称国际比对。生物计量的发展需要国家有对生物特性测量国际比对的实力和发展战略。2003～2013年，我国已实现了从最初参加国际比对到独立主导国际比对（包括研究性比对和关键比对）的身份转变，并且以国际比对制高点有效带动了国家生物计量的发展。

截至2019年，从全球来看，国际比对研究不仅带动了生物计量中核酸含量计量、蛋白质含量计量和活性计量等生物特性计量，也使得这一时间段成为核酸与蛋白质生物测量获得国际互认的校准和测量能力、建立生物特性量值溯源性发展的关键时期。这其中有几个国际比对的启动研究是基础和战略性的。

2003年，英国政府化学家实验室（LGC）和美国国家标准技术研究院（NIST）联合主导核酸测量的第一个国际比对，即转基因玉米PCR定量（拷贝数）测量（CCQM-P44）国际比对。并于2009年完成线性质粒DNA定量（CCQM-K61）关键比对（Ellison et al., 2009）。通过参与该项国际比对，我国获得了核酸含量测量国际互认的校准和测量能力。

2005年，由英国政府化学家实验室（LGC）、德国联邦物理技术研究院（PTB）、美国国家标准技术研究院（NIST）联合主导了第一个蛋白质含量测量的国际比对，即多肽蛋白质含量同位素稀释质谱测量（CCQM-P55）国际比对。通过参与该项国际比对并以此为基础，我国获得蛋白质含量测量的国际互认校准和测量能力。

2013年，中国计量科学研究院独立主导高淀粉基质转基因水稻 *Bt63* 相对定量（CCQM-K86b/P113.3）国际关键比对和研究性比对（Dong et al., 2018）。通过主导此次国际比对，我国的国家转基因水稻质粒分子标准物质用于该项国际比对研究中，并被其他国家采用，由此开启了我国核酸标准物质步入国际采用的轨道。

2015年，中国计量科学研究院独立主导了蛋白质活性测量的第一个国际比对，即人血清α-淀粉酶催化活性浓度测量（CCQM-P137）研究性国际比对，成为了我国蛋白质活性比对研究的里程碑。2019年，我国再次独立主导酶活性测量（CCQM-K163）的国际关键比对。

2016年，韩国标准科学研究院（KRISS）主导了DNA拷贝数绝对定量测量（CCQM-P154）国际比对。在该比对中，中国计量科学研究院比对结果与作为主导实验室的韩国标准科学研究院的比对结果一起作为国际比对参考值计算。

以上所列举的这些国际比对研究之所以可以称为基础和战略性国际比对，是因为他们首次解决核酸拷贝数含量、蛋白质浓度含量、酶活性的特性测量可比性、溯源性，并且是建立核心测量能力的开端。主导比对的国家实验室选取了核酸与肽/蛋白质的不同测量对象进行含量特性测量，包括不确定度评定、单位统一和溯源性等计量品质属性研究，达到测量结果可比和等效一致。这些国际比对对我国建立核酸和蛋白质测量的溯源传递体系有重大影响和推动作用，为生物计量在对保障日常生物核酸与蛋白质分析测量结果准确可靠发展打下了坚实基础。并且在核酸和蛋白质含量测量、酶活性测量的国际比对、可比性和溯源性研究中，中国在国际上不仅发出了声音，中国计量科学研究院也逐步成长为可以独立主导生物测量国际比对的国家计量机构。

国际比对是解决核酸与蛋白质计量的溯源性和单位统一的先决条件。在国际比对研究基础上，生物特性量单位得到国际承认并纳入国际单位制单位手册（简称 SI 单位手册）是建立生物计量溯源性的依据。如以完成的核酸测量国际比对为基础，达成在国际单位制单位手册中纳入核酸测量拷贝数单位说明的共识。

也就是说从核酸含量测量的国际比对开始，经历了数十年时间的计量研究，解决了以拷贝数浓度单位表示的核酸含量测量可比性和溯源性的问题，实现了国际互认。至此对核酸含量测量的拷贝数单位描述写入了 2019 年第 9 版 SI 单位手册。在该手册中，指出核酸拷贝数的计数性质是与单位"一"（符号为"1"）相关，可以通过适当的、验证过的测量程序建立到 SI 的溯源，说明可以正式建立溯源。同时，该手册中也有对催化活性单位给出建议的描述，建议用国际单位制（SI）单位"摩尔每秒（$mol \cdot s^{-1}$）"表示催化活性单位，即卡塔尔"Katal"单位，符号为 kat，可使长期使用的非国际单位制单位 U 统一到使用国际单位制单位。从第 9 版 SI 单位手册中可获得生物核酸拷贝数测量、蛋白质酶活性测量等单位统一和溯源的依据。

可以看出，这些生物计量基础工作的推动，离不开国际比对和计量学研究，同时也离不开各国国家计量机构和国际组织的合作与协调所达成的共识。

从 2003 年的第一个国际比对启动后，积极参与国际比对不仅使我国优先开展在核酸含量、蛋白质含量的计量研究，也在酶活性生物特性测量方面提出了国际比对建议，把握了生物特性计量研究基础，使我国具备了核酸拷贝数、多肽/蛋白质含量特性量值溯源性以及国际互认的校准和测量能力，更为中国生物计量发展和应用奠定了基础。

时隔 17 年后，面对 2020 年新型冠状病毒感染疫情，我国及时研发应对病毒核酸检测和抗原检测的计量标准，再次在国际上提出新型冠状病毒核酸、蛋白质测量的国际比对，来保障新型冠状病毒核糖核酸拷贝数含量与蛋白质抗体、抗原含量检测的数据准确和可比性，在我国乃至世界范围发挥了核酸与蛋白质计量应用的社会价值。

但是从目前来看，还有很多的生物特性量需要计量研究，多数生物特性测量还没有国际比对，也没有建立计量溯源性，加上生物基质复杂性带来在实际应用中的生物标准物质互换性问题，这些都需要生物计量科研人员思考并采取多路径和整合计量研究策略。

2. 生物特性测量性质

保证日常生物分析测量数据结果准确可靠和可比性，是解决与人类和社会紧密联系的健康与安全预防、生物制造与国际贸易等方面数据互认和正确判断的基础。如核酸与蛋白质含量检测数据是否准确，会影响到对食品安全、生物安全、贸易安全等应用上的正确判断。面对众多应用领域的需求，就必须思考，包括核酸与蛋白质含量、序列、活性、形态等在内的众多生物特性量的生物计量溯源性研究路径是什么？生物计量面临的技术和目标如何实现？

(1) 生物特性测量计量学的分析

生物计量是用计量理论和测量技术进行生物测量科学研究，是具有计量学意义的生物测量。生物计量区别于生物测量的地方，在于科学研究生物测量的计量学属性。

生物测量仅是对确定的生物体、生物物质的一个或多个特性量值的操作活动。可以是包括核酸、蛋白质等生物大分子，也可以是细胞和组织，生物体以及系统生物学领域的生物测量。生物计量则是以生物测量为手段建立生物特性量值的溯源性、不确定度、单位统一的科学活动，建立生物特性量的生物计量溯源传递体系并保障日常生物分析测量有效性的应用。含量、分子量、序列、活性、结构、分型、形态等生物特性的量或数据，称为生物特性量。

生物测量有很多不同于传统物理和化学测量的特性量及其量值，如生物核酸特性量拷贝数浓度含量的量值，是特有的生物特性量的量值。因此，生物计量有不同于化学计量和物理计量的特性。但是，生物计量又与它们有紧密的联系，特别是在国际单位制（SI）单位的使用上，生物计量的生物特性量使用的计量单位一定会与物理基本量单位和物质的量摩尔单位相关联。

生物体和生物物质的复杂性带来了生物特性及其生物特性量的多样性，生物特性除了含量外，还包括序列、结构、形态、分型等，这些被称为生物标称特性(nominal property)。标称特性是不以大小区分的现象或物质的特性。生物特性量值则是对生物特性测量所确定的生物特性量与单位，确定的量或数据包括这些标称特性的特殊表示，如排列、图形、图谱等，与单位组成的生物特性量值，把它们称为生物标称特性值，有时也简称为生物标称特性。因此，生物特性量值也就区分为以大小、含量等表示的生物特性量值和以排列、图形、图像等表示的标称特性值，在本书中统称为生物特性量值。

众所周知，生物本就是活体，当测量的对象"生物"是一个活体或一群活体，要进行生物测量，一是直接测量活的生物体的特性量值，二是以采集生物样本及其生物物质为被测物，三是测量灭活生物体和生物物质的特性量值。从计量角度测量生物特性，重点会关注生物测量的生物特性量单位和计量溯源性。需要考虑被测量的生物特性量既复杂又多样化的现实，不仅是生物测量的生物物质和生物特性量多、生物基质复杂，而且带来生物特性量值的表示和单位具有多元化，出现的情况包括但不限于如下几种。

①当对不同生物体的生物特性量进行测量，由于单位多元化原因，会出现生物测量单位有不同定义的情况。

②当使用不同单位对同一生物特性进行测量时，就会导致生物测量单位不统一，使测量结果无法比较的情况。

③生物测量遇到无量纲的情况。

例如，对生物物质核酸测量"含量"这个特性量，使用不同的测量方法和定义得出的特性量值单位会不同，有用单位体积质量（g）浓度表示核酸"含量"的，也有用单位体积拷贝数（copies）浓度表示核酸"含量"的。在不同生物体如植物转基因核酸含量测量、动物源食品中核酸含量测量、微生物计数测量，量值单位分别为拷贝数浓度、质量浓度、计数单位，这就产生了同样是含量特性量的测量结果表示，单位却不同的情况。又如，对生物物质酶测量"催化活性"，有用国际单位（IU），国际单位制（SI）单位"$mol \cdot s^{-1}$"表示测量结果，即酶催化活性单位的卡塔尔（Kat），就出现了同一生物特性被测量定义不同的情况。另外，生物测量的量纲为1是常见的情况，如比值。

单位的不统一是影响日常生物分析测量中出现数据结果不准确、不可比问题的主要原因之一。无论如何，生物特性量值单位和溯源性建立都应是生物计量的重点，它们是生物计量学科建立的基础，也是解决上述问题的根本。对于具有挑战性的和不统一的生物特性量的单位，如何能使生物特性量值的表示形成统一和完全使用国际单位制（SI）单位，且具有溯源性，需要经过生物计量学家的科学研究，并与生物学家的互通，再结合国际比对研究以及行业领域对不同单位应用的研究，寻求一致性的科学基础。并需要在计量学研究基础上国际组织专家达成一致共识，最终实现单位统一和可溯源的目的。

特别是对生物测量中占多数的生物标称特性的测量，含有大量具有挑战性的生物特性量单位。这些生物特性量单位的统一和溯源性，在整个生物计量研究基础中占据了大多数内容。因此，生物计量更需要有战略性和前瞻性的创新研究思路，也面对相当大的困难。

（2）生物特性测量科学的挑战

对生物特性测量活动中，决定被测生物特性量及其测量单位统一和溯源性给生物计量学基础研究带来了的挑战。这些挑战主要体现在三方面：一是如何实现生物特性量值的单位统一，解决单位难以统一问题；二是如何建立生物特性量值的计量溯源性，实现可溯源，解决无法溯源到国际单位制的问题；三是如何评定生物特性量值的不确定度，研究测量不确定度和非测量不确定度评定方法，特别是解决生物标称特性测量的不确定度评定问题。

在我国生物计量发展初期，以生物特性含量研究为突破口，在没有研究基础并且没有研究思路可以借鉴时，利用多路径研究思想和创新，解决了生物大分子核酸与蛋白质含量测量的溯源问题。

理论思想总是在学习、研究中经过思维创新产生，并要通过实践检验。生物计量研究的多路径思想，是以生物特性的生物测量原理为基础，以生物特性的精准测量和溯源性为目标，建立各种计量方法、计量标准和溯源途径。经国际比对验证建立国际互认的生物特性核心测量能力及溯源性描述。

因此，实践精准生物测量的科学研究就是践行这些挑战，就要坚定研究生物特性量值准确、量值统一和可溯源的基本理论与应用的计量学。而建设生物计量学，需要先构建生物计量体系，再通过测量科学研究，建立生物计量基标准和计量溯源性的技术体系，进而建立生物计量溯源传递体系，支持生物特性量值的可比、可溯源，为用户提供生物分析测量有效性管理手段，这是生物计量学的价值。

二、生物计量范畴和属性

生物计量范畴主要涉及生物物质、特性量值。下面将对生物物质、生物特性量值及计量单位进行说明。

（一）生物物质

生物计量定义中有生物物质和生物体，它们是生物计量的被测物，如核酸、基因、蛋白质、肽、酶、抗体、抗原、生物活性成分等微观生物大分子，也包括相对宏观的生物体及其细胞、微生物或微生物菌群等。本书中不特别指出时，它们统称为生物物质。

要了解生物计量，先要了解生物物质的大小尺度，这对生物计量研究很有帮助。生物物质的大小尺度常用国际单位制基本量长度的单位表示。通常核酸和蛋白质分子的大小在几纳米（nm）到几十纳米，但有例外，DNA大分子在人类DNA分子表现上平均长度为4cm以上。微生物通常为纳米或微米（μm）大小，病毒直径在几十纳米到几百纳米，绝大多数细菌的直径大小在几微米，细胞大小则是从几微米到百微米不等。部分生物物质大小尺度比较的相对位置示意如图2-1。而生物的共同基础物质有蛋白质和核酸，它们也是生命基本物质；生物的结构基础是细胞，由细胞构成生物个体。微生物是特殊的微小生物个体，线虫、昆虫等也是生物个体。当生物大分子、细胞、生物体等作为测量对象时,蛋白质、核酸、细胞、微生物、线虫等统称为生物计量的"被测物"或"测量对象"。

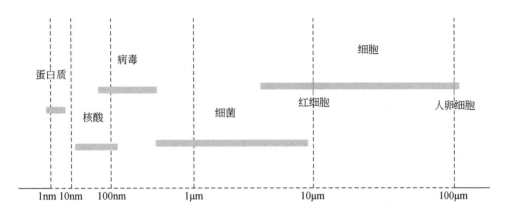

图 2-1 生物物质的大小尺度示意图

(二) 生物特性量值

生物物质的含量、计数、形态、分型、序列、结构、功能、活性等即为生物物质测量特性,简称为生物特性,或测量特性。生物特性的量即为生物特性量,或特性量。生物特性量值也是生物计量"被测物"的"被测量"。

从生物特性量值定义看,生物特性量值是对生物测量对象的生物特性经测量确定的特定数与测量单位,通过参照约定的参考标尺(如计量标准)或特殊情况下使用参考测量程序(RMP)等方式所表示的量值。简单来说,就是以一个生物特性量测量所确定的数(值)乘以单位则为生物特性量值,简称特性量值。生物特性量值包括含量、序列、活性、结构、形态、分型等生物特性通过测量所确定的对应生物特性量值,且生物特性量值包括标称特性值,如排列、图形、图谱等与单位组成的生物标称特性值。

在生物计量的生物特性量值中,含量、活性等特性量值,理论上都应该或可以用一个数量加一个单位来表示,也就是符合通常所称谓的量值,可以溯源到国际单位制。还有一些生物特性包括序列、结构、形态和分型等,目前当它们的量值用特性或特性数据表示,那么在这种情况下,它们的量值则可称为标称特性值,如上面所列举的生物特性的排序、图形、图谱等标称特性值。如在单细胞基因组测序操作后通过数学模型及信息学演算得到的一组序列数据(集),再比如生物体经过测量过程得到的某些生物物质的结构、形态和分型等特性测量所确定的图形、图谱表征及相关数据,均为标称特性值。标称特性值是生物计量中非常重要的一类生物特性量值,将随着对生物计量研究的不断深入,会不断突破产生标称特性值的特性数据与"单位"的描述新方式。

生物计量研究的最高目标是建立生物特性量值的计量溯源性、实现单位统一,可溯源到国际单位制(SI)单位。当无法实现溯源到国际单位制单位时,可通过参考测量程序和计量标准物质完成计量溯源性,或根据生物特性量值的特殊性而按国际公认的单位达到规定的计量溯源性,以利于符合实现应用的目的。

而要完全实现对所有被测物的测量——生物特性量值的测量单位统一和可溯源,需要有漫长的研究攻关过程。当前,对生物计量研究已开始从生物特性含量研究起步,再逐步到其他生物特性量值,甚至是对标称特性值的计量攻关研究,通过研究逐步建立生物特性量值可实现的描述及溯源性,从而不断完善生物计量溯源传递体系。同时,要将生物特性测量逐一通过生物测量的国际互认,这更是极具挑战的生物计量发展国际化过程。

就当前所能考虑到的生物特性测量及生物特性量值的表示,有以下几方面内容。

1)对单一生物物质(包括生物体)的生物特性含量测量。表示含量特性量值的主要方式有摩尔浓度、质量浓度、拷贝数浓度、计数数量、活性浓度等。

即当生物测量对象是单一的微观生物分子时,通常仍可用物质的量表示测量结果,如摩尔单位。需要明确指定生物物质的量时,生物特性量的测量量值通常以单位质量或单位体积中的物质的量表示,或单位体积中的拷贝数、计数数量含量表示。当测量对象是宏观生物个体微生物或细胞时,计数的测量结果通常以单位质量或单位体积中的个数数量表示。以核酸与蛋白质含量测量为例说明。

第一,对生物物质核酸的含量定量测量,有以核酸质量浓度表示测量结果的,也有用核酸拷贝数浓度表示测量结果的,两种测量结果的表示单位虽然不同,但是对核酸的含量定量测量一致性、溯源性、不确定度评定的要求是一样的,同时两种测量结果的表示单位可以进行换算,这些都是核酸计量研究的内容。

第二,对生物物质蛋白质的含量定量测量,除了有质量浓度表示的测量结果外,也有对蛋白质活性浓度测量量值的计量学研究、酶活性测量量值的计量学研究,这些也都是蛋白质计量的内容。

2)对生物物质组成的生物特性含量测量。测量对象亦可以是由微观生物分子组合的物质,如不同蛋白质组成的测量,或是生物分子与生物体组成的复杂被测物,如生物样本基体中的基因、基因组的含量,甚至会是基因含量、序列,蛋白质含量与结构。

当生物测量对象是关于生物组学领域时,如对基因组、蛋白质组、细胞表型组、微生物宏基因组的测量，则需要确定指定的生物分子组和生物个体的数据（集），这时的生物特性含量、序列等测量数据通常会以一组数据（集）表示。

3）对生物物质特性的生物活性测量，测量对象有多种，因为对生物物质的活性测量或活性物质测量，涉及微观生物分子如蛋白质、宏观生物个体如微生物和生物体细胞，以及线虫、昆虫等。

生物活性量值测量单位多元化，不容易统一，主要是由于各领域对活性的定义不同，如有蛋白质活性浓度、滴度、酶催化活性、细胞活性、微生物活菌等，定义不同，测量方法不同，单位不同。加上生物物质的活性与功能相联系，这时生物计量的研究就需要思考以生物特性整合计量的方式进行研究。生物特性整合计量，就是将生物物质或生物体的多个生物特性一起系统化计量，或国际单位制与生物体测量的系统化计量。

4）对生物物质的生物标称特性序列的测量。序列是生物分子的排列顺序，如对核酸、蛋白质序列的测量，就是对核酸分子中核苷酸的排列顺序、蛋白质分子或多肽分子中氨基酸的排列顺序的测量，其表示方式是以标称特性值及相关单位来表示。

5）对生物特性的形态、分型等测量科学研究，是极具挑战性的计量学研究。因为会同时涉及量化定性和定量两种测量方式，重要的是研究其相关特性的计量学属性。

6）对生物物质的结构测量是通过对生物大分子特定高级空间结构、或与特定运动和生物学功能的关系进行测量，来阐明物质行为和生命现象。这时的结构测量，也需要考虑整合计量的方式进行生物计量研究。

（三）计量单位

1. 生物特性计量单位

在日常生物分析测量中，若使用不统一的单位，必定对生命科学、生物产业的发展造成一定的影响，也会成为生物领域贸易往来和生物经济发展的阻力。所以，规范生物特性量值单位使用，保证生物特性的测量溯源性及其单位的统一是生物计量的目标。

采用国际单位制（SI）是国际上统一单位的重要举措，而采用国家法定计量单位是保证国家统一单位的有力措施。国家法定计量单位包括国际单位制（SI）基本单位、国际单位制（SI）的导出单位、国家选定的非国际单位制（SI）单位、以上单位组合形式的单位，以及所构成的十倍数和分数单位等方式（Bureau

International des Poids et Mesures，2019）。

生物特性量值单位的统一同样是需要采用国家法定计量单位，溯源到国际单位制单位是生物计量的重点目标。当遇到生物标称特性值难以统一单位，则需要通过国际组织的合作协调，使用溯源到国际单位制单位，或使用协调一致的国际公认单位来统一。

目前，生物特性量值单位常使用的有国际单位制基本单位、导出单位，国际公认单位，组合形式的单位，以及所构成的十倍数和分数单位等。

例如生物特性量值拷贝数浓度，使用 copies/μL 或 copies/mL 表示的单位；催化活性浓度，如果采用 $mol \cdot s^{-1}$（kat）单位的话，则可使用以 kat/L 表示的单位；质量浓度，使用 μg/g，或 mg/kg 表示的单位；质量分数（g/g）和比值等则会是十倍数和分数单位，以上的列举可归纳为计数单位、活性单位、质量单位等。因此，生物特性量值单位的统一非常重要。

目前，与生物计量相关的生物特性量值单位的统一，对生物领域有了国际协调一致的如计数单位、催化活性单位的统一趋势。

（1）计数单位

聚合酶链反应扩增技术已被广泛应用在不同领域的分子生物学检测中，如核酸含量的聚合酶链反应定量检测，与此同时拷贝数这个单位也出现并被使用。因此，核酸测量的含量特性量值的单位体积"拷贝数"单位也应运而生。这也是目前核酸生物计量中核酸或目标基因等定量使用的单位之一。这时，"拷贝数"（copy）是生物量"数"的一种单位，与国际单位制单位手册中自然数符号"1"相关联。

随着生物科技的发展，核酸扩增、分子计数等方法的使用日益增加，这类生物特性量"数"的单位统一和溯源性逐步得到解决。纵观国际单位制（SI）框架内的自然数"1"，已与生物计量的计数单位紧密相关。建立生物计量单位诸多问题的处理需要通过全球研究统一认定。例如拷贝数与"1"的关系，要确定拷贝数溯源到自然数"1"，是在经过了大量的国际比对研究和各国计量机构的研究基础上，来建立计量单位的规定。也就是通过国际计量比对的支撑、国际组织间的协调来确定计量单位。从早期 SI 手册中量纲为一（符号为"1"）的量说明，发展到 2019 年第 9 版 SI 单位手册中有对拷贝数单位的说明，以及如何处理自然数问题的说明。在 2019 年第 9 版 SI 单位手册中对生物特性量初步有了关联说明①。这些说明的变化可以为解决生物测量的计数单位溯源性提供依据。

1）在 2019 年第 9 版 SI 单位手册的第 2.3.3 节"量的大小"中提到，物理量是由 7 个基本量组成的系统，各有大小尺度。除计数的量外，所有其他量几乎都可以是导出的量，可以根据物理方程的形式给出。

2）一些无法使用国际单位制（SI）的 7 个基本量来描述的量。例如，细胞（微生物）计数，或生物分子（如特定核酸序列的拷贝数），就有计数数量与单位"一"相关的特点。

3）计数数量是与单位"一"相关联的数量。自然单位"一"是任何单位系统的中性元素，在生物领域计量中，与"一"相关的测量，可以通过适当的、经过验证的测量程序或计量方法来建立到国际单位制（SI）单位的可溯源性（Bureau International des Poids et Mesures，2019）。

另外，在第 9 版 SI 单位手册第 5.4.7 部分的说明中，描述了"一"的量值仅用数字表示。单位符号"1"或单位名称"一"未明确显示的，国际单位制（SI）前缀符号既不能附加在符号"1"上，也不能附加在单位名称"一"上，因此 10 的幂（倍数）用于表示特别大或特别小的值。作为同类量之比的量如长度比和物质的量分数，可以选择用单位如 m/m、mol/mol 表示，用来帮助理解所表示的量，并且还允许使用国际单位制（SI）前缀，如根据需要可以用 μm/m、nmol/mol 来表示。但与计数有关的数量没有这些单位，它们有时只是数字（Bureau International des Poids et Mesures，2019）。

（2）活性单位

活性可以是某种酶、药物、激素或其他物质在细胞或生物体内发挥的效能，也可以是或某种放射活性物质的强度，也可以是细胞的活性，和微生物活菌的活性［《生物计量术语及定义》（JJF 1265—2022）］。

生物计量研究中，生物活性测量是对生物样本的活性特性进行测量的活动，而活性与酶、药物、激素或其他物质的效能、或在生物体内发挥的效能等紧密相关。目前，生物计量中涉及生物活性相关测量的有蛋白质活性浓度测量、酶催化活性测量、细胞活性测量、蛋白质免疫活性测量、微生物活性测量等，虽然列举不全面，但也可以看到与活性相关的这些测量的生物特性量值单位却不一样，明

---

① 量纲与基本量有依存关系，基本量包括长度、质量、时间、电流、热力学温度、物质的量、发光强度等 7 个基本量。量纲为一的量（quantity of dimension one）又称为"无量纲量"（dimensionless quantity），其测量单位和值均为数。测量单位（meastureament unit）也称计量单位，简称单位（unit）［《通用计量术语及定义》（JJF1001— 2011）］。

显有不同。由于不同的生物测量对象对于活性的定义不同，所采用的单位也就不同。因此，对生物活性的相关测量研究一定需要根据具体测量对象和定义、采取正确的测量方法和单位表示，并进行溯源性和不确定度评定的具体研究。

值得注意的是，由于生物领域对活性的不同定义概念存在长期的学术积累和领域使用习惯，致使对活性相关分析测量和所采用的单位在不同领域有不同的定义和应用目的，要突破已形成的习惯实现活性单位的统一也是非常不容易的。

从生物计量方面看，要对活性特性量值实现单位统一和测量可比性研究，就需要采取先定义，二单位，再测量的三部曲，才不至于出现测量结果和单位的不一致，最终是为更好地满足预期应用可比性的目的。

相关生物活性单位的使用，在临床检验医学、体外诊断、食品安全、医药等生物领域的应用就有不同，在日常检测中时常会遇到。目前，对于活性单位，统一采用国际单位制单位也不断被国际组织重视和推进。例如，在临床检验医学领域，活性单位采用国际单位制一直没有得到完全统一，但却一直是国际组织努力的方向，并已提到议事日程，当然还包括生物领域的其他单位的统一。自1999年第21届国际计量大会上提出了对生物领域计量的关注，其中的原因除了贸易中的生物转基因成分等检测数据不可比外，主要的原因之一也是基于考虑到生物领域计量在医学和生物化学领域促进使用国际单位制（SI）对人类健康与安全的重要性。这次大会关注了专用名称卡塔尔（Katal）。20年后，2019年新第9版SI单位手册出台，在这个手册中不仅记录了核酸拷贝数及单位溯源性，而且还进一步描述了催化活性（catalytic activity）单位统一使用国际单位制单位的建议，这也是在十多年BIPM/CCQM组织开展生物测量国际比对研究，以及各相关国际组织共同协调发展取得的成绩。生物特性量单位的统一也推动了生物计量的发展。

第9版SI单位手册中写道，在之前30多年的工作中，医学专家和计量学专家注意到一个叫卡塔尔"Katal"的单位专用名称，符号是"kat"，用于表示催化活性的单位，也就是1秒（s）催化转化1摩尔（mol）底物的酶量，具体单位用摩尔每秒（$mol \cdot s^{-1}$）表示；而该单位的使用虽然时间不短但还处于不能完全统一的状态。出现这种情况的原因，是1964年以来，在医学和生物化学领域中广泛应用表达催化活性的单位，采用了国际单位（IU）[①]，被简称为符号"U"，

---

① 有一类用于量化医学诊断和治疗中使用的某些物质的生物活性单位，还不能用SI单位来定义。由于人们对这些物质的特定生物效应的机制尚未充分了解，在物理化学范围方面不能进行量化，而缺乏定义。考虑它们对人类健康和安全的重要性，世界卫生组织（WHO）负责定义此类物质生物活性的国际单位（IU）。

这个表示为非国际单位制单位。看似与国际单位制（SI）没有关系，但从定义上来看，国际单位（IU）指的是在规定条件下，1 分钟（min）时间催化转化 1 微摩尔（μmol）底物的酶量，即 $1U = 1\mu mol \cdot min^{-1}$，为"摩尔/每秒"（$mol \cdot s^{-1}$）的导出单位，$1kat = 6 \times 10^7 IU$。这就导致了在临床等实际应用中催化活性检测结果的表示出现了不同地域使用不同单位的情况，也就是有使用卡塔尔"kat"的，也有使用"U"的。因此，国际联盟强烈建议在医学和临床化学中使用国际单位制（SI）单位，国际临床化学和实验室医学联合会（IFCC）已向国际计量局建议将国际单位制（SI）单位的"摩尔每秒"来表示催化活性，使用卡塔尔（Katal）表示，符号为"kat"，即 $1kat = 1mol \cdot s^{-1}$。当采用"kat"单位符号表示催化活性时，必须指定被测对象的参考测量程序以及规定的参考测量值，同时明确被测量的测量程序或方法及其所确定的数值（Bureau International des Poids et Mesures，2019）。在使用催化活性的单位还没有完全统一时，建议优先使用"$mol \cdot s^{-1}$"，当使用酶催化活性浓度时，例如可表示为卡塔尔每立方米（kat/m^3），则国际单位制导出单位表示为 $mol \cdot s^{-1} \cdot m^{-3}$。最好同时注明相应的 IU 单位（Bureau International des Poids et Mesures，2019）。

在发展生物计量过程中，对生物特性的测量科学研究，会不断面临单位不统一的问题。

就目前对生物特性计量研究的认知，生物计量的单位使用有几点要明确：①量值溯源至国际单位制（SI）单位是根本目标。②生物特性量值单位在以国际单位制（SI）单位的前提下，再根据生物特性量值单位的现实特殊性，最后宜使用以协调一致确定的国际公认单位及其相关联的溯源性，如国际上对催化活性单位的协调，就是建议确定使用的采用了国际单位制（SI）单位的"$mol \cdot s^{-1}$"（kat）。③对于生物特性量值单位统一，应充分考虑生物特性量值单位的特殊性，对在一定条件下可溯源到国际公认单位的，可采用参考测量程序的溯源方式，这也是一个发展协调统一化的过程。

从对生物领域单位统一的计量研究发展中可以看到，经过对国际单位（IU）或国际公认单位的协调和一致探讨，使人们对国际单位制（SI）单位的认知不断提高，同时接受参考测量程序的引入，并紧密与实际应用的单位相结合统一认识，终将达成在世界范围的各类生物特性量值的单位统一，也有助于不同领域中采用的生物分析测量结果达到可比性和可溯源性，实现领域预期需要达到的应用目的。

目前，有很多生物特性测量还存在单位不统一，很多生物特性量值的单位还不容易用国际单位制（SI）单位表示的情况，在这些情况下，要达到日常生物分析测量的可比性和可溯源性，一方面要加快生物计量研究步伐，建立基准，另一方面可以考虑先采取参考测量程序或方法、有证标准物质的方式形成溯源层级，使生物分析测量可溯源，确保生物分析测量数据的准确可控、可比而结果有效。再持续不断地进行生物计量研究探寻解决溯源到国际单位制（SI）单位和建立溯源性的瓶颈问题的方法。

2. 国际单位制（SI）单位

前文重点介绍了生物特性量值单位和溯源性问题，统一单位的根本还是使用国际单位制（SI）单位，优先考虑溯源到国际单位制（SI）。因此，生物计量的生物特性量值单位和溯源应与国际单位制（SI）单位有紧密的关联。鉴于国际单位制（SI）的重要性，为了便于了解，下面简要介绍国际单位制（SI）的发展和基本单位。

（1）国际单位制的基本单位

1875年5月20日国际签署的"米制公约"是对国际单位制（SI）的发展影响最大的举措，也是近代在国际上统一单位的伟大措施。1889年第一届国际计量大会（CGPM）规定了长度单位为"米"（m），质量单位为"千克"（kg），它们与时间单位"秒"（s）共同形成了早期的米–克–秒（MKS）单位制。后来再次经历1921年第六届、1948年第七届、1954年第十届、1960年第十一届、1971年的第十四届国际计量大会的发展，逐步形成了目前还在使用的以7个基本量为基础的基本单位国际单位制（SI）体系，以7个基本量为基础的基本单位包括长度的单位"米（m）"、质量的单位"千克（kg）"、时间的单位"秒（s）"、电流的单位"安培（A）"、热力学温度的单位"开尔文（K）"、发光强度的单位"坎德拉（cd）"6个基本物理量，以及物质的量的计量单位"摩尔（mol）"。国际单位制（SI）是以科学协作与国际协议为基础支撑使用。

此后，随着科学进步和新领域测量需求，SI的描述被定期更新。进入21世纪，不仅迎来了生物计量的发展，而且"质量""摩尔"等基本量值也在发生科学性变革，即新的单位制变革以科学数据替代了实物进行重新定义单位。2018年第26届CGPM决定将以基于固定常数得出国际单位制7个基本单位的定义，2019年新版SI单位手册发布，国际计量单位制的7个基本单位全部实现了由科学数据的常数定义。这对计量溯源性也会带来一定变化。自2019年发布新定义正式生效后，开始用普朗克常数（h）定义千克（k），用基本电荷常数（e）定义安培（A），用玻尔兹曼常数（k）来定义开尔文（K），用阿伏伽德罗常数（N_A）来定义摩尔（mol），用光速（c）定义米（m），用铯–133原子跃迁频率

$\Delta \nu_{Cs}$ 定义秒（s）。其中，k 为 $1.380\,649\times10^{-23}$ J/k，h 为 $6.626\,070\,15\times10^{-34}$ J·s，e 为 $1.602\,176\,634\times10^{-19}$ C，N_A 为 $6.022\,140\,76\times10^{23}$ mol^{-1}，c 为 299 792 458m/s，$\Delta \nu_{Cs}$ 为 9 192 631 770Hz。用来定义单位的基本常数在使用中也会有一个不确定性，不确定性的值用不确定度来表示，而秒定义目前没有不确定度，在复现秒定义时则会带来不确定度。这也是计量不同单位的特点。

在最新的单位制变革中，质量也有了新的不确定度。例如，在新的单位制变革以前，对千克的定义，是将国际千克原器（IPK）实物的质量固定为1kg，不确定度为0；采用普朗克常数（h）传递后，2020年的国际千克原器的修正值则为 $-2\mu g$，标准不确定度为 $20\mu g$（$k=1$）。因此，不确定度不会在新常数定义中消失，而是会变成不再使用先前的不确定度（来自国际计量局网站）。7个基本量已发展为用常数定义，也可以认为是自然数科学定义，国际单位制基本单位的重新定义也迎来了计量数字化转型应用的挑战。同时，也期待不久的将来生物计量在生物特性计量与单位的发展中会有新的突破。

（2）国际单位制单位的书写注意事项

在生物计量研究中常会用到国际单位制基本量单位，在日常的生物分析测量中也会用到这些单位。因此，要遵守基本量单位的使用书写一般原则，即在使用基本量单位时，单位的符号用小写字母，并按规范的书写要求。举个例子，质量的书写表示，正确的书写方式可表示为 100kg×2、100kg±2kg 或 (100±2) kg，不正确的表示方式如 100kg×2kg、100kg±2。符号和单位名称不应混用，如果书写表示为 100g 每千克 或 100 克每 kg，则是不正确的表示，正确的应该表示为 100g/kg 或者 100g·kg^{-1}。国际公认的百分比符号"%"可与国际单位制（SI）一起使用。使用时，数字和符号"%"之间用空格隔开，书写应使用符号"%"而不是名称"百分比"。在书面文本中，"%"符号通常具有"百分之几"的含义，应避免使用缩写 ppb 和 ppt 来表示"十亿分之一"和"万亿分之一"（Bureau International des Poids et Mesures，2019）。

另外，提醒使用计量单位——升的书写，它是用大写的"L"表示的一个特例，书写时需要注意。按规定"升"的符号是小写字母"l"，而这样的规定常常令人将"1"和"l"弄混，如在ISO/IEC指南99的VIM1.19量值条款的举例10中，计算机打出来的字母就分不清字体上的"1"和"l"了。因此，后来将"升"的单位指定为大写字母"L"就会避免书写错误的发生。所以目前在书写计量单位"升"时，要使用大写字母"L"表示。

总之，遵守计量基本单位的规定，是对生物计量研究和应用单位书写的基本要求。同时需要注意生物分析测量的特性量值单位的表示方式，如"拷贝数"

单位使用，用"copies"来表示；酶催化活性卡塔尔单位用"kat"符号表示，对应"mol/s"或"mol·s^{-1}"。生物特性量值单位的正确使用在生物科学研究中很重要，要避免出现单位不正确的使用或误用。单位使用的错误也可能是导致生物实验中结果不可重复的因素之一。

三、生物计量体系

前文对生物计量及生物计量特性、计量单位的介绍，是构建生物计量体系的基础，生物计量体系是生物计量的整体构成。从目前的认知和研究上，生物计量的整体构成可由生物计量分类、生物计量研究、生物计量应用三部分构成（图2-2）。生物计量分类对生物计量研究具有指导意义，生物计量研究是生物计量应用的基础。本章第三节和第四节探讨生物计量分类、生物计量研究，生物计量应用见第八章。

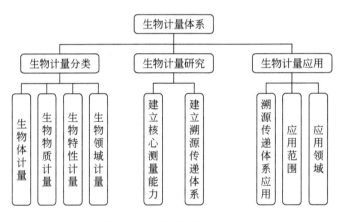

图 2-2　生物计量体系架构

第三节　生物计量分类

生物计量是以生物物质和生物体为主要测量对象的科学计量，科学计量内容包括生物测量及其生物特性量、生物特性量值和单位、不确定度、建立生物计量基标准方法、生物标准物质和溯源性、建立生物计量溯源传递体系。要实现这些科学计量内容，需要有序的规划和归类，有利于区别计量研究类别和层级，也可从分类中提出优先发展的生物计量研究方向，开展生物计量科学研究和应用。

一、生物计量分类体系

给生物计量分类有难度,因为其出现的时间不长且一直在创新发展中。从多年实践体验,以生物物质(含生物体)测量对象为基础、结合生物计量特性、生物技术发展应用性质等要素来考虑。按照生物测量对象、生物特性、应用性质分别归类,构成生物计量分类体系,即分为生物物质(含生物体)计量、生物特性计量、生物领域计量(图2-3)。目前,国内外关注和提到的生物计量,一是按生物物质和生物体为测量对象的归类,即生物物质计量,包括前述生物计量定义中提到的核酸计量、蛋白质计量、细胞计量和微生物计量;二是按生物特性归类的生物特性计量,如含量计量、活性计量等;三是按应用性质归类,强调生物领域计量,如生物安全计量。

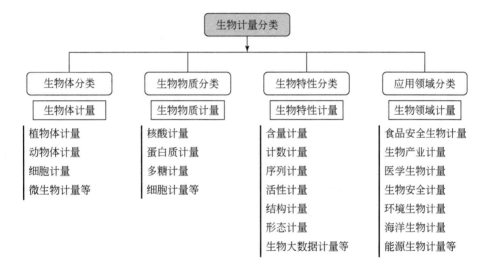

图2-3 生物计量分类体系

1. 生物物质计量类

生物计量的生物测量对象为生物物质(含生物体)。生物物质主要有核酸、基因、蛋白质、肽、酶、抗体、抗原、生物活性成分等微观生物大分子,对此类"生物物质计量"可细分为核酸计量、蛋白质计量、生物活性成分计量等。

1)核酸计量:包括对碱基、核苷酸、DNA、RNA、基因、基因组等的计量。
2)蛋白质计量:包括目标蛋白质、肽、多肽、酶、抗体、抗原等的计量。

3）多糖计量：包括具有生物活性的大分子多糖。

生物体主要有植物、动物、人、微生物等，对此类"生物物质计量"可细分为微生物计量、动物体计量、植物体计量、人体计量等，也可拓展为生物资源计量。

1）微生物计量，对测量对象如大肠杆菌、枯草芽孢杆菌、新型冠状病毒、人乳头瘤病毒等计量。

2）动物体计量，对测量对象如昆虫、线虫等的计量。

3）植物体计量，对测量对象如水稻、玉米、大豆、油菜、杂草等计量。

4）细胞计量，对测量对象如红细胞、白细胞、淋巴细胞、干细胞等的计量。如按细胞分类的真核生物、原核生物划分，与微生物计量有关联。

当生物体与生物特性相结合，就有如微生物计数、昆虫形态、线虫结构、微生物活性、植物形态等计量。

2. 生物特性计量

生物特性包括生物物质的含量、形态、分型、序列、结构、功能、活性、计数等。对此类性质的计量可称为"生物特性计量"，进一步可分为生物含量计量、形态计量、分型计量、序列计量、结构计量、功能计量、活性计量、生物大数据计量等。

当生物特性与生物物质或生物体相结合，就有如核酸含量计量、核酸序列计量、蛋白质含量计量、蛋白质活性计量、蛋白质结构计量、植物核酸含量计量、植物蛋白质含量计量、植物形态计量、人源基因组序列计量、微生物源基因组序列计量等。

3. 生物领域计量

生物计量也是对生物测量科学研究的应用科学。因此，应用是生物计量科学价值的体现。生物计量应用保证生物特性标准量值的准确传递和溯源，保障重要应用领域的日常生物分析测量数据结果的准确、可比、可溯源而达到有效性。根据不同领域的需求，生物领域计量是将计量应用在食品安全、生物安全、生物产业、医学、环境、海洋、生命科学等领域。

因此，按应用领域归类，生物领域计量可涉及食品安全生物计量、生物安全计量、生物产业计量（如生物农业、生物医药、生物制造、生物技术服务、生物信息产业等）、医学生物计量、环境生物计量、海洋生物计量、能源生物计量、生命科学生物计量等。这些分类可作为生物标准物质在应用领域的分类参考（见

第五章)。

当然,随着生物科技和生物产业的发展及其与计量的不断融合,以及生物计量研究的不断深入,生物计量的分类将会不断被充实。未来还会有更多的生物测量对象、生物特性和应用加入到整个生物计量分类体系中来。

正如在生物计量发展早期,2002 年 BIPM/CCQM 成立了生物分析工作组(BAWG)后,于 2003 年和 2004 年先后启动了生物核酸含量、蛋白质含量测量国际比对研究。带动了核酸计量与蛋白质计量这两个优先发展的方向。

随着应用领域对日常生物分析测量数据准确、可比、可溯源要求带来的对生物计量需求的增加,也就使生物测量对象和生物特性测量的国际比对项目在不断增多,国际比对项目不仅涉及核酸计量中的 DNA、RNA 测量,蛋白质计量领域的肽、多肽、蛋白质测量,还发展了细胞、微生物等测量国际比对,同时还进行对多个生物特性如含量、序列、结构、活性测量的国际比对,还有按真核生物、原核生物划分的细胞和微生物计数的测量国际比对。面对众多的测量对象和生物特性,国际计量局也在考虑如何更好开展比对项目以利于提高生物领域的国际计量比对效率、更多国家计量机构参与的专业性,以及提升和扩展生物测量国际比对的范围和发展方向。经过多年酝酿,到 2015 年,BIPM/CCQM 将成立了 13 年之久的生物分析工作组重新组建了以核酸分析工作组(NAWG)、蛋白质分析工作组(PAWG)和细胞分析工作组(CAWG)组成的生物领域工作组,这三个工作组继续履行生物测量国际比对职责,开展核酸、蛋白质、细胞和微生物的测量国际比对研究。国际比对相关内容可见本书第七章介绍。

目前,在生物计量分类体系中,按生物物质(含生物体)分类的核酸计量、蛋白质计量、细胞计量和微生物计量,它们的核心测量能力建设分别与 NAWG、PAWG、CAWG 三个工作组的国际比对项目结合。

我国自 2003 年开始研究生物计量作为崭新的科学领域(王晶和方向,2004)。并将核酸计量、蛋白质计量作为优先发展的生物计量研究方向,并围绕生物"中心法则"思考计量研究内容。

从生物计量分类中可以归纳出生物计量研究的重点方向,分类对生物计量研究起到了重要的归类作用。除此之外,作为生物计量体系组成中生物计量研究和生物计量应用两部分,指出了生物测量科学研究、生物测量科学应用的位置。要做好这两个层面,规划生物计量树,为建立生物计量溯源传递体系并应用做好布局。

二、生物计量树

计量科学发展早期，人们以计量领域 7 个基本量为主，规划出了包括物理计量和化学计量为主要内容的计量树，主要有几何量（长度）计量、温度计量、力学计量、电磁计量、无线电计量、时间频率计量、声学计量、光学计量、电离辐射计量和化学计量。随着 1999 年生物领域计量的提出到进入 21 世纪生物计量十多年的快速发展，它已成为继物理计量、化学计量后发展起来的计量新学科，成为了计量学的三大学科之一，也作为整个计量体系中的重要组成。

生物物质、生物特性是生物计量分类的基本要素，也是生物计量的范畴。为明确生物计量的重点，围绕生物物质的生物特性计量科学性，以具备生物计量属性的生物特性量和单位为基础，构建生物计量树。

生物计量树以生物物质、生物特性及国际单位制单位或国际公认单位、生物标准物质（含生物标准大数据）为基本元素。图 2-4 是以树木形象展示的生物计量树。

图 2-4　生物计量树

这棵生物计量树由树根、树干、树枝和树叶组成，对应四部分内容：测量单位、生物物质、生物特性（量）、生物标准物质（含生物标准大数据）。如果从生物大数据计量研究角度，本书将此标准称为生物标准大数据或生物标准数据集，也将其书写为生物标准（大）数据（集）。

生物计量树的树根是生物计量的根基，由生物特性测量单位构成；树枝为生物特性及其生物特性量；树叶由生物标准物质和生物标准大数据组成，成为生物特性的量值载体。由生物特性（如含量、计数、活性、序列、结构、分型等）及其生物特性量，形成了生物标准物质的特性标准量值及生物大数据标准集。生物特性量值所采用的国际单位制单位、国际公认单位为计量溯源的根基，在树根表示。

目前，生物特性量值所采用的单位有国际单位制（SI）基本单位：物质的量单位摩尔（mol）、质量的单位千克（kg）、时间的单位秒（s）等，也有生物特有的和国际公认单位如拷贝数单位拷贝（copies）、催化活性单位卡塔尔（kat）、微生物的计数数量菌落形成单位（CFU）等，还有生物特性量的其他单位。随着生物科技和生物计量发展，生物特性量新单位会不时出现，生物计量的研究也在不断创新。我国对具有生物标称特性如序列、活性、形态、结构等的生物特性值的研究已提上日程。

生物计量树中有生物标准物质及生物标准大数据，含图形、图谱等特性的生物标准物质和大数据标准集。生物标准物质中的生物标准（大）数据（集）主要是特性的多数据或数据集，标称特性中会涉及标准参考数据集。由于生物体自身生命的"活"性，"生物活性"是生物计量的重要特性。在生物计量树中还可以看到以生物活性与生物特性（量）、生物标准物质（生物标准大数据）一起组成了生物计量重点内容。

围绕生物计量树思考生物计量研究，目标是建立具有国际互认水平的生物核心测量能力、生物计量溯源传递体系。

第四节 生物计量研究

一、生物计量研究组成

对生物计量研究，现有的化学计量和物理计量方法都无法直接复现核酸与蛋白质的量值，因此必须独立，建立生物计量科学研究体系。从生物计量分类上，目前开展有核酸计量、蛋白质计量、细胞计量、微生物计量和动植物体计量等研究。延伸到应用领域，生物计量与食品安全、生物安全、生物产业等领域紧密相关，以提升应用领域生物分析测量有效性。

从计量学属性上，以溯源性、生物特性量及单位、不确定度研究为基础，进行生物计量方法、基标准研究，并研制生物计量技术规范，建立生物计量核心测量能力和溯源传递体系（图2-5），通过应用达到生物计量应用的预期目的。

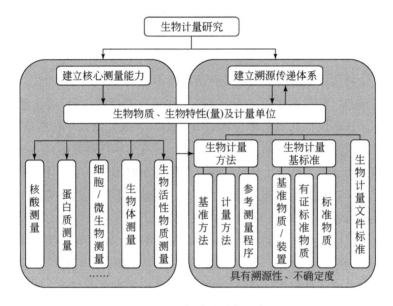

图2-5　生物计量研究组成

因此，生物计量研究主要包括两部分，一是建立生物计量的核心测量能力，二是建立生物计量溯源传递体系（图2-5）。先要研究建立生物计量的核心测量方法和标准，通过国际比对获得国际互认的测量能力，即围绕生物物质和生物特性（量）测量展开生物计量科学研究，形成核心测量能力；通过溯源性研究逐步建立生物计量溯源传递体系；将已建立的溯源传递体系应用在生物领域。

到目前，在生物计量分类中，我国在各研究方向已经在向系统化、纵深化方向发展。从2003年和2004年先后开始了核酸测量和蛋白质测量科学研究以来，已经在核酸与蛋白质生物特性含量计量方面建立了系列计量方法和计量标准的核心测量能力，建立了核酸与蛋白质含量计量溯源传递体系。2010年，中国计量科学研究院将核酸序列计量作为核酸计量的重点研究内容，经过5年探索和6年攻关，基因组序列计量研究取得进展，中国计量科学研究院发布了系列基因组序列国家标准物质，而且使生物组学领域测量的计量学研究成为生物计量研究内容。2017年开始重点布局的生物活性计量研究（王晶，2017；王晶等，2018），也取得了阶段性研究成果。这些研究除了生物组学测量和生物活性计量研究有难度外，以生物体的生物表型如形态、结构等多特性多数据测量的计量研究和溯源性也将是一个大挑战。为应对活的生物体众多未知影响测量的因素，生物计量研究是在不断挑战生物特性量测量科学的研究，并形成生物计量整合研究的方式和思想。

生物计量整合研究就是将生物物质和生物体的多个生物特性量一起系统化测量研究，从而充分体现出生物体的活性和功能关系。若从生物体分析，生物体细胞与生命物质核酸、蛋白质三者之间紧密相关，维系着生命物质核酸计量、蛋白质计量和细胞计量的整合系统研究就非常重要。生物体的发育成熟过程都将经历DNA复制、RNA转录、蛋白质合成的过程，在正常情况下它们发挥了重要的生理功能，而当这个复杂过程或多或少发生生物体基因改变或遗传变异等现象，在生物体内，就会带来如人体肿瘤、遗传病等异常改变，而影响身体的正常状态，从而影响生命健康。由此，对于生物计量研究，细胞、DNA、RNA、蛋白质及其组成都是需要研究的测量对象，它们与核酸计量、蛋白质计量、细胞计量是不可分割的一个整体，还有其他生物特性如形态、结构等计量，也都是整合研究的内容，这样的系统化整合研究对支撑生物健康成长、调控、干预和安全评估等方面都将起到重要作用。

另外值得思考的是，目前生物计量研究大多是在生物体外对生物物质测量的方式，如体外诊断生物标志物核酸、蛋白质含量的测量研究。然而，实际情况是很多的微生物、植物、昆虫等的生物特性表现为活（生物）体测量的状态。因此，生物计量的研究还将从体外测量研究发展到活体生物特性的测量研究，并将进行深入的整合研究。例如，对生物体植物表型计量，可以作为一个很好的生物计量整合研究的案例，整合研究将是生物计量研究发展的必然。

在过去的十多年时间，笔者带领团队以生物物质计量研究为开端，在生物计量基础研究[①]中摸索前行。从2006年国家科技支撑计划生物安全量值溯源传递关

---

① 我国的生物计量基础研究从2008年主持承担的国家科技支撑项目《生物安全量值溯源传递关键技术研究》开始，进行了核酸与蛋白质量值溯源传递基础研究；生物计量基础研究在"十二五"期间被列为国家《计量发展规划（2013—2020年）》中的计量科技基础研究重点项目；2017年中国计量科学研究院主持承担的《生物活性、含量与序列计量关键技术及基标准研究》项目被列入"十三五"国家重点研发计划国家质量基础的共性技术研究与应用专项（NQI）基础研究部分，项目中持续进行核酸与蛋白质计量方法和计量标准研究，同时增加了活性和序列的计量研究。

键技术研究项目中，以核酸与蛋白质生物计量基础研究为突破口，形成溯源至国际单位制（SI）单位的计量基准方法、国家计量基标准、国际互认校准和测量能力，同时研究制定生物计量国家技术规范，建立核酸与蛋白质含量量值溯源传递体系。将核酸与蛋白质含量计量标准量值传递至我国行业、部门开展应用，从计量源头保证我国核酸与蛋白质含量生物测量单位统一、标准量值统一，并结合校准（参见本书第七章），有效实施计量溯源性。满足不同领域在核酸与蛋白质含量日常生物分析测量数据结果的质量保证，保障生物分析测量结果准确、可靠、可比、可溯源的有效性（参见本书第八章）。

二、生物测量能力

当前，生物测量的复杂性、多样性、多元性和生物特性测量的不可预知性增加，对建立生物计量的核心测量能力提出了挑战。研究生物特性核心测量能力的关键，是从可以认知到的生物特性测量着手，通过 BIPM/CCQM 的国际计量比对研究，逐步建立起国家生物计量的生物特性测量能力体系。

核心测量能力的重要性体现在可以提高同类生物物质相同特性量的测量能力、用于给生物标准物质赋值、保障国际互认和溯源性、及时解决应用领域的计量需求等方面。例如，我国已建立核酸含量测量的国际互认测量能力，不仅用于通过国内计量比对提高本国的核酸含量测量的能力，而且作为计量方法，及时对研发的核酸标准物质赋值，如用于新型冠状病毒核酸标准物质研究。满足不同领域核酸检测对计量标准的需求起到了积极的作用。

目前，在 BIPM/CCQM 的国际计量比对框架下，发展核酸、蛋白质、细胞和微生物等计量领域的测量能力（图 2-6）。归纳出生物计量的核心测量能力包括这几方面。各国国家计量院都会不同程度地申请上述能力成为国际互认的校准和测量能力（CMC）。

1）核酸计量领域的核心测量能力：DNA 绝对定量测量、RNA 定量测量、DNA 修饰测量、基因突变测量、基因序列测量等。

2）蛋白质计量领域的核心测量能力：（多）肽纯度测量、蛋白质含量测量（包括复杂基质）、蛋白质活性测量、蛋白质结构测量等。

3）细胞计量领域的核心测量能力：细胞计数、细胞纯度测量、细胞表面抗原测量等。

4）微生物计量领域的核心测量能力：微生物计数、微生物活性测量、病毒活性测量等。

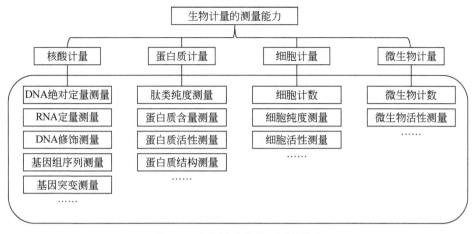

图 2-6 生物计量的核心测量能力

在国际计量局发布的"调查报告 2011"中，以生物测量基本建设内容，描述了生物测量参考体系、核酸测量参考体系、蛋白质测量参考体系的内容，报告中还包括参与国家计量院发展的生物测量研究路线图。

三、生物计量溯源传递体系

生物计量溯源传递体系是生物计量研究的重要组成，也是保证国家生物测量准确、量值统一的重要体系。要提高国家生物测量综合实力、提高生物产品的质量，解决国际技术贸易壁垒数据不可比问题，就要建立本国的生物计量溯源传递体系，并充分发挥其功用。

（一）生物计量溯源传递体系构成

生物计量（量值）溯源传递体系，包括生物计量基标准、方法和检定校准技术规范等主要计量技术（图 2-5）。通过建立生物计量基标准为主体的生物特性量的溯源途径，即生物计量溯源性，溯源至国际单位制单位。生物计量溯源体系以生物计量溯源途径为基础，由溯源（链）和传递（链）组成的体系，溯源链与传递链是互为逆向的关系，自下而上为溯源，自上而下为传递，可参见图 2-7。

在生物计量溯源传递体系中，主要组成包括生物计量方法、生物计量基标准、生物计量校准系统。

1) 生物计量方法：包括基准方法、计量方法、测量参考方法/参考测量程

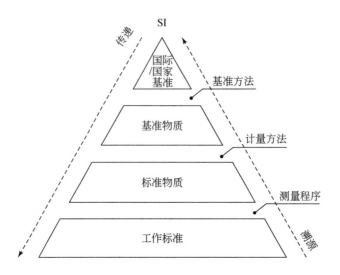

图 2-7 生物计量溯源传递体系的溯源链和传递链层级示意图

序。具有溯源性和不确定度。

2）生物计量基标准：包括基准物质/装置、用于统一量值的有证标准物质。具有溯源性和不确定度。

3）生物计量校准系统：包括校准技术、校准标准（器）[①] 和国家计量技术规范文件组成。

生物计量就是要保证对被测物的生物特性量值和单位统一，溯源到国际单位制（SI）单位、法定计量单位，或国际公认单位，因此生物计量溯源传递体系建立是生物计量体系的关键，它也是生物计量研究的重点。通常的生物物质（含生物体）被测物有肽、抗体、抗原、蛋白质、核酸、基因、酶、生物活性成分、微生物、细胞等，生物特性量值有含量、序列、活性、结构、分型、形态等特性的量值，包括标称特性值。要使生物特性量值溯源到国际单位制（SI）单位，就要选择需要被研究的生物物质和生物特性，进行生物计量基准方法和溯源途径研究，如已开展的核酸、肽和蛋白质、细胞、微生物等被测物的生物特性含量和计数等计量方法研究、用于统一量值的生物标准物质研究，以及建立计量溯源性。围绕生物计量分类和生物计量树确定研究方向，通过不同生物物质特性测量的计量溯源性研究，逐步建立生物计量溯源传递体系。

---

① 计量器具是指能用以直接或间接测出被测对象量值的装置、仪器仪表、量具和用于统一量值的标准物质，包括计量基准、计量标准、工作计量器具。

(二) 生物计量溯源性研究

生物计量溯源性是保证不同时空的生物物质被测量即生物特性量的量值准确和单位统一，使生物测量具有可依的计量基标准。可以通过计量溯源层级溯源到现有的最高等级的计量基标准，与量值传递链互为一致性，确保测量结果的准确可靠。下面简介计量溯源性概念和计量溯源层级。

1. 计量溯源性概念

在前面章节有关生物计量定义的介绍中提到了计量溯源性的定义。定义来自国家计量技术规范《通用计量术语及定义》(JJF1001—2011) 的第4.14条，计量溯源性是通过文件规定的不间断的校准链，将测量结果与参照对象联系起来的特性，校准链中的每项校准均会引入测量不确定度。另外，在国家计量技术规范《标准物质研制报告编写规则》(JJF 1218—2009) 中，把溯源性的定义描述为通过一条具有规定不确定度的不间断的比较链，使测量结果或测量标准的值能够与规定的参考标准（通常是国家测量标准或国际测量标准）联系起来的特性。

可以看出，计量溯源性的关键是具有不间断的比较链或校准链、不确定度、测量结果与参照对象或参考标准联系的特性。计量溯源性也简称为溯源性，也会用"可溯源"来表述。可溯源就是不同地域的实验室的测量都可统一到计量基标准上。任何相同测量的量值的获得都必须由国家或国际的同一个最高计量基准/标准传递而来，也就是通过连续的比较链与计量基准/标准联系起来形成的溯源链，来实现可溯源，保证测量结果准确性、一致性，达到溯源性的目的作用。

计量溯源性的重要性已使它具有国际互认性。国际计量组织的国际互认协议（MRA），作用就是要达成国际层面一致和互认，使各国计量基标准和各国国家计量院签发的标准、测量证书互认。各国要取得计量溯源性的国际互认，就需要证明具备有向国际或国家测量标准溯源的不间断的计量溯源链，以便达成测量结果的国际互认（http://www.bipm.org/utils/common/pdf/）。而且，2011年11月9日，国际计量局（BIPM）、国际法制计量组织（OIML）、国际实验室认可合作组织（ILAC）、国际标准化组织（ISO）等国际组织联合签署了关于计量溯源性的声明，并于2018年11月13日对该声明进行了修订并重新签署。

计量溯源性还在多个领域作为管理要求规定。在《标准物质研制（生产）机构通用要求》(JJF 1342—2022) 中，对计量溯源性的要求包括对被测物特性的鉴别、量值测量以及规定的参考，参考可以是测量标准、测量单位的准确实现或给定的测量程序。在实验室认可准则（CNAS/CL01）中，有计量溯源性的要求，在国家标准样品管理办法中也有对标准样品相关计量溯源性的规定（国市监标技规〔2021〕1号）。而且，计量溯源性已写入了国际标准化组织的多个国际标准中，如临床检验和体外诊断领域的国际标准《体外诊断医疗器械生物源性样品中的量的测量校准品和控制物质赋值的计量学溯源性》（ISO 17511），《体外诊断医疗器械生物样品中量的测量校准品和控制物质中酶催化浓度赋值的计量学溯源性》（ISO 18153）、《医学实验室质量和能力认可准则》（ISO 15189）等。

2. 计量溯源层级

可溯源是通过一条不间断的量值溯源链，联系测量结果和国际单位制（SI）单位来进行的，溯源链具有溯源层级。而溯源层级则是依据测量标准及其不确定度划分，依次从基准物质/原级（primary）标准、标准物质/二级标准、工作标准（物质），往下传递量值，逆向形成量值溯源金字塔，特性量量值溯源最终到顶端的国际单位制（SI）（图2-7），这自然也是生物计量溯源链的终点。量值溯源与量值传递的互逆过程，形成了向上的量值溯源和向下的量值传递。通常在示意图中的表示就是用自下而上、自上而下的箭头分别表示量值溯源、量值传递。

在整个生物计量量值溯源传递体系中，建立三角形的生物计量特性量溯源层级的溯源途径，是通过计量基准和计量标准或用于统一量值的标准物质来实现。这里所说的计量基准，有基准方法和基准物质。基准物质、基准方法位于溯源途径高层，不确定度相对来讲是最小的，下一层是标准物质，通常为国家有证标准物质，再往下就到了工作标准（物质），工作标准可以是校准品和质量控制物质。计量基准通常都是建立在各国的国家计量院。目前已建立的核酸、蛋白质计量基准（方法）连接每一步量值溯源、传递的终极目的是以最高的准确度溯源到国际单位制（SI）。

高层计量基标准的标准量值和不确定度的大小，可以反映量值在传递过程中结果的准确性和不确定度水平。在溯源传递层级中，溯源链中的标准量值越往上，测量不确定度越小，越往下测量不确定度则越大。当每个上层标准量值的不确定度变小，就能使下端用户结果的相应不确定度也相对变小。通常，高层的基标准的准确性和不确定度水平代表了各个国家的校准和测量能力水平。

当给一个生物标准物质的生物特性量赋值，其不确定度取决于计量溯源链中的基标准、方法或程序。鉴于溯源链中各层级不间断，通过使用建立的国家计量基标准对生物标准物质赋值，如核酸、蛋白质标准物质的生物特性含量的赋值，为用户提供统一的核酸、蛋白质标准物质含量标准量值，测量过程可实现逐级向上溯源至国际单位制（SI），从而保证不同地域的用户在相同或不同时间进行如核酸、蛋白质的生物分析含量测量中，所获得的测量结果准确。

由于生物特性量值溯源链、传递链是由溯源和传递两部分组成。溯源与传递从途径方向看是互为逆向的过程。但从溯源途径方向看，以实验室角度，经过从常规实验室、参考实验室、国家计量实验室各个层级实验室后，到国际计量局或其组织国际比对获得互认的各国国家计量院实验室，完成到国际单位制（SI）的溯源。以生物特性标准量值溯源，可从具备用于统一量值的标准物质、有证标准物质、基准物质的标准值和单位逐级向上溯源，到国际单位制（SI）单位或国际公认单位，反方向向下是量值传递过程。

通过以上描述的溯源与传递层级，加上以计量技术规范文件作为检定校准标准依据等完成校准层级环节操作，就可以得到准确、可比的生物分析测量结果，达到用户满意的预期目的，这就说明生物特性量标准值的溯源传递是成功的。可以看出，支撑生物领域日常生物分析测量有效性保障的主要措施是生物计量溯源传递体系应用，计量溯源性是必要条件。

3. 生物测量参考方法

在《生物计量术语及定义》（JJF 1265—2022）中，给出了生物测量参考方法的定义。生物测量参考方法（BRMM）是具有清楚而严密的条件和程序描述，与预期用途相称的测量不确定度，用于对生物体生物物质一种或多种特性量值进行测量的方法。当生物测量参考方法特别用于对同一量的其他方法的测量准确度进行评价或建立溯源途径时，有时亦称为"参考测量程序"，可以理解为更高级的生物测量参考方法。

当被测物的生物特性量定义不够完善、或虽然定义但尚无有效计量方法实现时，可根据实际情况选择通过生物测量参考方法确定生物测量对象的生物特性量值，根据相应生物测量参考方法的规定，生物特性量值单位可以采用国际单位制（SI）单位、法定计量单位或国际公认单位表示。

因此，生物特性量的溯源途径的层级建立，还可以根据实际情况选择参考测量程序，并保持与国际定义的一致性，使生物测量结果满足跨时空可比较和准确有效。比如，在与健康密切相关的临床检验和体外诊断领域，当对检测有溯源性的特殊需求时，根据生物物质特性量建立溯源链的不同实现方式，就会根据实际特定条件采用参考测量程序来行使溯源层级作用。当前，在国际检验医学溯源联合委员会（JCTLM）①、国际标准化组织（ISO）等国际组织的共同努力下，以联合机制发展对生物物质测量溯源性的拓展，如在 ISO15189 中就强调了参考测量程序及溯源的应用。

4. 生物计量溯源性

生物计量溯源性的研究通常是以溯源至国际单位制（SI）为目标，采取建立计量基标准溯源。当遇到不可溯源到国际单位制的情况，或建立参考测量程序和标准物质溯源至国际公认单位，但最终目标还是应该努力做到可溯源到国际单位制。为了实现生物计量溯源性，使生物特性量值可溯源，优先考虑建立到国际单位制（SI）的溯源途径，形成溯源链。

如何形成溯源链，保证生物特性测量量值准确和单位统一？一是建立多个与国际单位制（SI）单位相关联的计量基准或潜在基准方法，通过研究生物计量特性量、单位与国际单位制单位的关系，建立溯源途径，为溯源打下基础；二是国际计量比对研究，通过生物测量的国际比对等效性，取得国际互认的生物专业领域的校准和测量能力；三是研制国家生物计量基标准，以用于统一量值的生物标准物质作为标准量值载体。从而建立生物计量溯源层级，形成溯源链，完成生物计量溯源性。

在研究生物计量溯源性时，生物计量溯源性的目标是国际单位制。同时，在应对不同领域的特殊需求，为解决暂时不能溯源到国际单位制的情况，则考虑研究生物特性的参考测量程序和相应标准物质。当采用建立参考测量程序和相应标准物质这样的溯源方式，就要研究与预期用途相称的测量不确定度方法和标准。当发现可实现计量溯源性后，建立具有计量溯源性的测量方法，积极参与和主导国际计量比对，与各国一起解决溯源到国际单位制（SI）单位的难题。通过各国验证确保溯源性是可行的。

计量溯源性实现的难度是与生物物质被测量的多元性紧密相关。可结合本书第七章第三节的溯源性保障相关信息阅读，在本书第八章的第四节临床检验领域中也有对糖化血红蛋白的溯源性应用的思考。当采用参考测量程序方式应用溯源

---

① 国际检验医学联和委员会（JCTLM）由国际计量局（BIPM）、国际临床化学与检验医学联合会（IFCC）、国际实验室认可合作组织（ILAC）联合成立，秘书处设在国际计量局。JCTLM 于 2002 年 6 月在国际计量局召开了第一次研讨会。委员会委员的信息可在 BIPM 网站上查询，包括国家计量机构实验室、医疗诊断行业实验室、临床检验实验室，以及标准物质生产者、卫生主管机构、标准化机构和监管机构、实验室认可机构、质量保证机构等。其宗旨是为推广和指导实验室医学有关测量的国际等效性和向适当的计量标准提供溯源建立一个国际平台（泰瑞·奎恩，2015）。

性时，一定要注明参考测量程序和所用单位匹配性。各实验室生物分析测量数据结果的一致性与所选择的标准物质或（和）参考测量程序有关，也就是与溯源性有关。

由于生物物质和被测量的复杂性和多元性，在无法确认哪种方式可实现溯源性的情况下，我们对生物特性量的计量溯源性研究采取了创新研究，建立多个计量方法溯源途径来进行解决。方法的建立选择最小的不确定度，最少的实验路径，通常在方法间要多方面进行比较，通过国际比对计量研究，将溯源途径归结到国际单位制（SI）单位的溯源。采用国际比对验证方式，使参加比对的各国国家计量机构间采用的计量方法和计量标准得到的测量结果达到等效一致，获得国际互认的校准和测量能力，达成溯源共识。同时，通过国内计量比对，将标准量值传递使参加比对的不同实验室间的测量结果等效一致，使各实验室具备溯源能力和测量能力。计量比对相关内容可参见本书第六章。

总之，研究生物计量溯源性，需要研究溯源的可能性、溯源途径和溯源方式。生物特性测量的计量基标准是重点，而创新计量方法是建立生物计量溯源途径的先决条件，实现生物特性测量可溯源到国际单位制（SI）单位的最高目标，保证单位统一、量值准确。

实际上，生物特性量溯源性一直是国际组织需要解决的难题。因此，在生物计量发展过程中，溯源性要统一、要协调、要应用，而且计量溯源性要与计量文件和标准化文件等标准文件紧密联系，有利于单位统一和溯源性的推广应用。计量文件包括国际计量组织文件如 SI 单位手册和国家计量管理文件，标准化文件包括国际标准和国家标准或计量行业标准（如计量技术规范）。

一方面，在国际计量机构和各国国家计量机构的共同努力下，生物特性量的单位需要纳入到 SI 单位手册，取得正式可溯源依据。如经过十多年计量研究、比对和国际协调工作，拷贝数（copies）已写入 2019 年 SI 单位手册，可以通过经验证的测量能力建立到国际单位制（SI）的正式溯源性，即数"一"（单位符号"1"）。这是计量文件统一单位的作用，以便在全球范围内协调单位和溯源性。

另一方面，在国际标准化组织下的共同努力，国际标准中将计量溯源性与标准化文件紧密结合，使计量溯源性广泛得到应用，有利于各国形成自觉使用计量溯源性的良好习惯。各国计量机构积极参与国际标准化工作，如在核酸计量研究基础上，中国计量科学研究院提出的核酸测量溯源性国际标准提案，2016 年由国家标准化管理委员会提交国际标准化组织（ISO）生物技术标准化委员会（ISO/TC276）秘书处，最终，核酸测量溯源性写入了国际标准化组织的国际标准"ISO 20395：2019 Biotechnology—Requirements for evaluating the performance of quantification methods for nucleic acid target sequences—qPCR and dPCR"文件中，核酸定量聚合酶链（式）反应（qPCR）方法和数字聚合酶链（式）反应（dPCR）方法的核酸拷贝数含量溯源性有了国际标准可依。同时，在我国的国家标准中，如制定的国家标准《核酸检测试剂盒溯源性技术规范》（GB/T37868—2019），也对计量溯源性提出了要求。这些标准化文件有利于核酸检测溯源性的统一，起到统一溯源性应用的指导作用。

（三）生物计量方法研究

1. 生物计量方法组成

以计量学建立的精准生物测量方法即为生物计量方法。生物计量方法具有计量学基本属性的溯源性、不确定度性质外，它应是尽可能不确定度最小、准确度最高的生物测量方法。生物计量方法研究的目的就是要建立高水平的生物测量方法。目前，生物计量方法有基准方法、成为基准方法前的潜（在）基准方法、作为生物测量参考方法使用的计量方法。

通常被国际计量组织承认的计量基准方法、潜（在）基准方法，应能溯源至国际单位制（SI）基本单位或基本常数，方法的精密度、准确度、测量范围和稳定性等均应得到严谨研究与比对验证。生物计量基准方法应具有理论基础、最高计量学水平、达到国际互认的校准和测量能力等条件。

生物计量方法是建立溯源途径的主要手段。当计量方法与国际单位制（SI）联系起来，可以是连接到国际单位制（SI）单位的直接测量，也可以是以测量理论建立数学表达式通过关联到国际单位制（SI）单位的间接测量。当该测量是准确有效的计量方法，用于建立溯源途径而使测量具有了溯源性，测量结果就可溯源。当利用计量方法给计量标准赋值，建立的溯源性，可通过溯源性来保证量值标准的准确性，并可通过国际比对验证标准的使用，在全球不同地域的参比实验室测量结果中，实现跨时空的可比性。

2. 生物计量基准方法

由于生物系统是极其复杂的系统，当生物测量对象为生物体和生物大分子物质，就给测量带来了多样性和复杂性。生物测量对象的复杂性和生物特性的多样性加上生物特性量定义及其单位的多元性，使发展生物计量方法特别是基准方法极具挑战性。

难度主要反映在精准测量方法、测量单位及换算性、生物特性和特性量值、生物特性量值互换性等方面，其中测量方法、生物特性和特性量值、测量单位及换算性，对如何定义生物量溯源具有重大影响（王晶和方向，2004）。溯源性、单位、不确定度是生物计量方法研究所要解决的主要内容。

对生物特性测量的计量方法的突破和创新，是建立新的基准方法，有明确特性量定义和单位、最小的不确定度，将无法到国际单位制（SI）的溯源，发展为可溯源到国际单位制（SI）单位的转换，建立独有的生物计量单位的溯源方式。实际应用中最大限度地达到测量结果与真实数据的一致性。

在开展生物计量研究之前，CIPM/CCQM 已有认定的化学计量基准方法，可通过直接测量基本量——质量、体积、电流、时间，与之关联的方法有重量法（质量）、滴定法（体积）、库仑法（电荷）、同位素比（电流计数）、中子活化分析法，以及同位素稀释质谱（IDMS）方法等基准方法。但是，这些化学计量领域的基准方法通常都不能直接测量核酸和蛋白质这类生物大分子。

对核酸、蛋白质生物大分子进行计量学方法研究的创建期，我们提出了生物计量多个基准方法研究的选项，原则是能建立基准方法或潜在基准方法、能精准定量、具有最小测量不确定度，溯源途径能清晰描述，可溯源至国际单位制。

要保证生物特性测量量值准确和具有溯源性，除了建立生物计量基准方法外，还要研究建立生物特性计量基标准，统一量值的生物标准物质。

（四）生物计量基标准研究

对生物计量基标准的研究，目的就是要建立权威的生物测量标准，也就是建立生物特性量值的标准源头。与生物计量方法相同，生物计量基标准是建立溯源性不可或缺的主要内容，是建立生物计量溯源层级的关键，即是建立溯源层级最上层用于统一量值的标准。因此，生物计量基标准的研究要严谨且具有计量科学性。

1. 生物计量基标准

生物计量基准、标准简称为生物计量基标准，统称为生物计量标准，生物计量标准有时也会称为生物测量标准。在计量领域内，在有特殊说明时须区分使用以上不同的名词。生物计量基标准是由统一的生物测量单位、生物测量溯源性、具有可比性的准确量值等要素相互关联所构成，是生物计量溯源传递体系中的基本组成之一。

生物计量基准位于溯源链的最上层，是在特定条件下建立的具有生物特性和计量属性的最高计量标准。它包括计量基准装置、计量基准物质或国家一级标准物质等，按规定国家计量基准要先申请并通过专家评审后经国家行政主管部门的批准。有证计量标准通常是经国家行政主管部门的全国标准物质管理委员会审定后批准的国家有证标准物质①，它们是通过计量基准装置、基准方法、潜基准方法或计量方法进行赋值，并具有清晰的计量溯源性和不确定度。

(1) 计量基准和基准物质

通常的物理计量基准有国际（计量）基准和国家（计量）基准，其中国际（计量）基准是经国际协议承认的测量标准，国家（计量）基准是经国家主管行政部门承认的测量标准。在国际上或本国，国际（计量）基准和国家（计量）基准都可以用来对其他相关量的测量标准定值。

目前，在生物计量领域，生物计量基准可以是直接或间接测出被测物量值的装置和用于统一量值的标准物质①，其中以基准物质为主。计量基准物质可以是具有绝对量值的国家有证标准物质，或经计量基准方法赋值的国家有证标准物质。而目前我国国家一级标准物质中只有很少一部分可作为基准物质使用，生物专业领域的就更少了。

计量基准物质需要满足以下条件：具有计量学属性的溯源性和不确定度，可溯源到国际单位制（SI）基本单位，具有尽可能小的测量不确定度，赋值方法是具有国际互认测量能力的方法等。具有国际互认测量能力的基准方法，这个测量能力的获得要经历一个较长的过程，需要经过国际计量比对验证，测量结果达到了国际等效性后，还要再通过依据国际计量比对成绩、国际同行评审、区域计量组织审查、国际计量局关键比对工作组（KCWG）审定等过程，最后由国际计量局（BIPM）赋予具有国际互认的校准和测量能力（CMC），可在国际计量局关键比对数据库中查询。

(2) 生物标准物质

在现有的生物计量研究发展阶段，生物计量标准的研究有计量装置和统一量值的标准物质两类，具有统一量值的标准物质与经过认定的有证书的生物标准物质紧密相关。此类标准物质就是有证标准物质（CRM）。目前，生物标准物质的研究越来越广泛，其中通过生物标准物质研究获得国家认定的有证标准物质数量也在逐渐增加。相关内容可查阅本书第五章内容。下面简单介绍生物标准物质。

生物标准物质作为生物计量标准的另一类形式，它可以是一种具有计量学属性的

---

① 标准物质（reference material，RM），在此沿用前人的翻译，书中也会使用参考物质的翻译。有证标准物质（CRM），是用建立了溯源性的方法赋值的一种或多种特性量值的物质，使之可溯源到准确复现地表示该特性值的测量单位，每一种鉴定的特性量值都附有给定置信水平的不确定度［《标准物质研制报告编写规则》（JJF 1218— 2009）］。

特殊物质，这个物质可以是生物体、生物物质，它具有足够的均匀性和稳定性，并且准确地确定了一种或多种生物特性量值，这里的生物特性量值包括标称特性值。

生物标准物质的标称特性值有如序列、结构、分型、形态和生物活性等特性量值，例如蛋白质序列和结构、人源全基因组序列、细胞分型、昆虫形态等的生物特性量值。而具有标称特性值的生物标准物质，可能难以溯源到国际单位制（SI）单位，不确定度也可能不是自身的测量不确定度。尽管如此，具有标称特性的生物标准物质也需要溯源，离不开溯源性和不确定度的研究，特别是在申报国家有证标准物质时需要对溯源性描述清晰。

研究的生物标准物质要申报国家有证标准物质时，需具备经过严格计量学属性的详细说明。考察生物标准物质是否为有证标准物质至少要满足以下条件：①量值准确，即生物标准物质的特性量值是用建立了溯源性的计量方法进行赋值；②具有溯源性，即生物标准物质的特性量值可溯源，并显示该特性量值的测量单位；③具有不确定度，即生物标准物质的特性量值表示原则上都应加上不确定度；④具有证书，即生物标准物质具有得到认定的证书文件。

目前，我国有证标准物质分为国家一级标准物质（GBW）和国家二级标准物质［GBW（E）］两类。满足基准物质条件的国家一级标准物质可作为基准物质使用，但是，目前国家一级标准物质并不是都能成为基准物质。生物标准物质的层级划分可参考本书第五章第二节。

广义的生物标准物质还包括标准模式生物、标准株等，以及生物标准大数据（集）和标准图形数据模型等。要使这类生物标准物质具备计量学属性，还需要开展对广义的生物标准物质特性量值的生物计量突破性研究。

具备计量学属性的生物标准物质在量值溯源传递过程中可起到量值载体、传递量值的作用。对照品、试剂因其具有显著的差异，是没有这个作用的。生物标准物质承载了生物特性准确的量值标准后，可用于校准仪器、给其他物质赋值、作为质量控制物质、评价生物分析产品和测量方法等。

具备计量学属性的生物标准物质必须是具有准确生物特性量值、不确定度和溯源性，且具备稳定、均匀等这些要素。由于核酸与蛋白质等生物大分子结构复杂，遇到生物物质或生物样本高度不稳定性，给生物标准物质制备的稳定性、均匀性和不确定度评定带来了较大的困难，建立溯源性也是挑战。

因此，研制生物标准物质，建立生物计量基标准，除了严格科学制备、保障稳定性和均匀性外，要保证生物标准物质的生物特性量值准确和可溯源，应建立生物计量基准方法和溯源链，将基准方法用于生物标准物质的特性量值准确赋值/定值，合理评定不确定度。

2. 生物计量标准的不确定度

目前,生物计量标准主要涉及的是生物标准物质,不确定度是生物标准物质量值标准表示的重要组成。通常不确定度的重要来源是测量不确定度,但由于生物标准物质不确定度评定会出现不完全是测量引起的,如在评定生物标准物质的标称特性值不确定度时,不确定度评定中测量之外引起的不确定度同样需要评定。

生物标准物质不确定度评定需要注意以下几点。

(1) 测量不确定度评定[①]

测量不确定度评定是获得量值不确定度的重要内容之一,通过运用不确定度评定方法科学合理地分析被测物被测量的数值分散性,确定与测量结果相联系的参数。首先要建立不确定度输入输出模型[如 $Y=f(X)$],分析影响测量的不确定度因素及来源,进行不确定度传播的输入输出分析。也就是根据不确定度传播关系和规律,尽可能地找出所有影响测量结果的影响量,然后得到被测物的特性量值的测量不确定度。具体要求可参考国家计量技术规范《测量不确定度评定与表示》(JJF 1059.1—2019)和测量不确定度评定与表示指南(国家质量技术监督局计量司,2005)。

(2) 生物标准物质的不确定度评定

首先分析生物标准物质被测物的测量不确定度影响因素和不确定度传播的输入,需要考虑但不限于取样、样品前处理、均匀性、稳定性、取样量、回收率、提取效率、测量过程、计算软件等引入的不确定度。同时需要关注生物特性量值不确定度评定中的测量不确定度和非测量不确定度。

在生物计量领域的不确定度评定中,需要结合评定方法根据被测生物物质和被测生物特性量进行具体问题具体分析,尽可能地满足计量学要求和实际应用的需要。也就是需要根据生物特性的实际测量影响因素和非测量因素引起的不确定度,综合进行科学合理的分析评定。对于标准物质特有的生物特性量的赋值及其量值的不确定度评定,要对有影响不确定度因素而确定的测量不确定度评定,也

---

① 不确定度评定标准文件是计量机构应用的技术文件。计量导则/指南联合委员会(JCGM)成立,由8个国际组织组成,它们是国际计量局(BIPM)、国际电工委员会(IEC)、国际临床化学和实验室医学联盟(IFCC)、国际实验室认可合作组织(ILAC)、国际标准化组织(ISO)、国际纯粹与应用化学联合会(IUPAC)、国际纯粹与应用物理学联合会(IUPAP)、国际法制计量组织(OIML)。联合编写了测量不确定度表示指南(GUM)和国际计量学基本通用术语词汇(VIM)的最早版本。2008年国际标准化组织(ISO)和国际电工委员会(IEC)发布了国际标准 ISO/IEC GUIDE 98-3:2008 "Uncertainty of measurement part 3-Guide to the expression of uncertainty in measurement"(GUM),即 JCGM100:2008。测量不确定度表示指南成为了国际通用标准。资料来源 https://www.iso.org/sites/JCGM/JCGM-introduction.htm。

要对软件工具、生物信息学、形态学等非测量因素影响的不确定度评定。所有这些不确定度分量的传播都需要有不确定度评定的说明。

目前，不确定度分类评定和不确定度表示已成为标准的描述方式，不仅是在计量学方法研究、生物标准物质研制中，在日常的生物分析测量中也常被使用不确定度。相关信息可查阅本书第七章中的不确定度表示及分类。

（3）生物标准物质的总不确定度表示

生物标准物质的总不确定度一般保留一位有效数字，最多保留两位有效数字。目前可参考国家计量技术规范《测量不确定度评定与表示》（JJF 1059.1—2019），或国家标准的《测量不确定度评定和表示》（GB/T 27418—2017）。

（五）生物计量技术规范研制

在生物计量溯源传递体系中，生物计量方法、生物计量基标准、生物计量校准系统三方面相辅相成，起到统一量值溯源传递作用。生物计量校准系统主要由校准技术、生物计量国家计量技术规范（简称生物计量技术规范）组成，是生物计量溯源传递体系中的组成之一。

从计量溯源性的定义就能看出计量溯源性与校准密切相关。计量溯源性要求建立校准等级的层级，通过校准层级完成校准。也就是通过溯源链的已知相关量的统一标准，来保证测量结果的可溯源和可比性，在不同的操作时间、地点、人员、仪器、设施等情况下，保证生物分析测量数据结果准确、可比。数据结果的准确、可比是数据互认的重要前提，从而可以实现为不同实验室数据结果的应用中实现互认打下基础。

校准过程离不开国家计量技术规范文件的指导。要制定出科学合理、满足应用要求的生物计量技术规范文件，离不开校准方法、计量基标准的运用。生物计量技术规范的研制需要先技术研究再立项，然后起草制定，制定过程包括试验验证、征求意见、公示、审定、报批和发布等过程。2007年以来，生物计量技术规范文件的制定和归口管理由全国生物计量技术委员会负责。

截至2021年，我国先后立项了60多项生物计量技术规范，其中发布实施了21项。《聚合酶链式反应分析仪校准规范》（JJF 1527—2015）、《飞行时间质谱仪校准规范》（JJF 1528—2015）、《全自动封闭型发光免疫分析仪校准规范》（JJF 1752—2019）、《核酸分析仪校准规范》（JJF 1817—2020）等生物分析仪校准规范，对核酸与蛋白质分析测量的生物特性量值溯源传递起到了推动作用，可满足各领域生物检测和校准实验室的需求，解决生物分析仪器的实际校准问题。相关内容可查阅本书第七章。

四、核酸与蛋白质计量溯源传递体系举例

建立生物计量溯源传递体系是生物计量研究的重要内容。如今，从核酸与蛋白质计量溯源传递体系建立开始后，逐步在完善生物计量溯源传递体系。

生物计量技术是建立计量溯源传递体系的基础，离不开生物计量的溯源性、方法、标准的研究和建立，最终量值溯源到国际单位制单位。通过研究建立核酸与蛋白质计量溯源传递体系（图2-8），说明了溯源性是溯源传递体系的基础，生物计量方法和标准是实现溯源与传递的关键。以下简述核酸与蛋白质含量计量溯源传递体系建立的基础内容和应用。

1. 核酸与蛋白质含量计量溯源性

在进行核酸与蛋白质计量研究时，是从核酸与蛋白质含量测量溯源性研究开始，建立溯源链的层级，实现自下而上到国际单位制（SI）单位的溯源，并达到将统一量值自上而下传递到用户的目的。

要建立核酸与蛋白质含量的计量溯源性，就要先明确被测量的定义，并明确被测量对象。由于直接测量核酸与蛋白质有难度，采取的解决方案是建立与国际单位制（SI）单位相关联的计量方法，通过建立多个与国际单位制（SI）单位相关联的核酸、蛋白质含量计量方法，为核酸与蛋白质含量的溯源性建立打下基础。

建立计量方法和标准组成核酸与蛋白质含量测量溯源途径。在核酸含量计量方法建立时，选择从核苷酸、碱基层面解决核酸测量问题，进而通过计量方法建立匹配的国家计量基标准，完成核酸含量计量溯源性。在蛋白质含量计量方法建立时，选择到氨基酸、肽层面的蛋白质测量，通过国家基准和建立蛋白质含量计量标准，完成蛋白质含量计量溯源性（见第三章和第四章的计量方法研究）。

核酸含量溯源性研究中，拷贝数是研究中遇到的一个新单位，它不是国际单位制（SI）单位，因此，就需要解决它与国际单位制（SI）单位的关联。这是对聚合酶链反应方法提供溯源性依据的关键。如果要建立溯源到国际单位制（SI）的溯源性，就需要建立核酸计量方法，明确方法定义，把拷贝数与国际单位制联系起来。核酸拷贝数浓度测量的溯源性问题经过十多年研究已经得到解决（见本章第二节中计量单位相关内容）。

蛋白质含量溯源性研究中，由于蛋白质的多样性和复杂性，如每一种蛋白质通常会由许多相似的分子组成，如同分异构体，而且每个蛋白质分子的修饰也有

多种方式各不相同，分子量大小、结构、活性也不同，基体也对测量产生影响，造成蛋白质测量的复杂性。这样会带来不同的蛋白质测量对象所对应建立的计量方法和溯源途径也会不同，也就关系到蛋白质含量的溯源性及溯源层级。相关内容可查阅本书第四章蛋白质计量。

2. 核酸与蛋白质计量基准方法

从目前研究来看，生物计量基准以基准方法研究采取了渐进式研究路径，一方面参考化学计量的方法，一方面结合生物大分子的特点创新建立新方法。自2005年我国开始探索研究核酸与蛋白质含量测量计量基准方法，从色谱方法研究，到同位素稀释质谱法、质量平衡法，到高效液相–圆二色谱联用等测量蛋白质的计量方法研究；从定量聚合酶链反应方法研究到数字聚合酶链反应方法测量核酸的计量方法研究，从色谱方法研究到同位素稀释质谱法、电感耦合等离子体发射光谱方法、电感耦合等离子体质谱方法等测量核酸的计量方法研究。经过十多年时间研究，经国际计量比对等效一致验证后，中国计量科学研究院建立了能准确测量核酸与蛋白质含量的多种计量方法，有基准方法、潜基准方法等，成为国际互认的校准和测量能力，它们是核酸与蛋白质含量计量溯源传递体系中的重要组成（图2-8）。在本书第三章核酸计量和第四章蛋白质计量章节中有关于计量基准方法研究的描述。

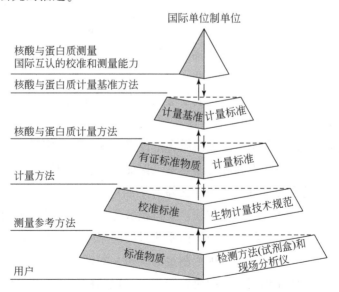

图 2-8 核酸与蛋白质含量计量溯源传递体系

注：向上箭头代表溯源；向下箭头代表传递

所确定的蛋白质和核酸含量测量基准方法，已满足基准方法应具备的基本条件：①测量溯源途径清晰；②达到被测量尽可能小的不确定度；③单位统一；④通过国际比对认证达成共识。

3. 核酸与蛋白质含量计量标准

生物计量基标准的研究，是建立生物测量标准源头的关键内容之一。核酸与蛋白质含量计量标准的研究，以计量方法（含基准方法）准确赋值为基础。

1）核酸含量计量标准研究：运用同位素稀释质谱计量方法测量核酸含量特性的质量浓度量值，采用基于单分子扩增绝对定量的数字 PCR 计量方法测量核酸含量拷贝数浓度量值等，可用于对核酸标准物质进行赋值/定值，得到核酸标准物质的含量标准值。相关内容查阅本书第五章。

2）蛋白质含量计量标准研究：运用同位素稀释质谱计量方法测量蛋白质含量的质量浓度，可为蛋白质含量标准物质赋值/定值，得到蛋白质标准物质的含量标准值。如本书第五章介绍的人血白蛋白标准物质、糖化血红蛋白标准物质、胰岛素标准物质。

4. 核酸与蛋白质含量计量溯源传递体系建立

基于以上对核酸与蛋白质生物计量技术研究成果，为建立核酸与蛋白质含量计量溯源传递体系打下了基础。核酸与蛋白质含量计量溯源传递体系是以核酸与蛋白质为测量对象，形成了核酸与蛋白质计量的含量测量溯源途径。

核酸与蛋白质含量计量溯源传递体系，如图 2-8 所示。包含计量基准方法、计量方法、测量参考方法、计量基准、有证标准物质、校准标准（物质）、标准物质、生物计量技术规范，并与核酸与蛋白质含量测量国际互认的校准和测量能力相联系，溯源到国际单位制单位。

通过核酸含量计量溯源链、蛋白质含量计量溯源链，分别建立了核酸含量的溯源传递体系、蛋白质含量溯源传递体系。保证核酸、蛋白质含量测量结果到国际单位制（SI）的溯源性（见本书第三章和第四章）。

从应用上，通过建立的计量方法，获得核酸与蛋白质含量测量国际互认的校准和测量能力，提高了生物核酸与蛋白质测量的国家测量实力。核酸与蛋白质国家有证标准物质、生物计量技术规范制定的发布，实现了将核酸与蛋白质含量特性的标准量值向下传递到用户，解决检测方法和现场检测结果的量值溯源（图2-8）。以保障用户在核酸与蛋白质含量检测中数据结果的准确和单位统一，从而提高我国核酸与蛋白质类生物产品检测的质量，避免核酸与蛋白质检测中可能的贸易技术壁垒。通过数据结果的准确可靠和互认达到国际贸易公平，这也是实现生物计量应用目的之一。核酸与蛋白质计量应用的相关内容可查阅本书第八章。

目前，中国计量科学研究院已建立国家计量科学数据中心（NMDC），发布权威的计量参考数据、计量科研数据、计量基标准数据、计量检测数据等（https://www.nmdc.ac.cn）。国家核酸与蛋白质生物计量溯源传递体系的建立，通过国家标准物质资源共享平台（http://www.ncrm.org.cn），推动在生物领域的应用。

生物计量研究已成为计量领域的全新挑战。至此，本章从生物计量的概念、定义、范畴，生物计量体系架构和研究现状进行了初步介绍。接下来的篇章中将分述我国生物计量研究中优先发展的核酸计量与蛋白质计量。

第三章

核 酸 计 量

每一个生物体都有属于自己的生命密码,核酸作为生命遗传信息的承载者,在所有生物的生命中扮演着重要角色。从植物到动物以及人类,从农业粮食安全、食品安全、生物安全到精准医疗,核酸特性数据在生命科学研究、质量安全监督管理、进出口贸易、医疗诊断等应用中都起到重要作用,而精确的核酸特性数据需要通过测量获得,要确保核酸特性测量准确、可比、可溯源,核酸计量是根本保证。核酸计量就是对核酸测量对象进行精准测量科学研究并达到量值可溯源和统一标准量值的科学活动,从精准测量、确定最小不确定度,到建立量值溯源层级完成大分子核酸特性量值的单位统一、溯源至国际单位制单位,从而建立核酸特性量值标准溯源传递体系,确保测量结果达到准确、可比、可互认,满足日常生物分析测量中核酸数据有效性的提升。核酸计量分类是生物计量分类中最优先启动发展的分支之一。

核酸计量在全球范围内所面临的挑战是建立国际互认可溯源的核酸特性量"标尺"。我国经过十多年核酸计量方法、核酸标准物质和核酸含量测量的溯源性研究,形成了核酸含量测量溯源传递体系,完成了一定分子量范围核酸特性量值在世界范围内的国际比对等效一致,获得了国际互认的校准和测量能力,从而解决应用中核酸特性量无溯源和数据不可比的问题。加强核酸测量多特性量计量学研究、完善核酸计量溯源传递体系,都是我们现在面对的挑战和未来研究方向。

第一节 引 言

核酸是重要的遗传物质,也是组成微生物、植物和动物等生命体的最基本物质之一。核酸是由核苷酸单体聚合成的生物大分子,主要包括脱氧核糖核酸(DNA)和核糖核酸(RNA)。

1953年4月25日,科学家詹姆斯·杜威·沃森(James D. Watson)与克里克（Francis Crick）提出了 DNA 双螺旋分子结构模型，知道了碱基的精准序列是携带遗传信息的密码（杨焕明，2017）。1936 年我国遗传学家谈家桢先生将英文"gene"音译为"基因"，有"基本因子"之意，使我们更加理解核酸的本质。

生命的存在离不开核酸遗传物质，要研究生命、了解生命都与核酸有关。21 世纪，生物科技迅猛发展，科学家对遗传物质的研究也逐渐深入，通过测定核酸并进行量化分析揭示表观遗传差异、肿瘤突变基因等生命现象，呈现 DNA、RNA 与健康、疾病的关系。现在核酸检测已逐步进入疾病诊断和预防等领域，如针对人乳头瘤病毒（HPV）、病原体人类免疫缺陷病毒（HIV）、新型冠状病毒（SARS-CoV-2）等引起的疾病诊断和治疗。还有对猪瘟病毒、大豆茎溃疡病毒等核酸检测用于病毒引起的动植物健康安全的诊断，也是利用核酸检测量化数据进行的防疫措施。

植物新品种培育技术不断发展和成熟，是人类应对粮食危机解决粮食安全的有效手段之一。通过转基因技术①已使世界转基因作物的种植面积不断增加，据国际农业生物技术应用服务组织（ISAAA）统计，2019 年全球 29 个国家的转基因作物种植面积达到 1.904 亿公顷，42 个国家/地区进口了用于食品、饲料和加工的转基因作物（国际农业生物技术应用服务组织，2021）。与此同时，部分国家对转基因产品进入市场推出了转基因成分标识制度。标识管理的核心在于转基因限量的制定，不同国家对于转基因标识的限量阈值要求不同，如欧盟和澳大利亚的阈值要求是 0.9%，也就是转基因含量超过 0.9%需要进行标识，另外日本阈值为 5%，韩国为 3%。全球转基因含量检测结果是否一致，与全球使用的量值标准是否统一与互认息息相关。基因检测生物技术和计量标准的进步也带来了在贸易中的博弈，能力强则占有绝对优势。

随着生物技术应用在不同领域的精细化发展，生命物质进入精准测量的时代已到来，核酸特性数据的准确程度，直接与转基因检测、病毒核酸检测，还有法医物证 DNA 鉴定、生物安全核酸监测、生物产品注册检验等的正确与决策判断紧密相关。在任何时间、空间、地域要确保对核酸检测数据的可靠、可比性，核酸计量是根本的保证。只有建立核酸测量核心能力、研制出核酸特性量计量标准（物质），并达到国际互认，才能就能在粮食/食品安全、医疗诊断贸易公平、生

---

① 转基因（transgene）：将外源基因转移并稳定整合到另一细胞并使之产生稳定遗传改变的过程。通过转基因获得整合有外源基因植物个体的为转基因植物，获得整合有外源基因动物个体的为转基因动物。利用基因工程技术获得的具有特定基因组结构并稳定遗传的转基因生物，也称为转化体（JJF1265—2022）。

物产业发展上提供精准、可比、互认的支撑。

第二节　核酸计量概述

一、核酸计量概念

核酸计量是对核酸测量及其应用的科学，是生物计量分类体系中重要组成部分和优先发展的分支。核酸计量是以核酸测量理论、测量方法和测量标准为主体，达到核酸测量的生物特性量值（包括标称特性值）在国家和国际范围内等效一致、单位统一可溯源到国际单位制（SI）单位，以及相关测量方法和测量标准获得国际互认的校准和测量能力（CMC）。

核酸计量研究以碱基、核苷酸、DNA、RNA、基因、基因组等为测量对象，精准测量这些测量对象的含量、序列、修饰、结构、功能等特性量，通过测量和不确定度评定研究，确定其生物特性量值和标称特性值、计量单位。

如果没有核酸特性量值标准、单位统一的计量溯源性的有效保证，就不可避免地会出现在不同时空、不同地域对核酸特性分析测量数据不可比的情况。

只有通过以全球互认的测量方法、测量标准形成的核酸计量溯源性，完成核酸特性量值到国际单位制（SI）单位或国际公认单位的溯源，保障国家之间的核酸测量结果的国际等效一致，才能实现不同时空和地域核酸特性分析测量结果的有效性。这就是核酸计量所起的重要作用。

二、核酸计量特性

核酸计量是对核酸测量对象特性量的测量，而测量对象的测量特性与特性量紧密相关。对核酸测量和特性量的科学研究需要结合实际应用，更离不开现实问题的迫切需求，来自现实问题的需求推动了核酸计量的发展，这要追溯到2003年国际计量局开始的第一个核酸测量国际比对研究。

由于转基因产品核酸检测的拷贝数变化及检测中0.1%的数据差异，对是否有转基因成分的认定都可能出现完全不同的结果。如果不同实验室间得出不同的检测结果，将直接影响国际贸易公平性。正是因为实验室得出不可比不互认的数据而导致不必要的贸易争端，所以国际农业组织期望解决各国核酸检测数据不准和不可比的现状，这促使转基因测量的国际比对提上了议事日程。

2002年成立BIPM/CCQM生物分析工作组，自成立之初第一件事就重点关注定量聚合酶链反应的转基因测量国际比对上。2003年生物分析工作组启动了第一个转基因玉米测量的国际比对（比对号为CCQM-P44），主导实验室是英国政府化学家实验室（LGC）和美国国家标准技术研究院（NIST）的实验室，参加比对的实验室为包括中国计量科学研究院在内的参加国的国家计量院（NMI）或代表国家参加的指定机构（designated institute，DI）的实验室。在该国际比对中，各国使用荧光定量聚合酶链反应对转基因玉米植物样本进行测量。CCQM-P44第一轮比对数值反映出了各国的测量结果平均值的相对误差的范围大，有的实验室结果相对误差甚至高达50%以上，结果的差异性充分体现了当时多数参比实验室对转基因测量能力不能支撑数据等效一致，无法达到国际互认，更谈不上为国际贸易中转基因检测的公平公正提供支撑。因此，2004年在北京召开的BIPM/CCQM生物分析工作组（BAWG）的第5次会议上，英国政府化学家实验室提出了要进行转基因荧光定量聚合酶链反应第二轮的国际比对（CCQM-P44.1），与此同时，各国都在加强对于核酸计量的研究，建立更加准确的核酸测量含量特性量拷贝数（copy number）浓度量值的计量方法来提高本国的核酸测量能力，将以通过国际比对互认的方式解决各国参比实验室间的转基因核酸含量测量结果不可比的问题。

在2003年启动的转基因测量国际比对的带动下，我国也开始了核酸计量研究，核酸拷贝数测量研究体现出了核酸计量的特点。核酸计量以围绕核酸测量对象、特性及其量值单位为基本内容，以计量方法、标准物质和溯源性为链条，形成核酸计量体系的架构。

（一）核酸计量测量对象

核酸是核苷酸单体聚合成的生物大分子物质，是脱氧核糖核酸（DNA）和核糖核酸（RNA）的总称。DNA的基本组成是脱氧核糖核苷酸（dNMP）、脱氧核糖核苷和碱基，RNA的基本组成是核苷酸（NMP）、核糖核苷和碱基。

因为核酸是生物大分子物质，直接测量有难度，所以要想从计量学上做到准确测量并解决好溯源性，那么，就需要思考大分子核酸计量的解决办法，从核酸的组成和测量方法入手，从小分子到大分子逐步进行准确测量，才能最终完成对核酸大分子的计量研究，量值溯源也就实现了。因此，核酸测量对象从核酸组成和结构看（图3-1），可以磷分子、碱基、核苷酸入手，再到DNA、RNA、基因、基因组等，并通过建立不同测量对象的特性量标准层级进行溯源。这些测量对象可以来自于合成的纯物质，也可以是来自于生物体中的物质。由此来研究不同测量对象的计量方法、计量标准和溯源性，建立核酸计量的溯源链。下面简述核酸组成和相关测量对象的性质和特点。

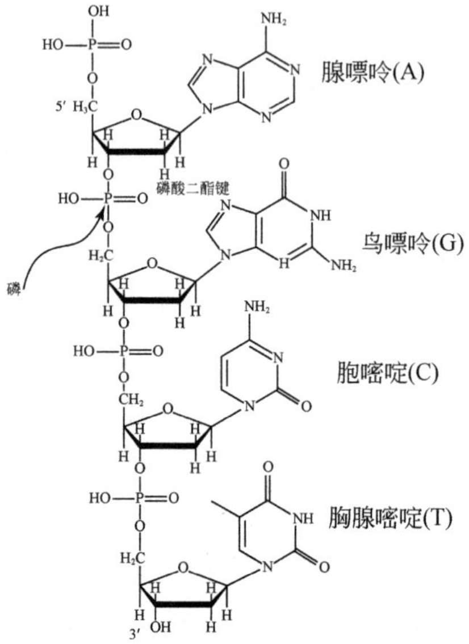

图 3-1　核酸（DNA）分子组成和一级结构示意图

1. 脱氧核糖核酸（DNA）

组成脱氧核糖核酸的碱基主要有 4 种，即腺嘌呤（A）、鸟嘌呤（G）、胞嘧啶（C）、胸腺嘧啶（T）。构成 DNA 的核苷是脱氧核糖核苷，主要有脱氧腺苷、脱氧鸟苷、脱氧胞苷和脱氧胸腺苷。组成 DNA 的主要 4 种脱氧核苷酸为脱氧腺苷酸（dAMP）、脱氧鸟苷酸（dGMP）、脱氧胞苷酸（dCMP）和脱氧胸苷酸（dTMP）。

2. 核糖核酸（RNA）

组成核糖核酸的碱基主要有 4 种，分别是腺嘌呤（A）、鸟嘌呤（G）、胞嘧啶（C）、尿嘧啶（U），与 DNA 不同的是有尿嘧啶（U）。构成 RNA 的核苷是核糖核苷，包括腺苷、鸟苷、胞苷和尿苷。组成 RNA 的核苷酸为腺苷酸（AMP）、鸟苷酸（GMP）、胞苷酸（CMP）和尿苷酸（UMP）。

3. 核苷酸和寡核苷酸

核苷酸（nucleotide）是核苷的磷酸酯，是由核苷和磷酸基团组成的化合物，它是构成核酸的基本单元。当由核苷和1个磷酸分子结合而成的化合物称为核苷一磷酸，由核苷与2个磷酸（焦磷酸）基团连接而成的化合物称为核苷二磷酸，由核苷和3个磷酸基团连接而成的化合物称为核苷三磷酸。

寡核苷酸（oligonucleotide）是一类具有低于20个碱基的短链核苷酸，是通过3′,5′-磷酸二酯键连接而成的化合物，常用来作为探针确定DNA或RNA的结构。

4. 质粒DNA（plasmid DNA）

质粒是存在于细胞质中一种自主复制的DNA分子，多数是闭合环状双链DNA分子，少数为线状形式。其存在于细胞质中保持恒定的拷贝数，因此，质粒DNA常作为核酸计量方法研究被测对象和核酸标准物质的研制候选物及被测物。

5. 总核酸（total nucleic acid）

总核酸是提取核酸后样本中核酸的总量，也是特定提取物中的DNA或RNA为主的占有量（ISO 20395：2019），通常在测量中量值结果以质量浓度表示。在进行核酸测量中经常会对生物样本的总核酸进行测量。

6. 基因和基因组

基因是生物领域常用的检测对象，随着生物技术的发展，基因组的检测也越来越普及，逐渐对基因组大片段测序，难度自然也会加大。基因（gene）是遗传信息的基本单位，而基因组（genome）是一个生物体具有的所有遗传物质的总和。基因组大小是用全部DNA的碱基对（base pair，bp）总数表示。基因组脱氧核糖核酸（gDNA）即基因组DNA，在大多数生物体的每个细胞中存在相同的基因组DNA。

因此，从具有特定序列的DNA片段的基因测量，到一个生物体具有的所有基因总和的基因组测量，含转基因组的测量，对其片段长度大小和数据信息的准确获取是关键，如果被测的基因组数据可靠，可为生命科学基因组学研究和应用提供一个高置信度的生物体遗传信息的数据。基因组测量已成为了核酸计量的重要测量对象，其测量的量值将依据采用的方法和可确定的特性量，还会与遗传信息结合确定高置信度序列数据（集），即标称特性值。

目前核酸测量对象主要包括但不限于碱基、核苷酸、寡核苷酸、DNA、

RNA、基因、基因组等，从核苷酸到最小基因组的长度范围如图3-2所示，片段长度对测量研究有参考作用。由于生命体中基因会产生修饰、突变、结构变异等现象，因此基因修饰、突变基因等也都是核酸计量的测量对象。

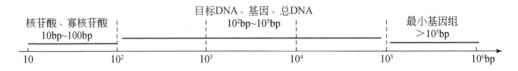

图3-2 核酸测量对象长度大小示意图

以上所列举的碱基、核苷酸、脱氧核苷酸、寡核苷酸、DNA、RNA、基因、基因组、DNA甲基化、突变基因等都是核酸计量体系中的测量对象，他们长度大小不同，测量的难度也就不同。要建立计量溯源性和提高应用的有效性，核酸计量研究需要从碱基、脱氧核苷酸、核苷酸开始测量，到寡核苷酸、基因、基因组的特性量测量，满足不同的需要。由于测量对象的片段长度渐增、分子量也在逐渐变大，影响测量的难度也就不同，这就给测量方法、不确定度的评定带来越来越多的核酸计量难题。

（二）核酸计量特性和量值

1. 核酸计量特性

在核酸计量中，核酸测量的特性与本书第二章提到的生物（物质）特性或测量特性一致，目前可测的特性包括含量、序列、结构等，具体有碱基对数量、拷贝数等特性量。核酸测量的特性决定了核酸计量不只是可定量的测量科学，还是可量化定性的测量科学。这不仅是核酸计量的特点，也是生物计量的特点。

对核酸的目标序列和序列长度的特性测量，是DNA和基因组等测量对象涉及多特性测量，如果测定的是DNA数量则认为是可定量的含量特性，如果测定的是基因组序列则认为是可量化的定性序列特性，它们都是需要通过测量来确定特性量值。通过核酸测量确定的碱基对数量结果表达的是核酸计量特性量值，而通过核酸测量确定的序列结果表达的则是标称特性值。定量测量和定性测量是根据在不同的预期用途中的需求不同而确定的不同方式的核酸测量，决定了核酸计量相对特性和不同特性对应不同的特性量，并有特性量（数据）与对应的不同单位来表示测量结果，完整的测量结果表示还应包括不确定度。

由于核酸DNA是以双螺旋结构形式存在的，通常是以碱基对（bp）来表示

DNA 的长度，碱基对数目用来表征 DNA 或双链 RNA 的链长。

核酸的碱基对一般包括腺嘌呤-胸腺嘧啶（A-T）对、腺嘌呤-尿嘧啶（A-U）对、鸟嘌呤-胞嘧啶（G-C）对、鸟嘌呤-尿嘧啶（G-U）对等。可用碱基对、千碱基对、兆碱基对等来表示核酸的长度大小，其中千碱基对（kilobase, kb）指的是 1000 个 DNA 碱基对或 1000 个 RNA 碱基，兆碱基对（millionbase, Mb）则是 10^6 个 DNA 碱基对或 RNA 碱基［《生物计量术语及定义》（JJF 1265—2022）］。不同生物体有不同的基因数量和不同的碱基对大小，人类基因组约有高达 10 万个基因和 30 亿个碱基对。

DNA 碱基对的改变会导致序列发生变化。当基因序列在结构上发生碱基组成或排列顺序的改变时，也就发生了基因突变（gene mutation）。基因和突变基因的数量可通过拷贝数测量反映。

拷贝数是具有一个特定核酸序列的分子的数量或数目，以 copies 表示（ISO 20395：2019）。一个基因的 DNA 序列在基因组内完整地出现一次被称为该基因的一个拷贝，只出现一次的基因称为"单拷贝基因"，重复出现多序列分子数量的基因称为"多拷贝基因"。因变异而导致拷贝数变化的现象则为拷贝数变异（CNV）。核酸特性量检测的结果与测量标准的量值一致才能可靠，转基因检测、病毒核酸检测、耳聋基因检测、法医 DNA 检测、肿瘤突变基因检测等都需要有准确可靠的拷贝数浓度结果。

从生物遗传学的角度，恒定的基因拷贝数与生物细胞遗传背景及生长条件有关。生物子代与亲代间由基因型的改变导致表型变化的变异，通过测量发现的这些变异是与被测量的基因序列的分子数量、大小和排列顺序的变化有关。因此，遗传学研究离不开准确的核酸特性测量。

核酸特性测量通常是对多核苷酸链中核苷酸的排列顺序的序列测量、碱基对大小序列测量等，目前拷贝数浓度特性量值与序列标称特性值已成为核酸计量中的主要研究的特性量值。

2. 核酸特性量值

基于核酸计量的特性，核酸计量的特性量值和标称特性值合称为核酸特性量值，这两者由于测量对象的单位、被测量的不同特点而有区别。

核酸计量的特性量值，是以数量、大小来表示核酸测量对象的测量量值，如对寡核苷酸、核苷酸、总核酸、DNA 和 RNA、质粒、目标基因、基因组等测量对象的被测量所测得的数量和大小，可用质量浓度含量、拷贝数浓度含量等特性量值来表示测量结果的量值，包含单位。比如拷贝数浓度是指一定体积所包含特定核酸序列的分子数，如以 copies/μL 表示。

核酸计量的标称特性值是不以数量、大小表示的核酸测量对象的测量特性值，或核酸测量对象的一种现象。如对 DNA、基因、基因组等测量对象的序列、结构测量，DNA 序列测量是确定 DNA 分子核苷酸碱基的排列顺序，序列通常是从 5′端到 3′端描述，结果是以标称特性值来表示。

随着测序技术的发展，测序仪成为了测量序列的手段，序列也已成为一种重要的生物测量特性，是核酸计量标称特性的重点。随着基因组学研究的迅猛发展和应用，对测序数据的可靠性提出了更高要求，对于序列测量的准确、可比、互认的需求，我们从 2014 年便开始了序列特性计量和测量标准的研究，但遇到了测量溯源性、不确定度评定的难题。

从对基因组测序产生的序列大数据结果，研究参考基因组序列标准大数据，与以往的计量标准的统计学方法和不确定度评定都有很大的不同，参考基因组标准数据（集）的确定也随质量评估在不断地更新。实现核酸计量这一基因组序列计量的挑战，便是对具有不确定度、溯源性的基因组序列大数据标准（集）的标准物质的研究制订。

三、核酸计量体系

（一）核酸计量体系架构

对核酸计量的研究，最初是按核酸计量体系架构规划的。核酸计量体系架构由核酸测量对象、测量特性、计量方法、计量标准、计量技术规范、溯源性及国际互认的校准和测量能力等组成。根据核酸计量的测量对象、可测量的特性量实现程度，以及明确的预期用途来看，核酸特性量的计量溯源性是核酸计量体系架构的主线。

从溯源层级划分角度，核酸计量体系架构有如下几个层面的内容相互关联。

一是生物物质为核酸测量对象的纯物质的特性量的溯源性和不确定度的评定。形成可溯源到国家单位制（SI）单位的核酸计量基准方法、国家基准物质和有证标准物质是目的，处于溯源上层。

二是复杂生物样本核酸测量对象的特性量的准确测量和不确定度评定，形成核酸特性量的计量方法、国家标准物质（包括基体标准物质），满足这一层级的应用。

三是核酸测量对象的标称特性的可比性和不确定度评定，建立测量程序和测量标准。

四是核酸特性测量的溯源途径，以计量基准方法、计量方法、国家标准物质为主体，将核酸测量结果溯源到国际单位制（SI）单位或国际公认单位。基准方法、计量方法、国家标准物质均应最高满足国际比对等效一致，实现国际互认的校准和测量能力。

五是标准技术和标准化文件，研究校准方法和制定计量技术规范，行使规范量值溯源传递的作用。

（二）核酸计量内容重点

1. 测量对象

按核酸计量体系架构，核酸计量以核酸测量对象的纯物质、生物样本为对象进行测量科学实验，研究核酸测量对象的特性测量技术和测量标准，解决核酸数据的溯源性和可比性问题。具有一定纯度的碱基、核苷酸、寡核苷酸、质粒DNA等物质，是核酸计量研究中首要选择的测量对象，主要用于建立计量方法、溯源性、标准物质，实现量值溯源的功能。来自真实生物体的生物样本也是核酸计量的重要研究对象，生物样本是个复杂体系，包括来自植物、动物、人类的细胞、组织、血液、脑脊液、粪便等样本，从这些样本中提取核酸，对总核酸、目标基因等进行测量，建立计量方法并研制生物基体标准物质。生物基体标准物质的作用，可实现对实际日常检测全过程的质量控制。

2. 溯源性

溯源性是保证准确测量的基础。核酸计量的关键是建立核酸测量溯源性，解决单位统一的可溯源。

核酸测量溯源性可以通过溯源链的层级递进实现。为实现这一目标，优先从核苷酸、碱基等纯物质考虑，建立计量基准方法或计量方法，确定相关核苷酸或碱基标准物质，建立溯源层级。然后从核苷酸或碱基量值标准层级，通过溯源连到国家基标准层级溯源至国际单位制单位，建立核酸测量溯源性上层基础。

3. 研究重点

就目前发展阶段，将核酸计量的研究重点归纳如下：①核酸大分子测量溯源性；②核酸的绝对计量基准方法；③核酸标准物质；④核酸计量方法；⑤测序计量；⑥核酸测量参考方法；⑦基因组序列标准大数据（集）和不确定度评定；

⑧表观遗传核酸生物标志物精准测量；⑨痕量核酸、单分子核酸、单细胞核酸、核酸修饰等精准测量。

总而言之，核酸特性量单位统一的计量方法（含基准方法）、计量基标准是核酸计量的优先研究内容，计量基标准是建立溯源途径的基础，核酸测量溯源理论和溯源途径是核酸计量溯源性的依据。核酸标准物质、计量技术规范与预期用途紧密相关，是建立溯源传递体系的条件、保证溯源传递应用的重要手段。也就是说，核酸计量重点是以核酸计量溯源性为主线，核酸计量体系架构为支撑，确保国家在食品安全、粮食安全、生物安全、医疗诊断、司法鉴定等应用领域日常分析测量核酸数据结果的准确性和可比性，并具有溯源性。

下面主要介绍核酸计量溯源性和核酸计量方法有关内容。核酸标准物质的内容参见本书第五章，计量技术规范校准相关知识参见本书第七章。

第三节　核酸计量溯源性

一、溯源性目标内容

核酸计量溯源性与生物特性量有关。核酸特性量值溯源性首先考虑的是特性量测量能否直接溯源到国际单位制（SI）单位，以及国家法定计量单位或是溯源到国际公认单位。量值溯源的结果依赖于可实现的计量学水平，所以建立具有溯源性的计量方法和计量标准所形成的溯源链，来实现单位统一的溯源。

溯源链是一条不间断的量值层级链，在溯源链层级中，每个层级的计量标准（如标准物质）的标准量值都应该具有其所在层级的计量水平的量值和不确定度，从而达到实现溯源性的可能。当有某个层级的量值不明确，如在溯源链中该层级被省略掉或忽视掉，此层级就没有了标准量值和不确定度，这时溯源的连续性就被迫中断了，这种情况将会造成所在层级中的测量结果不准确，也将会影响到最终测量结果的准确性，使不确定度会增加，从而出现与预期实际应该达到的测量水平不相符的情况。

在核酸计量中，建立具有计量学水平的核酸特性量溯源链时，不仅要考虑量值可溯源到国际单位制（SI）单位，还需要根据核酸特性量值和单位的定义、测量原理及其在实际应用中的定量或定性的需要，形成不间断的溯源链特性量值标准层级，达到核酸计量溯源链建立的目的。

明确核酸测量特性量测量和量值的单位定义是建立核酸计量溯源性的关键。核酸测量特性量值的单位与被测量紧密相关，被测量如要溯源到国际单位制单位，就需要与基本单位有关系。已进行的核酸计量研究中，被测量的单位会与千克（kg）、摩尔（mol）、秒（s）、安培（A）等单位有关，也会有量纲为一的情况出现。

对于核酸测量单位有其特殊性的情况时，不仅需要明确核酸测量特性量及量值单位，同时还需要明确单位定义的溯源性，以及与国际单位制（SI）基本单位溯源性关系。当要建立核酸特性量拷贝数和量值拷贝数浓度量值单位的核酸含量测量的溯源途径，就要研究计量方法和基标准，解决在计量层面上与国际单位制基本单位或基本常数关联的溯源问题，可通过建立多条溯源途径和必要的单位换算来实现。

因此，研究并正确选择计量基准方法、基准物质、计量方法、标准物质，可以实现对某一核酸特性量测量的溯源性。通过溯源途径实现单位统一的溯源，通过不间断的溯源链逐级向上溯源至国际单位制（SI）单位或基本常数，或国际公认单位。在向上逐级溯源的过程中，自下而上的测量不确定度是逐渐减小的，各层级的测量不确定度的大小程度与溯源层级标准量值的合成不确定度的大小相关。下面列举研究的核酸含量计量的溯源途径。

二、核酸计量溯源途径

（一）溯源实现方法

以计量基准、计量标准的基础上实现计量溯源为例，就目前的研究，核酸计量溯源主要是通过基准方法、计量方法、标准物质来实现的，其中基准方法被认为是一种具有最高计量学水平的测量方法，它的测量操作过程可清晰描述，并具有测量结果的不确定度，测量结果最终用国际单位制（SI）基本单位表述。有时计量方法被用作参考测量程序使用。

由于核酸是由许多核苷酸单体聚合成的生物大分子物质，可从单链的十几个核苷酸组成的物质到大于3Gb的双链DNA物质，要对大分子核酸直接测量会有难度，同时在测量中还会面临生物样本中核酸量低和痕量的特点。因此，要解决核酸测量既准确又可溯源的第一步工作，是研究核酸计量方法（含基准方法和潜基准方法），要解决的关键技术就是将大分子核酸转变为小分子物质直接测量，通过评定测量过程中引入的不确定度，确定准确的特性量值，解决无法直接测量大分子核酸而无法溯源的问题。

面对不同核酸测量对象及其特性量,在过去的十年多时间里通过国家科技项目的支持,我国已研究建立了具有计量学水平的多项核酸含量计量方法。所建立的核酸含量计量方法不仅具备计量学属性,也达到了国际比对的测量等效性,获得了国际互认的校准和测量能力,这些校准和测量能力已纳入了国际计量局的KCDB中。目前,已研究建立的核酸计量方法有液相色谱–同位素稀释质谱(LC-IDMS)、电感耦合等离子体–发射光谱(ICP-OES)、电感耦合等离子体质谱(ICP-MS)、超声波–液相色谱–同位素稀释质谱、数字聚合酶链反应(dPCR)、单分子计数等方法,具备相应的核酸特性量测量溯源性。

(二) 建立溯源性

核酸特性量的测量具有采用不同方法出现不同单位的情况,因此,研究中考虑建立核酸计量溯源性研究较为复杂,需要通过建立的核酸计量溯源途径实现核酸特性量的溯源。2012年,我国建立了转基因植物核酸特性含量测量的溯源途径(图3-3),通过计量基准、计量方法、标准物质完成转基因植物核酸测量的三条溯源途径,如图3-3所示。实现日常转基因分析测量活动中的量值溯源和传递。该研究打破了核酸计量溯源性的空白,相关成果也填补了我国核酸生物计量领域的空白(中国质量报,中国科学报,2012;市场监督管理杂志,2022)。

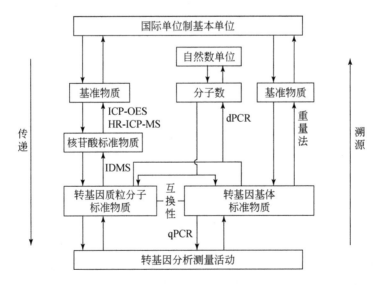

图3-3 转基因植物核酸含量测量溯源途径和量值传递

建立核酸计量溯源途径，先要选定核酸测量的特性量，根据特性量的特点确定测量单位和可实现的测量方法的一致性，来建立计量方法和计量标准，并与国际单位制（SI）单位、国际公认单位相关联，从而达到实现核酸测量的溯源目的。目前，核酸含量测量的特性量值溯源途径，是从核苷和核苷酸，到基因再到基因组大分子，具备核酸含量测量的特性量拷贝数（copies）、质量（m）、摩尔（mol）、自然数"1"间相关性，自下而上可溯源到国际单位制（SI）单位和自然数单位。

计量传递是溯源的逆向过程，由溯源链和传递链组成了核酸计量溯源传递体系。计量方法和具有计量学属性的标准物质是在这个体系中的两个重要成员，从核酸计量方法、计量标准物质所建立的溯源途径逐级实现核酸含量的可溯源，并将标准量值通过标准物质这个载体传递给核酸分析测量活动中。

已建立的核酸含量测量的三条溯源途径，自下而上溯源到国际单位制（SI）单位和自然数"1"（图3-3）。第一条途径是通过数字PCR绝对定量的计量方法，使核酸含量的量值可通过数字PCR计量方法溯源至自然数"1"；第二条途径是可通过重量法实现到国际单位制（SI）基本单位千克（kg）的溯源；第三条途径是通过相关计量方法，结合计量标准物质，实现核酸含量测量的量值单位到国际单位制（SI）基本单位千克（kg）和摩尔（mol）导出单位（单位体积的质量浓度和摩尔浓度单位）溯源，如可采用同位素稀释质谱（IDMS）、电感耦合等离子体发射光谱（ICP-OES）、高分辨电感耦合等离子体质谱（HR-ICP-MS）等计量方法。图3-3中核酸含量测量的量值传递是溯源途径的反方向，即自上而下实现量值传递。所描述的核酸含量测量的溯源途径和量值传递同样适合于其他应用领域中生物体核酸含量的测量溯源的建立，满足核酸标准物质研制和核酸分析测量的溯源需要，如对肿瘤突变基因拷贝数浓度检测、病毒核酸拷贝数浓度检测、相关标准物质研制的溯源性运用。

另外，我们还研究采用液相色谱-同位素稀释质谱，通过测量碱基含量计算得到核酸含量的研究（张玲等，2013a）。以非水溶剂电位滴定法测量的碱基纯度标准值溯源至国家一级标准物质邻苯二甲酸氢钾，再溯源至国家库仑基准，直至国际单位制（SI）的基本单位安培和秒，从而建立核酸含量溯源的另一条溯源途径。目前我国已有的几类核酸计量方法，可实现一定长度范围核酸的含量测量，并具备溯源性。

第四节 核酸计量方法研究

一、概述

随着分子生物科学技术的发展,对核酸分子定量检测的方法也层出不穷。有通过标记探针杂交反应的定量方法、荧光染料定量方法、荧光定量聚合酶链反应方法、紫外分光光度法、色谱法、质谱法等(傅博强等,2013),这些核酸定量检测方法大多为需要使用定量标准做参照的相对定量方法。从计量基准方法的定义分析,像荧光染料定量方法和荧光定量聚合酶链反应方法是依赖于外标来进行定量的相对定量的方法,方法本身还需要由更高级别的方法进行确证;质谱法能够对核酸分子进行测量,通过离子间的质荷比(m/z),能够测量核酸的分子量,但却不能得到核酸的全部序列信息,对大分子核酸直接测量有难度。

计量方法是需要具有准确度高、可溯源、不确定度低的条件的方法。比如质谱法,如果没有计量学的研究,不具备计量学属性条件,也不能成为计量方法。当满足了溯源性、准确度高、尽可能低的测量不确定度时,才具备了成为核酸计量方法的可能,既能保证核酸测量的最高水平,也能保证核酸测量结果的溯源性。

为发展核酸计量方法,从了解1997年BIPM/CCQM将电位滴定法、重量法、精密库仑法、凝固点下降法、同位素稀释质谱法等5种方法定为具有绝对测量性质的方法,可为基准/标准物质定值(赵墨田,2004),这些方法也被认为是经典的化学计量基准方法。思考是否能够从这些方法中选取出核酸计量的方法?

自2003年开始,参加国际比对的各国国家计量机构先后着手了对核酸含量计量方法展开的合作研究,以期实现核酸含量测量的国际互认。各国计量院从建立本国的核酸测量方法并通过了多轮核酸测量国际比对后,实现了核酸含量测量的国际互认,从计量学层面发展了可溯源并具有国际互认的同位素稀释质谱(IDMS)定量方法、数字PCR绝对定量方法,这两类方法已被国际计量局公认为具有溯源性的方法。

我们在对核酸计量方法进行探索研究时,根据核酸测量对象的性质特点,选择了依据不同原理的核酸含量计量方法研究路径(图3-4)。截至2019年,已研究建立了多种核酸含量测量的计量方法(含基准方法),这其中包括电位滴定方法、酸水解同位素稀释质谱方法、电感耦合-等离子体色谱方法、超声波-同位素稀释质谱（IDMS）方法、数字 PCR 方法等。

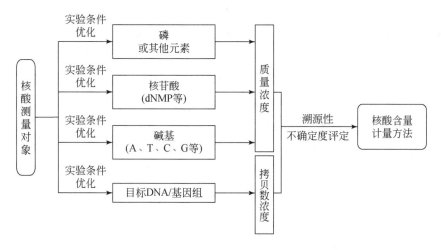

图 3-4　几种不同原理核酸含量计量方法研究路径

在核酸含量计量方法研究中，从核苷酸到基因组的测量研究，测量对象从易到难，从简单到复杂，解决了从 $10 \sim 10^5$ bp 大小核酸测量对象的含量测量，并建立溯源性。下面就几种计量方法研究作介绍。

二、高效液相色谱法

（一）基本原理

核酸的基本组成有核苷和核苷酸，利用高效液相色谱（HPLC）方法可直接测量核苷酸或核苷。此方法测定核酸的基本原理是在实验条件优化后直接测量核苷酸或核苷得到核苷或核苷酸的含量，或采用合适的水解试剂将大分子核酸水解为核苷酸或核苷后，通过优化实验条件测定核苷酸的浓度，再计算出核酸的浓度含量。该方法不能直接测量核酸，主要用于核苷酸层面的测量方法研究中。

（二）方法研究

荧光标记技术的应用极大促进了核酸方法的发展，为确定荧光标记对核苷酸分析测量的影响，进行了对荧光标记寡核苷酸的高效液相色谱方法的研究（Li et al., 2009), 研究了核苷酸测量的高效液相色谱法, 对腺嘌呤核苷—磷酸定量分析, 该研究评定的测量不确定度为 0.13% ($k=2$)(高运华等, 2009a)。

高效液相色谱方法用于对质粒 DNA 的测量, 是将质粒 DNA 破碎成小片段 DNA, 再用水解试剂将小片段 DNA 水解成核苷酸(dNMP), 最后优化实验条件后应用高效液相色谱测量核苷酸的浓度含量, 根据核苷酸含量数据计算得到质粒 DNA 的浓度含量, 实现高效液相色谱方法对质粒 DNA 测量, 可溯源到核苷酸国家有证标准物质。还有采用超声波技术将质粒 DNA 破碎成小分子, 建立超声波-高效液相色谱方法对质粒 *pNK603* 进行了测量研究, 使用了水解试剂蛇毒磷酸二酯酶, 通过建立的方法准确测量质粒 *pNK603* 的浓度含量, 此方法在测量质粒 *pNK603* 的结果上与同位素稀释质谱方法得到的结果没有显著性差异(董莲华等, 2011a; Dong et al., 2012)。

三、电感耦合等离子体发射光谱法

(一) 基本原理

从核酸分子结构显示, 核酸分子中磷酸与核苷分子是 1∶1 关系, 把对磷酸中磷含量的测量作为核酸测量对象分子定量的基础, 则为核酸计量方法研究提供了另一种思路。

采用的电感耦合等离子体发射光谱(ICP-OES)方法原理是将待测样品中其他干扰杂质去除后, 利用消解方法得到核酸测量对象分子中磷元素, 再通过测定 DNA 磷酸二酯键中磷元素的浓度含量, 然后计算得到核酸浓度含量。测量中会使用含磷元素的有证标准物质, 使测量结果溯源至国家有证标准物质, 并溯源到国际单位制(SI)单位。通过阿伏伽德罗常数计算可将浓度含量转换成核酸分子拷贝数浓度。电感耦合等离子体-发射光谱(ICP-OES)计量方法可以测量核苷酸、DNA 等, 该方法可以用来为核苷酸、DNA 含量标准物质的研制进行赋值。

(二) 方法研究

2004~2007 年, 韩国标准与技术研究院(KRISS)和美国国家标准技术研究院(NIST)相继研究了核酸含量测量的电感耦合等离子体-发射光谱方法。2004 年韩国标准科学研究院(KRISS)通过测量 DNA 中磷元素(P)的含量达到对寡核苷酸测量的计量方法研究, 研究中采用钇为内标, 寡核苷酸样本经微波辅助酸消解后, 对消解过程磷的回收率进行定量分析, 有效地去除其他物质中磷的干扰，应用电感耦合等离子体-发射光谱测定磷元素的含量，再通过计算得到寡核苷酸的含量，该方法对纯寡核苷酸测量结果的不确定度可控制在1%以内（Yang et al.，2004）。由于该方法所需寡核苷酸样本的量相对较多（约1.7mg），这一缺点对其应用产生了一定的限制。2007年，美国标准技术研究院发表了采用电感耦合等离子体-发射光谱和高效液相色谱测量DNA、通过磷元素进行溯源的研究，分别采用高效液相色谱法测量总磷酸盐，采用ICP-OES法测量磷，结果显示电感耦合等离子体-发射光谱方法具有较大的不确定度（Holden et al.，2007）。随后美国标准技术研究院研究人员对方法进行了研究改进，将一个可拆卸的直接进样高效雾化器（d-DIHEN）与高效电感耦合等离子体-发射光谱（HP-ICP-OES）联用，测量单磷酸核苷和DNA中的磷，使该方法的不确定度小于0.1%。

四、电感耦合等离子体质谱法

（一）基本原理

为解决ICP-OES方法在实际测量中存在的不足，2006~2010年有研究选择采用扇形磁场电感耦合等离子体质谱（SF-ICP-MS）/电感耦合等离子体-扇形磁质谱（ICP-SFMS）、高灵敏度的电感耦合等离子体质谱（ICP-MS）等研究核酸测量方法。方法的原理是通过对磷（^{31}P）、金（^{197}Au）、铂（^{195}Pt）等元素的测定，选择具有溯源性的元素有证标准物质，采取标记的方式实现对核酸测量。通过元素进行溯源，使该方法可以溯源到国际单位制（SI）单位。因此，该计量方法的建立可用在对核苷酸、寡核苷酸、质粒DNA等标准物质研制中的赋值。

（二）方法研究

2008年，Brüchert等采用分辨率更高的电感耦合等离子体-扇形磁质谱（ICP-SFMS）（Brüchert et al.，2008）进行核酸测量，去除样品中杂质DNA等对目标DNA中磷元素含量测定的干扰，采用凝胶电泳（GE）对样品进行分离，然后与ICP-SFMS在线联机，以PO_4^{3-}为外标，实现了对100bp DNA到3Mb基因组DNA的定量，该方法定量结果的变异系数小于3%。

为提高电感耦合等离子体质谱方法测量核酸的准确度，2010年，中国有研究高分辨电感耦合等离子体质谱（HR-ICP-MS）的核酸定量测量方法（高运华等，2010），采用荧光标记技术，实现了对核酸样品的定量测量，并将所用样品量减少。通过不确定度评定方法的测量不确定度达到2%（$k=2$）以内。

除了测量核酸分子中固有的磷元素外,还有研究通过标记其他金属元素测量的方法对 DNA 进行定量。2007 年,Kerr 和 Sharp 等就用金纳米粒子标记生物 DNA,采用高效液相色谱-电感耦合等离子体质谱(HPLC-ICP-MS)测定标记的 DNA 中的金元素,检出限达 500pg/L,与测量磷(^{31}P)元素的方法检出限相当。该方法的准确度和灵敏度依赖于对 ^{197}Au 的标记率和结合位置(Kerr and Sharp,2007)。

五、同位素稀释质谱法

(一)基本原理

同位素稀释质谱方法(IDMS)是采用同位素标记技术,将被测物标记稳定同位素标记物后作为定量的内标,示踪物一直与被测物一起在整个测量过程中,根据同位素标记物与被测物目标成分的比例计算得到目标成分的定量结果。即通过计算得到核酸含量。同位素稀释质谱方法是目前国际计量局(BIPM)认可的一种计量"基准"方法,且该方法可溯源到国际单位制(SI)单位。

核酸测量采用同位素稀释质谱方法需要水解过程,这是核酸计量方法研究中的关键步骤。核酸通过水解成核苷酸或碱基,采用稳定同位素标记后,再利用同位素稀释质谱进行定量。同位素稀释质谱方法对测量对象的纯度、水解程度要求较高,杂质干扰和水解不完全都将影响测量结果的准确。所以建立核酸含量测量的同位素稀释质谱方法,需要克服干扰因素对测量的影响。目前,已建立了寡核苷酸、基因组 DNA、质粒 DNA 等测量对象的同位素稀释质谱方法。

(二)寡(聚)核苷酸测量

2002 年开始,各国计量机构相继使用同位素稀释质谱研究寡(聚)核苷酸的测量。英国政府化学家实验室(LGC)建立了寡核苷酸定量的同位素稀释质谱方法(O'Connor et al.,2002),并将相对扩展不确定度从 7.6% 降低到 5% 以内($k=2$)。中国计量科学研究院建立的寡核苷酸同位素稀释质谱方法(高运华等,2008),是将寡(聚)核苷酸溶液用磷酸二酯酶 I 酶解为 4 种 dNMP,同位素标记 dNMP 作为内标,采用液相色谱-同位素稀释质谱方法对 4 种 dNMP 分离后定量,然后计算得到寡核苷酸的量,实现对寡聚核苷酸的定量。

同位素稀释质谱方法不仅可以对寡聚核苷酸定量,当通过采取不同的实验条件优化措施后,还可以实现对质粒 DAN、基因组 DNA 等进行准确测量。

(三) DNA 测量

1. 酶水解 DNA 同位素稀释质谱法

仅用质谱仪是无法直接对大片段质粒 DNA、基因组 DNA 进行定量。为解决这个问题，中国计量科学研究院采用了声波聚焦超声波技术结合脱氧核糖核酸酶 I、磷酸二酯酶水解，将大片段 DNA 破碎并水解为小分子核苷酸和核苷，再用稳定同位素标记为定量内标、质谱定量，称为超声波-同位素稀释质谱方法，可完成对较大分子的质粒 DNA、基因组 DNA 的准确定量。其中超声波-同位素稀释质谱方法测量 λ gDNA 的含量结果相对扩展不确定度为 3.6%（$k=2$）（Dong et al., 2012）。该方法可满足对具有高纯度的目标 DNA 进行测量，过程中测量结果可溯源到核苷酸标准物质，直到国际单位制（SI）单位（图 3-5）。

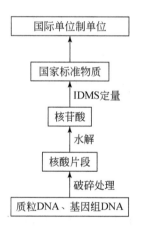

图 3-5 超声波-同位素稀释质谱法测量路线和溯源

由于核酸分析测量在实际应用中常使用的是定量 PCR 方法，要使应用中单位统一，核酸测量的摩尔浓度与拷贝数浓度应该具有可比性。用实验来比较超声波-同位素稀释质谱方法在测量核酸含量中得到的结果是否与数字 PCR 方法测量的结果具有可比性，选取了被测物 DNA，通过采用两个方法分别对被测物 DNA 进行测量，其中超声波-同位素稀释质谱方法定量测量得到的是 DNA 质量浓度含量结果，数字 PCR 方法定量测量得到 DNA 拷贝数浓度含量结果，通过换算公式，使这两种方法的结果在统一单位下进行比较，发现两个方法对目标 DNA 的测量结果有较好的一致性（Dong et al., 2012）。由此可见，只要 DNA 被充分表征，可实现 DNA 含量的拷贝数浓度与质量浓度结果一致性关系。该方法可作为较大分子核酸测量对象的含量测量的计量方法。

2. 酸水解DNA同位素稀释质谱法

水解是同位素稀释质谱方法操作过程的关键步骤，可以选用酶和酸进行水解的方式。若采用酶水解方法，DNA水解酶活性会受到酶解底物浓度的影响，DNA酶解反应不完全而会出现水解不彻底的情况。另一种是采用酸水解的方法，由于酸水解具有反应时间较短而使引入杂质概率变小、水解反应彻底可控、不受蛋白质影响等特点，是一种较好的对核酸进行水解的方法。DNA经酸水解后，形成四种游离的碱基，即胞嘧啶（C）、鸟嘌呤（G）、腺嘌呤（A）和胸腺嘧啶（T），这也是这个方法的特点。从溯源性上可考虑碱基层面进行测量溯源研究。由此，中国计量科学研究院的研究人员采用水溶剂电位滴定法测量碱基纯度（张玲等，2013b），也采用酸水解研究了基因组DNA（gDNA）含量测量的同位素稀释质谱方法，添加稳定同位素标记碱基后，同时进行液相色谱–同位素稀释质谱定量，最后计算得到的基因组DNA（gDNA）含量结果，相对扩展不确定度低于2.4%（$k=2$）（张玲等，2013a）。该测量方法可通过碱基标准溯源，再溯源到酸碱纯度国家标准物质，最终溯源到国际单位制（SI）基本单位安培、秒、千克。这个方法的研究探索了大分子核酸含量测量的另一条溯源途径。

3. 核酸测量结果计算

（1）浓度含量计算

同位素稀释质谱方法测量核酸，是通过准确测量已知量值的核苷酸或碱基作为标准进行定量，再通过计算得到核酸浓度含量。现以酶解法水解，同位素标记，同位素稀释质谱方法测量质粒DNA样品为例，计算质粒DNA测量结果的质量浓度（董莲华等，2012c）。

先通过式（3-1）计算核苷酸的质量浓度，再通过式（3-2）计算质粒DNA的质量浓度。

$$x_X = x_Z \cdot \frac{m_Y \cdot m_Z \cdot R_B}{m_X \cdot m_{Y,c} \cdot R_{B,c}} \cdot P \cdot D \tag{3-1}$$

式中，x_X为样品中选定核苷酸的含量，x_Z为标准溶液中核苷酸的质量分数，m_Y为样品中加入的同位素标记核苷酸的量，m_Z为标准中加入核苷酸的质量，m_X为样品的质量，$m_{Y,c}$为标准溶液中加入的同位素标记核苷酸的质量，$R_{B,c}$为标准溶液中所选核苷酸与同位素标记核苷酸的峰面积比，R_B为样品中所选核苷酸与同位素标记核苷酸的峰面积比，P 为核苷酸标准物质纯度，D 为水解效率。

$$w_{X,\text{DNA}} = \frac{w_{X,\text{dNMP}} \times M_{R,\text{DNA}}}{M_{R,\text{dNMP}} \times D_{\text{dNMP}}} \times d \tag{3-2}$$

式中，$w_{X,\text{DNA}}$ 为质粒 DNA 浓度（μg/g）；$w_{X,\text{dNMP}}$ 为水解产物中所选核苷酸的浓度（μg/g）；$M_{R,\text{DNA}}$ 为 DNA 分子的分子量；D_{dNMP} 为质粒 DNA 中选定核苷酸的个数；$M_{R,\text{dNMP}}$ 为选定核苷酸的分子量，d 为稀释系数。

（2）拷贝数浓度计算

质量浓度含量的结果与拷贝数浓度含量的关系，使用公式进行单位换算，将质量浓度换算为拷贝数浓度。在单位换算过程中，要注意使用密度来换算 μg/g 或 μg/mL 的关系，并使用阿伏伽德罗常数 N_A[①]。

（四）核酸甲基化测量

在核酸的 DNA 碱基上加入甲基基团，得到甲基化的 DNA。这一过程称为 DNA 的甲基化，常被称为 DNA 甲基化，是 DNA 修饰的一种常见方式。其可引起生物个体表观遗传学的改变，是甲基化了的还是没有甲基化的 DNA，与基因的活性和功能紧密相关，DNA 甲基化的状态就会影响到生物健康。

DNA 甲基化或甲基化程度已成为人类疾病诊断的重要生物标志（物）[②]。DNA 甲基化常出现在医学应用领域，研究人员在医学研究中用高通量分析方法可分析数百个基因的甲基化状态，从而区分正常的和癌症的甲基化特征（Bibikova et al., 2006）等。DNA 甲基化检测是生物诊断，特别是对人体疾病诊断的手段之一。

在不同的意境下，"甲基化"的使用可以是形容词，也可以是名词，如甲基化的 DNA、DNA 甲基化。要想知道是否有 DNA 修饰的甲基化或甲基化的 DNA 和甲基化的程度，离不开 DNA 甲基化检测。目前市场上出现的很多 DNA 甲基化试剂盒，都是针对某段特定位点甲基化的检测。DNA 甲基化检测，可判定是不是有甲基化，或某个特定位点是不是存在甲基化。

判定 DNA 甲基化程度，是在特定生物样本的每个碱基（A、G、T、C 等）位点，甲基化是 0 还是 100% 等。甲基化测序可以采用高通量测序技术方法以

---

① 2018 年第 26 届国际计量大会（CGPM）决定自 2019 年 5 月 20 日起，国际单位制阿伏伽德罗常数（Avogadro constant）值为 $6.022\,140\,76 \times 10^{23}$，单位为 1mol（Bureau International des Poids et Mesures, 2019）。

② 生物标志（biomarker），生物标志物：对相关的生物学状态具有指示作用的物质或现象。生物标志可作为诊断疾病的特异性标志物 [《生物计量术语及定义》(JJF1265—2022)]。

判定多个位点的甲基化,聚合酶链反应方法测量可以解决测量几个位点的甲基化。大部分的用户会使用PCR方法测DNA甲基化,或测序仪测DNA甲基化。

由此,对DNA甲基化的计量研究显得非常重要,难度也很大。DNA甲基化测量,分为待测样本甲基化的或没有甲基化的DNA。即测量已经甲基化的DNA和没有甲基化的DNA,因此测量对象有不同的状态。

为能有效测量甲基化的DNA、甲基化程度,建立精准测量方法,并研究合适标准物质是必要的。这就需要先从建立DNA甲基化的参考测量系统考虑,该系统包括参考测量方法和标准物质,目的是提高DNA甲基化测量数据的可比性和可信度。

被测物质为甲基化的DNA时,可以是一个位点甲基化,或某一段多位点甲基化。由于甲基化程度不同,导致被测物质的分子量不同,通过质谱方法可以测量甲基化的DNA样本。但全基因组没有办法用质谱测量。

为了建立DNA甲基化参考测量系统,韩国标准科学研究院于2006年就对DNA甲基化定量研究进行了报道(Yang et al.,2006),并于2007年与包括中国在内的不同国家计量机构开展了一个DNA甲基化的国际比对合作研究,这项初步的比对研究对象是构建的DNA样本,定量测量样本中甲基胞嘧啶总含量,采用毛细管电泳紫外方法(CE-UV)、液相色谱紫外方法(LC-UV)和液相色谱质谱方法(LC-MS)等定量方法,当酶水解不完全,会使测量的甲基化比值偏低,结果不准确而导致实验室结果不可比。当在实验中适当控制酶水解条件,采用有效的校准系统,可以达到数据可比的目的(Yang et al.,2009)。在对基因组DNA基质样本中*CDKN2A*基因甲基化含量测量的高效液相色谱–同位素稀释质谱方法(HPLC-IDMS)研究中,中国计量科学研究院利用了核苷酸标准物质(dAMP、dGMP、dCMP、TMP)进行定量的方式,初步结果表明高效液相色谱–同位素稀释质谱法与Sanger序列测定法测定比对样本的甲基化结果具有可比性(高运华等,2015)。

以上研究仅仅是DNA甲基化测量的初步研究,对DNA甲基化定量的精准方法和标准物质的研究还在继续,特别还有对基因组的甲基化测量。期待能以测序、数字PCR、同位素稀释质谱、高效液相色谱–毛细管电泳等方法形成具有等效性的生物测量参考方法体系,以达成实验室间DNA甲基化分析测量的准确和可比问题。

六、数字聚合酶链反应法

（一）聚合酶链反应方法概述

核酸分子个数（拷贝数）是核酸特性量之一，已被广泛应用于分子生物学和表观遗传学领域的核酸定量分析中，而聚合酶链反应（PCR）的方法已是核酸拷贝数浓度检测的常用方法。聚合酶链反应是1983年由美国生物化学家穆利斯发明的。由于聚合酶链反应利用了引物对特定DNA片段在体外进行扩增，将特定DNA序列的拷贝数放大数千倍以上而可以量化定性定量分析，使其在日常的生物分析测量应用中不断得到发展。

由聚合酶链反应发展起来的定量PCR方法有很多，如荧光定量聚合酶链反应方法，该方法使用了荧光标记的探针，通过荧光监测每一次PCR循环后扩增的DNA产物量，从形成的反应动力学曲线推导出被扩增的起始DNA模板的含量而进行定量。

一般定量PCR方法，通过聚合酶链反应产物的片段长度可以检测目标DNA的扩增量，高选择性地放大目标DNA序列的拷贝数。在进行分析测量过程中，被测物的DNA片段大小和加在同一块模板上的已知分子量大小的标准分子进行比较，获得DNA片段的长度和大小，从而得到被测物的拷贝数定量结果，因此定量PCR方法是一种相对定量方法，被用于不同领域的核酸检测中，如转基因检测、病毒核酸检测。

在过去的十几年时间里，生物计量科学家在不断寻找核酸绝对定量技术，在聚合酶链反应基础上发展起来的数字聚合酶链反应（dPCR/数字PCR），实现了可绝对定量核酸的可能性。该项技术的应用随着1999年后的商业数字PCR仪器的出现得以发展，数字PCR仪器也在不断进行更新升级换代。2006年，由美国Fluidigm公司生产了第一台商业数字PCR仪器，以流体控制技术集成的系统，从最初以12×765的微阵列芯片发展到2009年通量达48×770的微阵列芯片产品，2013年再次提高到20 000多个数据点的纳米流体芯片。

2011~2012年美国Bio-Rad公司生产了微滴数字PCR（ddPCR）仪器，采用了探针法和染料法进行检测，PCR混合液能生成约20 000个纳升级的微滴。之后的法国Stilla公司也开发了全自动微滴芯片数字PCR，2018年以来，中国有北京新羿生物科技有限公司生产的微滴数字PCR、艾普拜生物科技（苏州）有限公司的微滴芯片数字PCR、上海远赞生命科学有限公司的全自动宏流控微滴数字

PCR等数十家公司生产的不同原理数字PCR仪在陆续投入市场。这些商业仪器的发展对核酸绝对定量提供了更多的平台，与此同时数字PCR仪的应用也需要规范化的标准来支撑。对于商业化的微流控芯片数字PCR（cdPCR）、微滴数字PCR（ddPCR）和阵列数字PCR等仪器，不特别注明的话，在本书中统称为数字PCR。

（二）数字PCR方法基本原理

1999年，美国Vogelstein和Kinzler（1999）介绍了数字PCR方法。随着数字PCR仪器的发展，数字PCR测量方法也随之被研究。从理论上来说样本中核酸分子只有一个拷贝数量进入微小的反应单元中，根据泊松分布的原理，在给定数量的反应单元中包含核酸分子的单个拷贝数，再通过数字PCR的数据处理软件将序列扩增的指数数据转化为数字信号输出来进行数据分析。通过关键扩增步骤后对重复的核酸序列大小个数的数量进行测量，而当被测物样品经过处理后的稀释，使核酸达到适合的浓度水平后再进行测量，可以从每个反应单元（如反应室）中核酸拷贝数的分布情况，计算确定核酸分子拷贝数浓度含量。由于此方法是不需要借助外标就可完成的直接测量，即得到的是单拷贝数的核酸分子的绝对数量，因此数字PCR方法也就被认为是一种绝对测量方法，而作为核酸计量方法研究。

要获得数字PCR方法测量核酸的准确结果，先要确定阳性反应单元的个数，依据泊松分布通过反应单元的个数、每个反应单元体积、稀释因子等计算确定核酸分子拷贝数，最后得到某种特定核酸分子拷贝数浓度含量，如以copies/μL表示。下面以微流控芯片数字PCR（cdPCR）的计算为例（Dong et al., 2016）。

1. 拷贝数计算公式

用式（3-3）计算每个样品盘（panel）中的目标DNA拷贝数。

$$M = \frac{\log\left(1 - \frac{N_P}{N_T}\right)}{\log\left(1 - \frac{1}{N_T}\right)} \quad (3\text{-}3)$$

式中，M为每个样本盘中的目标DNA拷贝数；N_P为阳性反应数；N_T为总反应个数。

2. 拷贝数浓度计算公式

如以C代表被测样品的拷贝数浓度，用式（3-4）计算样品拷贝数浓度含量，并可通过使用反应液的密度 ρ 将进行单位之间换算。

$$C = D \times \left(\frac{1}{N_T \times V_P}\right) \times \frac{\log\left(1 - \frac{N_P}{N_T}\right)}{\log\left(1 - \frac{1}{N_P}\right)} \times \frac{1}{\rho} \qquad (3\text{-}4)$$

式中，C 为样品拷贝数浓度；N_T 为总反应室个数；N_P 为阳性反应数；ρ 为反应液的密度；D 为稀释因子；V_P 为反应单元体积。

在采用微滴数字 PCR（ddPCR）方法测量后，要计算核酸拷贝数浓度，是根据目标核酸分子被包埋在数万个以上独立体积的均匀微滴中，而每个微滴都是一个独立的 PCR 反应单元，通过对扩增后的每个微滴的核酸分子进行测量，先确定阳性微滴的数量，再根据泊松分布原理及阳性微滴数量的比例，计算出被测物的核酸分子的拷贝数，然后根据浓度公式计算出被测物的核酸分子在单位体积的拷贝数浓度。

(三) 数字 PCR 方法研究

1. 方法研究起源

数字 PCR 方法被选择应用于计量学研究，离不开生物计量学家们的努力。2003 年开始了第一个转基因玉米核酸测量的国际比对（CCQM-P44），当时各国的检测机构在使用定量 PCR 对转基因检测时，不同地域的检测结果会不同，所以就出现了检测结果不可比的情况，从而导致玉米等粮食进出口的贸易受到影响。要实现各国在转基因检测中的数据结果具有可比性，需要国际计量局通过国际比对首先保障各国最高的核酸测量能力具有可比性，即各国的国家计量院面临的是首先要解决定量 PCR 的核酸测量有效性和可比性的问题，因此就有了以 BIPM/CCQM 生物分析工作组（BAWG）启动的第一个转基因玉米核酸测量国际比对（CCQM-P44），当时采用的是定量 PCR 方法。国际比对经历了 5 年多时间，各国参比实验室对转基因植物样品采用定量 PCR 方法的核酸含量测量的比对结果终于达到了国际等效一致，测量不确定度降低到 10% 以内。随后 BIPM/CCQM 又组织了多轮不同的复杂生物样本转基因核酸定量测量的国际比对，本书第六章中有详细的描述。

在进行定量 PCR 方法（qPCR）测量比对过程中，需要前处理、扩增、参考物质（或校准品）做标准曲线等的过程，不确定度来源较多，会出现很多复杂的因素使扩增过程造成不确定度的增加和结果不准确，而且其是相对方法，因此不能满足稳定的精准测量的需要。迫切需要选择一个不同于 qPCR 的更为准确的方法。当时已出现了数字 PCR（dPCR）的研究信息，在 2004 年国际计量局生物分析工作组会议上，美国国家标准技术研究院（NIST）的代表提出建议，可引入数字 PCR 这个方法，它是一个不需要外标的绝对测量技术，用来进行国际比对研究。不久，澳大利亚国家计量研究院（NMIA）购买了美国 Fluidigm 公司的一台数字 PCR 仪器，开展了目标基因定量的数字 PCR 方法研究工作。2008 年作者前往 Fluidigm 公司在新加坡的生产地，对该仪器进行了详细了解，开始思考这项技术在我国核酸计量研究中如何发挥作用。2009 年，澳大利亚国家计量研究院（NMIA）报道了对 12×765 芯片的单分子反应室体积的测量，仅单分子反应室体积引入的不确定度就达到 10%，而方法的整体不确定度达 11%～15%（Bhat et al.，2009）。我国经过近十年努力，将该方法的 DNA 测量不确定度水平降低到 10% 以内（Dong et al.，2014；董莲华等，2017）。

数字 PCR 的计量学研究，不仅用在 DNA 测量研究中，研究人员还将其扩展到 RNA 测量研究中（Sanders et al.，2013；Niu，2019，2021），中国还创新性将其发展在了蛋白质计量研究中（Hu et al.，2020b）。

2. 方法研究

对数字 PCR 计量方法研究，关键是要建立溯源性、降低不确定度，确保测量准确性。建立的核酸测量溯源途径，一是通过数字 PCR 测量核酸的分子个数，可溯源至自然数"1"，二是溯源至国际单位制（SI）基本单位，由于物质的量摩尔由阿伏伽德罗常数定义，通过阿伏伽德罗常数，可将拷贝数与摩尔进行换算，使测量结果溯源至国际单位制基本单位摩尔（mol），建立起溯源途径，形成一条溯源链，就使核酸特性量形成可溯源到国际单位制（SI）基本单位的溯源性。溯源性内容还可以参看前面介绍溯源性的章节。

计量方法不确定度研究方面，依据测量方法采取具有可靠理论基础和严格数学表达方程式，经过对各个环节的测量过程进行清晰分析，并充分评定测量中可能引入的不确定度，再修正微小的差异，来科学评定测量不确定度；通过精准测量，寻找一切可实现的方法减少不确定度影响因素，与科学评定不确定度相结合，将数字 PCR 的测量不确定度降低到可达的最小程度。

由于核酸测量对象的大小不同，需要有针对性地研究数字 PCR 计量方法，并对测量不确定度进行评定分析，确定不同测量对象的数字 PCR 方法的测量不确定度，确保测量的准确。

2010 年，Corbisier 等发表了采用数字聚合酶链反应定量转基因 MON810 玉米的国际比对研究（Corbisier et al., 2010），2013年，Dong等发表了淀粉基质转基因水稻 Bt63 的核酸测量国际比对（CCQM-K86b/P113.2）研究，采用的是数字PCR方法和定量PCR两种方法（Dong et al., 2018），均对测量不确定度进行了详细分析。同时在核酸绝对定量国际比对 CCQM-P154 研究中，解决了数字PCR方法不确定度影响因素的多个问题，并将测量不确定度降低到尽可能最小。

核酸计量的数字PCR方法研究，由于数字PCR平台（生产商）不同，测量不确定度会有不同的计量学水平。结合前期研究，简单介绍对降低不确定度采取的措施和不确定度的评定。

(1) 降低测量不确定度措施

由于核酸结构复杂、分子量大，都会影响核酸的测量。在结构上核酸有一级结构、二级结构、三级结构，三级结构亦称为超螺旋DNA。研究发现，数字PCR方法的测量不确定度的影响因素有测量重复性、反应单元/反应室体积、结构、稀释因子、密度等。中国计量科学研究院生物计量研究人员在目标基因测量的数字PCR计量方法建立时，研究了不确定度影响因素，线状结构和超螺旋结构对质粒测量的影响、荧光标记物对测量的影响，并在核酸测量的国际比对中发现了DNA超螺旋、线性化等影响质粒DNA测量结果准确性的现象（Dong et al., 2016, 2015, 2014）。

1) 在微滴数字PCR方法中，如果所使用的DNA聚合酶不能高效地识别并结合超螺旋质粒DNA中的目标区域，就会使目标基因的拷贝数含量测量结果偏低。因此，研究人员采用了双酶切策略，先将质粒DNA线性化，获取目标基因，通过特异引物和探针快速结合，将目标基因片段从质粒DNA中有效地分离出来，以提高DNA聚合酶对目标基因的结合效率，从而为准确定量目标基因创造条件。在对超螺旋DNA进行酶切处理的选择时，能采用非酶切解决的就尽量选择非酶切方法，为的是减少不确定度的来源，降低测量不确定度。

2) 数字PCR（cdPCR、ddPCR）的反应单元/反应室体积大小是否准确和均一，与数字PCR测量结果的不确定度偏大有关，因此修正反应室体积或微滴引起的误差，来降低方法的不确定度。研究人员在研究中采用了横向切割结合显微成像技术，精准测量了微流控芯片数字PCR（cdPCR）的纳升级和皮升级芯片反应室体积大小，对结果进行修正，将微流控芯片数字PCR方法的测量DNA的相对扩展不确定度降至6.0%以内（$k=2$）。

通过对特定目标基因的微滴数字PCR（ddPCR）绝对定量方法不确定度研究，从DNA构象、反应单元/反应室微滴体积、单分子扩增效率等方面消除影响，准确测量和提高扩增效率，修正测量不确定度，可使微滴数字PCR方法测量 DNA 的相对扩增不确定度达到 3.46%（$k=2$）（Dong et al., 2014）。

（2）评定测量不确定度

在确定了数字 PCR 方法的不确定度来源后，就要对数字 PCR 测量方法的不确定度进行评定。下面以微流控芯片数字 PCR（cdPCR）对质粒 DNA 测量为例。主要不确定度来源为拷贝数测量重复性、反应室体积（V_P）、液体密度（ρ）、稀释因子（D）等进行评定，对应的不确定度用 u 表示。不确定度的计算可以按式（3-5）和式（3-6）进行（Dong et al., 2016；董莲华等, 2017）。最后取 95% 的置信概率的包含因子 $k=2$，得到扩展不确定度。

$$\frac{u_T}{C} = \sqrt{\left(\frac{u_D}{D}\right)^2 + \left(\frac{u_M}{M}\right)^2 + \left(\frac{u_{V_P}}{V_P}\right)^2 + \left(\frac{u_\rho}{\rho}\right)^2} \tag{3-5}$$

$$\frac{u_M}{M} = \frac{\mathrm{SD}}{M\sqrt{n}} \tag{3-6}$$

式中，C 为样品拷贝数浓度，M 为目标 DNA 拷贝数、V_P 为反应室体积、D 为稀释因子、ρ 为密度、n 为测量次数，SD 为标准偏差，不确定度用 u_m 表示。

3. 国际比对验证

对核酸计量方法的研究，其测量能力是否能得到国际互认，要通过国际计量局的国际计量比对。在这里以核酸定量测量国际比对为例说明。从 2003 年开始的核酸测量国际比对，从采用定量聚合酶链反应（qPCR）相对定量核酸拷贝数含量，到采用核酸拷贝数含量绝对测量数字 PCR 方法，再发展到核酸含量绝对测量的流式单分子计数方法，通过 2012~2015 年对核酸含量绝对测量研究，完成了核酸含量绝对定量（CCQM-P154）国际计量比对（图 3-6），实现了线性化质粒 DNA 定量［图 3-6（a）］和超螺旋质粒 DNA 定量［图 3-6（b）］的准确定量。微流控芯片数字 PCR 方法通过了该国际比对验证（Yoo, 2016）。

在这项核酸含量绝对定量（CCQM-P154）国际比对中，中国计量科学研究院采用数字 PCR 测量核酸含量，采取了降低不确定度并合理评定不确定度的措施，通过解决由核酸结构、反应室体积等影响而引起的测量不确定度增大的问题（图 3-6），使核酸拷贝数含量测量结果准确度提高，测量结果也被作为了国际比对中位值，并用来计算该项国际比对的参考值［图 3-6（a）］（董莲华等，2017）。同时结果显示核酸拷贝数含量测量数字 PCR 方法与主导实验室韩国标准科学研究院采用的单分子计数（装置）方法，是两个完全不同原理的测量方法、测量结果达到了等效一致（Yoo et al., 2016, 2014）。

由于在国际比对中的成绩，中国计量科学研究院获得了核酸含量数字 PCR

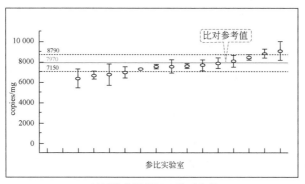

(a)线性化质粒DNA绝对定量

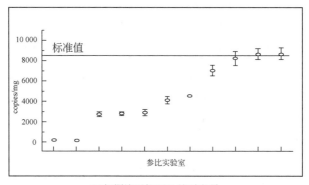

(b)超螺旋质粒DNA绝对定量

图 3-6　质粒 DNA 绝对定量的国际比对（CCQM-P154）

方法测量的国际互认的校准和测量能力（CMC）（www.bipm.org/cmc），也意味着在国内具备了 DNA 拷贝数含量测量的最高测量能力，当实验室通过量值溯源到中国计量科学研究院，将为实验室的核酸拷贝数含量分析测量结果可被国际互认打下基础。

此后，数字 PCR 计量方法还用于肿瘤突变基因、病毒核酸等为测量对象的国际比对，如 2016 年 BIPM/CCQM 立项的 CCQM-P184 国际比对中（计量比对相关内容见本书第六章）。

4. 数字 PCR 方法比较研究

数字 PCR 方法作为核酸计量方法研究，需要具备溯源性、不确定度、准确度等重要技术的计量水平。数字 PCR 计量方法成为对核酸含量拷贝数浓度测量的绝对定量方法，测量被测物的单拷贝数，得到的是在一定单位下的拷贝数浓度，可用 copies/L 或 copies/μL、copies/mg 等单位符号表示。当采用数字 PCR 方法和同位素稀释质谱方法测量同一个被测物得到不同的核酸含量结果，单位不同时，可通过换算公式完成对单位的转换，可以看到结果是否一致，且单位转换也是核酸含量测量溯源途径中的两个方法所采用的换算关系。

通过对数字 PCR 方法比较研究，来确定采用不同类型数字 PCR 仪器间的可比性，以及数字 PCR 方法与其他方法的溯源性和可比性等。

（1）数字 PCR 仪器间的方法比较

由于商业数字 PCR 仪器的多样化，不同生产商不同类型仪器或称为平台所建立的数字 PCR 方法具有不同特点，通过方法比较研究，有利于针对性选择不同数字 PCR 平台和方法进行应用。

通过对数字 PCR 方法的测量准确度和不确定度分析，发现使用不同的数字 PCR 仪器用在核酸测量中结果会有差异。采用微滴数字聚合酶链反应（ddPCR）进行方法研究，对 λ 基因组 DNA 进行测量时，拷贝数含量结果的相对扩展不确定度低于 5%，不确定度水平低于商业定量 PCR 仪器方法。美国 Sanders 等评价了数字 PCR 方法对 DNA 和 RNA 的绝对定量的不同结果（Sanders et al., 2011, 2013），数字 PCR 能对 DNA、RNA 进行精准测量。

2015 年，Dong 等报道了利用质粒分子标准物质评价不同公司生产的 4 个数字 PCR 平台（BioMark、QX100、QuantStudio 和 RainDrop）的测量一致性的研究，发现质粒构象对微滴式数字 PCR 平台测量结果的准确性有显著影响，而对芯片数字 PCR 平台测量结果无显著影响；单反应室体积对测量不确定度的影响中，4 个数字 PCR 平台由单反应室体积引入的不确定度分别为 0.7%、0.8%、2.3% 和 2.9%，当采用修正体积措施降低不确定度后，不同数字 PCR 平台的测量结果可以达到一致（Dong et al., 2015）。由此看出，利用标准物质评价数字 PCR 方法，通过对影响不确定度的因素进行控制和修正，达到降低测量不确定度、提高测量结果准确性的效果，解决不同数字 PCR 测量结果不可比的问题。这也是生物计量标准物质应用的作用之一。

2017 年，英国政府化学家实验室（LGC）、欧盟联合研究中心（JRC）、土耳其国家计量研究院（UME）生物分析实验室和生物研究所等展开合作研究，比较不同数字化 PCR 平台定量人巨细胞病毒 DNA 的评价研究，使用了两个基于微滴数字 PCR 平台（QX100、Bio-Rad）和两个基于芯片的数字 PCR 平台（Biomark HD；QuantStudio），采用了来自世界卫生组织（WHO）人巨细胞病毒材料和基因组 DNA 样本，并进行了方法测量结果的扩展不确定度评估，认为数字 PCR 为 DNA 的定量提供了较为满意的测量手段，数字 PCR 可以作为计量学意义的参考方法（Pavši et al., 2017）。

(2) 溯源性比较

不同方法的溯源途径是不同的。2013 年澳大利亚计量院（NMIA）和中国计量科学研究院（NIM）联合研究，采用数字 PCR 方法与同位素稀释质谱（IDMS）方法，研究了对疾病生物标志物核酸定量测量，并溯源到国际单位制（SI）单位。这项研究由中国计量科学研究院承担的科学技术部国家科技支撑计划项目（2008BAK41B01）和澳大利亚政府国家技术战略项目支持完成（Burke et al., 2013）。

2018 年美国国家标准技术研究院（NIST）评估了基于微滴数字 PCR 方法对人类基因组 DNA 含量测量的计量溯源性，建立了微滴数字 PCR 对人类基因组 DNA 的定量方法，证明微滴数字 PCR 测量单位体积生物样本的样品 DNA 拷贝数浓度可以溯源。结合法医学领域的应用，以 DNA 质量浓度来表示结果，为使单位统一需要进行单位转换，将每微升拷贝数转换为每微升纳克 DNA 含量，可用于法医鉴定分析（Duewer et al., 2018）。为了确保鉴定分析结果的可靠性，美国国家标准技术研究院还研发了一种校准用人源基因组 DNA 有证标准物质（CRM），具有准确、稳定的数值，并在计量学上可溯源。Whale 等（2018）则评估了数字 PCR 作为参考测量程序支持精准医学的研究。

此外，中国计量科学研究院还对数字 PCR 和下一代测序方法进行比较研究，证明了两种方法在一定数量的 KRAS 基因突变检测中有可比性（董莲华等，2018）。还有研究评价数字 PCR 定量人细胞核 DNA（nDNA）进行的方法研究和比较（Kline and Duewer, 2020）。利用逆转录数字 PCR 定量猪繁殖与呼吸综合征病毒 RNA、新冠病毒 RNA 等研究（Niu, 2019, 2021）。

比较研究证明数字 PCR 方法在计量学层面的意义，将数字 PCR 方法用于核酸含量测量计量方法可行性，及在法医学领域、精准医学等领域可作为核酸测量的参考测量程序来使用。

七、流式单分子计数方法

（一）基本原理

绝对定量方法是计量基准方法研究的优先选择方向。基于单分子计数的 DNA 绝对定量技术，是通过对 DNA 分子的计数，将计数值除以阿伏伽德罗常数（N_A），而得到 DNA 分子物质的量，将此物质的量溯源到国际单位制（SI）基本单位摩尔（mol），达到对 DNA 分子精确定量和可溯源的目标。为实现这一目标开发流式单分子计数装置和方法被用于生物计量研究中。

流式单分子计数方法原理是在被测物样品中加入荧光染料，使荧光染料与双链 DNA 充分结合，再通过高压电泳等方式将 DNA 分子分离，分离的 DNA 分子单一通过荧光检测器，逐一检测结合了荧光染料的每个 DNA 分子，即可准确测出被测物样品中核酸分子数目。这是一种不依赖于外标对核酸绝对定量的方法，它的测量结果可溯源至数"一"的单位"1"，或溯源至国际单位制（SI）基本单位。

（二）方法研究

1993 年，流式细胞术被用于快速测定荧光染色的 DNA 片段（Goodwin et al., 1993），从此就有了超灵敏流式细胞仪定性鉴定不同大小 DNA 片段的方法，研究发现 λDNA 酶切片段用染料 TOTO-1 标记后，可根据标记物的荧光信号强度与不同片段长度的 DNA 成正比的差异来区分（10.0～48.5kb）不同片段长度的 DNA，这也是核酸单分子方法的雏形。1999 年美国洛斯阿拉莫斯国家实验室（Los Alamos National Laboratory）用流式细胞术测量细菌 DNA 在细菌鉴定中进行了应用（Kim et al., 1999），随着 2000 年后生物计量学的出现，该技术也被用于单个 DNA 分子的计数研究（Zheng and Yeung, 2003），进而开始了对 DNA 定量方法的研究（Chao et al., 2007）。

韩国标准科学研究院（KRISS）是较早进行单分子计量装置研究的国家计量院，2009 年，他们报道在实验室搭建了一台高灵敏度的流式分析装置，用于单个 DNA 分子的计数，进行了 48 502bp 双链大小的病毒 λDNA 研究，病毒 λDNA 经荧光染料染色后，用高灵敏度的激光诱导荧光检测，可以检测的病毒 λDNA 浓度为 1fmol/L，重复性和再现性小于 3%。在假设样品中所有的 DNA 分子都能被测到的前提下，无需使用标准就可得到 DNA 特性量。将该方法与电感耦合等离子体−发射光谱（ICP-OES）或毛细管电泳（CE）两种方法进行了比较，单分子计数方法的定量结果比其他方法的结果低 30%。之后韩国研究了对 4.3kb 大小低浓度质粒 DNA 的定量测量（Yoo et al., 2014），并进一步研究了单个 DNA 分子序列特异性计数方法（Yoo et al., 2020）。值得一提的是，流式单分子计数方法和数字 PCR 方法用在 DNA 绝对定量国际比对（CCQM-P154）中，两个方法的结果达到了等效一致 [图 3-6（a）]。

中国计量科学研究院也在开展生物单分子计量装置研究，设计并搭建基于微流体、电阻抗、荧光检测等技术的生物单分子计量装置，并进行固态纳米孔可控加工、微纳米尺度流体中的微电极设计等，以期实现对生物大分子的精确测量

（王晶，2017）。

八、核酸测序计量探究

目前核酸计量的研究多集中在测量对象特性量的含量、计数测量方面，前面的章节已进行了介绍。而核酸测量对象还有序列标称特性，核酸测序已广泛应用于生物领域，并且在基因鉴定、诊断应用中发挥了重要的作用。因此，核酸序列标称特性测量研究已成为生物计量研究的内容。

由于核酸序列标称特性计量与传统计量存在许多不同点，如基因测序给出的数据集、单位与传统意义上计量的量值不同，这给核酸计量研究提出了新的课题。2013 年作者就带领团队开始对核酸序列测量的计量探索研究，已从核酸序列的测量参考方法、标准物质、溯源性、不确定度评定、校准技术和高通量测序仪校准规范，以及质量控制等全面进行了研究，虽然取得了阶段性成果，但还没有形成成熟和完整的核酸序列计量技术体系。

核酸测序是对核酸基本组成单位核苷酸排列顺序的测定，逐步发展到对基因组测序、转录组测序等大数据分析。对 DNA 测序通常采用序列分析仪（又称"测序仪"）。测序能测得的最长 DNA 片段的长度称为读长（read length），通常以碱基数表示。目前的核酸测序方法有 Sanger 法测序、高通量测序等。除了国际上美国 Illumina 公司等国外的商业测序仪外，中国自 2015 年以来，华大基因 BGI 公司也生产了系列测序仪，北京大学、清华大学等研究人员也在开发不同原理的测序仪。

针对传统的 Sanger 测序原理，2009 年 Harismendy 等报道已经开发了基于 PHRED 评分对序列进行评价的方法，使测量可溯源到核苷酸标准，类似的评价方法研发还将用在高通量测序如第二代和第三代测序方法中（Harismendy，2009）。对测序仪器的评价，存在 DNA 测序的偏差、碱基准确性等问题。

在对 DNA 序列测量的研究中，有通过有证 DNA 标准物质来比较高通量测序（NGS）方法对 HER2 基因扩增测量的研究（Chih-Jian et al.，2016）。有尝试应用数字 PCR 方法和高通量测序如 NGS 方法进行 KRAS 基因突变测量中的可比性研究（董莲华等，2018）。

事实上，核酸序列计量研究更为关注的是基因组序列的测量和大数据（集）研究。序列作为核酸测量的标称特性，对其溯源性和本国计量标准数据（集）的建立还在持续研究中。2013 年后中国进行了系列的核酸序列计量研究；2014 年，中国计量科学研究院启动了主导微生物源基因组序列测量的国内比对和测量标准研究；2015 年研制了"炎黄一号"基因组标准物质，2016 年启动了中华基因组精标准计划，完成了人源中华家系 1 号基因组标准物质的制备，2018 年该基因组序列标准物质研制通过专家鉴定，并于 2022 年中华家系 1 号全基因组序列标准物质等系列国家有证标准物质发布；2020~2023 年高通量测序仪的国家计量校准规范，报批高通量测序仪计量校准规范，这些都为中国核酸序列测量的计量技术体系的建立奠定基础。序列计量研究还在继续。

至此，本章的核酸计量，从核酸计量概念、核酸计量体系架构、溯源性和计量方法研究思路及阶段研究成果等方面进行的叙述，希望能给到读者对核酸计量的初步了解。

目前核酸计量研究体系已具雏形，具有核酸含量计量溯源体系，核酸计量基础研究还有很多技术和理论在攻克和创新。完整核酸计量体系的建立需要有深入的创新研究体系。

伴随着生物技术的发展和应用加速，如何应对基因特异性修饰的基因编辑[①]先进技术的应用，到基因编辑植物、基因编辑动物、基因编辑微生物等产品的上市，对核酸测量的新需求，将会带给核酸计量更多的创新思考。

---

① 基因编辑（gene editing），对目标基因进行修改的方法，可实现对基因组特定核酸序列位点进行敲除、敲入、置换、突变等。

第四章

蛋白质计量

同核酸一样，蛋白质也是生命基础物质之一。蛋白质参与到生命活动过程中发挥着重要的生物学功能。在人体内蛋白质的功能异常则引起疾病的发生，蛋白质生物标志物的特性已成为表征疾病的重要诊断指标，日常对蛋白质特性的分析测量可以及时为疾病诊断提供数据信息。而蛋白质数据量值的准确、可比、可溯源的根本保证依赖于蛋白质计量。蛋白质计量是对蛋白质含量、活性和高级结构等特性进行精准测量的科学，为日常蛋白质特性分析测量的不同需求提供单位统一的量值溯源，使蛋白质数据结果可比和互认。从生物计量学发展上，蛋白质计量也是生物计量优先发展的重要分支之一。

随着生物科技的发展，蛋白质分析测量已时刻对人类生活产生着影响。与人类生存、健康和生物产品息息相关的食品过敏原检测、感染病毒的抗原检测、蛋白质药物的检测、体外诊断蛋白质生物标志物检测及生物试剂盒产品注册检验等。这些蛋白质检测或检验结果的准确、单位统一和溯源都与蛋白质计量密不可分，然而蛋白质具有特性复杂、分子量大、结构动态变化等特点，这导致了蛋白质特性测准难、溯源难的现实问题。我国蛋白质计量研究经历了十多年的探索攻关，蛋白质计量体系架构已搭建，建立了蛋白质含量计量基准方法、计量方法、标准物质的溯源途径，使量值可溯源到国际单位制（SI）单位，并实现了蛋白质含量测量的校准和测量能力国际互认，从而保证了蛋白质含量测量结果准确、可比、可溯源。与此同时，对蛋白质计量中含量、活性、结构等多特性计量学的攻关仍在面临挑战。

第一节 引 言

蛋白质通常为由 L-氨基酸间通过 α 氨基和 α 羧基形成的肽键连接而成的具有特定立体结构的大分子。组成蛋白质分子的氨基酸的排列与空间构象分为了一级结构、二级结构、三级结构和四级结构［《生物计量术语及定义》(JJF1265—

2022)]。蛋白质结构又决定了蛋白质的活性和功能。组成蛋白质的氨基酸数量不同，蛋白质的种类大小也就不同。这都与生命活动紧密相关，特别是与人类健康和生活密切联系的蛋白质类生物标志物。

众所周知，"胰岛素"与血糖升高和糖尿病有关，胰岛素是一种蛋白质激素，其在人体内的含量高低直接作为糖尿病诊断的指标之一，而外源性胰岛素是进入治疗阶段时所需要使用的药物之一。因此，体内胰岛素检测和体外合成胰岛素（胰岛素药物）的用量都需要有准确可靠的分析测量数据以保证诊断的准确性和用药的安全及有效性，体外合成胰岛素含量检验数据结果的准确也是保证胰岛素药物质量的前提。另一种与糖尿病有关的蛋白质生物标志物是糖化血红蛋白，糖化血红蛋白的含量高低是反映血糖水平的关键指标，可用于监测糖尿病病情的发展。此外血清中其他蛋白质生物标志物对疾病的诊断和治疗也起到重要的作用，例如，血清中生长激素的含量水平被用于生长激素缺乏症的诊断。这些都说明蛋白质类生物标志物的分析测量数据与人类健康、疾病诊断紧密相关。

在食品安全领域，蛋白质是食品的重要营养成分之一，乳制品、肉类和豆类等是蛋白质摄取的主要来源。蛋白质的摄取对于维持人体正常机能和生命活动起着重要作用。而对于婴幼儿，在可摄取食品种类有限的情况下，乳制品是他们摄取蛋白质的主要来源，当他们食用的乳制品中乳清蛋白质与酪蛋白的比例不适当或者乳清蛋白质的含量较低时，将会导致消化吸收不良、腹泻等现象，从而影响婴幼儿的健康和生长发育。因此，在我国婴幼儿乳粉和配方食品的国家标准中，对乳清蛋白质有明确的测定要求。蛋白质还是食品中重要的过敏原成分，如在保健食品中对免疫球蛋白 IgG 检测的要求和规定。

在生物制造方面，蛋白质类产品质量控制的重要指标包括蛋白质的纯度、含量、活性、结构等，这些特性测定数据的准确与否直接关系着产品的质量。曾出现过由于缺乏酶活性的计量标准，造成出口国的酶制品到达进口国后按照进口国的计量标准测定被判断为不合格产品，使国家遭受了产品贸易经济损失。2020年新型冠状病毒感染疫情在全球大规模暴发，也使我们更加意识到病毒蛋白质检测对感染人数判断和疾病诊断治疗的重要性。简单来说，当病毒入侵人体后，病毒本身携带的蛋白质具有抗原活性，会刺激人体免疫细胞产生抗体来抵抗病毒，先后产生抗体免疫球蛋白 M（IgM）、免疫球蛋白 G（IgG）等，在诊断是否被感染上新型冠状病毒时，对抗原和抗体的检测已成为与病毒核酸检测的重要互补诊断手段之一（高原等，2020）。2022 年 3 月，中国应对新型冠状病毒肺炎疫情联防联控机制综合组发文，指出在核酸检测基础上，增加抗原检测作为补充（联防联控机制综发〔2022〕21 号），并放开社区居民可自行购买抗原检测试剂进行自测。大量抗原检测试剂盒产品的质量把关离不开使用标准物质的质量控制。

由此可见，蛋白质分析测量与人类的生活、健康、安全息息相关。而保证这些蛋白质分析测量的数据结果准确、可比、可溯源的必要条件就是蛋白质计量。

第二节 蛋白质计量概述

一、蛋白质计量概念

简单来说蛋白质计量是为获得准确蛋白质数据结果而提供精准测量标准、统一单位量值溯源的测量科学及其应用的科学。蛋白质计量是生物计量的一个重要分支，也是生物计量优先发展的重要方向之一。在蛋白质测量对象的特性定义清晰可描述的前提下，蛋白质计量是保证被测量单位统一、可溯源到国际单位制（SI）单位，且在保证高准确度的同时蛋白质测量不确定度达到最低的计量学水平。各国国家计量机构通过计量国际比对等效一致性的结果，取得达到蛋白质测量国际互认的校准和测量能力（CMC），从而实现国家间的蛋白质测量全球互认，使蛋白质测量结果跨时空可比。

蛋白质计量研究最理想的状态是蛋白质测量结果都应该能溯源到最高层级的计量基准，并最终溯源到国际单位制（SI）单位或国际公认单位。但是，就目前的研究来看，能溯源到国际单位制（SI）单位的蛋白质测量标准还很有限。比起小分子测量，大分子蛋白质测量复杂得多。不仅是分子量大、结构动态变化影响测量结果，而且蛋白质特性测量复杂，蛋白质计量有含量、活性、序列、高级结构和功能等特性测量，使建立蛋白质测量溯源性面临巨大的难度，这些难题需要逐一解决。蛋白质计量基准方法、基准物质、计量方法、标准物质等是实现蛋白质溯源的主要手段。对于复杂蛋白质测量，也可按国际标准规定的以多层级测量程序的溯源性，通过蛋白质测量参考方法/测量程序及标准物质等手段解决溯源问题，来满足如临床体外诊断领域等的多领域对量值溯源性的要求。

目前所研究的蛋白质计量的特性量值有：①肽[①]与蛋白质含量、质量浓度、蛋白质活性浓度等，属于蛋白质特性量值；②蛋白质序列、结构、功能等测量量

---

① 肽（peptide），两个或两个以上氨基酸通过脱水缩合共价连接形成的聚合物［《生物计量术语及定义》（JJF1265—2022）］。

值，属于蛋白质标称特性值。肽与蛋白质的区别在于组成的氨基酸数目不同，肽是蛋白质计量中的重要测量对象之一。随着生命科学的发展，由一个基因组表达的全部蛋白质，即蛋白质组，也成为了蛋白质计量中的测量对象。对大分子蛋白质测量要达到精准、测量不确定度最小的计量要求，因受到蛋白质测量对象的复杂性、特性量的多样性和单位的多元化，以及多干扰因素的影响，蛋白质计量存在很多难度。

在蛋白质计量中，最高要求是溯源到国际单位制（SI）单位，这是实现单位制统一的基础，目前，部分蛋白质含量测量已实现可溯源，为相关领域如临床体外诊断数据结果的可靠性、食品安全检测数据的质量、生物产品质量的保障等，提供蛋白质计量支持，同时也为保证各实验室间数据可比性和贸易公平提供了支撑。

二、蛋白质计量特性（量）

在蛋白质计量中，蛋白质计量特性与本书第二章提到的生物计量的特性和特性量一致。蛋白质计量特性和特性量与蛋白质的测量类型及测量对象紧密相关。

（一）蛋白质测量类型

根据蛋白质计量特性，蛋白质测量类型包括对蛋白质的分子量、含量、序列、结构、活性等特性（量）的测量；从测量性质来说，蛋白质测量类型有定量测量和量化定性测量。对蛋白质特性量的测量一般是定量测量，而测量蛋白质标称特性则一般是定性测量。目前蛋白质计量是以定量测量为主，从2004年以来研究的蛋白质含量计量，是蛋白质计量的基础。

1. 蛋白质含量测量

蛋白质含量测量对象包括肽和蛋白质纯物质、蛋白质混合物、生物复杂基体中蛋白质（如食品、血液蛋白质、蛋白质组）等。对肽和蛋白质纯物质的计量主要用于建立基准方法和基准物质，基准物质的纯度越高，相对来说干扰少、不确定度小；对目标蛋白质的计量，可用于建立计量方法、研制肽和蛋白质标准物质，需要解决多种非目标蛋白质的杂蛋白质成分干扰测量的问题；而对复杂基体中的蛋白质测量就会受到除被测物以外的其他物质、基质效应和非目标蛋白质的杂蛋白质成分等干扰，影响测量不确定度的因素较多而难以一一控制，不确定度也就会比对蛋白质纯物质、目标蛋白质测量的不确定度大。对生物复杂基体中蛋白质测量，如食物/品中的蛋白质过敏原、蛋白质生物医药中的目标蛋白质、临床样本中的蛋白质生物标志物等的测量，是在复杂基体中鉴定出目标蛋白质并进行量化，得到目标蛋白质含量特性量并完成溯源性，这就是生物复杂基体中的蛋白质计量。而对生物体中蛋白质组的计量会更复杂，如对特定时间和特定条件下存在于细胞、亚细胞、组织、体液（如血浆、尿液、脑脊液等）中的所有蛋白质进行量化，得到全部蛋白质的特性量，并清楚描述溯源性是不易的。

蛋白质含量测量涉及但不限于以下几个方面：①肽和蛋白质纯物质测量，直接定量单一纯肽、纯蛋白质物质的含量，根据分子量大小采取满足要求的测量方法。②目标蛋白质含量测量，是对一级结构的目标蛋白质定量，根据被测蛋白质的分子量大小，采取测量氨基酸、肽的含量，计算得到目标蛋白质的含量，也可采用直接标记目标蛋白质的方式进行测量。③活性蛋白质含量测量，是对具有特定功能结构的蛋白质定量，得到蛋白质活性浓度。④蛋白质总量测量，是测量总蛋白质含量，可采用直接定量总蛋白质含量得到蛋白质总量，也可采用分别定量每个蛋白质的含量相加后得到蛋白质总量。⑤蛋白质组测量，对如细胞、亚细胞、组织、体液或生物体中蛋白质总和进行测量，还要结合生物信息学分析。

2. 蛋白质活性测量

某种蛋白质的效能或其在生物体内发挥的效能，即为统称的蛋白质活性。蛋白质活性测量，包括对酶活性①、酶催化活性、免疫活性等的测量。由于对不同测量对象特定活性（单位）定义不同，所采用的方法和单位表示也会不同。在医学检验领域酶活力单位通常使用的是国际单位（IU）或单位（U）。国际单位（IU）指在规定的条件下，1min催化转化1μmol底物的酶量［《生物计量术语及定义》（JJF1265—2022）］。酶催化活性用卡塔尔（Katal）时，则是指在规定条件下，1s催化转化1mol底物的酶量，单位用Kat表示。

将蛋白质酶活性单位统一和溯源到国际单位制（SI）基本单位，一直是国际组织努力的方向。2019年第9版SI单位手册中提出了酶催化活性单位的建议，使用国际单位制（SI）基本单位"摩尔"（mol）和"秒"（s）来表示酶催化活性单位，酶催化活性定义为1s催化转化1mol底物的酶量为1卡塔尔（Katal），用"kat"表示，1kat=1mol/s，1kat=6×10^{7}IU，这样国际单位制（SI）基本单位

---

① 酶活性（enzyme activity）指酶催化特定生化反应的能力，可用酶活力单位表示。通常用国际单位（IU）或单位（U）等表示［《生物计量术语及定义》（JJF1265—2022）］。酶催化活性建议使用国际单位制单位 mol·s^{-1} 表示。

的应用所表示的酶催化活性单位"mol·s^{-1}"就使卡塔尔（Katal）与国际单位（IU）实现了单位制统一，也就可实现酶催化活性测量从定义到国际单位制（SI）基本单位的溯源。

再比如用滴度作为抗体、抗原等生物活性物质的指标，通常用具有可检测活性的最高稀释倍数表示。如何对这类单位使用计量单位的统一也显得很重要。

3. 蛋白质结构测量

蛋白质结构测量，关注的是多肽链上氨基酸排列空间构象变化的蛋白质，包括对蛋白质二级、三级及四级高级结构的表征，对结构变化蛋白质的测量，如蛋白质经磷酸化、甲基化、乙酰化、羟化、糖基化、泛素化等修饰，而对修饰蛋白质的测量。

蛋白质排列顺序空间构象与结构有关系，结构又与功能紧密相连。蛋白质结构测量在当前阶段的蛋白质计量中研究还不多。作为生物计量的重要内容，需要在蛋白质含量计量和活性计量基础中，加强蛋白质结构测量科学研究。随着蛋白质含量测量的更精准，活性蛋白质测量的开展，蛋白质结构测量的不断深入，进而有利于对蛋白质功能的科学研究。

（二）蛋白质测量性质

1. 被测物大小

从蛋白质测量类型介绍中可以知道，蛋白质计量研究中的测量对象或被测物主要有氨基酸、肽（寡肽、多肽）、蛋白质、蛋白质组等。相应的有对肽和蛋白质纯物质、目标蛋白质、生物复杂基体中蛋白质等被测物的测量。对大分子蛋白质进行测量时，氨基酸是蛋白质的基本组成单位，常会将大分子蛋白质分解为氨基酸进行测量，这是对氨基酸层面的测量，还有在肽层面的测量。对它们测量的目的以及其所起到的作用会有所不同。如对肽和蛋白质纯物质测量对象进行计量，起到建立蛋白质含量测量的溯源性为目的作用。

这些蛋白质被测物的相对分子质量（即分子量）大小不同（图4-1）。从氨基酸到蛋白质组[1]，分子量大小从几十到几十万道尔顿（Da）以上。有分子量大

---

[1] 蛋白质组（proteome）：一个基因组表达的全部蛋白质，或在特定时间和特定条件下，存在于一种细胞、亚细胞、体液（如血浆、尿液、脑脊液等）或生物体中所有蛋白质的总和［《生物计量术语及定义》（JJF1265—2022）］。

小在几千道尔顿的肽，如合成肽-催产素（OXT）；生物复杂基体中的蛋白质含有上百个氨基酸或以上，大小超过几千道尔顿，如人生长激素（hGH）含有 191 个氨基酸时，分子量大小为 22kDa。蛋白质分子量越大、结构越复杂则测量的难度也越大，需要考虑到的测量不确定度影响因素也越多，纯蛋白质被测物的量值与实际样本中蛋白质一致性的程度也会有差异，这都决定了蛋白质计量的难度。

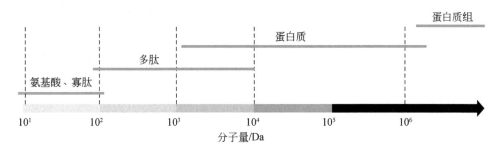

图 4-1　蛋白质测量对象分子量大小示意图

蛋白质测量的目的主要是满足应用的需要。具有特定功能结构的靶向生物标志物蛋白质、与疾病相关的蛋白质生物标志物等都是生物复杂基体中蛋白质测量对象。如与糖尿病有关的糖化血红蛋白（Hb1Ac）、胰岛素等；与内分泌相关的如促甲状腺素、血管紧张素、生长激素等蛋白质生物标志物；与心血管疾病相关的肌钙蛋白；与临床酶学检验有关的 α-淀粉酶、丙氨酸转氨酶、天冬氨酸转氨酶、γ-谷氨酰转移酶等蛋白质酶；以及与人体免疫相关的免疫球蛋白、蛋白质过敏原等；另外牛血清白蛋白、血红蛋白、血清白蛋白、甲胎蛋白、转铁蛋白、血清铁蛋白、新冠病毒抗原等也成为蛋白质测量的重点对象。

对生物复杂基体中蛋白质的测量，被测物的量值与实际样品（如临床样品）中蛋白质性质的一致性程度就显得非常的重要。当蛋白质标准物质研究对象的被测物与实际样品的蛋白质性质差异越大，代表他们之间的数据偏离程度也会越大，则该蛋白质标准物质的互换性不好，也就是两者测量数据的一致性越差。

2. 互换性

蛋白质计量研究在面对生物体复杂基质中蛋白质的测量时，需要特别考虑一个重要性质——互换性（commutability），应能反映实际生物样本被测蛋白质性质的客观、真实数据。也就是需要考虑蛋白质计量方法和蛋白质标准物质所获得的蛋白质特性量值是否满足互换性要求，互换性与否决定了蛋白质标准物质的特性量值能否达到预期用途直接应用。互换性的要求在实际临床样本检测应用中尤其重要，因临床生物样本具有不同的复杂性，使蛋白质测量不仅受到基质中多干扰物质、基质效应的影响，还与生物样本蛋白质性质相关，这些因素会造成蛋白质计量方法和标准物质研究中获得的测量结果与实际生物样本蛋白质测量结果有偏离，因此，是否有基质效应影响测量标准互换性，需要进行评估。在临床检验领域的蛋白质标准物质应用互换性评估，可参考《参考物质互换性评估指南》（WS/T 356—2024）。因此，要真正实现临床生物样本中蛋白质测量数据结果达到可比、准确、一致，一方面蛋白质测量对象或被测物的特性量具备单位制统一和可溯源，另一方面还需要具有互换性，这两方面是生物体复杂基质中蛋白质的分析测量结果可比、准确、一致的必要条件。这也是生物计量研究和应用需要特别注意的测量性质。

在临床领域互换性的问题时有发生，Boulo等（2013）研究了使用世界卫生组织（WHO）国际标准（IS）的标准物质（IS 98/574）与患者样本的免疫反应的可比性，来判断实际样本数据结果与标准物质数据间是否具有一致性，是否具有互换性，研究结果显示不同方法得出的数据结果之间存在很大差异。尽管所用方法提供的结果声称可溯源到推荐的国际标准，如人生长激素（hGH）溯源到世界卫生组织（WHO）的标准物质（IS 98/574），但还是存在方法间的偏差影响样品的免疫定量结果。临床实验室间数据不一致的原因有很多，但关键原因之一是使用的标准物质或质控物质无法满足互换性的需要。

对于解决所面临的生物样本蛋白质分析测量中的互换性问题，在蛋白质分析测量研究和应用中需要注意几点：①在研制或使用蛋白质标准物质时，需要注意给标准物质赋值的计量方法是否经过了互换性确认，标准物质是否具有互换性的保障措施。②在制订校准溯源计划时，用于校准的标准物质须有互换性。③采用规定的参考测量程序时，要求所得到的测量结果满足与给定具有量值的标准物质间数据应具有一致性。

总之，蛋白质计量的目的，除了提供溯源性和满足预期应用，还要重视蛋白质计量研究和蛋白质计量应用中是否能满足互换性的要求。应用中应选择满足要求的蛋白质国家有证标准物质、校准用标准物质等。

三、蛋白质计量体系架构

蛋白质计量是生物计量优先发展的重要分支之一，其体系架构也是本书第二章提出的生物计量体系的重要组成，它主要由蛋白质计量特性、蛋白质计量研究、蛋白质计量应用构成。蛋白质计量溯源传递体系是重要内容。本章节第二部分概述了蛋白质计量特性和特性量，第三节和第四节将介绍蛋白质计量溯源性和计量方法研究，蛋白质标准物质研究和应用则分别在第五章和第八章介绍。

围绕蛋白质计量特性，蛋白质计量溯源传递体系主要包括但不限于蛋白质特性测量的基准方法、计量方法、标准物质、计量校准规范等，该体系还要具备溯源性和不确定度等计量属性，起到统一蛋白质量值溯源传递作用。蛋白质计量体系将在蛋白质计量研究一步步地扎实发展中积累完善。

（一）蛋白质计量发展初期

1. 国际蛋白质计量发展

国际蛋白质计量的发展基于国际计量局和各国国家计量院的工作。由于蛋白质测量对象的不同功能、难易程度，以及各国国情差异，国际计量局与各国国家计量院在蛋白质计量研究和发展进度上也不尽相同。

国际计量局在2002年成立了物质的量咨询委员会（CCQM）生物分析工作组（BAWG），发展生物分析领域的计量国际比对，实现各国间的生物分析测量的可比性和国际互认。目前BIPM/CCQM已组织了20多项蛋白质测量国际比对。

在成立生物分析工作组（BAWG）前，美国国家标准与技术研究院（NIST）、英国政府化学家实验室（LGC）在生物领域就投入了大量人力物力，在蛋白质测量技术上走在国际前列。英国还启动了"生物有效测量计划"（MfB），加强对生物领域的有效测量。

成立生物分析工作组（BAWG）之初，美国国家标准与技术研究院在蛋白质定量、修饰、结构等测量研究方面起到了引领作用，独立主导或与英国政府化学家实验室（LGC）联合主导了BIPM/CCQM的多项蛋白质测量国际比对。通过这些工作，美国还建立了多种蛋白质计量方法并研制了蛋白质标准物质，用于司法鉴定、食品安全、医疗诊断等领域蛋白质量值溯源；利用圆二色光谱、X射线衍射等技术研究了生物催化过程，并在为酶催化活性测定打基础（武利庆和王晶，2007）；利用质谱鉴定生物系统中新蛋白质表达水平，建立生物体内和体外蛋白质的定量方法；探索建立了电喷雾–扫描电迁移率–颗粒计数的蛋白质绝对定量技术，以期成为蛋白质测量的新基准方法（Li et al., 2014）。英国政府化学家实验室（LGC）则加强对多肽和蛋白质计量和标准物质研制，提高蛋白质定量测量的准确性和可比性。

德国联邦物理技术研究院（PTB）在生物分析工作组的影响下，从以物理计量为主的研究也开始了在生物计量领域的创新研究，如在2011年建立了基于表面增强拉曼光谱技术的蛋白质含量计量技术（Zakel et al.，2011），由于该方法不需要进行蛋白质分解为小分子的步骤，避免了蛋白质水解和酶解效率引起的误差，期望成为蛋白质计量新的基准方法。从初期发展历经十多年来，蛋白质含量计量方法研究已得到快速发展，蛋白质定量的溯源性已逐渐成熟。国际计量局也联合多国国家计量院，综述了多肽和蛋白质定量的溯源性（Josephs et al.，2019）。此外，蛋白质计量也在扩展蛋白质活性、结构测量研究。

2. 我国蛋白质计量发展

在生物计量领域，我国的蛋白质计量起步于2004年参加第一个蛋白质测量国际比对（CCQM-P55）。从2005年我国开始提出生物计量体系规划，其中包括了蛋白质计量。蛋白质计量研究内容被纳入我国"十一五"科技支撑项目课题"核酸和蛋白质测量技术标准研究"（2006BAK04A02）和"生物安全量值溯源传递关键技术研究"（2008BAK41B00）等项目中。在国家科技项目的支持下，我国在蛋白质计量基础研究取得了长足进步，构建了蛋白质含量计量溯源到国际单位制（SI）基本单位的溯源体系。我国建立了蛋白质相对分子质量计量方法，蛋白质含量测量的同位素稀释质谱计量基准方法、高效液相色谱-圆二色光谱计量方法等，同时这些蛋白质含量测量方法还通过了国际计量局（BIPM）和亚太区域组织（APMP）组织的多轮比对验证，也使C肽蛋白、胰岛素、人生长激素等测量能力达到了国际等效。

在蛋白质计量发展中，我国从2004年的"跟跑"逐渐到"领跑"，走出了一条创新发展之路。从2004年参加蛋白质测量国际比对，到2015年独立主导第一个有关酶活性测量的国际比对；我国创新发展了蛋白质计量方法并建立了溯源性。2018年，中国计量科学研究院在国际上建立了高效液相色谱-圆二色光谱的蛋白质含量计量方法（Luo et al.，2018）。这是一个新的计量方法，以此作为应邀在国际计量局进行报告的主要内容，并被写入国际计量杂志中蛋白质计量溯源性综述一文（Josephs et al.，2019）。2017~2020年，中国计量科学研究院发展了基于新原理的蛋白质绝对和相对定量计量方法、计量装置及计量技术，提升蛋白质含量的准确测量能力；建立蛋白质糖基化修饰含量计量方法等（王晶，2017）；陆续发表了基于表面等离子体共振（SPR）技术和数字ELISA技术的蛋白免疫亲和活性浓度绝对定量新方法等成果（Su et al.，2018；Hu et al.，2020b）。

经过十多年的发展，我国蛋白质计量已建立了蛋白质含量、相对分子质量、活性含量的计量方法、标准物质，以及相关计量技术规范等，形成了蛋白质含量溯源传递体系。还初步进行了蛋白质结构测量研究。研制的胰岛素（猪、人）、人血管紧张素Ⅱ、马心肌红蛋白、人生长激素、糖化血红蛋白、人血清白蛋白、血清中转铁蛋白、血清中脂肪酸结合蛋白、病毒抗体和抗原、酶制剂等40多种蛋白质标准物质，已成为我国蛋白质含量、相对分子质量、酶活性等的溯源传递量值载体。建立了多个蛋白质计量溯源途径，实现蛋白质测量可溯源到国际单位制（SI）基本单位。目前，蛋白质标称特性的计量研究还需要探索。

（二）蛋白质计量体系基础

随着蛋白质计量发展，蛋白质计量的研究重点逐渐清晰。搭建蛋白质计量研究、建立量值溯源层级，是蛋白质计量体系的基础，以实现保证各实验室间蛋白质分析测量的结果可靠、可比、可溯源，具有跨时空的有效性的目的。

1. 研究内容

蛋白质计量是对蛋白质测量的科学研究，从测量对象、测量特性到测量可溯源的测量科学研究。从计量溯源和应用目的来分析，蛋白质计量研究的基础主要有三类。

第一，建立溯源性。以肽和蛋白质纯物质的测量对象为首建立基准方法（计量方法），成为蛋白质标准物质赋值/定值方法，研制蛋白质纯度国家一级标准物质、蛋白质标准物质，建立蛋白质计量溯源层级。实现单位制统一的测量准确性。其中肽和蛋白质纯物质的获取可以通过化学合成、天然资源中分离、蛋白质表达重组等技术。

第二，建立核心测量能力。针对植物、动物、人源和微生物源的蛋白质测量对象，建立总蛋白质、目标蛋白质、活性蛋白质、蛋白质修饰等精准测量能力，实现蛋白质定量测量能力、蛋白质活性测量能力、蛋白质结构测量能力等。并提高生物复杂基体中蛋白质分析测量结果的可比性。

第三，建立计量技术。重点解决蛋白质测量的计量技术，包括不确定度评定和校准技术，并加强蛋白质痕量分析、单分子分析、单细胞分析和图形分析等蛋白质测量技术，解决蛋白质精准测量的难度。

以蛋白质计量方法、标准物质及溯源性等计量研究内容为主体，建立蛋白质计量溯源传递技术。

2. 溯源传递体系框架

蛋白质计量溯源传递体系由量值溯源（链）和量值传递（链）组成，量值传递是蛋白质计量溯源的逆向过程。目前，蛋白质量值传递的载体主要是采用具有特性量值被准确表征的蛋白质标准物质、相应的蛋白质计量方法等来进行量值传递。

1）计量方法：按照生物计量的概念，具有能溯源到国际单位制（SI）单位、法定计量单位，或国际公认单位；对应的测量对象特性单位定义明确，具有理论基础和数学表达式；通过严谨的研究与验证，其准确度、测量不确定度等具有高的计量学水平，则为计量方法。

2004～2020年，我国蛋白质计量经过了十多年的发展，已建立可溯源至国际单位制（SI）基本单位的多种计量方法，构建了蛋白质计量方法体系。

在蛋白质含量计量方法上，中国计量科学研究院针对蛋白质测量对象的复杂性，优先形成了肽、蛋白质含量计量方法，溯源到国际单位制（SI）基本单位的多条可溯源途径，并构建了蛋白质含量量值溯源传递体系框架（武利庆等，2009a；王晶，2017）。有以测量对象划分的蛋白质纯度/含量计量方法、复杂基质中蛋白质含量计量方法等，以方法划分的质量平衡法、同位素稀释质谱法、液相色谱-圆二色光谱法、电喷雾-扫描电迁移率-颗粒计数法等。2020年中国计量科学研究院建立了基于表面等离子体共振（SPR）技术和数字ELISA技术的蛋白质活性浓度计量方法，以实现对活性蛋白质含量的准确测量探索（Hu et al.，2020b）。

对于蛋白质活性、结构等计量，目前以提高酶活性、免疫分析、蛋白质鉴定、蛋白质结构测定结果可比性为目的，以期解决数据结果可比性和溯源性的难题。在国际上开展酶活性测量比对是从2015年由我国牵头主导的BIPM/CCQM第一个酶活性测量国际比对（CCQM-P137）开始的，2019年和2023年我国代表武利庆研究员成为蛋白质分析工作组活性焦点组的牵头人和蛋白质分析工作组副主席，推动蛋白质活性计量的发展。

2）蛋白质标准物质：通常是具有溯源性和准确量值的均匀、稳定的物质，它是蛋白质计量溯源传递体系中的重要组成。蛋白质标准物质的准确量值是由具有溯源性的蛋白质计量方法（含基准方法）进行的赋值。目前已有的蛋白质含量标准物质、相对分子质量标准物质，能溯源到国际单位制（SI）单位或国际公认单位，蛋白质标准物质内容可参见本书第五章。蛋白质标准物质作为准确标准量值的载体则主要承担蛋白质特性量值的传递功能。

3）计量校准技术及计量技术规范。计量校准技术和计量技术规范标准是保证蛋白质量值传递的有效实施手段。相关内容参见本书第七章。

第三节 蛋白质计量溯源性

一、溯源性要求和方式

(一) 溯源性要求

蛋白质计量溯源是特性量溯源途径清晰，实现蛋白质测量溯源到国际单位制 (SI) 基本单位，或溯源到国际公认单位。溯源性是保证蛋白质测量单位统一、准确可靠、可比的必要条件。以蛋白质计量方法和标准物质构成溯源途径，形成的溯源链层级，溯源要求与国际组织的规定紧密相联。

为了使全球单位统一和量值溯源协调一致，由国际计量局 (BIPM)、国际法制计量组织 (OIML)、国际实验室认可合作组织 (ILAC)、国际标准化组织 (ISO) 四个国际组织共同签署了关于计量溯源性的联合声明。不同领域，国际组织还对保证生物分析测量结果的准确可靠进行了计量溯源性的规定。例如，在体外诊断和临床检验领域，欧盟体外诊断医疗器械指令 (98/79/EC) 中规定了体外诊断医疗器械的溯源性要求，国际标准化组织 (ISO) 的多项国际标准，如 ISO 17511、ISO 15193、ISO 15194、ISO 18153、ISO/IEC 17025 和 ISO 15195：2003 等国际标准中，均有规定和要求，标准中明确了检测结果的层级校准溯源，通过参考测量程序、参考实验室，将检测结果的量值从下往上量值溯源到标准物质、有证标准物质、基准物质的溯源层级，直至国际单位制 (SI) 单位。这些内容都为蛋白质计量在实际临床检验和体外诊断领域应用提供溯源性的依据。

(二) 溯源方式

面对蛋白质计量溯源性要求，需要逐步建立和完善蛋白质特性量的计量基准方法、基准物质、计量方法、标准物质来实现。对于复杂蛋白质测量，特别是蛋白质标称特性测量，根据应用需求可选择按国际标准化组织标准规定的以多层级测量程序来完成溯源性。满足不同领域对蛋白质量值溯源性的需要。

对蛋白质量值溯源方式概括如下。

1) 溯源到国际单位制 (SI) 单位，用来定义蛋白质的量值溯源，单位的统一。这是蛋白质计量最高目标。通过建立蛋白质含量测量溯源途径，实现到国际单位制单位的溯源（武利庆等，2009）。利用蛋白质纯度标准物质进行的溯源，是通过严格评估才建立的肽和蛋白质定量测量的溯源性（Josephs et al.，2019）。

由于目前能实现溯源到国际单位制（SI）单位的蛋白质计量方法和国家标准物质还很有限，为解决蛋白质溯源性要求的实际应用问题，在一些领域也采用溯源到国际公认单位和溯源到国际约定的参考测量程序和参考物质方式。

2）溯源到国际公认的单位，并与国际单位制基本单位相联系。如世界卫生组织（WHO）使用的国际单位（IU），常在药品和临床中使用，其中蛋白质酶活性单位用大写字母 U 表示。这个单位在 2019 年第 9 版 SI 单位手册中，即建议使用国际单位制（SI）基本单位摩尔（mol）和秒（s）（Bureau International des Poids et Mesures，2019）。两个基本单位组成 "mol·s^{-1}" 表示酶催化活性单位。为避免出现不同单位的混用，统一单位的最好方式就是有定义并可溯源到国际单位制（SI）单位。

3）溯源到国际约定的参考测量程序和参考物质方式，参见 ISO 17511。这种方式是解决还没有适宜的计量方法和国家有证标准物质，或无法溯源到国际单位制（SI）基本单位的情况。

在应用中针对不同情况可选择采用不同的溯源方式。无论选择哪种溯源方式，都要确保准确可靠的溯源链不可被打断，这是前提条件。因此，要实现蛋白质测量的溯源，确保溯源链不间断正常运行是关键。最重要的是建立蛋白质计量方法和计量标准，通过溯源链从下一层级不断向高端层级溯源，直至国际单位制（SI）。下面列举蛋白质计量研究的溯源方式。

二、蛋白质相对分子质量测量溯源探索

相对分子质量，也就是分子量。分子量等于分子中各原子的相对原子质量（原子量）总和，是一个量纲为 1 的数。在蛋白质计量中，我国也对相对分子质量的测量溯源性进行了探索。根据国际纯粹与应用化学联合会（IUPAC）的规定，相对原子质量是以一个碳原子（^{12}C）质量的 1/12 为标准，其他原子质量与此标准相比得到的相对质量比值，简称"原子量"，即相对原子质量，单位用

"u"表示。原子量也带有不确定度①。

相对分子质量（分子量）是蛋白质重要的测量参数之一。在进行蛋白质测量时，对肽或蛋白质的鉴定分析是必不可少的，通过测定分子量来鉴定肽和蛋白质，分子量的正确与否影响对不同肽或蛋白质的判断。

蛋白质分子量还作为一些生物产品中质量控制检测的重要指标，其分子量的正确程度与产品质量密切相关，例如蛋白（质）粉类保健食品的质量需要对蛋白质分子量进行准确测量其大小，从而判断是否是该蛋白质产品，以及蛋白质分子量不同可能引起的产品质量问题。由于不同分子量大小、分布的蛋白质在人体内吸收和利用的方式和程度不同，对人体生理功能作用产生的影响也不同，因此肽和蛋白质的分子量分布及大小检测数据结果准确可靠就显得非常重要。就蛋白质分子量如何溯源，中国计量科学研究院生物计量研究人员对蛋白质分子量测量溯源途径进行了探索。

通常，检测蛋白质分子量分布的常规方法有聚丙烯酰胺凝胶电泳法、高效凝胶排阻色谱法等。为了满足这些方法测定肽和蛋白质相对分子质量结果可溯源，武利庆等（2009b）探索建立了蛋白质分子量准确测量方法和不确定度评定方法，提出了多肽、蛋白质相对分子质量到国际纯粹与应用化学联合会（IUPAC）国际原子量定义的溯源途径（图4-2）。溯源途径的使用，从常规方法如凝胶电泳、色谱法等应用层面，溯源到蛋白质分子量标准物质，通过方法、国家标准物质，再到IUPAC定义的相对原子质量②（原子量），形成蛋白质相对分子质量溯源的一种方式。

蛋白质相对分子质量标准物质是分子量溯源途径中的重要组成。目前我国已研究了胰蛋白酶抑制剂、细胞色素c、牛血清白蛋白（BSA）等相对分子质量国家标准物质，以及相对分子质量不确定度分析（武利庆和王晶，2007；武利庆等，2009b）。通过原子量计算得到具有分子结构（分子式）物质的相对分子质量，其准确定值可以溯源到国际IUPAC定义的相对原子质量，可为实验室使用

---

① ^{12}C、^1H、^{16}O、^{14}N 的原子量及不确定度如下。

^{12}C：12（定义值）u。

^1H：1.007 825 032 2u±0.000 000 000 6u。

^{16}O：15.994 914 619u±0.000 000 001 u。

^{14}N：14.003 074 004u±0.000 000 002 u。

② 国际相对原子质量定义^{12}C原子质量的1/12为标准，即$1/12^{12}C=1$，其中^{12}C原子质量为$1.9927×10^{-26}$kg。随着新一轮单位制变革，2019年新的质量标准数据被使用，相关的^{12}C质量数据也会发生相应的变化。

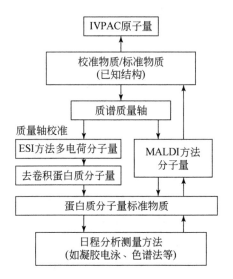

图 4-2 蛋白质相对分子质量溯源途径
资料来源：武利庆等，2009b

凝胶电泳、高效凝胶排阻色谱等方法提供蛋白质相对分子质量的标准物质。

蛋白质相对分子质量标准物质还可用来对有机质谱或生物质谱的质量轴进行校准。这就为蛋白质相对分子质量的数据结果有效性提供了质量保障。

三、蛋白质含量测量溯源途径

蛋白质含量测量溯源性已建立。从 2004 年启动蛋白质计量比对研究起，我国系统建立了在氨基酸、肽、蛋白质等多层面测量蛋白质的多条溯源途径（图4-3），可清晰描述溯源到国际单位制（SI）单位（武利庆等，2009a）。针对蛋白质计量研究的不同测量对象，实现了蛋白质含量的溯源。蛋白质含量测量溯源途径列举如下。

1. 同位素稀释质谱方法溯源途径

不同的蛋白质测量对象，所采取的处理方式不同，溯源途径也不同。目前，基于同位素稀释质谱方法的蛋白质含量测量溯源途径有以下几种方式：①将多肽、蛋白质水解为氨基酸，通过同位素稀释质谱方法测量氨基酸，直接使用氨基酸国家有证标准物质（CRM），再溯源到国家基准，实现到国际单位制（SI）基本单位的溯源；这种方式可称为氨基酸层面的测量溯源。②将纯蛋白质物质或复

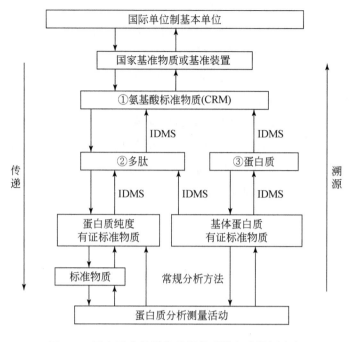

图 4-3　蛋白质含量同位素稀释质谱方法溯源途径

杂基体中的蛋白质水解,即为肽,通过同位素稀释质谱方法测量肽,实现肽的测量,进而到氨基酸标准物质再到国家基准物质的溯源,最终溯源至国际单位制(SI)基本单位;可称为肽层面的测量溯源。③将复杂基体中蛋白质通过标记蛋白质同位素稀释剂后经质谱方法测量,去除其他蛋白质(杂蛋白质)的干扰,对目标蛋白质测量后,通过计算得到蛋白质含量,实现对复杂基体中蛋白质含量的测量和溯源;这种方式可称为蛋白质层面的测量溯源。这几种测量溯源方式从量值和单位上可溯源至国际单位制(SI)单位。以同位素稀释质谱方法建立的蛋白质含量测量溯源途径如图 4-3 所示(武利庆等,2009a)。除此之外,由于蛋白质种类复杂,研究中会根据蛋白质分子组成的不同特点,选择采取不同测量方法的溯源方式。

2. 含硫元素蛋白质测量溯源举例

含硫(S)元素蛋白质测量,也有采用电感耦合等离子体质谱(ICP-MS)研究测量方法的,如研究蛋白质测量高效液相色谱–电感耦合等离子体–扇形磁场质谱(HPLC-ICP-SFMS)。高分辨电感耦合等离子体质谱(HR-ICP-MS)方法(Fu et al., 2016; Feng et al., 2014, 2015, 2020)。目前,含硫(S)元素蛋白质测量的溯源方式有不少研究，不限于以下两种。

1）含硫（S）元素测量。当采用硫的同位素稀释剂标记后测量，引入^{34}S同位素稀释剂（如硫酸根），^{34}S同位素稀释剂的浓度采用硫标准物质进行测量，最终测量结果是溯源到硫标准物质上，直至溯源到国际单位制（SI）基本单位"质量"。

2）含硫（S）元素蛋白质水解为氨基酸测量。采用同位素稀释质谱（IDMS）通过测量氨基酸含量计算得到目标含硫蛋白质含量，可依据氨基酸标准物质的溯源。如果氨基酸标准物质采用的是非水滴定法赋值，通过邻苯二甲酸氢钾溯源到库仑基准，量值最终溯源到国际单位制（SI）基本单位"质量""安培"。含硫（S）蛋白质的溯源途径举例如图4-4，可通过标准物质、国家基准溯源到国际单位制（SI）基本单位。

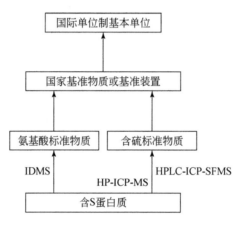

图4-4　测量含硫元素蛋白质含量的溯源途径举例

目前，国际计量局和各国的国家计量院都在探索蛋白质测量的更多溯源途径，建立大分子蛋白质计量新方法，降低测量不确定度，实现更全面和更准确的蛋白质含量量值的溯源与传递。

第四节　蛋白质计量方法研究

一、概述

要实现蛋白质测量的溯源，精准的蛋白质计量方法是不可或缺要素。其中蛋白质计量基准方法，是操作过程可清晰完整地被描述，且有足够小的测量不确定度，可以用国际单位制（SI）单位来表示的计量方法。其对蛋白质测量的量值可溯源至国际单位制（SI）单位。以上这些是蛋白质计量基准方法的必要条件。

实验室日常分析测量蛋白质的常规方法是分光光度法，由于该方法的精度相对不能达到精准测量的目的，且方法本身系统误差大，因此分光光度法不能成为研究蛋白质测量基准方法或精准计量方法的选择。与核酸计量一样，初创期的蛋白质计量研究需要寻找基准方法的可能性。由于蛋白质分子量大，不稳定、易变性，结构也会发生变化，因此直接对大分子蛋白质进行精确定量有难度。而且，由于蛋白质具有复杂的构象、高级结构等，也使蛋白质测量结果难以直接溯源到国际单位制（SI）基本单位。由于以上原因，考虑到1997年被BIPM/CCQM公布的包括同位素稀释质谱方法（IDMS）在内的5个方法为化学计量领域基准方法（赵墨田，2004），可溯源到国际单位制（SI）基本单位，故把同位素稀释质谱方法作为蛋白质含量计量方法研究的第一选择。

2005年后，中国计量科学研究院通过对蛋白质含量计量研究，不仅建立了蛋白质含量同位素稀释质谱基准方法，也完成了蛋白质分子量大于190kDa的大分子蛋白质测量，如对免疫球蛋白M（IgM）的测量，并使大分子蛋白质含量测量具备了溯源性。对蛋白质测量有定量氨基酸、同位素标记的肽、同位素标记的蛋白质等几种方式（武利庆等，2009b；Park et al.，2012）。

除了基于同位素稀释质谱法的计量方法，2018年中国计量科学研究院还自主研究建立了高效液相色谱–圆二色光谱蛋白质计量方法，用于蛋白质含量的测量，该方法在国际上首次提出并申请了专利（武利庆等，2019）。同时该高效液相色谱–圆二色光谱蛋白质计量方法用在蛋白质含量测量国际计量比对中，蛋白质测量结果达到了国际等效。

现如今，质量平衡法、定量核磁共振法（qNMR）、高效液相色谱–圆二色光谱联用法、电喷雾差分电迁移颗粒计数法及单分子计数方法等，已作为蛋白质计量基准方法或潜基准方法在研究和应用。由于定量核磁共振法（qNMR）受限于波谱重叠，目前能够用核磁共振定量的蛋白质基本上是不超过10kDa的，有研究采用高效液相色谱–定量核磁共振法（HPLC-qNMR）对人胰岛素（HI）测量（Ma et al.，2018）。下面就几种蛋白质计量方法研究进行初步介绍。

二、质量平衡法

质量平衡法是一种经典的用于纯物质测量研究的定量方法。被用于进行蛋白质纯度/含量的测量。

（一）基本原理

质量平衡法的原理相对简单，就是从一个蛋白质纯物质中鉴定出其中存在的结构类似物、水分、灰分、无机离子、挥发性有机物等杂质物质成分含量，并将它们的含量逐一扣除，得到一个蛋白质纯物质的纯度含量。通常会采用卡尔·费休法和灼烧残渣法测定蛋白质纯物质中水分和灰分，用气相色谱-质谱联用法测定残留的挥发性有机物质，非挥发性无机物质则采用离子色谱、电感耦合等离子体质谱（ICP-MS）、电感耦合等离子体发射光谱（ICP-OES）等方法进行测定，结构类似物采用高效液相色谱-质谱联用技术等进行测定。

从原理上，如果没有其他的系统误差，并且所有的杂质物质从理论上和实践中都能准确测定的前提下，质量平衡法是一种非常理想的准确定量方法，相关测量不确定度应该非常小。但是在实践中并非如此，要实现所有的杂质物质含量完全扣除相当难。因此，质量平衡法适合于测量高纯度的蛋白质纯物质，不太适用对非高纯蛋白质物质和生物复杂基体中蛋白质的测量，这就是它的局限性。

所以，采用质量平衡法进行高纯度的蛋白质纯度含量分析，获得蛋白质纯度/含量量值，再进行测量不确定度评定，由此产生的蛋白质纯度/含量结果可溯源至国际单位制（SI）基本单位，而这个具有标准值和不确定度的高纯蛋白质纯物质通过审批原则可作为基准物质或国家一级标准物质、原级校准物质（primary calibrators），可以用作蛋白质测量的计量溯源。

（二）方法研究

中国计量科学研究院在蛋白质计量研究中，采用了质量平衡法对牛血清白蛋白和胰岛素（猪）等蛋白质进行了测量研究，作为一种定值方法研制了GBW09815牛血清白蛋白标准物质和GBW09816胰岛素（猪）标准物质。李佳乐等（2015，2016）也将质量平衡法用于人转铁蛋白、人血清白蛋白的含量测量。例如，在使用质量平衡法进行人血清白蛋白的测量研究中，分别采用卡尔·费休法和灼烧残渣法测定其水分和灰分，使用色谱法测定蛋白质纯度，经计算扣除杂质物质后得到质量平衡法的人血清白蛋白含量，并可与高效液相色谱-同位素稀释质谱（IDMS）方法进行比较（李佳乐等，2016）。分别采用质量平衡法与同位素稀释质谱（IDMS）方法测量分子量在（$10^3 \sim 10^4$）kDa的几种蛋白质定量结果比较见表4-1，结果没有显著性差异。

表 4-1 质量平衡法与同位素稀释质谱方法测量蛋白质结果比较

名称	分子量 (Da)	量值 (g/g)	IDMS 方法 (g/g)	质量平衡法 (g/g)
猪胰岛素	5 777	0.892±0.036	0.887	0.897
人胰岛素	5 817	0.866±0.032	0.872	0.857
人血清白蛋白	66 239	0.856±0.034	0.853	0.859
牛血清白蛋白	66 446	0.963±0.038	0.964	0.962
人转铁蛋白	78 169	0.828±0.034	0.830	0.825

资料来源：Wu et al., 2015, 2011；李佳乐等, 2016, 2015；Li et al., 2016。

随着对蛋白质含量测量研究的深入，发现质量平衡法对分子量较大的蛋白质的测量更为困难，对蛋白质的杂质物质分析也提出了更高的要求，必须进行更为全面的杂质物质分析确定，才能获得最为准确的蛋白质纯度/含量，如在 BIPM/CCQM 立项的 CCQMK-115 合成肽–C 肽蛋白纯度测量的国际比对中，参比实验室采用的方法有质量平衡法与同位素稀释质谱方法，其中质量平衡法测量研究中所扣除的结构类似物相关杂质物质等就达到了 60 多种之多（Li et al., 2018）。

三、同位素稀释质谱方法

同位素稀释质谱法（IDMS）是 1997 年国际计量局公布的 5 个经典的化学计量基准方法中的一种。2004 年以来，参加国际比对的各国计量机构陆续将此方法开始用于蛋白质测量研究，建立了肽和蛋白质纯物质定量的同位素稀释质谱计量方法，并将这一方法用于生物复杂基体中蛋白质计量方法的进一步探索研究中。针对不同蛋白质测量对象，包括蛋白质纯物质、生物复杂基体中的蛋白质等，研究同位素稀释质谱蛋白质含量测量方法，可溯源至国际单位制（SI）单位。

中国计量科学研究院建立的多种蛋白质的同位素稀释质谱方法，涉及 α-淀粉酶α-乳球蛋白、β-酪蛋白、乳铁蛋白、溶菌酶、α-乳清蛋白、β-乳球蛋白、卵清蛋白、卵类黏蛋白等测量的同位素稀释质谱方法；溶液中血管紧张素Ⅰ含量测量的同位素稀释质谱方法（武利庆等，2007；2008），人生长激素高效液相色谱–同位素稀释质谱方法（金有训等，2015），人转铁蛋白含量、人血清白蛋白纯品含量测量的同位素稀释质谱方法等（李佳乐等，2015；2016），以及可对复杂基质奶粉中的 β-乳球蛋白进行定量测量的高效液相色谱–同位素稀释质谱方法（Wang et al., 2014），复杂基质中的蛋白质标签同位素稀释质谱方法（Li et al.,

2016）等。

（一）基本原理

针对蛋白质分子量大无法直接测量的问题，结合同位素稀释质谱的原理根据添加不同同位素标记物，对不同蛋白质测量对象，进行同位素稀释质谱方法的研究。

同位素稀释质谱方法的基本原理是将稳定的同位素标记物作为内标添加到被测样品中，而稳定的同位素标记物的性质与被测样品中的目标蛋白质的性质接近，被测样品目标蛋白质和同位素标记物的比例不会因各种外在因素而发生改变，因此在整个测量过程中所加入同位素内标可以实时校正并消除测量的系统误差与随机误差，从而达到精准测量目标蛋白质含量的目的。

在具体测量蛋白质的过程中，不同的测量对象采取不同的方式进行方法研究，如把蛋白质水解成氨基酸测量，也可以把蛋白质酶切成肽（段）测量，通过同位素标记氨基酸、肽或蛋白质等不同的技术路线，采用质谱定量，然后计算得出蛋白质含量和测量不确定度。其中，经水解或消解方法将蛋白质大分子分解为小分子，分解过程中需要采取适当方案和措施以减少测量中出现的系统误差，降低方法的测量不确定度，提高方法的准确度。

（二）方法研究

1. 定量氨基酸的蛋白质测量研究

将蛋白质大分子分解为小分子过程中，可采用酸水解的方法，将蛋白质水解为氨基酸，同时在其中添加对应的稳定同位素标记氨基酸，通过高效液相色谱-同位素稀释质谱联用技术，准确定量酸水解液中的氨基酸含量，并根据蛋白质的氨基酸序列或氨基酸组成，通过计算公式准确算出蛋白质的含量。

在蛋白质同位素稀释质谱测量过程中，测量对象中所含的目标蛋白质之外的其他蛋白质，称为杂蛋白，虽然它们是非常微量的，但却会对目标蛋白质的定量结果产生较大的误差。如在进行蛋白质纯物质水解的过程中，蛋白质纯物质中的微量杂蛋白会同时水解成氨基酸，从而给目标蛋白质的准确定量带来误差影响。同时还存在水解不完全，或水解后氨基酸进一步发生降解的情况，都会是被测物蛋白质测量不确定度的主要来源，即他们都将成为影响定量氨基酸来测量蛋白质含量的同位素稀释质谱方法准确度的主要原因。可通过有关方法措施来系统解决杂蛋白水解带入的误差、水解不完全和氨基酸降解等产生的误差，以得出准确的蛋白质测量结果（武利庆等，2007，2008；Wu et al.，2011）。

修正杂蛋白水解带入的误差，来解决杂蛋白与目标蛋白质一起水解引入的系统误差。即采用组分收集–同位素稀释质谱联用测量杂蛋白含量的校正技术。即通过高效液相色谱将目标蛋白质与杂蛋白进行分离，从色谱主峰来区别开主成分、前组分及后组分，分别加入同位素标记的氨基酸后进行水解，采用同位素稀释质谱测量主成分的氨基酸所占的比例，并根据所占比例修正同位素稀释质谱测量蛋白质纯度含量结果，解决杂蛋白水解所带入的系统误差。

修正水解不完全和氨基酸降解产生的误差，解决蛋白质水解过程中不完全、氨基酸发生进一步降解带入的系统误差。即采用水解过程热力学和动力学建模计算模拟技术，通过研究水解反应与氨基酸降解反应的动力学和热力学，建立数学模型和修正方程，以实验确定方程中各项参数取值，并根据实验数据来修正同位素稀释质谱测量的蛋白质含量结果，提高蛋白质定量结果的准确度。

因此，该方法适用于杂蛋白与目标蛋白质能够实现完全分离的情况。

2. 肽段标记的测量研究

对蛋白质纯物质、蛋白质混合物、生物复杂基体中蛋白质等三类测量对象，由于蛋白质纯物质中杂蛋白与目标蛋白质无法完全分离，蛋白质混合物中目标蛋白与杂蛋白也无法完全分离，以及生物复杂基体中的蛋白质测量受到杂蛋白干扰，以上干扰情况都会对准确定量蛋白质产生影响，中国计量科学研究院生物计量研究人员研究了采取标记肽段方式解决以上三种影响蛋白质准确定量的情况。

解决的方式是将蛋白质通过蛋白酶切为肽段，蛋白酶可选择胰蛋白酶或蛋白内切酶 Glu-C（谷氨酰胺内切酶）等，并通过生物信息学技术筛选出特异性肽段，确定目标蛋白的特异性酶切肽段；然后采用化学合成方法合成特异性肽段，分别记为非标记的及同位素标记的特异性肽段，再进一步采用高效液相色谱–同位素稀释质谱联用方法对蛋白质酶解液中的特异性肽段进行准确定量，根据特异性肽段与蛋白质分子的比（通常为1），计算出目标蛋白质含量，根据引入不确定度分量评定出测量不确定度，最终得到量值和不确定度表示的蛋白质测量结果。

当采用同位素标记肽段作为内标建立同位素稀释方法时，在酶解过程中，酶切效率应达到100%。当酶切效率低于100%，需要准确测出酶切效率，进行校正，以降低酶切效率引起的误差。团队研究的校正酶切效率不完全方案归纳为如下几种情况。

1）在蛋白质能实现完全酶切的情况下，采用优化蛋白质酶切的条件，使酶切效率完全而达到100%。可采取正交实验设计、计算机模拟、最优搜索算法等技术，尽快进行优化酶切条件确定，包括优化酶切pH、温度、浓度、酶和底物比等参数。

2）在复杂基体样本中蛋白质不能被完全酶切的情况下，可采用蛋白质酶切效率定量评价技术。通过同位素稀释质谱方法测定蛋白质纯物质得到已知准确含量的纯蛋白质（c_s）后，把已知准确含量的目标蛋白质添加到复杂基体样本中（c_0），采用同位素稀释质谱方法依次测定复杂基体中基于肽段的含量（c_1）测定添加了目标蛋白质的复杂基体样本中基于肽段的含量（c_2），计算酶切效率，绘制添加目标蛋白质含量与酶切效率的曲线，通过外推法得到添加量为0时的酶切效率即为原始样本酶切效率（武利庆等，2015）。然后通过计算得到蛋白质含量。

酶切效率校正计算公式为

$$\varepsilon = \frac{c_2 - c_1}{c_s}, \quad c_0 = \frac{c_1}{\varepsilon}$$

式中，c_0为复杂基体母液样本蛋白质含量（g/g）；c_1为复杂基体中基于肽段的含量（g/g）；c_2为添加了目标蛋白质的复杂基体样本中基于肽段的含量；c_s为已知准确含量的纯蛋白质；ε为酶切效率。

在酶解过程酶解肽段进一步降解的情况下，可采用肽段在酶解过程降解反应的热力学和动力学建立的数学模型和修正方程，以实验确定方程中所有参数的取值，用于最终修正同位素稀释质谱定量目标蛋白质含量结果，解决酶解过程中肽段进一步降解所引入的误差（武利庆等，2015）。

肽段标记的测量方法可用于杂蛋白质与目标蛋白质无法完全分离的情况，以有效解决蛋白质纯物质、蛋白质混合物的准确定量问题。

3. 蛋白质标记的测量研究

对复杂蛋白质混合物或复杂基体中蛋白质的定量，如果使用肽段的同位素稀释质谱测定，虽然可以通过酶切效率修正保证蛋白质定量的准确性，但是校正的同时也会引入不确定度分量，从而增大测量结果的不确定度。

为尽最大可能地解决酶切效率带来的误差，减少不确定度分量，中国计量科学研究院武利庆等研究建立了复杂基体中蛋白质酶切效率的准确测定方法（武利庆等，2015），并通过同位素亲和标签–同位素稀释质谱联用技术（Li et al., 2016）实现对蛋白质混合物、复杂基体中蛋白质含量准确测量。其方法是利用同位素亲和标签TMT1和TMT2试剂标记，进行体外合成同位素标记的蛋白质，记为TMT1-纯蛋白，进行同位素亲和标签TMT2标记到基体中蛋白质样本，记为

TMT2-基体中蛋白质，将 TMT1-纯蛋白和 TMT2-基体中蛋白质两者混合，然后进行混合酶切，筛选特异性肽段，进行同位素稀释质谱方法定量测量，确定特异性肽段与蛋白质分子的比例，通过计算最终得到目标蛋白质的准确量值和测量不确定度。

由于在使用不同质量数同位素标记的蛋白质进行酶切时，都要考虑蛋白质的酶切效率，因此采用同位素稀释质谱测量目标蛋白质含量时需要进行酶切效率的校正，既可避免酶切不完全引入的系统误差，也避免了酶切效率修正引入的不确定度分量，进而进一步提高了蛋白质定量结果的准确性。

另外，还可以采用细胞培养条件下稳定同位素标记技术（SILAC）建立测量方法，完成对蛋白质含量的准确测量。

总之，系统、全面地解决不确定度影响因素，并研究建立蛋白质纯物质、蛋白质混合物、生物复杂基体中蛋白质的准确定量方法，同位素稀释质谱方法已被用于具有重要意义多种蛋白质含量计量方法和测量参考方法的建立。

（三）同位素稀释质谱方法研究举例

1. 人血清白蛋白含量测量

人血清白蛋白（HSA）分子量约为 66kDa，是医学上白蛋白缺乏、肾病等检测的生物标志物，也是存在人血浆中的蛋白质，对人血清白蛋白的准确测量很有意义。

在人血清白蛋白含量的测量中，通过优化方法条件，在建立了人血清白蛋白纯度含量同位素稀释质谱测量方法的同时，并与质量平衡法进行了比较。在人血清白蛋白同位素稀释质谱（IDMS）测量方法中，当人血清白蛋白经酸水解后，便采用液相色谱–同位素稀释质谱联用法进行测量，在三重串联四极杆质谱仪测定水解液中的脯氨酸（Pro）、苯丙氨酸（Phe）和缬氨酸（Val）这 3 种氨基酸含量后，进一步计算得到人血清白蛋白纯度含量（李佳乐等，2016）。

2. 人生长激素含量测量

人生长激素（hGH）是人体自身分泌的、是可促进生长发育的重要肽类激素。人生长激素由 191 种氨基酸组成，其分子量为 22 124Da，可用于治疗生长障碍和生长激素缺乏症。血清中生长激素的测定对生长激素缺乏症的诊断具有重要意义，它与儿童的发育和成人的健康状况紧密相关。然而，商用仪器和已形成的免疫分析方法测出的数据之间存在着的差异造成了分析测量结果的不同，从而影响其在临床诊断中的应用。

高效液相色谱和质谱联用的同位素稀释质谱（HPLC-IDMS）定量人生长激素蛋白质的方法，是为准确测量痕量的人生长激素计量方法，它以重组人生长激素蛋白为测量对象，通过酸水解来完成的。其可溯源至国际单位制（SI）单位。该方法经过中国计量科学研究院（NIM）、韩国标准科学研究院（KRISS）、日本计量科学研究院（NMIJ）三个国家计量院的多边比对联合验证，结果具有可比性，表明该方法用于人生长激素精准定量的可行性（Tran et al.，2019）。

3. 胰岛素含量测量

胰岛素是一种蛋白质激素。当人体中的胰岛素水平失衡时，就有可能引发糖尿病，因此"胰岛素"是糖尿病诊断的指标之一，也是医学上治疗糖尿病药物的主要成分。人胰岛素和猪胰岛素（pINS）都由51个氨基酸组成，人胰岛素分子量约为5817Da，猪胰岛素分子量约为5777Da。

高效液相色谱–同位素稀释质谱法（HPLC-IDMS）可对猪胰岛素进行测量，并已用于对胰岛素标准物质的赋值/定值。由中国计量科学研究院（NIM）主导，与韩国标准科学研究院（KRISS）、日本计量科学研究院（NMIJ）共同开展的多边比对联合验证，证明了胰岛素标准物质的量值可靠。该方法是应用同位素稀释质谱在定量氨基酸方式的测量，采取了修正蛋白质杂质干扰措施，同时还采用了纯度扣除法进行了验证（Wu et al.，2015）。

4. Cry1Ab及Cry1Ac蛋白质含量测量

Cry1Ab及Cry1Ac是转基因植物中常见的蛋白质。建立同位素稀释质谱方法对Cry1Ab及Cry1Ac两种转基因蛋白质纯物质测量，选取最优酶切条件，对两种转基因蛋白进行酶切成肽段测量。经过实验比较，采用肽段方式测量的同位素稀释质谱方法，与采用氨基酸方式测量的同位素稀释质谱方法得到的蛋白质定量结果在统计学意义上量值一致，如Cry1Ab在定量氨基酸同位素稀释质谱测量的结果为37.91g/g，在酶解为特异性肽段后的测量结果为38.47g/g，经t检验，两个结果间无显著性差异，证明了从肽段测量蛋白质的同位素稀释质谱方法的可行性（武利庆等，2011）。

5. 奶粉中β-乳球蛋白过敏原含量测量

奶粉中β-乳球蛋白是一种过敏原，食用不当易造成过敏反应，特别是容易引起婴儿过敏。建立同位素稀释质谱（IDMS）方法可定量复杂基体奶粉中β-乳球蛋白过敏原的含量。

采用同位素稀释质谱方法对奶粉样本酶解液中的特异性肽段进行测量，根据肽段浓度再得到 β-乳球蛋白的含量浓度。测量结果是与目标蛋白质中所含有的特异性肽段的个数有关的。研究中发现 β-乳球蛋白在缓冲溶液及奶粉中的酶切效率都达不到100%，需要进行校正解决酶切效率产生显著的系统误差，通过酶切效率计算方法来解决。经过酶切效率的校正，定量结果的相对扩展不确定度为 4.2%～5.9%（$k=2$）（Wang et al., 2014）。

6. 血红蛋白 A1c 含量测量

临床检验的血红蛋白 A1c，也就是糖化血红蛋白（HbA1c），是诊断糖尿病的工具和预测糖尿病并发症发生的指标。

通过建立同位素稀释质谱法准确定量糖化血红蛋白的测量程序，提供到国际单位制（SI）单位的溯源（Tran et al., 2017）。将糖化血红蛋白经过在130℃下用 10mol/L 盐酸水解48h，同位素标记肽为内标，然后使用同位素稀释质谱法测量。将此方法测量程序应用于溶血剂的糖化血红蛋白含量及 52 个实际临床样本的糖化血红蛋白含量的测量，结果表明测量程序适合作为生物复杂样本中糖化血红蛋白测量参考方法。

7. 转铁蛋白含量测量

转铁蛋白（hTRF）是人体多种炎症过程的标志物。转铁蛋白饱和度是指血清铁与转铁蛋白结合能力的比值。到目前为止，转铁蛋白饱和度仅由血清铁与转铁蛋白的物质比间接推断，当采用不同的方法或试剂盒时结果会有偏离。因此，为了准确测量人血清转铁蛋白的含量，各国都在研究准确测量人血清转铁蛋白含量的测量程序，同位素稀释法（IDMS）被认为是可实现准确测量的一种方法（Frank et al., 2012）。可作为人转铁蛋白的参考测量方法使用。

2015 年，我国建立用高效液相色谱-同位素稀释质谱法测定人转铁蛋白纯度的方法（李佳乐等，2015），后又采用细胞培养稳定同位素标记（SILAC）技术建立复杂基质中人转铁蛋白（hTRF）含量测量的同位素稀释质谱法，定量氨基酸进行测量，测量结果可溯源至国际单位制（SI）单位（Li et al., 2016）。同时，用不同的质谱标签试剂（TMT）来标记人转铁蛋白和人血清样品。将 TMT 标记的人转铁蛋白与血清样品混合后消化，经液相色谱法分离，用基质辅助激光解吸电离飞行时间质谱（MALDI-TOF-MS）测量特异性肽段，通过计算，得到 TMT 试剂标记肽的比率，从而得到人转铁蛋白的质量分数。该方法的相对扩展不确定度为4.7%（$k=2$），并与酶联免疫吸附检测（ELISA）方法的结果相当。

另外，同位素稀释-表面增强拉曼光谱技术是与同位素稀释质谱相类似的一项技术，该技术的原理与同位素稀释质谱基本上类似，检测器部分为拉曼光谱。用同位素稀释-表面增强拉曼光谱测量蛋白质，不需要对蛋白质酶切，是在蛋白质层面的测量，同位素稀释质谱定量。它的优点是避免了蛋白质大分子分解成小分子过程中带来的系统误差，蛋白质定量更准确。该方法适合对生物复杂基质中蛋白质含量测量。2011年，Zakel等报道了以同位素稀释-表面增强拉曼散射方法准确测定人血清中生物标志物（Zakel et al., 2011）。

综上所述，针对蛋白质测量对象采取不同的方式进行同位素稀释质谱方法研究，都是力求达到测量准确、不确定度小，并具有明确的可溯源至国际单位制（SI）单位的方法。并与实际应用紧密结合。

目前的蛋白质计量除了测量蛋白质含量的同位素稀释质谱方法外，也在发展新的蛋白质含量计量方法如手性异构圆二色光谱方法、电喷雾-差分电迁移率颗粒计数法、高效液相色谱-高分辨电感耦合等离子体质谱方法等。

四、圆二色光谱方法

（一）蛋白质结构测量

圆二色光谱（CD）是一种测定分子不对称结构的光谱技术，通过测定不同波长下生物分子对左旋和右旋两种圆偏振光吸收程度的不同，得到生物分子构象或结构的信息。

通常圆二色光谱技术被应用于蛋白质二级结构的测量、二级结构及更高级结构的变化检测，还用于生物制药蛋白质产品的研究和质量控制中。2010年国际计量局就组织了一次蛋白质结构圆二色光谱测量比对（CCQM-P59，CCQM-P59.1），在比对中不确度评定遇到了难题。2014年英国国家物理研究所（NPL）提出了一种测量模型，研究圆二色光谱测量结构的误差来源，并对圆二色光谱方法进行了不确定度评定研究（Cox et al., 2014）。

（二）蛋白质含量测量

中国计量科学研究院利用圆二色光谱对蛋白质结构进行测量研究，并创新地应用圆二色光谱研究蛋白质含量测量，由此建立了蛋白质含量测量圆二色光谱方法，并使测量结果可溯源（武利庆等，2019）。

1. 基本原理

当用圆二色光谱（CD）对手性分子进行测定时，手性分子的光化学活性使偏振光振动平面旋转，不同构型对圆偏振光的吸收程度不同，吸收程度与波长有关。对于一对 D 和 L 构型的手性异构体（D 和 L 是相对构型命名），当它们的含量（浓度）相等时，测定 D 型或 L 型的手性异构体会出现光谱信号大小相等、方向相反。当对映体等量混合以后不再有 CD 信号，则为消旋体。

天然蛋白质由具有其特定的结构的氨基酸构成，根据氨基和羧基的位置有 L 型和 D 型氨基酸。当蛋白质水解后形成 L 型氨基酸混合的溶液，利用高效液相色谱–圆二色光谱（HPLC-CD）分离氨基酸，分离过程保留的时间一致，再以 D 型氨基酸标准来测定溶液中的 L 型氨基酸含量，当 D 型氨基酸含量与 L 型氨基酸含量相等时形成消旋体，这时的圆二色光谱信号为 0。通过圆二色光谱测量，从而建立了基于圆二色光谱技术的手性分子含量测量方法，用于蛋白质含量测量（武利庆等，2019）。此处将该方法简称为圆二色光谱方法。

2. 方法研究

2018 年，我国在国际上率先报道了高效液相色谱–圆二色光谱的蛋白质含量计量新方法（Luo et al.，2018）。之后发明了手性异构稀释–高效液相色谱–圆二色光谱法，进一步提高了测量的准确度，用在人心型脂肪酸结合蛋白（FABP）的测量中，可准确得到人心型脂肪酸结合蛋白含量（武利庆等，2019）。

高效液相色谱–圆二色光谱方法研究时，先了解研究对象和生物样本，确定待测样品和手性目标物质。在准备试剂和标准溶液时，准备待测手性物质的光学对映体储备液、手性目标物的标准储备液，配制系列标准工作溶液。如采用括号法，分别配制高浓度标准溶液和低浓度标准溶液，当采用标准曲线方法时，配置一定梯度范围的标准工作溶液，范围要覆盖到待测样本的手性目标物质含量。选择适合待测物质在液相色谱分离用的流动相和色谱柱，不能使用手性色谱柱和含有手性添加剂的流动相。优化色谱分离条件，使待测目标物质与样本中的其他成分很好地分离。最后采用高效液相色谱–圆二色光谱联用装置测量标准溶液和待测样品，根据圆二色光谱信号强度，通过计算公式得到被测样品中手性目标物质的含量（武利庆等，2019）。

圆二色光谱方法的重复性较好，采用联用的高效液相色谱–圆二色光谱方法对蛋白质含量测量结果的不确定度会优于高效液相色谱–同位素稀释质谱方法，但是圆二色光谱方法的灵敏度不如同位素稀释质谱方法，因此高效液相色谱–圆二色光谱方法适合对高含量的蛋白质或蛋白质纯物质含量的测量，它是同位素稀释质谱方法很好的补充方法（王仙霞，2020）。

该方法用在国际关键比对 CCQM-K78a 研究，经国际关键比对 CCQM-K78a 验证，该方法与同位素稀释质谱方法准确度相当，我国的测量结果与标准值的偏差为 0.16，优于德、英、法、美等国家采用同位素稀释质谱（IDMS）方法的准确度，同时可将不确定度水平降低到同位素稀释质谱方法的 1/4，高效液相色谱-圆二色光谱方法的测量不确定度为 0.25%（$k=2$），是目前国际公开报道对氨基酸和蛋白质纯物质进行测量的不确定度最小的溯源方法（表4-2）。

表 4-2 测量蛋白质纯度的不确定度及准确度比较

国家/地区	中国	南非	新加坡	美国	韩国	法国	土耳其	泰国	德国	中国	日本	加拿大	英国
测量方法	CD	\multicolumn{12}{IDMS}
不确定度($k=2$)/%	0.25	2.9	2.4	2.2	2	1.7	1.5	1.3	1.0	1.0	08	0.7	0.6

注：CD 表示圆二色光谱方法；IDMS 表示同位素稀释质谱方法。

五、电喷雾-差分电迁移率颗粒计数法

（一）基本原理

电喷雾-差分电迁移率分析（ES-DMA）方法的基本原理是对电喷雾电离过程中待测物液滴聚集的统计分析，分别计量液滴不同粒径段的颗粒数，从而得出颗粒的粒径分布，通过计算最终可得到蛋白质含量。如果电喷雾（ES）液滴形成的电荷残留机制成立，则理论上可以获得几乎所有蛋白质溶液的绝对颗粒数及其浓度。所使用的差分电迁移率分析仪（DMA）通过扫描电压，将不同电迁移率直径的颗粒分开，依次进入检测器。将电喷雾离子化与差分电迁移率分析偶联，再通过冷凝颗粒计数器（CPC），测定颗粒数后计算得到颗粒数浓度，就可实现对目标蛋白质进行定量，则建立电喷雾-差分电迁移率颗粒计数法（ES-DMA-CPC）。

（二）方法研究

蛋白质含量测量最常使用的方法是将蛋白质水解为氨基酸来确定蛋白质浓度。为了克服多种杂质物质对蛋白质测量干扰的问题，提高测量准确度，2011 年美国标准技术研究院（NIST）研究了一种电喷雾-差分电迁移率分析法测量蛋白质浓度，证明了电喷雾所产生的单个液滴中的颗粒概率遵循泊松分布。在电喷雾过程中，纳米颗粒中的两个或多个单体可能存在于一个液滴中，液滴溶剂蒸发，同一个液滴中的溶质颗粒形成聚集体，此过程称为液滴诱导聚集。经建立液滴诱导聚集模型，采用测量蔗糖溶液获得蔗糖粒径大小计算（电喷雾）原始液滴体积，再多点测量蛋白质溶液粒径分布，测量蛋白质单体和二聚体的数量后，通过方程计算得出原始溶液中蛋白质单体和二聚体的颗粒数量浓度，相加得到待测物蛋白质的颗粒数总浓度。采用已知的阿伏伽德罗常数（N_A），与待测物蛋白质的相对分子质量换算得到蛋白质质量浓度（mg/mL）（Li et al., 2011, 2014）。将该方法与同位素稀释质谱方法同时测量牛血清白蛋白（BSA）有证标准物质（SRM 927e）、高纯度免疫球蛋白 G 后，对方法进行实验验证。

2017 年，法国国家计量测试实验室（LNE）研究了电喷雾–差分电迁移率分析法测量蛋白质，采用了不同于液滴诱导聚集模型的新模型对颗粒进行绝对定量，并应用于人血清中脂蛋白的定量分析（Clouet-Foraison et al., 2017）。因为液滴诱导聚集模型不适合对相对分子质量大的脂蛋白颗粒，因此建立了一个新模型来获得液体中的脂蛋白颗粒数浓度（mol/L），将电喷雾–差分电迁移率颗粒计数法用于 20～60nm 生物纳米颗粒的定量。实验采用了美国标准技术研究院（NIST）的牛血清白蛋白（BSA）有证标准物质（SRM 927e）和世界卫生组织的血清中载脂蛋白 B（apoB）参考物质（WHO SP3-08）进行测量比较，确定电喷雾传输效率，并严格控制电喷雾流速和样本制备来降低测量的不确定度，将方法用在了对人血清中非高密度脂蛋白颗粒数浓度的测量。

六、基于元素定量的蛋白质测量方法

（一）方法原理

金属蛋白质的测量是蛋白质计量的一个重要内容。大约 30% 的蛋白质含有一种形式的金属，金属蛋白质占蛋白质组的总量也约为 30%，也是重要生物标志物蛋白质，与患者的健康和疾病状态有关。SwissProt 蛋白质数据库显示 96.6%、98.8% 的蛋白质分别含有半胱氨酸、甲硫氨酸等含硫氨基酸，以及含磷蛋白质等（Swart et al., 2012；Swart, 2013）。

目前研究中，对已知氨基酸序列的蛋白质，基于元素定量和/或标记的蛋白质计量方法有两种，一是可通过标记特殊元素（如稀土金属元素）进行测量元素量来计算蛋白质的含量。二是测量蛋白质组成中含有的元素（如铁元素、硫元素)的量,通过分析计算得到被测物蛋白质含量,完成对蛋白质的定量测量。

(二) 方法研究

1. 稀土金属元素标记的蛋白质测量

进入21世纪,标记稀土金属元素的蛋白质定量采用多的是电感耦合等离子体质谱方法。利用该方法对金属蛋白质进行定量,是通过测定金属元素的量,再根据每种蛋白质所含金属之比,计算出蛋白质的含量。标记稀土金属方法的优点是:①元素专一性强,灵敏度高,受被测物性质影响较小。②通过测定稀土金属元素,可以实现溯源,使测定结果具有可比性。③与同位素试剂相比,稀土金属性价比高,且可螯合的稀土元素较多,扩大了蛋白质金属标记的选择范围,可以采用多元素多同位素方式检测(米薇等,2010),但是这类方法有一定的局限性。

中国计量科学研究院早在2010年前就另辟研究思路,利用稀土金属元素的特点,探索建立螯合稀有金属元素标记蛋白质的计量方法,希望提供蛋白质含量测量的新溯源途径。该方法是采取以稀土金属螯合物为元素标记蛋白质的策略,比较了铕(Eu)、铽(Tb)、钇(Y)、铥(Tm)、镥(Lu)等不同稀土金属的螯合效率,发现离子半径最小的镥(Lu)螯合效率最高,可达95%以上。将肽段先后和螯合剂和稀土金属结合,最后标记稀土金属元素,用基质辅助激光解吸电离飞行时间串联(MALDI-TOF/TOF)质谱进行测量,建立了稀土金属镥(Lu)标记的蛋白质测量方法(米薇等,2010),具有溯源到国际单位制(SI)单位的溯源性。该方法研究中要克服标记效率、螯合剂螯合金属的稳定性、前处理过程金属原子交换等问题。这是在生物计量创建期蛋白质计量研究一个有新意的方法探索。

2. 基于硫元素和铁元素定量的蛋白质测量

根据组成蛋白质的元素和性质特点,可通过对硫元素和铁元素的定量来测量蛋白质含量。2014~2015年,中国计量科学研究院报道了采用高效液相色谱(HPLC)或聚丙烯酰胺凝胶电泳(PAGE)与电感耦合等离子体质谱(ICP-MS)联用技术,通过HPLC或PAGE对人血清中转铁蛋白进行分离,引入^{34}S及^{54}Fe同位素稀释剂实现了对人血清中转铁蛋白(Tf)的准确定量。转铁蛋白含有几十个半胱氨酸(Cys)形成的二硫键。通过测量铁和硫元素对血清中转铁蛋白含量的测量结果分别为(2.39±0.20)g/L和(2.36±0.04)g/L,具有良好的一致性(Feng et al.,2015,2014)。2020年,进一步建立了在线同位素稀释的高效液相色谱–高分辨电感耦合等离子体质谱方法，通过引入 ^{34}S 同位素稀释剂，并连续监测 ^{32}S/^{34}S 的信号强度变化，实现对生物标志物 β-淀粉样多肽 Aβ40 和 Aβ42 标准物质的准确定值（Feng et al., 2020）。用该方法与同位素稀释质谱这两种计量方法对含硫元素蛋白质标准物质的定值结果显示，两种方法具有一致性，标准物质具有溯源性。高分辨电感耦合等离子体质谱测量蛋白质时，需要对稀释剂的同位素丰度和浓度进行准确表征，研究表明该方法可成为同位素稀释质谱方法测量大分子蛋白质的有益补充。

2015 年，韩国标准科学研究院（KRISS）报道了将人生长激素蛋白质纯物质消解，通过添加同位素 ^{34}S 标记，建立了基于定量硫元素测量的人生长激素蛋白质同位素稀释质谱测量方法（Lee et al., 2015）。

Fu 等（2016）报道采用高效液相色谱–电感耦合等离子体–扇形磁场质谱（HPLC-ICP-SFMS）研究绝对定量含硫蛋白质的方法，通过 C_{18} 色谱柱分离，排除其他含硫蛋白质干扰，通过质谱消除了其他多原子分子干扰，用半胱氨酸做标准定量，来实现对含硫元素蛋白质的准确定量，用于 B 型肉毒毒素蛋白质的定量测量研究。

金属蛋白质已经成为临床诊断中的重要生物标志物，如血红蛋白（HGB）、转铁蛋白（TRF）、铜蓝蛋白等对临床诊断有重要作用。而蛋白质组定量需要对蛋白质定量方法的建立完善。欧洲进行的"HLT05-金属蛋白计量学"项目的目的是将金属组学的定量建立在计量学的基础上（Swart, 2013）。

对于许多蛋白质来说，不同实验室的测量结果差异会很大，对此欧盟体外诊断医疗器械指令（98/79/EC）和体外诊断国际标准（如 ISO 17511）都提出了计量溯源性要求，要求对人源性生物样本中被测物的结果进行溯源。相较小分子，可溯源到国际单位制（SI）单位体外诊断用蛋白质参考测量程序很少，因此，元素测量蛋白质计量方法的建立有助于金属蛋白质测量的溯源，也有利于分析测量相关健康和疾病状态的生物标志物蛋白质在临床诊断中的应用。

七、活性蛋白质测量方法

（一）基本概念

蛋白质含量与活性测量都是蛋白质计量的重要内容。本部分蛋白质活性计量学方法是对上文介绍的蛋白质含量计量方法的进一步发展，重点是对活性蛋白质进行测量。蛋白质的活性浓度是理解蛋白质功能、相互作用的重要数据，然而，活性蛋白质测量方法是缺乏的。

活性蛋白质（active protein）是具有某些特殊功能的一类蛋白质，其在人体功能调节中起着重要作用，如乳铁蛋白、免疫球蛋白、人肌红蛋白、溶菌酶、淀粉酶、大豆蛋白质等都属于活性蛋白质，广泛分布于生物体中。

目前对蛋白质活性测量研究较多的有酶活性、酶催化活性、免疫活性等。他们与临床诊断紧密相关。例如，血清淀粉酶含量或活性的升高是常见消化系统急症——急性胰腺炎的征兆，因此准确测量淀粉酶含量和活性，有益于急性胰腺炎的早期诊断和治疗。

如果蛋白质活性测量单位不统一的话，就会导致测量结果采用如国际单位（IU）和国际单位制（SI）单位的量值存在不一致的问题。目前，对于一些蛋白质来说，可采用相同的蛋白质测量方法，解决国际单位制单位的统一问题。例如，前面介绍的胰岛素和生长激素含量的测量，采用同位素稀释质谱方法可溯源到国际单位制单位。

另外，世界卫生组织使用了国际单位的活性单位，如限制性内切酶的活性单位或效价，在第二章计量单位和本章第二节蛋白质计量特性中均谈到酶催化活性单位。2019第9版SI单位手册中指出了使用"摩尔"和"秒"国际单位制基本单位，用于表示催化活性的单位，即1秒（s）催化转化1摩尔（mol）底物的酶量（Bureau International des Poids et Mesures，2019）。如果酶的催化活性单位的使用经统一单位后，最后都能统一到国际单位制基本单位。可有效解决该应用方面单位的统一。

对于蛋白质活性的溯源，以国际标准化组织的国际标准（ISO 17511）中的溯源方式，如定义参考测量程序来进行量值传递，国际上应用最成功的案例便是酶活性和催化活性浓度，国际临床化学和实验室医学联盟（IFCC）共定义了7个酶的临床酶学参考测量程序，作为临床酶的量值溯源依据。当时给出了酶活性测定结果不确定度评估的一般原则（武利庆等，2011）。但是，蛋白质活性溯源和统一单位还有很多工作要做。

2015年，中国在国际上首先提出并独立主导了"血清中 α-淀粉酶催化活性浓度测量"国际比对（CCQM-P137），旨在提高临床检验中酶活性测量的有效性和可比性。2019年，该项研究性比对已成为了国际关键比对（CCQM-K163），进一步提升了酶活性测量的能力。这也是蛋白质活性测量的第一个国际关键比对。

现阶段，活性蛋白质计量方法和计量标准还不多。近年来我国在加强免疫活性浓度测量、酶活性浓度测量等研究，酶活性与活性浓度使用的是两个不同的单位。

为了发展蛋白质活性浓度测量的溯源性，2018 年，中国提出了蛋白质活性浓度的溯源途径，并建立了基于表面等离子共振（SPR）方法的蛋白质活性浓度计量方法、数字 ELISA 方法（Su et al., 2018; Hu et al., 2020a, 2020b），来实现蛋白质活性浓度的绝对测量，以期解决生物农业、生物医药、体外诊断及其产品中蛋白免疫活性的量值溯源问题。

下面就近几年研究蛋白质活性浓度测量方法部分内容概述如下。

（二） 表面等离子体共振方法

蛋白质活性浓度表面等离子体共振方法是用表面等离子体共振（SPR）技术的无标定浓度分析（CFCA）测量蛋白质活性浓度的方法。

1. 基本定义

表面等离子体共振是通过测定全反射时临界角度的变化得到分子之间相互作用的技术。当入射光以临界角入射到两种不同折射率的介质界面时，可引起金属自由电子的共振，由于共振致使电子吸收了光能量，从而使反射光在一定角度内大大减弱。使反射光在一定角度内完全消失的入射角随表面折射率的变化而变化，而折射率的变化又和结合在金属表面的生物分子质量成正比［《生物计量术语及定义》（JJF 1265—2022）］。

2. 方法研究

2018 年，Su 等提出了一种用于活性蛋白质绝对定量的可溯源至国际单位制（SI）单位的方法，即蛋白质免疫亲和活性浓度定量计量方法。这是以表面等离子体共振技术的无标定浓度分析，表面等离子体共振方法测定，直接计算出可被抗体识别的目标蛋白质的浓度，而得到蛋白质免疫亲和活性浓度。该方法是对活性蛋白质浓度测量基准方法的探索，也是对活性蛋白质标准物质研制提供赋值依据（Su et al., 2018）。

该研究选取了转基因作物、疾病诊断的靶向蛋白质样本为研究对象，以植物源 G2-EPSPS 转基因蛋白和人肌红蛋白（hMYO）为测量对象。对两个蛋白质的活性浓度进行测量，实验过程中通过优化抗体偶联溶液的 pH、再生试剂和偶联密度等条件，并对蛋白质样本的纯度、分子量、扩散系数、结合率的变化等信息进行确定，从已知物质的扩散系数计算待测蛋白质活性浓度。该研究显示所建立的表面等离子体共振方法测量活性蛋白质的活性浓度低于同位素稀释质谱测量的结果，这在一定程度上表明活性蛋白质是蛋白质总数中的一部分（Su et al.,

2018；Hu et al., 2020a, 2020b)。因此，要提高活性蛋白质的活性浓度测量准确度，并确定高准确活性浓度的量值，需要考虑的因素还很多。

(三) 数字酶联免疫吸附分析方法

对蛋白免疫活性浓度测量的探索研究，另一个新方法是蛋白免疫活性浓度测量的数字酶联免疫吸附分析方法。它是采用寡核苷酸探针标记抗体，借助邻位连接技术（Hansen et al., 2014）和基于数字 PCR 技术，无须使用外部标准，直接测定被测样本中目标蛋白质的免疫亲和活性浓度的方法。该方法需要使用两个不同的单克隆抗体或一个多克隆抗体，可实现蛋白质的免疫亲和活性浓度定量（Hu et al., 2020b)。将此方法称为数字酶联免疫吸附分析方法，简称数字 ELISA 方法。

研究中通过寡核苷酸标记的两个单克隆抗体，形成一个双抗体夹心的结构，采用数字 PCR 对这个复合物进行直接准确定量，得到双抗体加氢模式下蛋白质的免疫亲和活性浓度。选取转基因蛋白、多种体外诊断标志物为测量对象，采用寡核苷酸探针标记抗体后，用数字 PCR 测量被测物蛋白质和抗体，得到蛋白质活性浓度。研究表明，该方法测量的结果远小于表面等离子共振技术的无标定浓度分析方法得到的结果（Hu et al., 2020b)。这项新方法研究是对蛋白质活性浓度定量测量的一个突破。

综上，本章从蛋白质计量的概念、特性及其体系架构的溯源性、计量方法/测量方法研究举例等方面介绍了蛋白质计量。蛋白质计量作为生物计量分类中优先发展的分支之一，我国从 2004 年的跟跑已发展到开拓创新，取得了阶段性成果，形成了我国的蛋白质含量计量溯源体系，蛋白质含量测量能力达到国际比对等效和全球互认，实现了蛋白质量值准确、可比和可溯源。2016～2020 年持续开展了蛋白质计量基础研究，开发了新原理新方法。

蛋白质计量在体外诊断、生物医药、粮食/食品安全、生物安全等领域中蛋白质分析测量数据结果的准确可比的作用越来越突出了。蛋白质含量水平的增加或减少，以及活性水平的增强或减弱，都是健康与疾病诊断的关键量化指标。随着人民生活质量的提高、生物科学技术的发展和商品市场准入互认的高度重视，以及生命科学大数据质量提升的需求，对蛋白质特性日常检测数据结果质量的要求越来越高，蛋白质计量研究就需要从多维度发展，挑战生命基本物质蛋白质不同特性的更精准测量，不断解决一个又一个的蛋白质计量新问题。

第五章

核酸与蛋白质标准物质

生物计量是对生物体和生物物质的特性测量的科学,生物标准物质是生物特性测量标准及其标准量值的载体。核酸与蛋白质标准物质属于生物标准物质,承载了核酸与蛋白质特性测量标准的准确量值,含标准值或信息值、不确定度、计量单位单位等属性。这类准确量值可以是含量、分子量等特性的标准值,也可以是结构表征标准、标准大数据(集)等标称特性参考值或信息值。从而支持植物、动物(人)、微生物等生物对象的被测物核酸与蛋白质特性(量)测量准确,实现把不可靠的数据可比,把不可比的单位统一,使日常生物分析测量结果跨时间、空间地可比和有效。

研制核酸与蛋白质标准物质是一项技术性强、具有挑战性的工作。计量学属性的标准物质具有溯源性、不确定度的标准量值,其层级明确,从质量控制物质到基准物质向上逐级溯源。2003年,我国开始布局核酸与蛋白质计量研究,从"零"开始到现在具有了国际互认的国家有证标准物质,建立了核酸与蛋白质含量标准物质溯源层级。从含量、分子量到序列、活性等特性测量的核酸与蛋白质标准物质种类和数量都在不断增加,满足粮食安全、食品安全、医疗诊断、司法鉴定、生物安全和贸易等方面核酸与蛋白质检测的需求,有利于推进商品和服务市场高质量统一。与此同时,具有标称特性的生物标准物质研制,是扩大应用领域,特别是生命科学、精准医疗和精准农业生物制造等领域对数据质量高准确性与日俱增的需求。

第一节 引 言

核酸与蛋白质计量是生物计量体系的重要组成,而核酸与蛋白质标准物质作为生物计量量值溯源传递体系中的要素,属于生物标准物质范畴,他们是核酸与蛋白质测量标准量值载体,即核酸与蛋白质标准物质特性量值起到向上溯源向下传递的作用,向上可溯源到国家基标准,直到国际单位制(SI)单位,同时,将准确量值向下传递，直至最终用户端实现核酸与蛋白质分析测量数据结果准确可靠、可比。"向上溯源"和"向下传递"共同作用确保生物分析测量结果的溯源性、可比性与可靠性。而具有标称特性值的生物标准物质重点解决测量的可比性和可靠性问题。生物标准物质已日益成为我国生物科技、产业高质量发展提出的重要需求。核酸与蛋白质标准物质研究随着需求增多不断发展，种类不断增加，在服务国家健康安全、生物经济发展等方面具有重要意义。从2005年开始，生物计量的核酸与蛋白质标准物质研究被纳入了我国"十一五"至"十四五"国家科技项目研究中。国家《计量发展规划（2013—2020年）》将基因核酸标准物质、蛋白质标准物质等列为生物领域标准物质重点方向。《计量发展规划（2021—2035年）》进一步提出加强生物标志物检测、基因组突变检测等标准物质的能力提升工程。国务院《"十一五"生物产业发展规划》中明确要求加快生物安全管理体系建设，提出加快建立生物测量量值传递与溯源体系。《"十三五"生物产业发展规划》强调打造创新发展新平台建设生物产业标准物质库。

进入21世纪，全球对核酸与蛋白质的需求在诸多领域都愈显迫切，特别是在生物农业、医疗卫生、生物安全、司法公安、生物医药研发等领域对于核酸和蛋白质标准物质的需求越来越强烈。而2019年暴发的全球性新型冠状病毒感染疫情使人们对于核酸（如DNA、RNA）、蛋白质（如抗体、抗原）的检测能力有更为急迫和强烈的需求，需要核酸与蛋白质标准物质将量值标准传递到用户（包括生物制造的试剂盒生产企业），确保检测数据的准确可靠和可比。

生物标准物质种类繁多，覆盖领域非常广泛，具有不同的特性特点。例如农产品国际贸易中转基因植物及其产品检测用的转基因玉米标准物质，临床和兴奋剂检测中的人生长激素标准物质，肺癌诊断基因检测及诊断试剂注册检验使用的肺癌基因EGFR标准物质等，在确保生物核酸、蛋白质特性的分析测量结果的准确、可比、可溯源等方面发挥着重要作用。

第二节　生物标准物质概述

一、生物标准物质定义

生物标准物质（biological reference materials，BRM）是具有一种或多种足够均匀并很好确定了含量、序列、活性、结构、分型、形态等生物特性量值的生物体、生物物质，可用于校准仪器、评价生物测量方法或给材料赋值［《生物计量术语及定义》(JJF1265—2022)］。

具有计量学属性的生物标准物质是生物计量标准的重要组成，即生物计量溯源体系中的要素。这里的生物标准物质通常指有证标准物质，包括基准物质。生物计量与传统计量的主要差别之处来源于测量对象、测量特性和量值单位。生物计量的测量对象是生物体和生物物质，当生物物质（含生物体）赋予计量属性使之成为生物标准物质时，只有有限的有证生物标准物质可实现到国际制单位的溯源，这时它们就能建立生物标准物质溯源层级关系，起到溯源传递的作用，并可给其他材料进行准确赋值。因此，生物标准物质在满足了足够均匀、稳定的条件下，其所具有的含量、序列、活性、结构、分型、形态等生物特性量值和不确定度水平不同，可形成不同层次而与应用目的紧密关联。

二、生物标准物质层级

从计量学上，生物标准物质（BRM）的作用性质可有不同的层级，不同层级具有对应量值不同水平的标准值、参考值或信息值、不确定度，在相应的溯源链中也处于不同层级。简而言之，在计量学中生物标准物质的层级与基标准作用、溯源链中的位置、特性量值和不确定度大小等相关。

结合国家标准物质管理办法和国家计量技术规范，生物标准物质基本层级可以大致分为三个等级：基准物质/原级标准物质（PRM）、有证标准物质（CRM）、标准物质（RM）（图5-1），具有量值统一作用。随着层级自上而下，不确定度逐级增大。最高层级的基准物质具有最高计量学水平，可溯源到国际单位制（SI）基本单位，其不确定度应是最小的。目前，使用的基准物质多是纯度标准物质。第二层级的有证标准物质（CRM），可溯源到国际单位制（SI）单位或国际公认单位。对具有相同名称和特性的生物标准物质，而当针对某一生物特性量同时具有国家一级标准物质和国家二级标准物质证书时，国家二级标准物质的不确定度通常会大于国家一级标准物质的不确定度，并在溯源性上应溯源到国家一级标准物质。第三层级的标准物质，不确定度大于基准物质和有证标准物质，且量值向上溯源。这类标准物质的数量较多，如质量控制物质就属于这一类。具有质量控制作用的标准物质被称为质量控制物质（quality control material，QCM），分属于标准物质（全国标准物质计量技术委员会，2020）。大部分具有标称特性的生物标准物质的一个特点是具备质量控制的作用。因此，应根据具体需要来选择使用不同层级的生物标准物质，达到预期应用的目的。

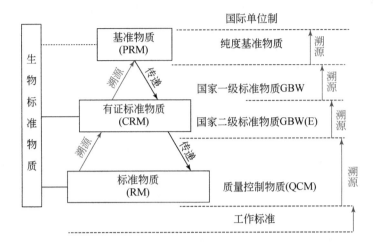

图 5-1 生物标准物质基本层级关系

当质量控制物质不具有计量学属性时，就没有计量溯源性和测量不确定度。但当在特殊情况下具备进行量值溯源和传递的作用时，则此类标准物质也具有了计量学溯源性和不确定度的属性。所以，要从预期应用目的角度和可实现的方式来考虑研制和选用质量控制物质。用户使用的工作标准（working standard），是用户根据实际应用和自身需要而制备的，通常由实验室制备供内部使用，也被用于实验室分析过程的质量控制（全国标准物质计量技术委员会，2020），其可以溯源到标准物质（质量控制物质）、更高级别的生物标准物质。

生物标准物质基本层级中，基准物质是具有最高的计量学水平的计量标准，不仅具有准确量值和最小的不确定度，其量值是通过最准确的基准方法赋值而获得。一个国家所具有的计量学属性最高水平的，通常是由各国的国家计量院负责研制的、可溯源到国际单位制（SI）基本单位、具有明确的不确定度描述等特点的标准物质。各国国家计量院承担参加国际计量局国际比对的任务，当标准物质具有生物测量的国际比对（关键比对）互认性所支撑时，则该标准物质即是具有权威性的最高生物计量标准。

目前，我国对国家有证标准物质的管理，要求量值应该具有溯源性，国家标准物质定级证书有国家基准物质/国家一级标准物质（GBW）和国家二级标准物质［GBW（E）］。因此，申请国家有证标准物质时，生物标准物质研制完成后根据计量水平来申请国家一级标准物质或国家二级标准物质。

生物标准物质基本层级中，不同层级的标准物质其量值和不确定度的水平，以及在溯源性的实现上有所不同。他们的特点可概括如下：

1）基准物质（PRM）。具有可溯源到国际单位制（SI）基本单位的性质，其量值准确、不确定度最小。可以为下一层级相关量的其他测量标准进行赋值（全国标准物质计量技术委员会，2020）。基准物质也会被翻译为原级标准物质，特别是在溯源传递方案中会与一级/原级参考测量程序（PRMP）一起使用。因此，熟悉基准物质的内涵，避免应用时产生概念混淆。

2）有证标准物质（CRM）。通过认定的具有证书的国家一级标准物质，属于有证标准物质，它具有清晰的计量学溯源性。可溯源到国家基准直至国际单位制（SI）单位，或溯源到国际公认单位。以国家一级标准物质作为标准值，可以对下一层级相关量的其他标准物质赋值。当国家一级标准物质成为基准物质时，其就具备国内最高测量准确度和最小不确定度，这时认为计量学水平和等级最高。通过认定的具有证书的国家二级标准物质，也属于有证标准物质，可溯源到上一层级标准物质，不确定度水平大于上一层级的基准物质或国家一级标准物质。

3）标准物质（RM）。不确定度比上层级的有证标准物质大，量值溯源可向上一层级有证标准物质进行溯源。通过认定的标准物质也应有证书。质量控制物质（QCM）是标准物质的一种，其溯源也是溯源到上一层级有证标准物质。另外，需要指出的是计量学以外的质量控制物质和工作标准不要求具有证标准物质所要求的计量学全部属性，也就是不需要一定具有溯源性和测量不确定度，视具体应用要求决定。

目前，通过建立核酸与蛋白质生物计量溯源性，我国核酸与蛋白质生物标准物质部分已申请具有了国家一级、二级标准物质的有证标准物质证书，他们在生物测量中起到了量值溯源与传递的作用，也为相关量的检测、检验、测试等生物分析测量方面提供准确可靠、可溯源的标准物质而应用。如在体外诊断和临床检验领域中，当为某给定的生物材料进行定量赋值前，或确定溯源途径前，首先需要制定好一个量值溯源传递方案，包括具有最高基准物质和一级/原级参考测量程序（PRMP），当这个传递方案要求能在计量学上溯源到国际单位制（SI）基本单位时，则可选择使用基准物质或有证标准物质；若根据实际需要通过各级参考测量程序（RMP）和标准物质进行传递，即通过已有的标准物质和参考测量程序将量值传递，从较高计量等级标准物质传递到某一给定标准物质（国家市场监督管理总局，2020）。

三、生物标准物质分类

目前，生物标准物质的种类越来越多，按测量对象分有核酸标准物质、蛋白质标准物质、细胞标准物质、微生物标准物质等，按性状类型分，有纯度标准物质、生物基体标准物质、质粒分子标准物质等，他们有含量、序列、结构、活性、形态等不同生物特性及其特性量值。如今，已发展的核酸与蛋白质生物标准物质有不同生物特性、性状和生物体类别的区分，并可归属在不同的应用领域。目前生物标准物质还没有分类标准。随着对生物标准物质研究的不断深入和扩大，应用的增多，对生物标准物质的分类具有了意义。为规范研究、管理、使用生物标准物质，在给出生物标准物质定义后，有必要对生物标准物质进行分类。

生物标准物质的种类多、应用广，在生物体、生物物质、生物特性、应用领域等方面具有显著的差异。对此，根据目前的国内外发展基础和现状，提出了生物标准物质的分类原则，先从测量对象以生物体和生物物质两大类对象为基础，分为生物体类标准物质和生物物质类标准物质；再以生物特性和应用领域分类，为生物（物质）特性类标准物质、应用类标准物质（图5-2）。因此，从不同维度分为四个类别，即生物体类别、生物物质类别、生物（物质）特性类别、应用领域类别；并结合标准物质的制备性状类型，进一步可分为固体（粉状）、溶液、冻干、基体和纯度等标准物质。下面对生物标准物质分类进行初步介绍。

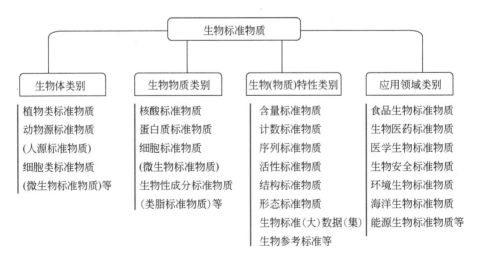

图5-2 生物标准物质分类图

1. 生物体类标准物质

生物体主要有植物、动物（人）、微生物等，目前，除了体外合成外，生物体是生物标准物质候选物的主要来源。生物体类标准物质，主要有植物源标准物质、动物源标准物质、人源标准物质、微生物源标准物质等（图5-2）。生物标准物质研制中选取了生物体候选物后，根据标准物质制备的方式可分为复杂基体标准物质、纯度标准物质、质粒分子标准物质、固体（粉末）标准物质、液体标准物质、冻干标准物质、载片标准物质等。从状态上，植物源标准物质由于制备不同又有固体、冻干等类型。

1）植物源标准物质：是以植物作为标准物质候选物来源，研制的标准物质。多为植物复杂基体标准物质，如植物蛋白质、植物DNA等标准物质，也有植物体形态表型标准物质。可以制备成固体、液体、冻干等状态。以转基因植物为候选物研制的标准物质为例。当采用符合要求的转基因水稻、玉米植物体作为标准物质候选物，按制备规范要求直接磨成粉末状态时，研制的转基因水稻粉末基体标准物质、转基因玉米粉末基体标准物质，从制备方式上属于复杂基体标准物质，在形态上是固体标准物质。从转基因植物来源中分离或根据目标分子合成的DNA，还可制备成植物质粒分子标准物质，如研制的转基因玉米 *NK603* 质粒分子标准物质、转基因玉米 *BT11* 质粒分子标准物质、转基因水稻 *BT63* 质粒分子标准物质。转基因大豆 *MON89788* 质粒分子标准物质，属于质粒分子标准物质。

2）动物源标准物质：是以动物样本来源作为标准物质候选物，从制备方式上有动物源基体标准物质，有固体、冻干等状态的标准物质。猪、羊、牛等肉来源的候选物研制的标准物质，按制备规范要求直接磨成或冻干磨成粉末状态时，可研制成动物基体标准物质，例如，羊源DNA基体标准物质。

3）人源标准物质：是以人源样本（如血液、尿液等体液相关样本或其相关细胞系）为标准物质候选物来源，制备成基体标准物质等满足应用要求的生物标准物质。人源标准物质比较特殊，主要是满足医学、临床检验、体外诊断、司法鉴定等方面应用所需。通常会标注物种名称、样本来源名称等。如，亚洲人源（炎黄一号）DNA序列标准物质、人源家系全基因组标准物质、血清中糖化血红蛋白（HbA1c）标准物质。

4）细胞源标准物质：细胞来源的一类标准物质，会根据细胞所包括的原核细胞、真核细胞进行标准物质研究。目前细胞类标准物质有细胞计数标准物质，如白细胞计数标准物质、红细胞计数标准物质。微生物是由一个细胞组成的单细胞生物，由于其特点，目前将微生物标准物质单独区分。

5）微生物源标准物质：微生物源标准物质的候选物有细菌、病毒、真菌、噬菌体等，其特性量还会与生物物质核酸、蛋白质特性量结合。已研制的此类标准物质有微生物计数标准物质、微生物基因组标准物质、病毒核酸标准物质、病毒抗原标准物质、病毒抗体标准物质等。例如，噬菌体标准物质、枯草芽孢杆菌芽孢计数标准物质、大肠杆菌 *O157* 基因组 DNA 序列标准物质、埃博拉病毒核酸假病毒标准物质、新型冠状病毒假病毒标准物质。

2. 生物物质类标准物质

根据生物计量测量对象的生物物质划分，生物物质类标准物质可分为蛋白质标准物质、核酸标准物质、细胞源标准物质、微生物源标准物质、多糖标准物质、类脂标准物质等生物标准物质（图 5-2）。是以生物计量测量对象对应的生物标准物质。按制备类型可以有纯度、基体、固体、液体、冻干等状态。

1）核酸标准物质：核酸计量测量对象对应的标准物质属于此类标准物质。包括核苷酸标准物质、寡核苷酸标准物质、DNA 标准物质、RNA 标准物质、基因组标准物质、质粒 DNA 标准物质、基因甲基化标准物质、目标基因标准物质等。

2）蛋白质标准物质：蛋白质计量测量对象对应的标准物质属于此类标准物质，包括肽标准物质、酶类标准物质、抗原标准物质、抗体标准物质、目标蛋白质标准物质等。

3）细胞源和微生物源标准物质：它们是一类特殊的生物物质类物质。此时细胞和微生物作为测量对象归入生物物质分类中。细胞有红细胞、白细胞、干细胞等，标准物质有红细胞标准物质、白细胞标准物质、细胞计数标准物质等。微生物标准物质有菌落总数标准物质、新冠病毒核酸标准物质、新冠病毒抗原标准物质等。

4）生物活性标准物质：如属于生物大分子的多糖和脂质标准物质。因为较多的多糖和类脂具有特殊的生物活性，有时也将这类大分子的多糖、类脂及结合物等标准物质归为生物活性标准物质，如磷脂标准物质、糖脂标准物质等。

3. 生物特性类标准物质

生物计量中生物物质（含生物体）特性主要有含量、计数、序列、结构、活性、形态等，所对应的生物特性（量）标准物质有含量标准物质、计数标准物质、序列标准物质、分型标准物质等。它们与生物物质类标准物质紧密相关，如蛋白质含量标准物质、核酸序列标准物质、蛋白质活性浓度标准物质、细胞分型标准物质等。随着生命科学和生物产业及标准化的发展，对生物大数据标准（集）研究和参考标准研究已逐渐成为用生物计量研究和应用研究的内容。

4. 应用类标准物质

生物标准物质的作用是满足预期用途的需要，保证生物特性量值的溯源传递，使生物分析测量结果准确、可比而有效。因此，生物标准物质除了满足建立溯源性用途的有证标准物质外，满足应用领域需要的标准物质也很多。根据生物标准物质目前在不同领域的应用和发展，可分为食品安全领域、生物安全领域、生物医药领域、医学（含临床、体外诊断）领域、环境领域、海洋领域、能源领域等相关生物标准物质。即分为食品生物标准物质、生物安全标准物质、生物医药标准物质、医学生物标准物质、海洋生物标准物质、能源生物标准物质等（图5-2）。另外，由于生物样本涉及不同的应用领域，因此生物样本质量控制标准物质作为一个共性作用的生物标准物质提出。相关应用可参见本书第八章。

1）食品生物标准物质：包括核酸标准物质、蛋白质标准物质、微生物标准物质、细胞标准物质等。例如，食品过原蛋白质标准物质、食品中大肠杆菌标准物质、牛乳体细胞检测标准物质。

2）医学生物标准物质：涉及人类健康医学、临床检验、体外诊断、动物医学、法医学、竞技体育医学等领域。例如，牛血清白蛋白标准物质、人生长激素标准物质。目前更多的是体外诊断用医学生物标准物质。

3）生物安全标准物质：包括生物毒素标准物质、病毒标准物质、病原微生物标准物质等。如生物肠毒素蛋白质标准物质、蓖麻毒素蛋白质标准物质、病毒核酸标准物质、病毒抗原标准物质、枯草芽孢杆菌标准物质、黏质沙雷氏菌标准物质、噬菌体 *ΦX174* 标准物质等。

4）环境生物标准物质：涉及环境监测中与大气、水、土等相关的生物标准物质，比如水中微生物标准物质、环境监测用基因指示物标准物质、生物气体标准物质、海水中生物活性物质标准物质等。

5）生物医药标准物质：为医药产品质量提供支撑，如胰岛素标准物质。

6）海洋生物标准物质：为海洋监测和质量控制提供支撑，如海洋生物核酸标准物质。

7）能源生物标准物质：为生物能源的开发利用提供支撑，如生物质标准物质。

综上，生物标准物质的分类从标准物质的候选物来源、测量对象及生物特性，再到应用领域，相互间的依存关系，形成了生物标准物质体系。发展生物标准物质的分类，将有利于生物计量发展、生物标准物质研究和应用。应用领域离不开生物标准物质，目前，生态安全和生物资源领域对生物标准物质的需求不断提高。

生物体类标准物质与生物物质类标准物质间具有紧密相关的联系，归根结底它们的标准量值都是测量对象的生物特性量值，即测量对象的特性，由此以生物特性为基础的标准值或信息值、参考值和不确定度，计量单位形成生物标准物质特性量值。

四、生物标准物质特性和性质

（一）生物标准物质的特性

以生物体和生物物质核酸、蛋白质、细胞、微生物等为测量对象，测量生物物质的特性，可得到特性量值。对于生物标准物质，如核酸与蛋白质的含量及其含量浓度，微生物和细胞数或个数及其量值，称为生物标准物质的特性量值；而对序列、结构、活性、形态、分型等的特性量值，可称为生物标准物质的标称特性值。

在生物计量中，标称特性是生物标准物质的一种特性，标称特性值不同于传统计量学的量值，它是现代生物计量发展的必然。例如生物活性这个特性，在不同领域的应用中具有不同的名称、定义和单位，在效价、酶的催化活性、微生物活性、细胞活性等均有各自不同的定义，决定了测量的不同特性量值和单位，有的是具有标称特性值的属性，有的则具有特性量值属性，其中包括生物标准物质准确量值的标准值或信息值、不确定度、单位等属性，并能实现量值溯源。例如蛋白质活性相关的生物标准物质特性量值，有蛋白质活性浓度、酶的催化活性量等，而催化活性单位应与国际单位制（SI）基本单位摩尔（mol）、秒（s）等相关联，但也有用国际单位（IU）表示的。又如核酸序列相关的生物标准物质特性量值，有全基因组序列标准数据集被认为是标称特性值，其量值无法溯源到国际单位制基本单位，对不确定度评定也与传统评定有所不同。根据被测量定义、测量单位和测量方法的溯源性可以判定生物标准物质特性量值是否可溯源。

研制核酸标准物质、蛋白质标准物质、细胞标准物质、微生物标准物质等生物标准物质时，需要提前进行调研或预研究判断，根据预期用途目的，先从生物标准物质的特性（含标称特性）分析，选择适合生物标准物质的候选物来源，确定特性测量的计量方法进行有效赋值，完成特性量值计算和不确定度评定，得到具有特性量值的生物标准物质（图 5-3）。如转基因植物核酸拷贝数浓度含量标准物质、牛血清白蛋白含量标准物质、相对分子质量标准物质、白细胞计数标准物质、食品微生物菌落总数标准物质等，均是具有不同的特性量值。

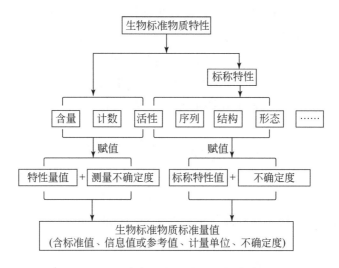

图 5-3　生物标准物质特性及量值关系

（二）生物标准物质的性质特点

生物标准物质的性质与标准物质候选物、特性（量）和特性量值、溯源性等有关。根据生物标准物质的分类，生物标准物质候选物呈现出的多样性和基质复杂性，如动物源、人源的血清样本、尿液样本等都是生物复杂基体，会受到不同基质因素的影响，使生物标准物质的均匀性、稳定性因成分干扰易变影响而不容易控制。不同的生物标准物质的特性（量）（含量、序列、活性、结构等）赋值的方式也不同。由于生物样本的多样性和基质复杂性，生物标准物质研制中每种候选物的制备工艺不同，过程质量控制也不同。例如，以细胞系制备生物标准物质，细胞系培养环节需要根据标准物质要达到的目的经过不同次数的传代培养，须时刻监控传代过程不稳定和细胞的变化确保能达到稳定状态，目标物质是否变化等，并采取稳定保存的环境条件。

生物标准物质的性质是制定标准物质研制方案的重要参考。生物标准物质的性质特点包括但不限于如下几个方面。

1) 基质复杂性特点：生物体本身是活的动态变化的物质，选择生物体为标准物质候选物需要先确定生物样本制备处理方式。如通常采取生物样本体外灭活制备。与化学标准物质相比，生物标准物质制备更难。高纯度生物物质研制会遇到不稳定、易变化、杂质难去除等困难，不容易获得高纯度的标准物质候选物；生物基体标准物质，在很多情况下很难找到与实际样本在成分、特性量、基体结构状态上完全一样或相近的候选物，这使得生物基体标准物质研制面临基质干扰、复杂程度高、复制困难等问题。同时生物标准物质的互换性评估在研制中也是需要着重考虑的因素。

2）标称特性特点：生物标准物质具有生物测量特有的序列、分型、结构、活性等特性，即标称特性。如研制基因组序列、蛋白质结构、细胞分型等生物标准物质，传统的不确定度表示和评定方式不完全适合具有标称特性的生物标准物质。

3）生物标准物质量值特点：根据生物标准物质不同的特性，在标准物质证书中可用标准值、信息值或参考值描述。生物标准物质会出现非一个量值的情况，如多参数、大数据等信息值或参考值的标称特性值。

标称特性值与传统标准物质量值的赋值/定值和不确定度评定及表示量值的方式会有不同。如全基因组序列标准物质的标称特性值的测量和不确定度评定结果为参考标准数据集和不确定度。未来发展生物表型相关标准物质，其标准值和不确定度将更加多元化。

4）溯源性特点：目前阶段可溯源的生物标准物质有限。生物标准物质要实现向国际单位制（SI）基本单位的溯源，除了加强生物计量研究外，还需要建立符合生物标准物质自身特点的赋值和生物标准物质评价体系。

以上这些性质特点使生物标准物质在研制中会遇到制备难、赋值难、溯源难、复制难等诸多难题。表 5-1 是根据现有研究给出的性质特点列表，相信随着研究的不断深入和广泛，表中的内容也会不断更新。

表 5-1 生物标准物质的性质特点

性质	特点
候选物特征	除纯物质外，植物、动物（人）源等生物体的生物样本，与细胞和微生物个体，都可以作为生物标准物质候选物。生物体是活的复杂系统，如细胞、微生物具有活性特征
状态	生物标准物质制备具有液体、固体、冻干、载片等状态
溯源性	生物标准物质的特性量值有特性量和标称特性值，特性量可实现到国际单位制（SI）的溯源，大多标称特性值还无法实现溯源
特性量	包括含量、分子量、数量或计数、活性等，如基因拷贝数浓度、特定细胞个数、蛋白质含量浓度和活性浓度等
标称特性	包括序列、结构、形态、分型、活性（如功能活性、死活、增殖、分化）等

续表

性质	特点
标称特性值	以标称特性为被测量的量值，可以是一个或多个数字、数据集、或具有大小形态、结构图形等表示。如全基因组序列标准数据（集），血细胞形态标准图形
量值传递	溯源链的逆向过程，通过生物标准物质传递准确量值，还具有校准、质量控制等作用
互换性	标准物质与实际生物样本测量结果间的真实一致性或等效性程度。包括相同特性生物标准物质间、生物样本与生物标准物质间的测量结果一致性程度。必要时进行互换性评估

（三）生物标准物质的互换性

生物标准物质的最大意义在于它是量值的载体，起到量值的溯源与传递作用，从而能满足获取可靠数据的预期用途的需要。因此生物标准物质应能最大限度反映生物样本的生物物质特性被测量值的真实性。由于生物基体的复杂性，需要采取一种方式来评估标准物质量值与实际样本的测量结果一致性的互换性。互换性（commutability）是生物标准物质的一个重要的性质。由于生物的复杂性特点发展了互换性的要求。在使用生物标准物质之前，也需要考虑对给定的测量方法的测量程序中得到的生物样品测量结果与给定的生物标准物质标准量值测量结果间的一致性进行评估，确定这个标准物质与所使用的生物样品（如临床样品、转基因生物样品等）测量结果关联可互换的最大允许偏离。这个偏离是越小越好，越小的偏离就表示越接近真实数据，也就具有互换性，适应于实际应用的目的。

实验室在实际应用操作中，通常需要在标准物质研制、校准溯源性计划中提出互换性评估方案，评估生物标准物质对实际生物样本应用是否达到适应性，达到正确反映生物样本分析测量真实性的目的。目前，由于应用目的的不同，对标准物质量值互换性的评估方法会有所不同，但互换性评估的原则是实际生物样本测定结果与标准物质结果之间的偏离越小越好。

当不同生物标准物质研制而使用目的相同，或同一种生物标准制质研制使用目的不同时，也会研究互换性评估的方式方法。因此，互换性的评估需要根据用途研究数学方程进行评估方式和参数选择及确定。如同一种转基因植物的质粒标准物质与转基因基体标准物质，当进行两者互换性的评估研究中，在测量方法精密度符合要求的前提下，选择采用线性回归方程与斜率、截距等统计计算和分析进行互换性的判定。

在生物标准物质研制前需要考虑建立互换性的必要性。目前通常会从以下两个方面考虑互换性的需求。

1）由于生物标准物质候选物生物体难以获得，标准物质复制难的情况下可选择研制具有互换性的标准物质。即需要选用一个容易获得且可复制的标准物质，来代替难以复制的具有相同特性和对应量值的生物标准物质，而且这个容易获得且可复制的生物标准物质应具有适应性，能正确反映测量真实性的目的。

例如，在转基因标准物质研制中，转化体是重要的标准物质候选物，转化体是以基因工程技术获得的具有特定基因组结构并稳定遗传的转基因生物。如转基因植物基体标准物质的候选物可选择该转基因植物的种子，由于相同或类似的转基因植物种子不容易多次获得，基体标准物质复制就不容易实现，因此需要通过选用一个容易制备的材料来解决这个问题。解决的方式是通过获得一个容易获得材料研制标准物质，与之具有相同的特性和对应的量值，并经评估具有互换性。目前通过研究确定转基因质粒分子标准物质来解决转基因基体标准物质复制难的问题，需要对两种标准物质是否能满足测量一致性进行评估，当转基因质粒分子标准物质和转基因基体标准物质具有能达到测量结果一致性的互换性，研制的转基因质粒分子标准物质才能用来代替转基因基体标准物质。这是一个特殊的案例。

2）由于生物样本的复杂基质影响，生物标准物质需要满足对实际生物样本使用的互换性，即需要与给出的生物样本的真实数据具有一致性，达到与标准物质量值的测量结果在最小允许偏离以内，偏离越小越好。同时还应考虑满足预期用途的校准溯源层级测量的需要。

目前遇到这种需求的生物标准物质，较多是评估在复杂生物样本的应用中的互换性。例如，在临床样本的检测结果正确性保障上，由于临床样本尤其复杂，如果没有考虑到生物标准物质的互换性，特别是纯度标准物质没有进行互换性的评估，就会影响临床样本的检测结果的准确性和有效性。这也是临床检验中强调互换性的重要原因。

（四）生物标准物质的标称特性值

标称特性是生物标准物质的另一个重要的性质，对应的特性量值是标称特性值。标称特性具有的特殊量值，即标称特性值，可以用数字、文字、图形、字母代码或其他方式等表示。具有标称特性的生物标准物质是生物标准物质分类中的一种，与传统概念量值的主要区别体现在溯源性和测量不确定度，具有标称特性的生物标准物质大多目前还无法溯源到国际单位制（SI）基本单位，提供的量值用标称特性值和相应的不确定度表示，但其不确定度甚至并不是测量不确定度。

例如基因组序列标准物质、蛋白质结构标准物质等属于具有标称特性的生物标准物质，目前此类标准物质研制较少，仅列举说明。

1. 核酸标准物质的标称特性值

序列是核酸标准物质的标称特性之一。核酸分子内部的核苷酸的排列顺序有共有序列和保守序列。通常 DNA 序列标准物质描述的序列是其标称特性。以 DNA 基因组序列标准物质来说，组成 DNA 的四种主要的核苷酸分别是腺嘌呤脱氧核糖核苷酸（dAMP）、胸腺嘧啶脱氧核糖核苷酸（dTMP）、胞嘧啶脱氧核糖核苷酸（dCMP）、鸟嘌呤脱氧核糖核苷酸（dGMP），通常采用 A、T、C、G 来分别表示以上 4 种核苷酸。因此，DNA 序列就是 A、T、C、G 按照某种特定顺序的排列。

随着测序技术的发展，人类已经逐渐解析了自身基因组信息，有助于人源参考基因组的研究。关于人源参考基因组研究，美国国家生物技术信息中心（NCBI）等机构组织的参考基因组联盟（GRC）发布了一个参考基因组，2013 年新版的命名为 *GRCh38*，确定了 3 Gbp 以上的序列信息，使基因组序列准确性提升，也仍然有未确定的基因组序列，但这参考基因组还不是标准物质。由于人种差异、体细胞突变等原因，并不是所有人的基因组序列信息都与参考基因组完全相同。当用参考基因组序列比对某一个人的基因组时发现不一样的位点，被认为是某些变异的发生。如发生一个碱基不同的单核苷酸变异（SNV），大于 1 个碱基且小于 10 个碱基的插入/缺失（In/Del）的变异，还有大于 50 个碱基变异的结构变异（SV）等。因此为精准确认变异建立适合不同种人源的全基因组序列标准数据集具有重要意义，而研制这样的基因组序列标准物质有很大的不确定性。美国标准技术研究院牵头联合成立的"瓶中联盟"（GIAB），中国计量科学研究院牵头联合成立启动的"中精标计划"（GSCG），都旨在研究基因组序列标准物质等。

人源的基因组序列标准物质，其标称特性包含的序列信息比较大，而这些大数据信息都存储在一个个的数据文件中，且是一组标准数据或多个标准数据集。这些标准数据（集）内容被看成是序列标准物质的标称特性值，其具有不同于传统量值的不确定度评定模式，以及标准量值表示方式。

2. 蛋白质标准物质的标称特性值

蛋白质标准物质也具有标称特性值的标准物质。除了蛋白质含量标准物质等具有特性量值的标准物质外，具有标称特性值的蛋白质标准物质通常是以一种或多种特性，如序列、结构、功能等表示的标称特性值的标准物质。如表征结构的蛋白质结构类标准物质。由于蛋白质高级结构的复杂性，对于蛋白质高级结构稳定性的评价尤为重要，目前还没有计量学的蛋白质结构表征有证标准物质。

3. 不确定度评定方式

生物标准物质的不确定度评定是根据数学模型进行。评定生物标准物质特性量的不确定度，对不确定度来源的每个参数的不确定度分别进行评定，同时考虑均匀性和稳定性的不确定度，再合成标准不确定度。可参考测量不确定度评定与表示指南（国家质量技术监督局计量司，2005）。

对于具有标称特性的生物标准物质，由于标称特性经常不是一个具体的量值，无法对获得这一特性结果的不确定度因素进行多参数的每个量化，因此需要建立评价标称特性值的不确定度评定模型，以得到相应标称特性值的不确定度。评定不确定度时，考虑标准物质的均匀性检验、稳定性检验的不确定度，还需要注意标称特性的赋值、均匀性、稳定性等测定中所使用的单位是否一致、方法精度是否相当。具有标称特性的生物标准物质是标准物质的另一类类型，目前，这类标准物质的不确定度评定会有与传统方法的不同，也就没有固定的规则，目前不确定度评定方式方法是根据研制者的理解来完成。因此，生物标准物质的标称特性不确定度评定规则的标准制定非常重要。同时，目前该类标准物质还缺少具备溯源到国际单位制（SI）基本单位的途径。

五、生物标准物质的作用

生物标准物质是生物测量特性量值标准的载体，可用于校准生物分析仪器、给其他材料赋值、制订评价方法、制订验证方法、能力验证等。具有计量学属性的生物标准物质的主要作用是量值溯源传递、质量控制等。

1. 量值溯源传递

溯源性是将测量结果或测量标准的量值与规定的国家或国际测量标准联系起来的特性（国家质量监督检验检疫总局，2011）。它是保障生物标准物质特性量值的结果"准确性"和单位"一致性"的重要要素。生物标准物质特性量值的溯源，是需要通过一条不间断的量值溯源链，具有不确定度，最高联系是国家测量标准（国家基准或有证标准物质）和国际单位制（SI）基本单位来实现。如通过计量基准方法赋值，最终实现核酸与蛋白质含量有证标准物质以高准确度溯源到国际单位制（SI）基本单位。

具有溯源性的生物标准物质为用户建立了生物分析测量结果的可溯源性，可为用户提供溯源性应用和实验室认可所需的溯源依据。有证标准物质的证书及其研制报告上都会有相关描述的溯源性。同时，它们还起到量值传递作用。量值传递是溯源性的逆向过程，重要体现在将准确量值传递到用户，可用于校准生物分析测量仪器、为企业的质量控制物质或工作标准进行赋值等，也就建立了自下往上的溯源，保证用户分析测量结果在不同时间、地域上的一致性和可比性。

2. 质量控制

具有溯源性的生物标准物质的重要作用还在于研究与评价分析测量方法、质量控制物质，保证生物分析测量的有效性。有证标准物质可用于评价生物分析方法的准确度和精密度、评价实验室检测能力和人员的技术水平、评价测量过程的质量、验证标准方法，对用户质量保证的监督管理，获得准确、可靠数据的能力。

第三节 核酸与蛋白质标准物质研制

一、核酸与蛋白质标准物质发展

在生物标准物质中，核酸标准物质与蛋白质标准物质是生物标准物质中发展较早的两类，也是生物物质类别的生物标准物质的重要组成。经过十多年的研究，核酸标准物质与蛋白质标准物质的数量和应用在不断提升。随着研究的深入，生物标准物质定义的内涵和外延不断完善，种类不断增加，新的生物特性量使溯源性和不确定度评定处于不断探索研究的过程中。而在这当中，生物计量研究人员在不断探索标称特性的计量学问题。

（一）具有溯源性的标准物质

随着对生物分析测量准确性的要求不断提高，以及快速发展的生物经济带来的生物测量需求不断增加，对生物标准物质的品种和种类的需求也越来越大。生物计量研究中，对生物标准物质溯源性研究是优先需要攻克的难题。解决生物分析测量的一致性、可比性需求的大问题，离不开生物标准物质的溯源性。目前在国际上，具有溯源性的有证生物标准物质无论是品种还是种类，与应用需求范围相比都十分稀缺。

而由于生物标准物质的复杂性，导致溯源性不易实现，研制技术性强、难度高、工作量大、周期长等现实的问题，致使有证标准物质数量少、成本高。

各国国家计量院都在努力解决生物标准物质的溯源性问题。美国国家标准与技术研究院（NIST）、欧盟标准物质和测量研究院（IRMM）、中国计量科学研究院（NIM）和英国政府化学家实验室（LGC）等国家计量机构，各自在国家层面开展生物标准物质的研究，研制发展具有溯源性的国家标准物质（CRM），并在国际上共同展开国际比对研究，举例如下。

1. 转基因标准物质

21世纪初期，欧盟标准物质与测量研究院（IRMM）率先开始了转基因生物标准物质的研究，发展具有准确量值、清晰描述溯源性的转基因标准物质。相继研制了 ERM-BF410（Roundup Ready™ soya beans）、ERM-BF411（Bt-176 maize）、ERM-BF412（Bt-11 maize）、ERM-BF413（MON 810 maize）、ERM-BF414（GA21 maize）、ERM-BF415、ERM-BF443a ~ ERM-BF443e（GMB151）等大豆、玉米转基因标准物质。此外，英国政府化学家实验室还和美国国家标准与技术研究院联合其他实验室，研制转基因食品检测用质粒DNA标准物质。自2003年后，国际加速了转基因产品检测用标准物质研制的趋势。

2005年，中国开始了转基因产品国家有证标准物质研究。经过7年多的时间，中国计量科学研究院完成了转基因水稻、棉花、油菜、大豆、番茄、玉米等植物的标准物质研制，包括转基因植物核酸标准物质和转基因植物蛋白质标准物质。共研制完成转基因水稻、棉花、番茄、玉米、大豆、油菜等16个转化体30多个转基因核酸基体和质粒DNA分子标准物质（董莲华等，2013；2012b；2011a；2011c；李亮等，2013；2012；张玲等，2011；臧超等，2011）。在"十一五"期间发展了核酸质粒分子标准物质，给转基因植物核酸检测提供了更多溯源途径，中国已有了转基因植物基体标准物质、质粒分子标准物质等国家一级标准物质。同时，还研究了转基因植物蛋白质标准物质，如Bt系列的Cry1Ab、Cry1Ac蛋白质标准物质，抗除草剂蛋白（CP4-EPSPS）和豇豆胰蛋白酶抑制剂（CpTI）等标准物质（Song et al., 2012），用于转基因蛋白质的检测。建立系列具有溯源性国家转基因植物标准物质，解决了转基因核酸和蛋白质检测准确性和一致性的需求问题。

就目前来看，中国的转基因国家有证标准物质的数量和品种在逐步满足转基因生物技术快速发展带来的检测需要。

2. DNA鉴定和基因突变标准物质

2002年前后，美国国家标准与技术研究院和英国政府化学家实验室开展研制聚合酶链反应（PCR）定量和质谱测量的核酸标准物质。2007年NIST又完成了人源基因组DNA定量标准物质（SRM 2372），2013年研制了线粒体DNA标准物质（SRM 2392），2018年进一步研制了人源DNA标准物质（SRM 2392a）（Romsos et al., 2018），这些标准物质主要用于法医鉴定。

2014年中国计量科学研究院开展了对基因突变标准物质的研究（王晶等，2016）。已研制了EGFR、FMR-1等基因的野生型、突变型和内参基因序列的质粒DNA分子13种系列标准物质［GBW（E）090640～GBW（E）090652］，9种结直肠癌标志基因KRAS的系列基因突变丰度国家标准物质（GBW 09841～GBW 09849）等，这些标准物质用于临床诊断基因突变试剂盒评价和质量控制、目标基因检测方法的验证和质量控制，以及提供量值溯源依据。

3. 蛋白质标准物质

美国国家标准与技术研究院是较早研究蛋白质标准物质的国家计量院，研制了用于司法鉴定、医药质控、食品安全等领域用蛋白质标准物质。

2006～2010年，中国计量科学研究院研发了系列蛋白质分子量标准物质、蛋白质含量标准物质，建立了溯源性和评定不确定度（武利庆等，2010；2009b；2008；杨彬等，2010），这也是我国在蛋白质计量中标准物质的创建期工作。随后的10年时间，我国在蛋白质计量标准研究中发展了多种蛋白质含量标准物质。如胰岛素、人血管紧张素Ⅱ、马心肌红蛋白、人生长激素、糖化血红蛋白、人血清白蛋白、血清中转铁蛋白、新型冠状病毒抗原等多种蛋白质标准物质。用于体外诊断、生物安全等蛋白质含量的准确测量和溯源。

很多蛋白质标准物质，更多的是用于质量控制，如美国国家标准与技术研究院研发的人源IgG1k单克隆抗体（mAb）标准物质RM 8671，主要用于单抗药物研制和药物生产中的质量控制、方法评价等。

（二）具有标称特性标准物质

生物领域计量所面临的难题在于并不是所有的测量都能实现溯源到国际单位制（SI）基本单位，更多体现在标称特性的测量方面。虽然本书以生物计量研究中的定量标准物质为主，但是根据生物标准物质的定义，序列、活性、结构、分型、形态等都属于标准物质的标称特性，因此我国不仅开展了标准物质研制，在已有研究工作的基础上，目前还进行了序列、活性等具有标称特性的标准物质的研究。

随着生物技术的不断进步发展，目前已发展起来的生物组学、生物功能涉及多种测量和多种数据。由于生物组学测量不是单一数值，而是一组数据形成的数据集，生物功能测量的特性值是一组图形或数据（集），因此评价、比较一组数据之间的关联成为生物组学、生物功能等测量的关键。需要开拓研究基因组、蛋白质组等这类新的具有标称特性生物标准物质。例如，本书多次提到的序列标准物质不同于具有溯源性特性量值的生物标准物质，2012年以来，对这一领域的研究在国际上已得到不同国家计量院的重视，基因组序列标准物质已经成为包括美国、英国、中国、韩国等国家计量机构的研究对象。由于基因组序列标准物质完全不同于以往的标准物质的量值表示，对不确定度评定有不同的理解和做法，但可以肯定的是，基因组序列的不确定度评定，不能完全照搬以往对定量测量的特性量所采取的不确定度评定方法，另外在标准物质的均匀性和稳定性检测中，所使用的评估方法也会有不同的方式。2018年8月6日，中国计量科学研究院组织了一次关于人源基因组标准物质研制和评审的研讨会，与会专家指出对生物标称特性这些生物标准物质的评审，具有与传统标准物质评审不同的特点，需要突破。包括溯源性和不确定度评定，稳定性和均匀性检测评估方式，都将是未来需要解决的问题。

10年时间里，作为生物标称特性的一个特别案例——人源基因组序列标准物质，在不断地研究中发展前行。美国国家标准与技术研究院、韩国标准科学研究院、中国计量科学研究院等在此领域展开的研究取得了初步进展。

2012年，美国国家标准与技术研究院成立"瓶中联盟"（GIAB），着手人源基因组标准物质研究。2014年9月，Zook等研究者发表了基因组区域变异识别的序列数据集，具有高置信信息的SNP[①]和In/Del[②]基因型（Zook et al.，2014）。基于此次研究，2015年，美国国家标准与技术研究院进一步认定公开了首个人源基因组序列标准物质（RM 8398），达到80%以上基因组区域变异识别，其基因组DNA表示为NA12878。人源基因组序列标准物质（RM 8398）自公开使用以来，已经被世界各国用于基因组测序过程的质量控制，包括中国的科研机构、基因测序公司和第三方服务机构等。2016年，美国国家标准与技术研究院在RM

---

① SNP也称为第三代DNA遗传标记，主要是指在基因组水平上由单个核苷酸的变异所导致的DNA序列多态性（杨焕明，2017）。

② In/Del（insertion/deletion，插入/缺失），是指基因组中小片段（一般为2~5bp）的插入或缺失（杨焕明，2017）。

8398（母）的基础上，认定发布了标准物质 RM 8391（犹太人）、RM 8392（犹太人家系父、母、儿子）、RM 8393（东亚男性）和 RM 8375 等人源基因组序列标准物质，用于基因组 DNA 测序中的质量控制。不同地域的人源全基因组序列标准物质，具有人源特征单核苷酸多态性（SNP）信息值，也具有个体不同的高置信单核苷酸变异（SNV）和插入/缺失变异（In/Del）信息值。2016 年，韩国首尔国立大学等联合研究了韩国人的基因组序列重新组装显示了亚洲韩国人特有的结构变异（Seo et al., 2016）。2018 年，韩国标准科学研究院通过合作研究了人源基因组标准物质（编号为 CRM-111-30-414A）。这些标准数据集的信息值不能用于建立计量溯源性。

中国自 2014 年，开启了基因组标准物质的研究工作。2015 年 5 月 19 日发布了由中国计量科学研究院与深圳华大生命科学研究院共同研制完成的"炎黄一号"人源基因组标准物质（NIM-RM5201）、微生物大肠杆菌 $O157$ 基因组标准物质（NIM-RM5202），并开始了中国家系基因组标准物质的研制。2016 年 12 月启动中华基因组精标准计划（GSCG），简称"中精标计划"，是以我国人群基因组标准为切入点，优先建立亚洲人源（"炎黄一号"）DNA 序列标准物质和大数据集参考标准。同年，发布了由中国计量科学研究院与复旦大学（泰州健康科学研究院）等共同研发完成命名为"中华家系 1 号"的人源基因组标准物质的制备（王晶等，2018；王晶等，2016），所选择的候选物来自复旦大学泰州队列，体现了我国南北交界人群的典型遗传特征。经过 3 年多的努力，"中华家系 1 号"人源基因组标准物质通过高阶高通量测序，构建了人源 DNA 参考标准数据集，同时以孟德尔遗传定律来排除确定标准数据集过程中产生的错误信息，使该标准物质体现遗传性的特征。标准数据集信息包括全基因组测序（WGS）、单核苷酸变异（SNV）、结构变异（SV）、插入/缺失变异（In/Del）等多特性序列信息，用于评估测序仪器、方法和程序，以及综合性能参数评估。2018 年 12 月对"中华家系 1 号"人源基因组标准物质研制通过了专家鉴定。并于 2022 年 8 月 22 日，在中国计量科学研究院召开的"基因组测序质量及计量标准交流会"上，发布了"中华家系 1 号"人源 B 淋巴细胞系全基因组序列等系列标准物质，该标准物质被批准成为国家有证标准物质。

目前，这类具有标称特性的生物（物质）组类生物标准物质在量值确定和不确定度评定方面还没有统一的标准，也给生物表型（组）这类标称特性生物标准物质的研制和评审提出了挑战。目前，国际标准 ISO 33406：2024 可以学习参考。

（三）国际组织推动作用

生物标准物质要在国际上互认和应用，离不开国际组织间的合作与协调推进。特别是国际计量局（BIPM）组织的各国家计量院间的国际计量比对，是对生物测量和标准物质互认和等效的重要合作。而且，国际计量局（BIPM）与世界卫生组织（WHO）、国际标准化组织（ISO）等国际组织联合，推动标准物质的溯源性应用方面发挥着重要作用，带动了各国检测数据的可靠和互认。

目前生物测量除了部分含量测量可溯源到国际单位制（SI）基本单位外，对序列、活性、结构等标称特性的测量，由于它们的测量单位的定义还不完全清晰或一致，而无法溯源到国际单位制（SI）基本单位，在国际单位制中还没有与测量特性直接对应的单位。因此，生物标准物质研制中的溯源性、单位不统一的现状是生物计量一直面临需要解决的问题，也是国际相关组织在努力解决和规范统一目标。

国际标准化组织陆续发布了多个标准物质相关的国际标准，其中有溯源性要求、术语定义的统一、标称特性的规定等重要内容规定，以及在一些应用领域如临床检验/诊断领域的国际标准对生物样本测量和溯源的特定要求，这些都对推动生物标准物质的研制都具有一定的指导作用。

目前国际标准化组织发布的与标准物质相关的国际标准和导则（www.ISO.org）有以下几项。

1）ISO Guide 30 标准物质常用术语及定义。
2）ISO Guide 31 标准物质认定证书、标签和文件内容。
3）ISO Guide 33 标准物质使用良好规范。
4）ISO Guide 35 标准物质均匀性和稳定性的表征和评价指南。
5）ISO Guide 80 质量控制物质内部准备指南。
6）ISO/TR 16476 标准物质计量溯源性的建立、评估与表达。
7）ISO/TR 79 定性特性标准物质举例。
8）ISO/TR 10989 标准物质分类和关键词指南。
9）ISO 33406 定性特性标准物质生产方法。
10）ISO 17511 体外诊断医疗器械 生物样品中量的测量校准品和控制物质赋值的计量学溯源性。
11）ISO 15193 体外诊断医疗器械 生物源性样品中量的测量参考测量程序的内容和表示的要求。

这些国际标准或指南是在生物标准物质研制中需要参考、借鉴、使用的重要标准。

另外，在世界卫生组织范围内的生物参考物质和常规测量程序的应用相对较多。参考物质和国际计量组织的标准物质在定义和单位、溯源性方面有一定的差异，因此协调统一差异化，也是这些国际组织长期合作协调的重点工作。在蛋白质标准物质的研制中，差异化协调一直在进行。以对酶活性单位的统一问题为例，在现实使用中它的定义和单位却经常不统一。世界卫生组织常使用催化活性单位符号 U，参考物质的单位也使用这个单位和符号，这与使用国际单位制不一致。国际临床化学和实验室医学联合会已建议使用国际单位制（SI）单位"摩尔每秒"的符号 kat 来表示酶催化活性（Bureau International des Poids et Mesures，2019）。当推广使用单位"摩尔每秒"，就能实现到国际单位制（SI）基本单位统一，并可溯源，这对酶活性分析测量及其相关生物标准物质研制的单位统一具有很好的推动作用。

二、标准物质研制的规则、管理与要求

（一）标准物质研制规则

核酸与蛋白质标准物质等生物标准物质的研制同样需要遵循国际标准和国家标准、国家计量技术规范为指导。

1. 国际标准

早在 1975 年，国际标准化组织专门成立了一个标准物质（reference materials）[①]委员会（REMCO）。REMCO 在制定标准物质的国际规范要求中起到重要作用，其工作目标涵盖了标准物质的各个方面，包括对标准物质的定义、种类、分级和分类方法的国际标准制定，有证标准物质（CRM）和标准物质（RM）是测量及校准实验室质量保障的支柱之一（于亚东和刘洋，2008）。该委员会已制定了对标准物质要求的相关国际标准导则和技术文件有十多个，包括基本概念、研制、

[①] 目前我国在计量领域将"reference materials"翻译为标准物质，在标准化领域翻译为标准样品。在标准化领域对口国际标准化组织 ISO/TC334 技术委员会，国家标准化管理委员成立了全国标准样品技术委员会（SAC/TC 118）。在国家市场监督管理总局的计量主管部门成立了全国标准物质计量技术委员会（MTC24），2021 年 12 月 16 日又新成立了全国标准物质委员会及专项工作组，它是将原全国标准物质管理委员会和国家标准物质技术委员会合并后加强国家标准物质管理的组织。2021 年 5 月 31 日，市场监管总局印发施行《国家标准样品管理办法》，第二十条写道：具有量值的国家标准样品，应溯源至国际基本单位、国家计量基准标准或其他公认的参考标准。

使用、不确定度等都给予了规范（如ISO导则30、31、33、35、80等）。随着标准物质发展的需要，2021年国际标准化组织将REMCO进行了提升改变，成立了标准物质（reference materials）标准化技术委员会（ISO/TC334），其工作范围为标准物质生产和使用的标准化，包括与标准物质相关的概念、术语和定义。从ISO/TC334成立这一举措也可以看出国际标准化组织对标准物质越来越重视。另外，国际计量局、国际临床化学和实验室医学联盟等组成的国际检验医学溯源联合委员会（JCTLM）也在规范与生物标准物质相关的工作。

目前，国际标准化组织发布的相关标准物质的国际标准和导则大部分都已被采纳制定为国家标准（GB）和国家计量技术规范（JJF）。

2. 国家计量技术规范

计量学层面的生物标准物质的研制，需要满足中国标准物质研制相关的通用计量技术规范和国家标准。中华人民共和国国家计量技术规范对生物标准物质的研制起到指导作用。同时会结合生物标准物质所具有的特点制定相应的计量技术规范，如已制定完成的转基因植物核酸标准物质的研制计量技术规范。以确保生物标准物质的研制质量。

目前生物标准物质研制需要参考的已发布实施的相关国家计量技术规范有以下几项。

1）JJF1005 标准物质通用术语及定义。
2）JJF1006 一级标准物质技术规范。
3）JJF1186 标准物质认定证书和标签内容。
4）JJF1218 标准物质研制报告编写规则。
5）JJF1342 标准物质研制（生产）机构通用要求。
6）JJF1343 标准物质定值的通用原则及统计学原理。
7）JJF1507 标准物质的选择与应用。
8）JJF1854 标准物质计量溯源性的建立、评估与表达。
9）JJF 1718 转基因植物核酸标准物质的研制。

由于生物标准物质种类多，研制难度大，对标准物质赋值/定值的计量方法种类还很有限，满足到国际单位制（SI）基本单位的溯源性要求的标准物质相对更少。目前中国在核酸与蛋白质等生物标准物质的国家有证标准物质还不多，很多应用领域还没有合适的国家有证标准物质来满足生物分析测量溯源需要。因此，会结合日常应用的需要研制标准物质（RM），或在特殊需求情况下研制质量控制物质（QCM），质量控制物质研制中不要求具有有证标准物质的全部属性

（如溯源性和不确定度等）。对于具有标称特性的生物标准物质可作为 RM 或 QCM 使用。研制具有标称特性的生物标准物质，因为互换性评估难度，标准物质的候选物宜尽可能是或接近实际生物样本，标称特性值要有足够多的数据和信息并准确可靠，满足并适用于质量控制作用，以达到预期用途的要求。

（二）国家标准物质标识管理概述

国家计量院通常是国家法定计量技术机构。中国的国家计量院研制计量基准、标准，国务院计量行政部门批准建立计量基准器具，作为统一全国量值的最高依据。中国强调建立清晰的溯源体系，美国、加拿大、英国、德国、日本等多数国家强调国家计量院的溯源地位，使标准物质生产者生产标准物质形成了良好的溯源行为。每个国家对标准物质的管理虽然有不同特点，但是通常有证标准物质的管理是具有国家统一管理的方式。

目前，计量学层面的有证标准物质在研制上我国通常依据国家计量技术规范来执行，具有溯源性的国家计量标准物质需要先通过评审制度的程序管理，然后由国务院行政管理部门批准颁布有证标准物质证书。自 2018 年开始，由国家市场监督管理总局发布有证标准物质（CRM）公告，发给标准物质定级证书，目前已有电子版证书，包括国家一级标准物质和国家二级标准物质，分别用 GBW 和 GBW（E）表示，其中 GBW 表示国家一级标准物质，GBW（E）表示国家二级标准物质。而中国计量科学研究院作为国家最高的计量科学研究中心和国家级法定计量技术机构，对所研制的标准物质实行管理和编号。2023 年 7 月 29 日，国家市场监督管理总局发文批复，同意开展计量领域部分行政许可事项改革试点，其中包括国家二级标准物质的审批。

美国国家标准与技术研究院（NIST）是美国的国家计量院，其研制的标准物质有以下几类：标准参考物质（SRM）即有证标准物质（CRM）、标准物质（RM）、美国国家标准与技术研究院可溯源标准物质（NTRM）。其中：①SRM，可提供标准值或认定值（certified value），同时可提供参考值和信息值或指示值（indicative value），是由美国国家标准与技术研究院发布的有证标准物质，具备有证标准物质报告证书，供用户使用；②RM，该类标准物质含有参考值，同时可提供信息值，也具有标准物质报告证书，供用户使用；③NTRM，为满足计量溯源需要而制定的，供商业化生产商生产的标准物质具有明确的可溯源至美国标准与技术研究院的溯源链，这也是通过美国国家标准与技术研究院的定义标准和协议建立的标准物质，必须符合由美国国家标准与技术研究院确定的系列标准和草案规定，"可溯源标准物质"这一概念的建立是为了更好地持续满足市场对高质量标准物质日益增长的应用需要（https://www.nist.gov/）。

在欧洲，由欧盟标准物质与测量研究院研制的有证标准物质，原欧共体标准物质局（BCR）研制并带有 BCR 符号的有证标准物质，欧盟联合研究中心（JRC）生产的 ERM 有证标准物质，有的包装上还标有 BELAC 标识。

各国的生物标准物质可在各国计量机构的网站中查询，国家有证标准物质查询网站参见第八章。

（三）生物标准物质研制要素

核酸与蛋白质标准物质等生物标准物质的研制是一项技术性强，质量要求高，对工作环境和人员能力都有高要求的工作。由于生物体的复杂性，研制难度加大，人力、物力和时间等成本投入加大。因此，要研制好一个生物标准物质需要有投入和技术能力。

生物标准物质从研制到生产是一个系统工作，包括需求分析、制订研制计划、必要的预研和研制工作。当通过需求分析确定好研究对象和需要达到的目标后，就要制订研制计划，确定标准物质研制任务，开始研制工作。必要时先进行预研，再进入正式的研制工作。当研制工作完成后，必要情况下进行规模化生产，选择保存条件进行保藏。如果申报国家有证标准物质，就需要完成标准物质的申报材料，并提交申报材料到全国标准物质管理部门，通过审定、认定、发布后，成为国家有证标准物质，可对外进行应用推广服务，以满足生物分析测量的溯源需要。

要做好生物标准物质的研制计划，需要根据需求分析来确定生物标准物质的预期用途。预期用途会体现在多个方面，包括但不限于如下：用于溯源、校准、给标准物质赋值的基准物质或国家有证标准物质，用于评价测量方法、实验室能力考核、检测质量控制等用途的标准物质。根据不同的用途来选择所研制的生物标准物质的类别（如核酸标准物质、蛋白质标准物质）、制备类型（纯物质、基体物质、质粒分子等）、状态（固体、液体、载片等），以及相应的特性量值、溯源性和不确定度评定方式等，都有不同的要求。

当首次进行生物标准物质研制时，需要关注的内容包括：选择合适标准物质候选物和原料、准确鉴定标准物质候选物的可用性，加工制备标准物质的条件选择，研究并检测标准物质均匀性和稳定性，建立标准物质赋值/定值方法并准确定值，对所有产生的数据进行科学计算处理，评定不确定度、确定量值、单位、不确定度、溯源性，以及编写研制报告、证书与标签，最后根据所达到的计量学水平和计量属性，按要求申报国家有证标准物质及相应的等级。

对生物标准物质的持续稳定性监测，是研制生产生物标准物质的一个不可或缺的重要环节，目的是连续观察标准物质的稳定性或量值变化情况。当发现量值出现较大变化，偏离不确定度范围后，需要采取及时暂停研制、应用、发放或销售标准物质，根据准确结果修正标准物质量值、证书，通知到已使用、购置该标准物质的用户等措施。当生物标准物质在即将使用、发放、销售完前，需要对该标准物质研制、复制计划及时更新，确保生物标准物质研制、应用的质量，能持续有效满足社会的所需。

下面对生物标准物质研制的共性要素需要关注的方面进行阐述。

1. 制备

（1）准备工作

在对生物标准物质进行制备前，需要完成对生物标准物质候选物的选择、鉴定。由于生物样本种类多、组成复杂、易变，在很多情况下很难找到与实际待测生物样本在基质、结构、状态等都很相近的基体标准物质候选物。因此，生物标准物质候选物的选择要结合预期用途考虑其可获得性、适应性等诸多因素，并合理选择正确的鉴定方法和确认过程。

（2）加工制备

选择好生物标准物质候选物，并鉴定、确认后，进入生物标准物质的加工制备过程。生物标准物质的制备过程是一个非常重要的标准物质研制环节。加工制备技术要先进和可行，保证制备的标准物质均匀而稳定；制备后进入标准物质分装过程，需要仔细认真地操作且环境要达到条件要求，以防止新的不均匀性引入。而对特性不稳定的生物标准物质，为防止由于操作带来新的变化，应该提前做好预案准备，如采用快速分装并采取冻干或预冷冻等处理方法。

制备分装过程还要科学合理地选择合适的容器、载片和包装材质等，以及包装工艺。依据生物标准物质的性质特点来选择满足要求的分装用容器和载片及其材质，包装工艺，容器和载片等清洗方法等。生物标准物质的分装用材质宜选能耐受低温冷冻、密封性能好、无干扰物的材料。分装容器要能满足量少易取用，防生物基质对容器可能会发生反应的情况。如有此类情况，应对容器进行溶出、粘连挂壁、成分干扰等实验评估避免可能发生的对标准物质质量的影响，选择满足要求的容器和载片分装后，应及时包装完好。

当遇到性质不稳定的生物标准物质，在制备中，除了选择满足条件的分装容器外，还应采取冻干、冷冻、避光、多层包装、加入稳定剂、保护剂等措施，以保障生物标准物质的稳定和固有成分特性。对于采用冷冻保存的生物标准物质，会出现由于使用量少，在使用过程中容易出现多次取样、多次冻融的情况，这种反复操作情况可能会使生物标准物质的量值发生变化。因此，应该注意在标准物质分装时，分装量最好是能满足一次性使用取样量的最小量，如无法实现最小量包装条件，则有必要对需要反复冻融取样包装的生物标准物质进行冻融实验评估，以确定分装量是否影响使用的合理性。因此生物标准物质的每个单元的分装量应该根据实际应用来确定，也就是保证分装的包装单元中体积量（也称为"单元量"）为样本最小取样量，这样可以避免多次取样使用而影响标准物质量值的变化。如不可避免地需要多次取样，则要进行多次取样条件实验，对标准物质稳定性是否受到影响进行实验数据的评估。

另外，还要注意生物基体中或环境中微生物活动导致的生物标准物质组成的改变。因此在进行生物标准物质制备过程中，对易发生微生物影响变化的复杂生物基质样本，需要提前确定量值可能受影响的情况。进行包装后，在保证生物标准物质的目标成分量值不受影响的情况下，可采用辐射灭菌或高温灭菌等措施防止微生物造成的影响。

2. 均匀性

生物标准物质均匀性是保证其质量的重要要素之一，是保证标准物质分装的包装单元间和单元内具有一致性的前提。

需要明确的是，均匀性是一个相对的概念，绝对的均匀是不可能实现的。因此，判断生物标准物质的制备是否均匀，可按照标准物质计量技术规范或国家标准规定，通过所抽取实验样本之后检验数据依据统计学分析来判定生物标准物质是否均匀，从规定的原则来抽取样本数量，进行均匀性检测实验，统计分析其实验结果的特性量值是否在约定的不确定度范围之内，从而判定该生物标准物质在指定的特性量值范围的均匀性。

（1）均匀性检验取样原则

生物标准物质均匀性的检验通常需要进行两次，即生物标准物质在分装前的均匀性初检验、分装后的均匀性检验。分装前的均匀性检验是为了确保制备时均匀，可采取生物标准物质制备时混匀过程中的抽查检验、混匀后的检验。有些生物样本在制备中很难达到均匀，特别是在制备生物基体标准物质时，对这类难以达到均匀的标准物质制备来说，分装前的均匀性初检验就显得更为重要。

分装后的均匀性检验是评估生物标准物质是否均匀的主要程序过程。分装后均匀性检验评估是通过统计学方法对检测数据进行计算后判定。均匀性评估包括包装单元之间生物标准物质的均匀性评估、包装单元内生物标准物质的均匀性评估。在进行生物标准物质均匀性评估时，如果以通过制备并分装后的生物标准物质的总包装单元数量为 N，用于均匀性实验所抽取样本的数量以包装单元表示，则可参考《标准物质的定值及均匀性、稳定性评估》（JJF 1343）规范的要求来抽取样本的数量，包括：①当 $N \leqslant 200$ 时，抽取单元数量不少于 11 个；②当 $200<N \leqslant 500$ 时，则抽取单元数量不少于 15 个；③当 $500<N \leqslant 1000$ 时，则抽取单元数量不少于 25 个；④$N>1000$ 时，则抽取单元数量不少于 30 个；⑤当生物样本均匀性好时，$N \leqslant 500$ 则抽取单元数量不少于 10 个，$N>500$ 时，则抽取单元数量不少于 15 个（全国标准物质计量技术委员会，2018）。常用的均匀性数据评估方法有方差分析方法。当数据评估后判定生物标准物质为不均匀性，则研制过程需要重新制备并重新进行均匀性检验，直到均匀性检验符合统计学评估达到均匀性为止，检验的数据一定是真实可靠的。

（2）均匀性检验特殊情况

生物标准物质研制中，会发生分装后不能进行均匀性检验的情况。

1）生物标准物质制备分装包装单元量被一次性使用的情况。分装前进行了均匀性检验，而分装后每个包装单元内的体积量为最小使用量，也就是分装包装单元量的最小使用量被一次性完全使用的情况。这种情况下的分装包装单元就不需要进行单元内的均匀性检验评估。例如，当核酸标准物质的分装包装单元量被一次性溶解使用时，就无须进行单元内均匀性检验评估，但是需要进入单元间均匀性评估。

2）生物标准物质在分装后每个包装单元都需要进行单独定值的情况。这种情况可不单独做单元间均匀性检验评估。

为保证标准物质的均匀性符合使用要求，生物标准物质证书中通常有规定最小取样量、冻融等注意事项。

不均匀性是生物标准物质特性量值不确定度的来源之一，不均匀性引入的不确定度分量需要合成到生物标准物质特性量值的总不确定度中，因此，生物标准物质制备要保证标准物质均匀和进行科学合理的均匀性检验，是生物标准物质研制质量保证的关键要素之一。

3. 稳定性

稳定性是保证生物标准物质质量的另一重要要素，是保证生物标准物质稳定使用的前提。

稳定性是指在给定条件、规定时间内存储生物标准物质时，保持生物标准物质特性量值具有一致性，在一定限度内不变化的性质。生物标准物质稳定性极易受到温度、湿度、交叉污染等环境条件的影响，重要的是生物成分间存在的交叉影响，自身不稳定性所带来的影响。如生物基体标准物质的稳定性因受血清、尿液等内在复杂物质的基质影响，而使其不稳定。因此进行生物标准物质稳定性考察和评估很重要。

（1）稳定性评估

对生物标准物质稳定性评估检测方法的精密度与生物标准物值/定值的方法相当。稳定性评估采取的方式可以是同步实验法、加速实验法等（全国标准物质计量技术委员会，2020）。针对生物样本易于发生变化的情况，采用加速实验方法评估生物标准物质的稳定性已被研究者们使用。按照标准物质的相关技术规范要求，可采用趋势分析（回归曲线）、方差分析和 t 检验等数据分析方法，来评估判定生物标准物质的稳定性。需要注意的是稳定性评估不等于稳定性监测。

（2）稳定性考察

按考察时间和目的，稳定性考察包括短期稳定性考察和长期稳定性考察。短期稳定性即考察的是运输中反映出来的稳定性，也可以说运输稳定性，主要是判定运输过程的条件（时间、温度等）下的稳定性，确保运输过程中生物标准物质处于稳定状态。长期稳定性则是考察生物标准物质在规定条件下保存时间的长短，以判定生物标准物质特性量值发生变化的时间，来确定生物标准物质可正常使用的时间，即确定有效期。长期稳定性的重要性是通过对稳定性的不间断监测过程及时发现生物标准物质的特性量值发生变化情况，并在发生变化时需要及时采取措施（全国标准物质计量技术委员会，2020），科学确定标准物质的有效期和有效使用。

因此，稳定性考察是生物标准物质研制过程的一个重要环节，需要在研制过程中准确判定分装单元内生物标准物质在时间、空间分布中的差异。对生物标准物质进行长期不间断的监测是必须做的工作。

（3）稳定性监测

稳定性监测是稳定性考察的手段，采用一段长期时间分阶段性地定期跟踪检验生物标准物质特性稳定性的一种方式，通过在长期保存期间按计划定期跟踪抽样检测生物标准物质中的特性量值是否会随时间的变长而发生变化，采用稳定性跟踪检测的数据进行统计学分析方法，以评估监测数据的变化程度能否满足所研制的生物标准物质不确定度在允许限量范围内的要求。当统计学分析得到该生物标准物质的被测特性量值监测数据处于原标准值不确定度允许限量范围之外时，表明该生物标准物质已经不稳定了，需要及时采取干预措施，防止发生量值变化的标准物质被错用。

可采用以下公式来核查监测所用标准物质稳定性。当被测的生物标准物质稳定性监测的结果如果满足以下公式的条件时，则可认为被监测生物标准物质是持续稳定的。

$$|x_{CRM}-x_{meas}| \leq k\sqrt{u_{CRM}^2+u_{meas}^2}$$

式中，x_{CRM} 为标准物质认定值（原赋值的结果）；x_{meas} 为稳定性监测中标准物质测量值；u_{CRM} 为标准物质赋值的合成标准不确定度；u_{meas} 为稳定性监测中标准物质测量结果的标准不确定度；k 为置信概率为95%时所取的包含因子，通常取 $k=2$（全国标准物质计量技术委员会，2020）。

在生物标准物质稳定性监测的过程中，要避免因测量方法、仪器、实验环境等不满足要求而影响监测结果的准确性，尽可能地控制好实验条件使监测检验和前期的过程保持一致，以此确定生物标准物质本身变化所引起的误差，其目的是最大限度真实反映生物标准物质自身的稳定性。

4. 赋值（定值）

要使生物标准物质具有计量学水平，生物标准物质的标准量值需要具有溯源性，且具备准确可靠量值和尽可能小的不确定度。因此，给生物标准物质的赋值（或称为定值），需要建立计量方法和溯源性。参考《标准物质计量溯源性的建立、评估与表达计量技术规范》（JJF1854—2020），并结合生物标准物质的特点，对生物标准物质的赋值/定值方式给出以下几种模式。

1）只有一个实验室对研制的生物标准物质进行赋值/定值。所采取的方法首选计量基准方法，且该方法应能提供国际比对证明，证明其获得国际验证，是其备国际互认可比的测量方法。还可选择一种计量方法赋值/定值，并采用另一种原理的计量方法进行确证，量值可溯源至 SI 单位。这种方式适合于生物特性量的赋值/定值。例如，胰岛素标准物质采用高效液相色谱–同位素稀释质谱基准方法赋值，胰岛素标准物质的量值可溯源至 SI 单位；转基因核酸基体标准物质当采用重量法基准方法进行赋值，转基因核酸基体标准物质量值可溯源至 SI 基本单位。

2）一个实验室采用独立的两种不同原理的方法对研制的生物标准物质进行赋值/定值。所采用的方法是经过了严格计量学研究并确定的计量方法，给生物标准物质进行赋值。

3）多个实验室联合用一种方法对研制的生物标准物质进行赋值/定值。实验室联合外部多个实验室采用一种计量方法，或参考测量程序，对研制的生物标准物质进行赋值/定值。所有参与赋值/定值的实验室应采取有效的质量控制措施。

4）用高层级标准物质通过经严格计量学评价的测量方法对研制的生物标准物质进行赋值/定值。可选择采用最高层级国家基准物质或国家一级标准物质进行直接赋值/定值。该方式常用于对下一层级标准物质研制的定值。

要使生物标准物质具有计量学水平，不仅生物标准物质量值要准确并附有不确定度，而且应具有计量溯源性。

采用计量基准方法或计量方法定值要求，先依据理论建立准确数学表达式，能够联系到国际单位制（SI）单位的测量，通过建立的溯源途径可溯源到国家计量基准；测量的所有不确定度分量可以做到全面、清晰地量化；方法的准确度水平通过国际计量比对的验证、取得国际等效度。应用此计量基准方法或计量方法研制国家有证标准物质，可为其他层级标准物质提供量值溯源。

5. 生物标准物质研制报告

生物标准物质研制实验和数据分析工作完成后，应将研制过程的调研和实验内容撰写成为研制报告。因不同生物标准物质的研制具有不同的特点和方式，因此生物标准物质的研制报告需要视具体对应的生物标准物质来完成。特别是对具有标称特性标准物质研制报告的书写，要全面地体现实验、分析和结果等内容，使研制报告内容科学完整、实验过程可追溯。

完成了生物标准物质研制报告后，可按照国家标准物质申报的规定，进行国家标准物质等级（国家一级、二级标准物质）申报。参考《标准物质研制报告编写规则》（JJF 1218）、《转基因植物核酸标准物质的研制》（JJF 1718）等国家计量技术规范，生物标准物质的研制报告内容包括但不限于以下各项。

1）研制背景、目的、意义、预期用途等。
2）生物标准物质研制方案设计。
3）生物标准物质候选物的选择及鉴定。
4）生物标准物质的制备和分装。
5）生物标准物质均匀性检验和评估。
6）生物标准物质稳定性检验、考察和评估。
7）生物标准物质的赋值方法研究。
8）生物标准物质的赋值、不确定度评定研究。
9）溯源性研究和描述。
10）互换性评估和应用说明。
11）参考文献。

12）原始记录附件。包括均匀性检验、稳定性检验、定值、验证等数据和统计结果。

研制报告中对数据的修约可参考《测量不确定度评定与表示》（JJF 1059.1）和《数值修约规则与极限数值的表示和判定》（GB 8170）。

研制报告的格式可参考《标准物质研制报告编写规则》（JJF 1218）。证书的编写和标签的内容应符合《标准物质认定证书和标签内容编写规则》（JJF 1186）的要求。

三、核酸标准物质研制要点和举例

核酸标准物质是生物标准物质中以生物物质分类的一种。核酸标准物质的研制离不开以上的研制要素。要研制具有溯源性的国家有证标准物质，就必需先建立核酸计量溯源性和包括基准方法在内的计量方法，再研制具有溯源性的核酸标准物质。

（一）核酸标准物质溯源性

核酸标准物质溯源性是其作为国家有证标准物质应具备的条件。目前，通过核酸计量研究已建立了核酸含量计量溯源性、核酸含量计量方法。核酸计量研究有数字PCR，同位素稀释质谱（IDMS）、电感耦合等离子体–发射光谱（ICP-OES）、电感耦合等离子体质谱（ICP-MS）等计量方法。将这些方法用于核酸标准物质的赋值/定值，研制了转基因核酸标准物质、质粒分子标准物质、基因突变标准物质等，使标准物质含量特性量值溯源到国际单位制（SI）单位，或自然数（图5-4），形成了核酸含量标准物质的溯源性，也构成了核酸含量标准物质的溯源途径。

核酸标准物质的研制解决了核酸分析测量溯源性。使用具有溯源性的核酸标准物质，为不同领域的核酸检测等生物分析测量提供了单位统一和质量保证最基础的计量溯源保障，以支撑核酸检测数据准确可靠、可比为目的。

（二）转基因标准物质

1. 转基因标准物质种类

转基因技术用于农业一直是全世界关注的方向，而转基因成分的检测和标识已成为各国对转基因产品管理的要求。转基因有证标准物质是保证转基因成分检

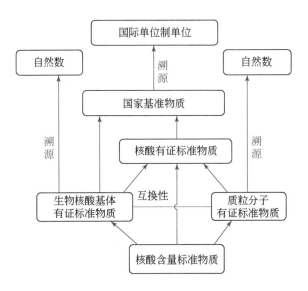

图 5-4　核酸含量标准物质的溯源途径

测结果准确、可比和可溯源的重要依据,已广泛应用于转基因植物及其产品的检测活动中。目前,转基因植物标准物质的种类,在生物标准物质的分类方面,以制备性状类型上,主要有复杂转基因基体标准物质、转基因质粒分子标准物质。以生物物质类,有转基因核酸标准物质、转基因蛋白质标准物质。

1) 转基因基体标准物质:基体标准物质是与被测生物样本具有相同或相近基体的实物标准。转基因基体标准物质则是选择具有转基因生物体如转基因植物为候选物进行制备而研制的一类标准物质,具有足够均匀和稳定的特性。转基因植物候选物原料包括转基因植物组织的种子、叶片等,要求转化体纯度在95%~100%。制备的状态主要为固态粉末。在转基因基体标准物质研制中,转基因植物候选物原料的成分和纯度会影响制备的标准物质质量,存在于植物中的其他成分引起的基质效应(也称基体效应),会对定值及其量值产生影响。从而面临很难获得完全相同的候选物引起的转基因基体标准物质复制难情况。因此,转基因基体标准物质研制的关键是候选物选择、制备、定值、复制等要素。

转基因核酸基体标准物质通常是以不同品系转基因植物的组织(如种子、叶片)作为标准物质候选物原料,制备不同品系转基因植物基体标准物质,具有核酸特性标准量值。首先对候选物原料的纯度鉴定后,采取的制备方式是用仪器将原料粉碎,制备成固体粉末,通过均匀性检验方法确定其均匀性。其特性量值有两种表示:一种是以转基因植物与非转基因植物组织材料的称量质量分数表示的标准值,也就是将转基因和非转基因植物的固体粉末按一定比例准确配比,以重量法配制的质量分数结果；另一种是以转基因植物与非转基因植物组织材料的外源基因与内源参考基因拷贝数比值表示，即采用聚合酶链反应方法进行赋值/定值得到的结果。由于两种定值方法不同，量值单位也不同，因此在使用转基因核酸基体标准物质时，应注意标准值和单位，满足转基因检测使用拷贝数的聚合酶链反应方法的实际需要。

由于转基因基体标准物质具有与待测植物样本相同或相近的基体效应，转基因植物基体标准物质可以用于转基因检测全过程质量控制，即在转基因植物核酸成分检测过程中用作定量标准、程序校准、方法确认与消除前处理影响。另外，可根据转基因基体标准物质赋值/定值结果的核酸特性量值、蛋白质特性量值的不同选择使用转基因核酸标准物质、转基因蛋白质标准物质，分别用于转基因植物的核酸检测、蛋白质检测。

另外，转基因基体标准物质的转化体纯度和均匀性不容易保证，候选物原材料不容易获得，直接影响到标准物质的复制。因此，发展转基因质粒分子标准物质，可以解决转基因核酸基体标准物质复制问题，互换性评估满足要求后，可用来代替转基因核酸基体标准物质的使用。

2）转基因分子标准物质：是含有已知量值（如拷贝数浓度含量）转基因核酸分子标准物质，如转基因质粒分子标准物质。

可选择转基因生物体不同组织部位来制备分子标准物质，如以植物为原料制备转基因分子标准物质，可以选择来自叶片、种子部位进行转基因分子标准物质的制备。

以含有特定转化体基因或基因片段的重组质粒制成的分子标准物质候选物，纯度达到100%。研制转基因质粒分子标准物质，其特性量值为外源基因与内源参考基因拷贝数比值和拷贝数浓度。具有易复制、均匀、稳定、使用方便等特点。

以转基因植物提取的基因组制成的转基因植物基因组标准物质，其特性量值为外源基因与内源参考基因拷贝数比值和拷贝数浓度。基因组DNA制备的纯度要求不小于95%，由于转基因植物的纯度难以控制，所以转基因植物基因组DNA标准物质的复制较质粒分子标准物质难获取。

质粒分子标准物质用来代替转基因核酸基体标准物质的使用，需要进行互换性或可替代性评估进行确认，目的是最大限度达到真实反映生物样本检测转基因核酸拷贝数浓度结果（图5-4）。

2. 转基因植物标准物质研制内容

研制转基因标准物质对于保证转基因检测的有效性，提高转基因植物及其产品检测结果准确性具有重要意义。转基因标准物质研制的主要对象是已商业化或国际贸易关注有重要意义的转基因作物。目前研制的转基因植物标准物质主要有转基因植物基体标准物质、质粒分子标准物质。

对于转基因基体标准物质的研制，理论上每种转基因作物原料都可以用来作为植物基体标准物质研制的候选物，也是我们所期待的最理想的状况，但这是困难的。因为不是所有的原料都能达到纯度要求，几乎很难找到满足标准物质复制要求的相同性状的候选物原料。因此，对于转基因植物标准物质的研制，获取有重要意义、可获得的候选物是首位要求，进而选取不同的转化体和不同的品种及组织，最终研制有代表性的转基因植物基体标准物质。

要解决基体物质候选物难获取、难复制的问题，可通过研制质粒分子标准物质的策略，需经实验证实质粒分子标准物质具有与转基因核酸基体标准物质的互换性，保障以质粒分子标准物质代替基体标准物质应用来实现对实际生物样本转基因核酸分析测量的有效性和真实性。

转基因植物核酸标准物质研制过程是按研制流程中每一环节进行的活动。主要环节和具体内容依据转基因植物核酸标准物质研制规范要求确定。

（1）转基因植物核酸标准物质研制流程

做好研制一个转基因植物核酸标准物质的第一步是要先建立流程（图5-5）。研制流程主要从研制策划、制备、均匀性评估、稳定性评估、互换性评估（需要时）、定值、不确定度评定等技术研究内容，再到完成研制报告、申请国家标准物质、获得证书的过程，最后确定好整体包装和保存的措施。为对外提供应用做好准备。其中均匀性评估、稳定性评估、互换性评估、定值、不确定度评定等环节是确定标准物质量值和不确定度的关键。

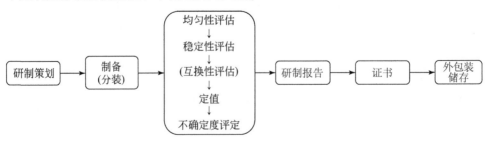

图5-5 转基因植物核酸标准物质研制流程

目前已制定的《转基因植物核酸标准物质的研制》（JJF 1718—2018）计量技术规范，规定了转基因植物核酸标准物质的研制过程，为转基因植物核酸标准物质的研制提供了规范要求。下面结合该规范阐述转基因植物核酸标准物质研制要点。

（2）研制策划

1）对要研制的转基因植物核酸标准物质的需求、目的等进行调研，确定预期用途和目的，明确研制的标准物质类型、不确定度水平适用的预期用途，进而策划研制方案。

2）预期用途包括但不限于满足不同转基因植物及其产品（如种子、粮食、食品、饲料等）的检测、用于检测程序和仪器校准、方法确认、质量控制等，以及用于建立转基因植物核酸测量的计量溯源性等。

3）根据预期目的满足进出口贸易、市场监管、生物安全评估等需要，进行转基因植物核酸标准物质的需求评估及策划。同时，对转基因植物核酸标准物质候选物或原料的可获得性进行评估，并说明候选物的转基因生物安全管理风险。

4）对研制技术的评估策划，包括评估转基因植物核酸标准物质定值方法、计量溯源性、均匀性、稳定性、不确定度、互换性等，明确转基因植物核酸标准物质的适用性，以满足标准物质的研制达到预期用途和目的需求。

（3）制备

1）候选物要求。

① 转基因基体标准物质候选物材料来源应清楚、信息完整，包括典型性（含特定转化体的特性）、转化体纯度（含纯合体和杂合体）、转化体纯合度（不含杂合体）、重组质粒中的转化体特异性外源基因序列、转基因生物安全管理和登记信息等。当国际公约、国家法规有规定时，应说明候选物材料来源的合法性。

② 候选物的选择应满足适用性、代表性、易复制等原则。候选物的数量应足够满足在有效期内使用的需要。

③ 转基因基体标准物质候选物纯度需要达到要求，这直接关系到转基因成分含量的准确性。对候选物纯度鉴定包括遗传背景纯度、基因型纯度的鉴定。

转基因植物标准物质候选物的鉴定应根据需要研制的不同类型标准物质进行科学鉴定。例如，对农作物来源的转基因植物基体标准物质候选物的鉴定应包括典型性、转化体纯度、转化体纯合度等鉴定，可参照《农作物种子检验规程真实性和品种纯度鉴定》（GB/T 3543.5）分别确定候选物中插入的外源基因的真实性、遗传背景和纯度等，其中候选物的外源基因和内标准基因（内源参考基因)、等位基因等的检测纯度均应大于99.9%。

转基因基体标准物质鉴定体系建立,包括但不限于通过田间性状筛选、对遗传背景纯度鉴定、基因型纯度鉴定、分子水平和蛋白质水平纯度检测等技术方法。获得满足要求的转基因基体标准物质候选物。

2)制备和分装。

转基因植物核酸标准物质制备,应与实际生物样本的性状保持一致。

转基因植物标准物质候选物通过鉴定后,按照良好的制备规范要求进行制备。应采用合适的制备工艺措施保证标准物质的均匀性和稳定性。制备后的分装宜选用密封性好、便于取用、材质良好(如不易吸附、无干扰物质)、清洗干净的容器(如玻璃瓶),分装成每个包装单元的数量。

对于含油量高的转基因植物、见光易分解和易氧化、易变质等的材料,则选择采用隔氧、避光、密封的包装容器。适当采取灭菌措施。

(4)均匀性评估

制备的转基因植物基体标准物质需要保证均匀,通过均匀性评估反映是否均匀。因此,根据转基因植物核酸标准物质的类型、状态等制定均匀性评估方案,选择不低于定值方法精密度、具有足够灵敏度的测量方法进行检测,通过对检测数据的统计学分析完成均匀性评估。

对于转基因植物核酸标准物质的均匀性检测,可采用聚合酶链反应方法评估外源基因与内标准基因拷贝数比值的均匀性,也可采用可靠的间接方法评估转基因植物粉末颗粒分散的均匀性,如中子活化分析方法等[《转基因植物核酸标准物质的研制》(JJF 1718—2018)]。对于转基因质粒分子标准物质的均匀性检验,采用聚合酶链反应方法对外源基因拷贝数、内标准基因拷贝数以及两者比值的进行均匀性评估。

(5)稳定性评估

《标准物质定值的通用原则及统计学原理》(JJF 1343—2022)中对标准物质稳定性评估的要求适用于转基因植物核酸标准物质。

(6)互换性评估

作为替换转基因植物基体标准物质使用的目的而研制转基因质粒分子标准物质时,应考虑互换性评估,即评估其与转基因植物基体标准物质之间特性测量数据关系的一致性,是否具备可替代性作用。

在进行互换性评估前,须先制定互换性评估方案,确定参与互换性验证的实验室,再进行互换性实验。应在相同的条件下同时测量转基因植物基体标准物质和质粒分子标准物质,通过数学公式、数据相关性等确定一致性关系,判断互换性，即确定可替代性。转基因质粒分子标准物质的互换性评估是对特定转化体，当转化体发生变化时，需要重新进行转基因质粒分子标准物质针对特定转化体的互换性评估。

质粒分子标准物质互换性评估确定可替代性实验的基本内容如下。

1）确定参与互换性验证的实验室个数，不少于3个实验室。需要确认实验室资质，对测量方法、标准物质、样本来源、统计方法、原始记录等要求的保证。

2）实验所用生物样本材料优先选用转基因植物基体有证标准物质，当无此类转化体的有证标准物质时，则选择经鉴定为该相同品系的转基因植物组织（如叶片、种子），获得转基因成分的测量对象。

3）在进行互换性评估时，选择好的生物样本材料的测量对象和待评估的质粒分子测量对象的浓度范围不少于5个水平，且两者的浓度范围相同或相近。测试结果分析指标包括扩增效率、标准曲线的线性拟合度、截距分析等。

（7）赋值/定值方式

选取合适的赋值/定值方式对转基因植物基体标准物质、转基因质粒分子标准物质进行赋值/定值，确定其特性量值。

转基因基体标准物质的特性量值为制备成固体粉末的转基因植物组织与非转基因植物组织在一定条件下的质量分数、转基因外源基因与内标准基因拷贝数比值表示。转基因质粒分子标准物质的特性量值为外源基因与内标准基因（内源参考基因）拷贝数比值或拷贝数浓度表示。

1）转基因基体标准物质定值方式：可选择一个实验室采用基准方法进行定值的方式，如采用重量法对制备成固体粉末的转基因植物组织与非转基因植物组织的称量所得到的质量分数量值。若采用（数字）聚合酶链反应方法进行定值，则可采取多个实验室联合协作定值的方式。若采用两种方法多个实验室联合协作定值时，实验室数量则不少于6个；若采用一种方法联合协作定值时，实验室数量不少于8个。

2）转基因分子标准物质定值方式：可选择一家实验室采用一种或两种可溯源的计量方法，如用数字PCR方法、同位素稀释质谱方法。当采用一种方法时，可视情况采取不少于8个实验室的联合协作定值。

3）质量控制要求：采取一个实验室完成定值的方式，则该实验室应定期参加国际计量比对并且该定值方法取得国际等效，或实验室定期参加由具有国际校准和测量能力的国家计量机构实验室开展的能力验证或计量比对活动，其所采用的定值方法取得满意的结果。

参加联合协作定值的实验室，应具有相关转基因测量对象的测量能力、评定测量不确定度的能力、校准检测实验室的资质等。通过计量比对、能力验证、测量审核等方式筛选联合协作定值的实验室。各实验室采用的仪器设备、校准物质的计量溯源性证明齐全，相关实验活动和数据记录完整并保证可追溯。

（8）数据结果表述

标准物质的定值结果及不确定度评定和表述，参考国家计量技术规范《标准物质定值的通用原则及统计学原理》（JJF 1343—2022）、《测量不确定度评定与表示》（JJF 1059.1—2012）的要求。

（9）保存

转基因标准物质应按照长期稳定性保存条件储存，保证在有效期内维持其性能参数。转基因植物基体标准物质通常保存在4℃或以下的低温条件下；转基因质粒分子标准物质和基因组标准物质通常保存在-20℃或以下的冷冻条件下。

（10）研制报告书写

转基因植物核酸标准物质的研制报告内容包括描述目的用途的研制策划、候选物选择和鉴定、制备、均匀性评估、稳定性评估、互换性评估、定值方法、溯源性建立、不确定度评定、包装和保存等信息，并提供充分的数据附件材料及分析信息。

3. 转基因标准物质研制举例

（1）转基因水稻、玉米基体标准物质

对于转基因基体标准物质的研制，首先确定转基因水稻和转基因玉米相关产品的检测和贸易需要，根据预期用途对转基因水稻、玉米的品系进行分析，筛选满足预期用途并适合的转基因水稻、玉米植物候选物，通过鉴定后，将获得的转基因阳性材料进行规范化的研磨筛分等方法制备，如用超细冷冻、高效筛分、高精分析、恒温混匀等技术方法，制备符合要求的转基因水稻、玉米植物基体标准物质固体粉末（图5-6），采用重量法配置不同比例含量水平的转基因基体物质，进行分装成每一个包装单元后，对均匀性和稳定性检测，可采用中子活化分析方法，或聚合酶链反应定量方法。通过重量法完成量值的确定，及计算结果的扩展不确定度（$k=2$），并以聚合酶链反应定量方法辅助验证量值的可靠性。

通过上述研制过程完成转基因 *BT63* 水稻种子粉基体标准物质（GBW 10070～GBW 10073）、转基因玉米（Zea mays）*NK603* 基体标准物质等的研制。研究验证了转基因玉米 *NK603* 基体标准物质的量值与采取荧光定量 PCR 方法多个实验室联合协作定值的结果相当，转基因玉米 *NK603* 基体标准物质适用于转基因玉

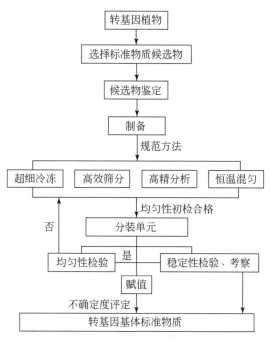

图 5-6 转基因基体标准物质研制要点关系

米 NK603 转基因成分的聚合酶链反应定量检测（董莲华等，2012b；董莲华等，2013）。

随着分子生物学检测技术的发展，不依赖于外标的数字 PCR 技术被用于计量方法的研究，中国计量科学研究院通过国际计量比对，转基因核酸测量达到国际比对等效一致的结果，数字 PCR 计量方法可用于转基因基体标准物质研制的赋值/定值。

（2）转基因质粒分子标准物质

质粒分子标准物质是一种含有转基因检测目的外源基因和内源基因特异性片段的重组质粒分子（李亮等，2012）。质粒分子可以通过微生物进行大量培养，具有易获得、稳定性好、纯度较高、制备和复制较为容易等优势，因此转基因质粒分子标准物质被认为是转基因标准物质的重要一类，可与转基因基体标准物质互补。

转基因植物质粒分子标准物质研制技术关键为候选物选择、目标基因序列和内源（参考）基因序列的选择和扩增、质粒分子构建、质粒分子标准物质定值、互换性的适用性验证等，其中对于质粒分子标准物质的定值和适用性验证是质粒分子标准物质研制的技术重点。

选择转基因植物为候选物时，目标基因可以是启动子或终止子基因序列，也可以是转入的功能基因序列、转化事件特异性基因等，转化事件特异性基因的一部分来源于植物基因组，一部分来源于转入的外源基因。一般内源基因序列的选择取决于转基因检测时常用的基因（李亮等，2012）。所构建的质粒分子同时含有内源基因和目标基因。

2010 年，对于质粒分子标准物质的定值还没有成熟的模式，当时在着手研究核酸计量方法。转基因质粒分子标准物质的量值有不同于转基因基体核酸标准物质，当其量值为外源目标基因和内源基因的比值，比值可以通过聚合酶链反应方法来确定，也可通过测序来确定。通过测序方法确定的比值，其测序的不确定度基本可以忽略，通过建立的数字 PCR 方法测量得到的比值，不确定度的来源需要考虑数字 PCR 测量所有影响因素，通过对量值的不确定度评定，得到数字 PCR 方法、测序方法的定值结果和不确定度的量值。部分研制完成获得中国国家标准物质证书的转基因质粒分子标准物质的量值如表 5-2 所示。转基因水稻 BT63 质粒分子标准物质（GBW 10090）已用于中国独立主导的国际比对 CCQM-K86b 中，参比实验室用到 GBW 10090 国家一级标准物质时比对测量结果则溯源到中国的标准量值。

表 5-2 转基因质粒分子标准物质（国家有证标准物质）比值量值

国家标准物质名称（标准物质号）	PCR 比值	测序比值
转基因玉米 NK603 质粒分子标准物质（GBW 10086）	0.97±0.09	1.00±0.04
转基因水稻 BT63 质粒分子标准物质（GBW 10090）	1.00±0.08	1.00±0.07
转基因玉米 BT11 质粒分子标准物质（GBW 10091）	0.98±0.08	1.00±0.06
转基因大豆 89788 质粒分子标准物质（GBW 10092）	1.01±0.09	1.00±0.04

资料来源：http://www.ncrm.org.cn。

对转基因基因质粒分子标准物质浓度量值的定值方法采用了计量学研究的超声波-同位素稀释质谱方法、电感耦合等离子体—发射光谱（ICP-OES）方法、数字 PCR 方法，从而解决了核酸浓度定量的溯源性问题，也直接决定了转基因定量的准确性。

转基因质粒分子标准物质是否具有可替代转基因基体标准物质使用，具有互换性，需要进行评估验证两个标准物质测量结果的一致性，满足对实际生物样本的转基因检测的需要。因此，具有互换性和溯源性是转基因质粒分子标准物质重要属性。研究转基因质粒分子标准物质时，其量值的确定至少需要考虑：内源基因/外源基因比值、浓度含量，浓度含量有质量浓度与拷贝数浓度，以及量值溯源性和互换性。

采用溯源清晰的核酸计量方法进行定值，如电感耦合等离子体—发射光谱（ICP-OES）方法、超声波–同位素稀释质谱方法、数字PCR方法。由于不同方法的测量结果与计量单位有不同，测量结果需要达到单位的统一才可比较，因此，需将质量浓度、拷贝数浓度含量的量值进行换算，如果以"拷贝数（copies）"为单位的话，通过阿伏伽德罗常数与核酸的分子量进行计算，使质量浓度单位转换为拷贝数浓度单位。还需要注意引入比重进行体积与质量之间的换算。研究证明方法之间对核酸定量具有等效一致性（见本书第三章）。

由于质粒DNA与基因组DNA的分子大小差异会导致PCR扩增效率的差异，因此对转基因质粒分子标准物质的赋值，要充分考虑质粒DNA和基因组DNA量值之间的差异性，因此扩增效率也是互换性评估的分析指标。

转基因标准物质的互换性，在此是指转基因质粒分子标准物质与转基因基体标准物质的可替代性，其是否具有满足应用的适应性，也就是质粒分子标准物质是否可替代转基因基体标准物质应用。前面介绍了质粒分子标准物质互换性评估的实验基本内容。互换性评估是依据标准物质的预期应用目标、《转基因植物核酸标准物质的研制》（JJF 1718—2018）技术规范、方法技术手段，按照一定的程序对参数指标进行分析、研究，判断其一致性效果和应用适应性的活动。适宜对生物样本中转基因成分的检测，这也是转基因质粒分子标准物质研制的目的。

目前在进行转基因质粒分子标准物质的互换性评估时，是对转基因质粒分子和转基因植物基体基因组的PCR扩增斜率、标准曲线的截距和线性相关系数的一致性进行分析，如果两者的PCR扩增效率、截距和线性相关系数偏差越大，说明转基因质粒分子标准物质的一致性越差。

如果质粒分子标准物质与转基因植物基体标准物质的核酸PCR扩增斜率和截距这两个参数指标之间没有显著差异，则认为质粒分子标准物质与转基因植物基体标准物质基本上可以替代使用。但是如果两个标准物质PCR扩增结果的斜率没有显著差异，截距间却存在显著性差异，则不能就简单地认为两者不可以替代使用，而是需要通过对实际转基因植物样本测量来进行验证，确定是否具有互换性。如果实际测量转基因植物样本与具有已知标准值的转基因植物基体标准物质、质粒分子标准物质同时进行定量测定，若测量结果一致，也可以证明转基因植物基体标准物质、质粒分子标准物质两者互换性，是可以替代使用的。

（三）法医鉴定用 DNA 标准物质

法医学上鉴定 DNA 和亲子 DNA 鉴定，同样需要使用标准物质，以保证 DNA 鉴定检验结果的数据质量，避免数据的不准确和不可靠造成的误判。

DNA 检验是法医个体识别鉴定的基础，也是刑事技术中通过对微量生物物质进行检验为认定罪犯而提供的一项重要手段。检验结果的准确、可靠也需要使用 DNA 标准物质进行质量控制来保证。

DNA 鉴定检验主要使用的分析仪器是聚合酶链反应分析仪和遗传分析仪，在进行 DNA 片段分析时，通过 PCR 扩增、毛细管电泳，扩增产物按照片段长度分子大小进行区分，需要与内标及所设立的等位基因标准物质进行比对，给出基因分型结果。短串联重复序列（STR）分析法用于人类身份鉴定，需要严格控制在 PCR 过程中扩增样本 DNA 的初始量。准确获得样本中 DNA 浓度含量。

美国国家标准与技术研究院（NIST）在 21 世纪初期就进行了司法鉴定用 DNA 标准物质的研制，并应用于法医学和司法领域，为国家的司法公正提供计量支撑。2004 年，NIST 研究表明一个特征良好、稳定的人源 DNA 定量标准物质使用可以起到减少法医鉴定检验实验室内和实验室间的 DNA 定量变异性或差异性。2007 年 10 月 NIST 发布了人源 DNA 定量标准物质 SRM 2372，2009 年重新复制完成了 SRM 2372a 人源 DNA 定量标准物质。另外，NIST 有证标准物质 SRM 2390、SRM 2390a、SRM 2392 都可用于亲子鉴定 DNA 检验分析程序质量保证的规范化。有证标准物质 SRM 2390 是基于限制性片段长度多态性（RFLP）分析的标准物质，可鉴定每一个等位基因。有证标准物质 SRM 2391a 和 SRM 2392 可用于 DNA 定性检测，如 DNA 中一部分核酸序列的检测，SRM 2391a 有证标准物质基于聚合酶链反应分析，更强调短串联重复序列信息。SRM 2392 有证标准物质可用于人类线粒体 DNA 的 PCR 扩增和序列分析质量控制。

自 2005 年后，中国计量科学研究院开展了 DNA 和 RNA 标准物质的研制工作。2019 年研制了 ROX 标记 65～500bp 片段 DNA 标准物质 11 种，满足不同长度 DNA 片段分析使用。研制了人源基因组 DNA 定量标准物质，首先需要确定好候选物，之后是细胞培养、基因组 DNA 纯化、纯度及浓度测定、分装保存、均匀性检验、稳定性检验和监测、定值等过程，并进行不确定度评定，得出最后的量值和不确定度描述。在方法确定中至少需要进行特异性检测、准确度验证，不同目标基因可采用数字 PCR 方法进行定值。

(四) 病毒核酸标准物质

随着病毒与人类共存而进行长期诊断和监测的需要，病毒核酸检测已成为重要防控手段之一。2020 年发生的新型冠状病毒感染引发全球健康危机，自 2020 年 1 月 30 日世界卫生组织（WHO）宣布本次疫情为"国际关注的突发公共卫生事件"（PHEIC）起，病毒核酸和蛋白质检测对疫情监控意义与日俱增。病毒核酸和蛋白质的检测需要核酸和蛋白质标准物质对检测数据的准确可靠性起到保障作用。

目前，研制的 RNA 标准物质多数为病毒核酸标准物质。RNA 标准物质的研制与 DNA 标准物质研制过程类似。如果使用聚合酶链反应方法定值，与 DNA 不同的是在测量前有逆转录过程。

对于病毒 RNA 标准物质的研制，需要根据预期目标进行研制方案设计，选择确定靶基因，选取在核酸检测中常用的基因，如埃博拉病毒（EBOV）的 *NP*、*GP* 和 *L* 基因，中东呼吸综合征病毒（MERS）的开放读码框 *1ab*（*ORF1ab*）、*upE* 和 *RdRp* 基因等，新型冠状病毒（SARS-CoV-2）的 *ORF1ab*、核壳蛋白（nucleoprotein，N）基因区域、小包膜糖蛋白基因区域（E 基因）的基因等。通过权威信息库获得相应的基因序列，进行质粒分子的体外合成，通过鉴定确定质粒分子标准物质的候选物，并完成制备和分装。分装后的包装单元再进行均匀性和稳定性检验，均匀性和稳定性检验合格后进行赋值/定值和不确定度评定。

如果制备假病毒 RNA 标准物质，可进行序列克隆、表达载体、包装质粒，再经过表达、富集等多步骤，得到假病毒标准物质候选物，并采用电镜、PCR、测序等技术方法进行目标基因序列的确证。通过序列设计引物和探针，对目标基因片段 RNA 进行鉴定检测，以判断是否制备正确。将制备好的 RNA 标准物质根据应用需求进行分装。为提高稳定性可选择在溶液中添加一定的保护剂进行保护并低温保存，RNA 不稳定易降解，适当的情况下可采用冻干方式处理，得到冻干状态的标准物质，放置低温 $-80°C$ 冷冻长期保存。对分装好了包装单元数量的物质进行均匀性和稳定性检验，经检验合格后进行赋值。选择提取效率高的核酸提取试剂盒提取核酸，并确定提取效率，逆转录后采用经计量学研究的 PCR 方法对核酸测量，分析不确定度来源并评定测量不确定度，给出最后的赋值（含不确定度和单位）。

病毒 RNA 标准物质研制需要注意实验室的环境和操作安全，应在生物安全实验室进行操作，并遵守病原微生物管理和生物安全的相关规定。

（五）基因突变标准物质

随着基因检测技术的发展，发现靶向基因和基因突变对疾病的影响越来越多。基因遗传病和癌症是目前人类无法避免的重大疾病，因此基因遗传病和癌症等突变基因的检测也显得尤为重要。疾病诊断同样需要核酸标准物质，对疾病体外诊断、筛查等基因检测起到质量保证的作用，对提高检测的水平和诊断数据的准确可靠非常重要。

自 2010 年起，中国计量科学研究院开展了突变基因标准物质的研究。通过研究建立的电感耦合等离子体质谱方法、同位素稀释质谱方法、数字 PCR 方法等，可对基因突变质粒 DNA 分子标准物质赋值，得到质量浓度含量、基因拷贝数浓度含量的准确量值。先后研制了 EGFR、FMR-1 等基因的野生型、突变型和内参基因序列的十多种质粒 DNA 分子系列标准物质［GBW（E）090640～GBW（E）090652］。这些标准物质可用于 PCR 技术和序列分析技术进行突变基因检测的质量控制，为提高肺癌、脆性 X 遗传病等诊断检测数据的可靠性提供计量标准支撑。并于 2018 年研制完成了 9 种结直肠癌标志基因 KRAS 的系列基因突变丰度标准物质，申报并获批国家一级标准物质（GBW 09841～GBW 09849），可用于肺癌、结直肠癌目标基因 KRAS 检测方法的验证和质量控制（Dong et al.，2018a，2018b），还可应用于人类 KRAS 基因突变试剂盒的质量评价，为试剂盒的生产提供量值溯源性依据。

2020 年，中国计量科学研究院进一步发展了遗传疾病分子诊断标准物质，如研制了 BRAF V600E 基因的循环肿瘤 DNA 标准物质（Dong et al.，2020），该标准物质可溯源至国际单位制（SI）单位；研制了 19 号外显子的非移码缺失突变，*L858R*、*T490M*、*BRAF V600E* 突变的 1% 和 5% 水平的游离 DNA 形式的标准物质。采用了重量法、数字 PCR 方法赋值。另外，建立的单核苷酸变异数字 PCR 方法参加了 CCQM *P184* BRAF 突变基因测量国际比对。BRAF V600E 变异型基因拷贝数浓度测量结果取得了国际等效一致（Burke，2023）。

（六）基因组序列标准物质

从 1953 年发现 DNA 双螺旋结构到人类基因组计划的完成，人类逐渐认识了庞大的生物组数据的生命信息。在使用不同技术、在不同批次、不同实验室、不同平台及不同数据分析方法上所产生的生物组高通量数据间存在非常严重的不可比、不可重复性现象，不仅造成检测资源、人力资源、检测成本的极大浪费，也极大地限制了生物组高通量检测技术在生命科学研究、临床应用、生物服务产业中的数据准确的可靠性。

因此，发展遗传疾病诊断、癌症诊断、病毒分析、宏基因组分析的序列标准物质，基因表达谱的 RNA 序列标准物质等，是当前所面临的具有挑战性的计量研究。

目前我国针对序列标准物质的研究还很有限。中国计量科学研究院和深圳华大基因研究院通过联合研究，于 2015 年 6 月共同发布了首个亚洲人源（"炎黄一号"）DNA 序列标准物质（NIM-RM5201）和大肠杆菌 O157 基因组 DNA 序列标准物质（NIM-RM5202）（图 5-7），这是我国首次发布人源 DNA 序列标准物质和微生物源基因组 DNA 序列标准物质，为基因检测产业评估测序和数据分析的准确性提供了参考标准。人源序列标准物质候选物是我国人源"炎黄一号"，它是全球黄种人的第一张个人基因组序列图谱。微生物源基因组 DNA 序列标准物质来源于重要的食源性致病微生物大肠杆菌 O157 候选物，可应用于微生物测序判定和微生物序列鉴定的质量控制。

图 5-7 人源 DNA 序列标准物质和微生物源基因组 DNA 序列标准物质

2016 年 12 月，由中国计量科学研究院牵头，中国计量测试学会生物计量专业委员会承办，联合中国计量测试学会、中国遗传学会、部分大专院校及我国生物企业等，宣布"中精标计划"（GSCG）正式启动，以统一标准为己任，建立国家的基因组等组学相关权威标准。目前已建立的同卵双胞家系（"中华家系1号"）基因组序列标准，为评估测序准确性、数据分析方法的准确性提供标准，并在国家重点研发计划项目"生物活性、含量与序列计量关键技术及基标准研究"中开展了核酸含量与序列计量关键技术研究、序列测量计量标准研究（王晶，2017），通过建立准确可靠的数据分析流程，进行人基因组序列信息的表征，为高通量测序提供数据集参考标准。基因组序列标准物质的标称特性值将包括但不限于全基因组的核苷酸序列、简单变异、结构变异等高置信数据信息，这些数据信息都存放在一个数据文件中，以大数据集参考标准来表示。

中国计量科学研究院、复旦大学等联合研制的"中华家系1号"（同卵双胞胎家庭）人源B淋巴细胞系全基因组标准物质，其候选物来源于泰州队列家庭，建系后扩展培养B淋巴细胞永生化细胞系进行标准物质候选物的制备。所选择的生物样本从遗传结构上体现了我国南北交融的人群结构特征，同时，家系的设计也为确定标准量值提供遗传学依据。该标准物质已具备了二代测序、三代测序平台及光学图谱等基因组学数据，较为全面地准确定义了全基因组序列标准物质的标称特性值，有核苷酸序列、简单变异、结构变异等序列信息标准数据集，为高通量测序和数据分析提供质量控制，以满足我国公共卫生、医疗等行业和生命科学研究及生物产业化对基因组测序高质量的需求（王晶等，2018）。

四、蛋白质标准物质研制要点和举例

（一）蛋白质标准物质溯源性

蛋白质计量方法的建立为蛋白质标准物质的研制奠定了基础。蛋白质计量方法在溯源和研制蛋白质的标准物质定值中起到了重要作用。不论采用何种赋值方式，都应符合国家标准化组织（ISO）的国际标准导则的要求。而蛋白质标准物质作为量值的重要载体，在蛋白质测量溯源和量值传递中也发挥了重要作用。

蛋白质标准物质量值溯源首先考虑的是溯源到国际单位制（SI）基本单位，如无法溯源到国际单位制单位溯源到国际公认单位等，通过建立溯源层级实现溯源。蛋白质标准物质的溯源途径可参见本书第四章。其中，对同位素稀释质谱方法建立的溯源性，可实现多肽、蛋白质标准物质到国际单位制的溯源。

由于目前能实现到国际单位制（SI）基本单位的蛋白质标准物质还很有限。为解决实际应用问题，提出了一种溯源方式是通过国际约定的参考物质和参考测量程序完成溯源，如在国际标准"体外诊断医疗器械 测量生物样品中的量 校准品和控制品定值的计量可追溯性"（ISO 17511：2003）中所描述的方式，这常在医疗临床体外诊断领域使用。目前国际检验医学溯源联合委员会（JCTLM）鼓励临床医学领域进行计量溯源，通过溯源链使世界临床检验等领域的检测数据可溯源、可互认、单位可统一，实现检验数据结果准确可靠的目的。

因此，对于蛋白质标准物质的溯源，可在实际应用中针对不同测量对象和要求，采用不同的溯源方式达到预期用途和目标。

(二) 蛋白质标准物质种类

蛋白质标准物质也是以生物物质分类的生物标准物质中的一种。蛋白质标准物质根据生物（物质）特性的不同，有蛋白质含量标准物质、分子量标准物质、活性浓度标准物质等，以及相应的以不同状态分类的复杂生物基体标准物质、纯度标准物质等。如果根据测量对象分类，蛋白质标准物质可有抗体标准物质、抗原标准物质、生物标志蛋白质类标准物质和酶类标准物质等。下面对以生物（物质）特性分类的蛋白质标准物质进行介绍。

1. 蛋白质含量标准物质

美国国家标准与技术研究院很早就对司法鉴定、体外诊断、食品过敏原检测用的蛋白质标准物质等进行了研制。

2002年，国际计量局物质的量咨询委员会成立生物分析工作组后，各国的国家计量院通过对蛋白质含量标准物质的研制，满足了部分蛋白质标准物质的国际比对需求，更为重要的是，提高了各国在所在国家的蛋白质测量的能力，并有利于对蛋白质测量体系的建立，达到与国际等效一致。

美国国家标准与技术研究院、欧盟标准物质与测量研究院、中国计量科学研究院等先后研制了多种多肽和蛋白质含量标准蛋物质，如牛血清白蛋白、人血管紧缩素Ⅰ、糖化血红蛋白（HbA1c）、人血清白蛋白、α-乳清蛋白、胰岛素等。在研制蛋白质含量标准物质时，由于制备方法不同、采用的赋值方法不同，会出现不同的蛋白质标准物质类型。例如，在研制人生长激素标准物质时，中国计量科学研究院、韩国标准科学研究院、德国联邦物理技术研究院等分别研制了人生长激素（hGH）标准物质、人生长激素溶液标准物质、复杂基体血清中人生长激素标准物质等不同类型的标准物质，以满足不同的使用目的需求。

国际组织也在合作研究高水平的具有计量学属性的蛋白质生物标准物质。如国际临床化学和实验室医学联盟、欧盟标准物质与测量研究院、欧共体标准物质局等联合，通过国际比对的测量能力研制蛋白质标准物质，是为满足欧盟在医学、食品安全等领域法规的要求。

2. 蛋白质分子量标准物质

肽和蛋白质标准物质，除了有蛋白质含量标准物质外，还有189~66 446Da系列相对分子质量标准物质，如乙氨酰乙氨酰乙氨酸（GGG）、乙氨酰乙氨酰酪氨酰精氨酸（GGYR）、细胞色素c、牛血清白蛋白等相对分子质量标准物质。

3. 蛋白质活性标准物质

蛋白质活性标准物质是蛋白质标准物质中重要的一类，可在实际应用中支撑酶催化活性、酶活性、免疫亲和活性等分析测量，对其研制也有一定要求。

美国国家标准与技术研究院提出了一种凝血酶标准物质和对凝血酶在底物上的催化能力敏感的测量程序，此测量程序为达到保证物质定性（substance identity）、定量（amount）和生物活性（biological activities）方面分析的参考测量程序（Craig et al., 2020）。该机构建立了用于蛋白质表征和凝血酶催化的测量新方法，研发了计量学上可接受的凝血酶标准物质和参考测量程序，并研究了凝血酶蛋白水解活性和肽水解活性与各种底物、pH、特定离子和温度的关系。研究力图解决标准物质在结构表征和生物活性的测量上还不足以证明具有明确的计量溯源性和可比性的问题。

自 2006 年，中国计量科学研究院就开始酶活性研究，从酶催化活性浓度测量入手，经过多年研究攻关，先后牵头主导 BIPM/CCQM 国际比对"人血清 α-淀粉酶催化活性浓度测量""α-凝血酶催化活性浓度测量"（CCQM-P137、CCQM-K163）项目。并研制了临床检验用催化酶活性浓度标准物质，可用于全自动生化分析仪的校准及多种酶制剂的质量控制，另外还研究了用于体外诊断方面满足参考测量程序的蛋白质标准物质。这些还只是在酶活性计量的创建阶段，蛋白质活性计量溯源性研究和标准物质研制还需要深入研究突破。

（三）蛋白质标准物质研制举例

1. 蛋白质分子量标准物质

（1）预期用途分析

相对分子质量（分子量）是蛋白质的基本参数，当发现或鉴定一种蛋白质时，首先要测定蛋白质的相对分子质量。当多肽、蛋白质具有的分子量大小不同时，会有不同的活性功能作用，进而影响人体生理功能。如在保健品的质量检测中，多肽、蛋白质的相对分子质量分布是其中一项质量检测指标，因此，研制蛋白质相对分子质量标准物质具有实际应用意义。

（2）研制要点

在蛋白质分子量标准物质研制中，首先是确定蛋白质候选物，对选择好的蛋白质候选物的纯度进行鉴定确认，其次进行均匀性和稳定性检验和监测，最后研究确定选用好可实现赋值/定值的计量方法。

电喷雾质谱（ESI-MS）是一种可以测定各种亲水性、疏水性及糖蛋白的相对分子质量的技术，该技术也可以用于直接测定蛋白质混合物的相对分子质量。中国计量科学研究院为建立良好的计量方法，研究了直接流动注射、液相色谱联用电喷雾质谱的不同测定模式研究对蛋白质相对分子质量测量结果的影响，以及对测量结果的不确定度评定。通过用不同方法测量牛血清白蛋白相对分子质量，对测量结果的不确定度进行评定分析，液相色谱联用电喷雾质谱法具有较小的A类不确定度，说明是一种较好的蛋白质相对分子质量的测定方法（武利庆等，2009b，武利庆和王晶，2007d）。方法可以用于相对分子质量在 10 000～80 000Da 范围的蛋白质相对分子质量的测量。

因此，通过建立的相对分子质量标准物质定值方法，如电喷雾–四极杆–飞行时间质谱方法、电喷雾线性离子阱质谱方法、基质辅助激光诱导解析飞行时间质谱方法，可对研制的乙氨酰乙氨酰乙氨酸（GGG）、乙氨酰乙氨酰酪氨酰精氨酸（GGYR）、胰蛋白酶抑制剂、细胞色素c、牛血清白蛋白（BSA）等多肽和蛋白质分子质量标准物质进行赋值/定值，同时也给出了溯源途径（武利庆等，2009b，武利庆和王晶，2007d），得到了几种多肽、蛋白质相对分子质量标准物质的量值及其不确定度。

研制的多肽、蛋白质相对分子质量标准物质可以用于聚丙烯酰胺凝胶电泳或者高效凝胶排阻色谱检测实际样品时的分子量，并起到质量控制作用，使多肽、蛋白质相对分子质量的分析测量结果准确有效。

2. 蛋白质含量标准物质

（1）预期用途分析

在食品安全、转基因、蛋白质过敏原、动物源性检测中，特别是在医疗体外诊断等方面，都离不开蛋白质的检测，蛋白质含量标准物质研制是不可或缺的获取准确结果和提升质量的重要保证。对蛋白质含量标准物质的研制，可用于蛋白质含量分析测量的溯源，还可用于方法验证和质量控制。

（2）研制要点

蛋白质含量标准物质的研制，同样是遵循生物标准物质研制流程。确定蛋白质标准物质候选物，通过候选物的鉴定确认，经制备、分装，完成均匀性和稳定性检验和评估，再到对蛋白质标准物质赋值/定值的计量方法的研究确认，完成赋值和不确定度评定，书写标准物质的研制报告并提交国家标准物质申请。蛋白质含量标准物质赋值/定值方法主要是采用本书第四章介绍的基准方法和计量方法，如质量平衡法、同位素稀释质谱方法。

例如，通过液相色谱-同位素稀释质谱法对血红蛋白A1c标准物质研制进行赋值/定值（Bi et al.，2012）。还用于研制人血清白蛋白溶液标准物质、人转铁蛋白溶液标准物质、糖化血红蛋白标准物质、人纤维蛋白肽B标准物质等蛋白质含量标准物质研制。

为了实现蛋白质含量标准物质的构象稳定性鉴定，研究人员建立了"蛋白质免疫-质谱联合鉴定技术"，即将免疫印迹技术与蛋白质质谱鉴定技术相结合，并用于蛋白质标准物质的研制中。通过蛋白质构象表征，研制了稳定的牛血清白蛋白标准物质GBW 09815、胰岛素标准物质GBW 09816。通过建立的同位素稀释质谱（IDMS）方法和质量平衡法对标准物质进行赋值/定值（Wu et al.，2015），确定了牛血清白蛋白标准物质标准值和不确定度为（0.963±0.038）g/g，胰岛素标准物质标准值和不确定度为（0.892±0.040）g/g。

在临床诊断领域，蛋白质标准物质定值会由于机构的不同而采取不同的方法，有采用国际临床化学和实验室医学联盟（IFCC）的参考测量程序对蛋白质标准物质进行测量（Muñoz et al.，2007），有使用国际计量机构的计量方法对蛋白质标准物质进行赋值/定值，如中国计量科学研究院同位素稀释质谱（IDMS）计量方法用于糖化血红蛋白标准物质（NIM-RM3625、NIM-RM3626）定值。有研究表明，同位素稀释质谱（IDMS）计量方法与IFCC参考方法之间的分析测量结果会存在一定的偏差（Liu et al.，2015）。因此采用不同方法定值的蛋白质标准物质需要进行可比性和互换性研究。

（3）牛血清白蛋白标准物质研制举例

各国国家计量院研制的蛋白质含量标准物质通常具有可溯源至国际单位制（SI）单位的属性，可使用通过计量学研究的同位素稀释质谱方法、重量法对蛋白质标准物质进行定值/赋值。我国研制牛血清白蛋白纯度标准物质、牛血清白蛋白溶液标准物质，它们是具有相同名称的被测物和被测量，但是制备状态不同的标准物质。

1）牛血清白蛋白纯度标准物质。

牛血清白蛋白（BSA）是牛血清中的一种球蛋白，包含583个氨基酸残基，相对分子质量约为66 430。为了保证我国蛋白质含量测定结果的准确、可比与可溯源，中国计量科学研究院首先对牛血清白蛋标准物质（纯度固体）研制进行了研究（Wu et al.，2011）。牛血清白蛋白纯度标准物质候选物为牛血清白蛋白纯物质，经过鉴定确定了标准物质候选物，标准物质研制中重点对水分、燃烧残留物、分子量、纯度进行了测量和质量控制。定值方法采用了同位素稀释质谱方法和纯度杂质扣除法，牛血清白蛋白纯度标准物质的量值为IDMS结果和纯度扣除结果的平均值，加上测量不确定度和单位，为（0.963±0.038）g/g。此牛血清白蛋白纯度标准物质为国家一级标准物质（GBW09815），再复制的标准物质量值会有微小变化。其重要的作用就是用于量值溯源和传递。

2）牛血清白蛋白溶液标准物质。

考虑到用户使用牛血清白蛋白标准物质时需要进一步配制成标准溶液，而在配制过程中使用的天平、人员操作、环境温湿度等因素都有可能不同程度影响到所标准溶液量值的准确性。为了降低用户因操作不当再次引入不确定性因素，影响所使用牛血清白蛋白标准物质量值准确性，进而在实际分析测量中得到的结果不准确风险，有必要研制牛血清白蛋白溶液标准物，保证量值准确。

研究人员采用重量-容量法研制牛血清白蛋白溶液标准物质，并进行了不确定度评定（杨彬等，2011），建立数学模型，分析不确定度主要来源，包括牛血清白蛋白纯度标准物质的不确定度、定容用容量瓶的不确定度、称量用天平的不确定度、牛血清白蛋白溶液标准物质均匀性和稳定性引入的不确定度、铂电阻温度计等引入的不确定度等。最后得到牛血清白蛋白溶液标准物质的标准值和不确定度，以满足用户直接应用的需要。

到这里，本章重点介绍了生物标准物质的特点、分类、层级、核酸与蛋白质标准物质研制等内容，以所知的历史与现状、阶段研究成果、文献学习及思考进行书写。随着全球对核酸和蛋白质计量的重视和需求日益增加，核酸标准物质、蛋白质标准物质作为准确量值载体，为确保生物核酸、蛋白质特性分析测量结果的准确性、可比性、可溯源等诸多方面都发挥着重要作用，满足不同领域的应用需求。

经过十多年的努力，中国在生物标准物质这一领域的核酸与蛋白质标准物质研究发展已经取得了卓有成效的成果，生物标准物质体系初具规模。具有计量溯源性的国家有证标准物质不但实现了"零"的突破，并发挥着量值溯源传递作用。可以预见，以此为基础的生物标准物质发展，迫切需要研制更多的不同类型、状态、特性的生物标准物质，具有计量学水平和国际互认支撑，不断满足生物农业、医疗卫生、生物安全、司法公安、生物医药研发等领域的应用需求。实现实验室进行生物分析测量结果达到准确可靠、可溯源、可比的目的，为健康安全、贸易公平持续助力。要实现国际互认，国际计量比对研究就显得非常重要。

第六章
核酸与蛋白质计量比对

核酸与蛋白质测量国际计量比对（简称国际比对）是生物计量体系中不可或缺的重要内容，是实现计量方法和生物标准物质国际等效可比、互认的前提。计量比对是衡量各国国家计量机构实验室、国内实验室间测量能力和可比性的一种方法，是保证测量结果等效一致、准确可比的有效措施。计量比对包括国际计量比对和国内计量比对。生物领域国际计量比对是提高各国国家计量院间生物测量能力和实现国际互认的基础，是比较各国生物测量能力和实力的重要方式。同样，该领域的国内计量比对是提高我国实验室即主要是各级计量和校准实验室的生物测量能力的重要方式，也是提升检验实验室间日常分析测量能力和检测结果可比的有力手段。

2003 年，由于国际贸易中出现实验室间对农产品核酸检测结果不可比，甚至无法判断哪个实验室数据准确可靠，BIPM/CCQM 立项的第一个生物领域核酸测量国际计量比对项目启动，经过多年比对研究，实现了各国参比实验室核酸测量结果等效一致。国际计量比对等效一致既是对各国测量能力的判定，也是对测量能力国际互认的证明，通过国际比对的国际等效度，可以证明生物测量的国际水平。截至 2020 年，我国参加 BIPM/CCQM 立项的核酸测量、蛋白质测量的国际比对已达 40 多项，其中我国有独立主导核酸含量测量和酶活性测量的国际关键比对和研究性比对。截至 2020 年，只有包括我国在内的为数不多的国家获得了核酸与蛋白质的国际互认的校准和测量能力。这些不仅显示了我国生物测量能力水平，也建立和巩固了我国在此领域的国际贡献和国际地位。未来，生物核酸与蛋白质的多对象特性测量的计量比对将成为趋势。对生命科学研究、健康安全诊断、贸易公平竞争等方面提供准确可靠和可比数据的有力保障。

第一节 引　言

计量比对是计量领域常用来衡量测量能力和可比性的一种方法。在计量比对过程中，能够发现测量中导致不可比的影响因素，通过量值测量和不确定度评定等研究解决不可比问题，最终实现各实验室间的测量量值等效、互认，形成一种测量能力相对稳定的对比态势。

国际社会一致认同需要发展生物计量来支持生物测量的可比性、溯源性和有效性。生物计量研究的最高目标概括为以下四点：①实现精确测量；②可溯源到国际单位制（SI）基本单位；③根据生物（物质）特性而规定的溯源性；④获得国际互认的校准和测量能力。国际计量比对简称为国际比对，其重要作用就是保证测量单位统一和溯源，实现各国测量结果跨时空的准确可比，为获得国际互认的校准和测量能力奠定基础。通过在国际计量局的国际比对，获得具有同行评议的量值可比性（compatibility），达到比对数据的等效度，实现参加比对实验室间的测量能力国际互认。因此，国际比对在生物计量中具有举足轻重的作用，每一次对各国国家计量机构测量结果的比较都有可能影响各国测量能力水平判定，影响生物测量能力的世界格局。

国际比对是对各国计量标准和计量方法及测量结果比较，以判断各国的生物计量标准及测量能力国际等效一致，实现生物领域的校准和测量能力的国际互认。生物测量的国际比对从最初为了各国测量在国际上保持量值等效一致，解决贸易公平问题，发展到具有打破国际贸易战场上技术性贸易壁垒（TBT）、维护各国利益的作用，到如今成为进一步体现国家实力，体现生物科技能力、生物经济发展及支撑健康、安全等方面的技术主权作用。

2003年第一个生物领域的国际比对CCQM-P44开始时，大多数国家的核酸测量研究处于起步阶段，因此当时的国际比对结果分散性大，各国对聚合酶链反应方法测量转基因玉米核酸的量值没有可比性，无法等效一致。为保证各国核酸测量量值的可比，BIPM/CCQM的生物分析工作组（BAWG）经过CCQM-P44、CCQM-P44.1、CCQM-P44.2、CCQM-K61、CCQM-K86等多轮国际比对研究，最终解决了转基因玉米核酸测量不可比的问题。这一问题的解决使得各个参加比对的国家在转基因玉米核酸测量结果与其他国家达到等效互认，还陆续增加了不同转基因植物（如水稻、油菜）的核酸测量国际比对，不仅提高了各国的转基因核酸测量能力，而且避免了因不互认带来的各国检测实验室重复进行的核酸检测浪费，更是减少了因检测结果不一致造成的国际贸易摩擦，进而降低了经济损失。

我国生物领域计量发展直接受益于国际比对。2003年参加转基因含量聚合酶链反应方法国际计量比对，标志着我国生物计量研究和参加国际比对在BIPM/CCQM推动下得以开始。至2020年，我国生物计量发展历程中已参加BIPM/

CCQM 的 40 多项核酸与蛋白质测量国际比对，进一步保证了我国的核酸与蛋白质计量标准和计量方法的国际等效性。经过不断努力提升，增强了我国建立测量能力和争取主导国际比对的信心。我国不仅完成了国际比对任务并达到等效互认，而且多次赢得独立主导国际比对的话语权。2007 年，中国首次向生物分析工作组提出申请酶活性测量的国际比对建议，这不仅是我国首次提出独立主导国际比对，更是继转基因核酸含量和肽/蛋白质含量测量国际比对后，第一个以活性特性测量的提案。活性特性测量比含量测量比对更复杂，因此该比对需要思考和设计的方面更多，在提出申请后的 8 年时间里，经过多次的讨论、研究、不断完善和提升后，2015 年我国终于首次独立主导了酶活性测量国际计量比对（CCQM-P137）。尽管从提出比对建议申请到正式启动比对经历了漫长的时间，但是这一次独立申请、主导国际比对的案例不但为中国独立主导国际比对积累了丰富的经验，更为中国在生物计量领域的科研发展打下了扎实的基础。从 2010 年申请比对汇报到 2012 年由我国独立主导转基因水稻核酸测量国际关键比对（CCQM-K86b）和研究性比对（CCQM-P113.1）；到 2019 年我国再次独立主导酶活性测量的国际关键比对（CCQM-K163），可见我国核酸与蛋白质生物计量的研究不但与国际接轨，并且在一些比对思考上有了领先国际的意识和信心，引领了蛋白质酶活性测量的国际比对，为国际发展蛋白质活性测量的计量比对研究做出了积极贡献。如今，我国建立的国家核酸与蛋白质生物计量方法和标准物质已在国际比对中应用，具备了国际等效性，多项测量方法和国家有证标准物质已具备国际互认的校准和测量能力（CMC）。

要达到国家间的计量标准和计量方法与校准证书互认，前提条件是通过国际计量局的国际比对使国家间的测量水平达到等效一致，通过 BIPM/CCQM 开展的国际比对来确定各国的生物测量能力，经批准为国际互认的校准和测量能力，纳入国际计量局的 KCDB。

同时，生物计量国内比对也是确保生物测量量值的质量，提高国内生物分析测量能力的有效方式。通过比对保证国内生物测量的能力，不但可以提高我国生物分析测量有效性，还可以提高生物试剂（盒）和生物分析仪器等在市场和国际贸易中的竞争力。

第二节 计量比对概述

一、计量比对

计量是测量的科学,计量比对也称为测量比对(measurement comparison)。《计量比对》(JJF 1117)计量技术规范中对计量比对进行了定义,简单来说计量比对是指在规定条件下,相同量的计量基准、计量标准所复现或保持的量值之间进行比较的过程,以及物质量的测量进行比较的过程,简称比对。

计量比对由权威部门进行组织开展,分为两种,即国际计量组织负责组织开展的各国实验室参加的计量比对和各国国内由计量部门组织开展的国内实验室参加的计量比对。因此,计量比对包括国际计量比对和国内计量比对。国际计量比对是在各国国家实验室的国家计量院(NMI)或指定机构(DI)实验室间,对特定的标准或物质进行测量,并对测量结果进行比较的活动,简称为国际比对。由提出比对的国家实验室作为主导实验室,主导实验室可以是1个国家实验室或者是两个及以上的多个国家实验室,一个国家实验室作为主导实验室时称为独立主导国际比对,多个国家实验室作为主导实验室时称为联合主导国际比对,其他参加比对的国家实验室均为参比实验室。国内计量比对是在国内从事相关计量工作或具备测量能力的不同实验室间,对特定的标准或物质进行测量,并对测量结果进行比较的活动,简称为国内比对。

国际比对主要是由国际计量局组织负责。国际计量局(BIPM)下的各咨询委员会(CCs)负责组织各专业方向的比对。各国的国家计量院实验室参加这类国际比对,代表了各个国家的国家测量能力。目前,BIPM/CCQM主要负责组织化学和生物计量专业范围的国际比对和研究。

另外,还有根据国际区域划分进行的区域性国际比对,由国际区域计量组织(RMO)负责组织区域内国家实验室间比对,简称国际区域性比对。区域计量组织是各个区域内国家和经济体的计量机构组成的联盟,目前,亚太计量规划组织(APMP)、欧洲计量合作组织(EURAMET)、美洲计量组织(SIM)、欧亚计量合作组织(COOMET)、非洲计量组织(AFRIMETS)、海湾计量联合会(GULFMET)等区域组织是获得了国际计量委员会承认的区域计量组织。它们也是国际计量组织体系的重要组成部分,分别组织对应的国际区域性比对,因此与之相对应的有亚太区域比对、北美区域比对、欧洲区域比对、非洲区域比对等的区域性国际比对。中国是亚太计量规划组织正式成员，参加并主导了 APMP 组织开展的亚太区域比对这一区域性国际比对，目前，亚太计量规划组织物质的量技术委员会（TCQM）主要负责组织化学和生物计量专业范围的国际比对和研究。

二、生物计量领域国际比对

国际计量局（BIPM）的主要任务之一是组织国家基准与国际基准比对。而 CCQM 是国际计量局的计量咨询委员会之一，具有组织开展国际比对的责任，负责组织开展对化学和生物计量领域测量国际比对研究。在 2002 年前，BIPM/CCQM 还只有化学测量比对，从 2003 年开始，BIPM/CCQM 开始组织生物核酸测量的国际比对任务，并陆续开展支持建立核酸与蛋白质、细胞和微生物的核心测量能力的国际比对研究。

目前，BIPM/CCQM 在生物计量领域组织开展的比对类型包括关键比对（KC）和研究性比对（PC）。关键比对是重点比对类型，用以评估各国的国家计量院或指定机构在其生物计量技术领域的测量标准和测量能力，提供有效性和国际等效的证明，使用户可以了解各国国家计量院或指定机构提供服务的测量能力。一个生物测量关键比对是建立在多次研究性比对基础上的。2003~2022 年，BIPM/CCQM 开展的生物测量国际比对以研究性比对为多数，这主要是因为生物测量过程存在很多影响测量准确的不确定性因素需要寻求，先从研究性比对来研究清楚。而已经开展的每一项研究性比对都在为开展关键比对奠定基础。通过国际比对以支持发展最高生物测量能力，溯源到国际单位制（SI）单位，同时支持国家计量院或指定机构的计量工作和测量服务。

当生物测量的研究性比对已能够实现溯源，各国具备等效一致的能力时，通过国际会议由各国参会专家评议是否具备可提升到国际关键比对的条件。目前生物测量关键比对的数量还很有限，截至 2020 年，已经立项的生物测量国际关键比对仅有 11 项，我国以独立主导实验室主导了其中两项国际关键比对，即转基因水稻核酸测量、血清中蛋白质酶活性测量国际比对的关键比对。

这里简单介绍下国际比对发起和实施的组织过程：由各国的国家计量院或指定机构提出主导项目，经 BIPM/CCQM 生物分析工作组会议通过后，上报并下达国际比对项目及编号，比对编号分为研究性比对编号 CCQM-P＊＊＊和关键比对编号 CCQM-K＊＊＊，由提出国际比对项目的国家作为主导实验室开始组织各国实验室参加比对，其他各国的国家计量院或指定机构实验室根据各自的能力自愿报名参加该项国际比对研究，这些参加比对的实验室被称为参比实验室。比对开始前进行比对准备，确定比对方案和比对参比实验室，然后进入比对实施阶段，由主导实验室发出比对样品到各国参比实验室，经过多次讨论比对结果过程，形成比对报告，从比对报告 A（Draft A）、比对报告 B（Draft B），到比对最终报告（Final Report），从而完成此项目国际比对。通过这项国际比对来建立一个国家计量院与多个国家计量院对生物测量对象的测量结果一致性、可比性的关系，考察实验室测量量值的准确一致程度，最后各国参比实验室会将测量方法或测量标准申请成为国际校准和测量能力（CMC）（图6-1）。

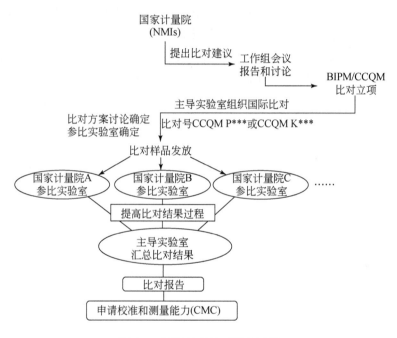

图 6-1 国际计量比对组织过程

当一项国际关键比对中各国的测量结果按规定时间提交完成后，主导实验室会确定关键比对参考值（KCRV），按照 CCQM 指南进行参考值的选取评估，并确定等效度（DoE），以及评定测量标准不确定度，这里通常取置信水平 95%（$k=2$）。关键比对参考值的一致性和相关等效度的评估 CCQM 指南适宜于关键比对和研究性比对。计量比对参考值是用来评估等效度的重要参数，它是基于测量值，最终是获得被测量值最佳评估值/估计值作为 KCRV，及其相关量测量不确定度。比对等效度是参比实验室测量值与关键比对参考值的一致程度，用测量值与参考值的差得到等效度的值，包括相应不确定度来表示。

每年的国际计量局物质的量咨询委员会生物分析工作组会议上由主导实验

室与参比实验的国家代表共同多次对该国际比对项目开展专项讨论，经会议确认后才形成国际比对最终报告，报告中具有各国的最终比对结果，包括测量不确定度和等效度等信息。国际比对最终报告一般会在国际计量局网站上公布，并可通过由主导实验室和参比实验室联合发表的论文形式了解国际比对研究相关内容。

计量机构主导的计量比对通常具有计量溯源性。也就是测量结果均可溯源到一个规定的共同计量标准上，并以相同的单位表示（参考 ISO/IEC 指南 99）。通过计量溯源性，来保证数据量值的准确，并建立世界范围的可比性，在国际比对基础上申请校准和测量能力（CMC），各国间具备了国际互认的校准和测量能力后，进而可以组织国内比对建立在国家范围内的数据可比性。具有溯源性的量值测量结果的可比性（comparability of measurement results），简称可比性（comparability），是国际比对的重要性质。即国家间、国家范围内的量值可比性需要通过国际比对、国际互认的校准和测量能力（CMC）来支撑（图 6-2）。

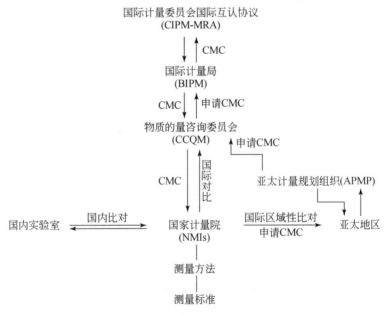

图 6-2　国际互认的校准和测量能力及作用

国际计量组织支持国际区域计量组织（RMO）对各国国家计量院生物领域的校准和测量能力（CMC）进行评审。而区域计量组织对各国校准和测量能力的评审通常会采取同行评审的方式，通过国际比对可用来确定各国的测量能力，最终将评审后的各国申报的校准和测量能力项目上报给国际计量局。国家间出具的校准证书互认的前提是不同国家的测量能力达到相同的等效一致，因此将通过的校准和测量能力纳入国际计量委员会（CIPM）国际互认协议（MRA）中，将批准的国际互认的校准和测量能力的关键比对数据纳入国际计量局的KCDB，从而实现计量标准和校准证书的全球互认，确保测量结果的可比性。

早在2009年，中国计量科学研究院就经历了第一次生物领域的同行评审，并通过了国际计量同行专家的评审。此次评审，可视为是我国生物计量领域的校准和测量能力步入国际计量先进地位的开端。

计量及其校准和测量能力在国际测量体系中发挥重要的角色。国际计量局、国际法制计量组织与国际标准化组织、国际实验室认可合作组织等形成计量、标准化、（认证）认可三位一体的国际测量体系。国际计量局、国际法制计量组织并指导国际区域计量组织通过与其他国际组织，如国际实验室认可合作组织（ILAC）、国际标准化管理委员会（ISO）、亚太认可合作组织①（APAC）、欧洲认可合作组织（EA）等的友好合作，形成国际测量体系的计量、标准化、（认证）认可的组成部分，是落实测量质量和溯源性的根本保障，服务国际区域的协同发展。现在，将计量、标准化和认可机构做为国家质量基础设施的公共机构已是国际共识。

第三节 核酸与蛋白质测量国际比对研究

目前，BIPM/CCQM负责开展生物专业范围的生物特性量测量国际计量比对研究。通过促进生物（物质）特性到国际单位制（SI）基本单位的溯源外还在协调其他途径的可溯源性，建立全球生物测量的可比性；协助建立全球公认的国家测量体系的生物计量标准、方法；协助实施和维护国际计量委员会的国际互认协议；审定并向国际计量局提供校准和测量能力，同时各国的校准和测量能力在国际计量局网站上发布（www.bipm.org/en）。推动生物领域核酸测量、蛋白质测量等的国际比对及校准和测量能力的发展。

---

① 2019年，APAC由亚太实验室认可合作组织（Asia Pacific Laboratory Accreditation Cooperation，APLAC）和太平洋认可合作组织（Pacific Accreditation Cooperation，PAC）合并组成（https://www.apac-accreditation.org）。

一、国际比对发展概述

生物计量的发展目的,在于支撑生物测量的可比性、溯源性。也是支撑各领域生物分析测量结果的可靠、可比和可溯源。由于生物测量不仅被测物复杂而且测量对象多,因此建立生物物质的核心测量能力是关键的举措。需要通过国际比对的实施,来证明各国的国家计量机构的核心生物测量能力和可比性,并支撑同行评审并获得国际互认的校准和测量能力。

由于核酸与蛋白质是复杂的生物大分子物质,且生物样本多存在对测量产生干扰因素的复杂性,组织一项核酸与蛋白质测量的国际比对需要经过多年时间研究、讨论才能完成。从 2002 BIPM/CCQM 生物分析工作组(BAWG)成立伊始,就对核酸与蛋白质测量的国际比对进行了规划,确定优先发展核酸与蛋白质测量可比性研究,并从研究性比对开始。

2002 年和 2003 年,我国代表参加了在法国巴黎举办的 BIPM/CCQM 生物分析工作组会议,在 2003 年 4 月的会议上,我国代表举手参加第一个生物领域的国际比对项目—CCQM-P44,它不仅从此开启了我国生物计量研究探索之路,也使我国的生物计量国际比对在第一时间与国际同步。

2004 年 10 月 20~22 日,BIPM/CCQM 生物分析工作组年度第二次会议在北京的国家标准物质研究中心(NRCCRM)召开,这是 BIPM/CCQM 第一次在我国召开,也是第一次举办生物分析工作组会议。在生物分析工作组会议上,与会各国代表就第一个转基因玉米核酸测量国际比对项目 CCQM-P44 的测量结果进行了汇报和讨论,并同时就核酸与蛋白质测量的 CCQM-P53、CCQM-P54、CCQM-P55、CCQM-P58、CCQM-P60 等这 5 个国际比对方案进行了研讨。

经过近 3 年各国参加比对实验室的不懈努力,2007 年,BIPM/CCQM 生物分析工作组(BAWG)终于有了有史以来的第一个核酸测量关键比对(CCQM-K61),并于 2009 年完成了这个关键比对工作,由主导实验室联合各国参比实验室就关键比对研究公开发表了论文。

2015 年,为满足生物领域核酸、蛋白质、细胞和微生物等测量的多需求和快速发展,BIPM/CCQM 生物分析工作组正式分为三个工作组,即蛋白质分析工作组(PAWG)、核酸分析工作组(NAWG)、细胞分析工作组(CAWG),这三个工作组的任务集中在使核酸、蛋白质、细胞和微生物的特性测量结果具有跨国界的可比性和溯源性。同年由核酸分析工作组和蛋白质分析工作组又相继开展了核酸测量、蛋白质测量的相关国际比对,微生物测量比对工作在细胞分析工作组中开展。2019年和2023年，我国分别在细胞分析工作组、蛋白质分析工作组承担了副主席职责，并且还在独立主导微生物测量国际比对项目和蛋白质酶活性测量国际比对项目。

2003~2020年，BIPM/CCQM开展核酸与蛋白质的含量、结构、免疫活性、修饰等测量国际比对已超过40项，从含量测量到活性、结构、修饰等测量，逐步发展了核酸、蛋白质不同特性测量的国际比对。已开展国际比对的部分项目如图6-3所示。国际比对与校准和测量能力（CMC）国际互认等信息可从国际计量局网站查询（www.bipm.org）和公开发表的论文中获取。

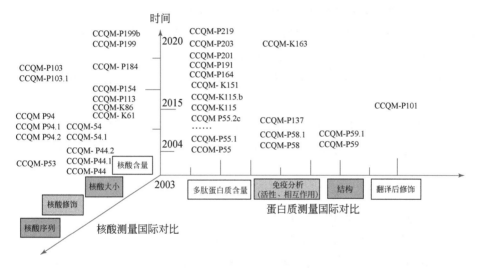

图6-3 核酸与蛋白质测量部分国际比对项目

资料来源：www.bipm.org

可以预见，今后在生物领域的计量比对发展，应该是突破核酸、蛋白质、细胞各个独立的比对项目，进入到一个生物样本的核酸、蛋白质等多对象多特性测量融合计量比对的发展阶段，形成一套完整的特定生物特性的测量比对系统，也就是特定生物特性一体化测量，实现对生物体特定特性的几乎全面的测量能力。一个生物对象的相对完整的测量比对，应可同时进行核酸测量比对、蛋白质测量比对，甚至结合细胞测量比对，如以微生物病毒样本为对象，可同时开展核酸、抗体、抗原等为测量对象的含量、序列、活性测量比对研究，同时提升一个生物样本的多特性的整体测量能力，满足实际监测、防控应用的需要。从发展角度分析，加强对生物特性测量参考方法、测量系统的比对是未来的趋势，如更大分子量的蛋白质结构测量比对、基因组序列测量比对、表型多特性测量比对等。以期形成为应用领域的生物分析测量体系服务的比对系统，发展高效准确可比的生物分析测量体系的有效性将满足精准医疗、生物安全、生物农业、生物医药研发等的需要。

二、核酸测量国际比对项目举例

（一）比对项目概述

2003~2015年，由BIPM/CCQM生物分析工作组率先组织开展核酸测量国际比对，之后由于组织机构的调整，自2015年4月开始，由BIPM/CCQM的核酸分析工作组来组织开展核酸测量的国际比对。

2003年以来，BIPM/CCQM测量国际比对已达到28项之多，其中关键比对6项，研究性比对22项。

截至2020年，BIPM/CCQM组织的核酸测量国际比对中的6项关键比对中，我国独立主导1项（CCQM-K86b），并主导研究性比对1项（CCQM-P113.3）。

1. 关键比对

1）CCQM K61 线性化质粒 DNA 定量。
2）CCQM-K86 转基因玉米基因组 DNA 相对定量。
3）CCQM-K86b（高淀粉）转基因水稻 *Bt63* 相对定量。
4）CCQM-K86c（高油质）油菜基因组 DNA 相对定量。
5）CCQM-K86d（高蛋白）牛肉中掺杂猪肉核酸测量。
6）CCQM-K176 乳腺癌生物标志物 HER2 拷贝数变异测量。

2. 研究性比对

1）CCQM-P44 转基因玉米 PCR 定量。
2）CCQM-P44.1 转基因 PCR 定量。
3）CCQM-P44.2 转基因 PCR 定量。
4）CCQM-P53 DNA 扩增片段长度多态性。
5）CCQM-P54 DNA 定量。
6）CCQM-P54.1 DNA 定量。
7）CCQM-P60 DNA 提取参考方法。
8）CCQM-P94 DNA 甲基化测量。

9）CCQM-P94.1 DNA 甲基化测量。

10）CCQM-P94.2 DNA 甲基化测量。

11）CCQM-P103 RNA 转录子生物标志物测量。

12）CCQM-P103.1 多重 RNA 转录产物测量。

13）CCQM-P113.1 转基因玉米基因组 DNA 相对定量。

14）CCQM-P113.3（高淀粉）复杂基体转基因水稻 *Bt63* 相对定量。

15）CCQM-P113.4（高油质）转基因油菜基因组 DNA 相对定量。

16）CCQM-P113.5（高蛋白）牛肉中掺杂猪肉核酸相对定量。

17）CCQM-P154 DNA 绝对定量测量。

18）CCQM-P155 乳腺癌 RNA 测量。

19）CCQM-P184 黑色素瘤的拷贝数浓度和突变丰度测量。

20）CCQM-P199 人体免疫缺陷病毒 1 型（HIV-1）RNA 拷贝数浓度测量。

21）CCQM-P199b SARS-CoV-2 病毒 RNA 拷贝数浓度测量。

22）CCQM-P218 乳腺癌生物标志物 HER2 拷贝数变异测量。

通过对核酸测量国际比对项目分析，核酸测量对象、特性包括但不限于如下内容。

1）核苷酸的纯度、浓度。

2）寡核苷酸序列、浓度、纯度。

3）特异性 DNA 序列、浓度、纯度、片段长度。

4）DNA 甲基化定量。

5）总 DNA 浓度、纯度。

6）RNA 识别、含量、纯度。

7）痕量质粒含量。

8）病毒和病原体的核酸序列等。

核酸含量、纯度测量是较早进行核酸国际比对的重要内容。随着核酸测量比对的不断持续和深入，核酸的片段长度在不断增加，从 55bp 到 1000bp，基体复杂性也在不断延伸，从转基因植物玉米、水稻，到高油脂、高蛋白的复杂转基因植物基体，再到复杂临床样本等，从植物 DNA 测量到生物标志物 RNA 测量。预计全基因组序列的核酸测量国际比对将会是接下来国际比对的发展内容。

健康与精准医疗、生物安全领域已经逐渐成为核酸计量国际比对的特别关注点。核酸拷贝数浓度测量比对在转基因定量、病毒感染诊断、肿瘤基因诊断分析等方面具有广泛的应用。由于健康医疗和生物安全领域中对核酸测量的国际比对的需求日益显著，快速增加的社会效益将推动国际比对活动在这些领域的快速发展。

核酸测量比对从领域划分主要有以下几个方面。

1) 食品安全核酸测量国际比对。
2) 体外诊断核酸测量国际比对。
3) 生物标志物核酸测量国际比对。
4) 生物安全病毒核酸测量国际比对。

(二) 转基因核酸测量国际比对

1. 转基因核酸定量 PCR 测量比对启动

转基因成分检测事关农产品、食品安全等质量监管和国际贸易。转基因玉米核酸测量是第一个国际比对。回看分子生物学发展及聚合酶链反应的出现和应用，20世纪90年代，农作物转基因检测开始是以实时荧光定量PCR方法为主。而转基因玉米核酸测量为第一个启动的国际比对，其源于农业转基因产品检测中实验室间数据不准、不可比的问题对全球粮食生产贸易造成的影响。

从2002年BIPM/CCQM生物分析工作组（BAWG）成立，PCR方法测量核酸国际比对是在生物分析工作组的组织下开展，是历时最长、比对项目最多的比对，如涉及转基因核酸定量测量的系列国际比对就有9个。包括从2003~2018年的第一个国际比对CCQM-P44到CCQM-P60、CCQM-P113.1、CCQM-K61、CCQM-K86、CCQM-K86b、CCQM-P113.3等的转基因核酸相对定量测量系列国际比对（图6-5）。在这期间中国计量科学研究院香港特别行政区政府化验所一起积极争取到了我国第一次作为独立主导实验室主导生物领域的国际比对项目CCQM-K86b和CCQM-P113.3。

这期间，在国家支持下，中国计量科学研究院建立了准确的转基因核酸测量方法和国家标准物质及溯源途径。自2010年我国申请主导复杂基体转基因水稻国际比对，到2012年，我国首次主导（高淀粉）复杂基体转基因水稻Bt63相对定量的国际关键比对（CCQM-K86b）和研究性比对（CCQM-P113.3）正式启动，到2018年完成了此项国际比对，其中比对样品2的结果如图6-4，圈标识的为我国的结果，该比对研究发表了国际论文（Dong et al, 2018a），我国对转基因水稻核酸测量结果不仅达到国际等效和可比性，并且参比实验室的测量结果溯源到我国转基因有证标准物质。

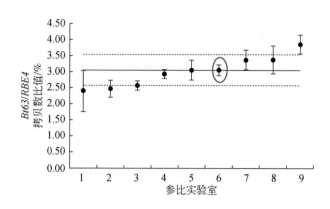

图 6-4　CCQM K86.b 转基因水稻 *Bt63* 相对定量国际比对

同时，中国计量科学研究院还首次主导亚太计量规划组织在生物领域组织进行的第一个区域性国际比对，即 APMP QM-P21 复杂基体转基因水稻 *Bt63* 相对定量项目。我国通过主导 BIPM/CCQM 的国际比对和亚太计量规划组织的区域性国际比对，实现了转基因水稻 *Bt63* 相对定量测量能力的国际互认。

2. 转基因核酸测量比对系列

在转基因核酸 PCR 相对定量测量中，包括样品处理、从样品基质中提取分析物、DNA 扩增、测量的不同循环和时间要求、试剂的选取等过程，均会影响测量，如样品处理基质中的某些成分可能抑制聚合酶链反应，对测量准确性和不确定度的来源都会产生影响，样品处理是测量主要影响因素之一。因此，去除或降低影响测量结果的因素和风险，是转基因核酸定量全过程测量比对研究需要解决的问题。

2003 年，第一个转基因核酸测量研究性比对 CCQM-P44 正式开展，当时参比实验室的结果非常分散，为此进一步采取多轮比对研究（CCQM-P44.1、CCQM-P44.2），随后各参比实验室便分别进行了 DNA 提取过程（CCQM-P60）比对研究，经过 3 年又进行了对质粒 DNA 定量（CCQM-K61）国际关键比对研究。CCQM-K61 国际关键比对的完成证明了实验室有 DNA 定量测量及质粒 DNA 测量的能力，同时这个比对可作为研究 RNA 表达的测量储备。此后的 CCQM-P113 研究性比对是对复杂生物组织中基因组 DNA 片段进行相对定量，再到系列国际关键比对 CCQM-K86，形成了从提取到 PCR 测量全过程完整的核酸定量测量比对链，从而能够完成并实现从生物组织中提取 DNA 到定量的转基因核酸测量比对（Corbisier et al, 2011；Dong et al, 2018a）。

所开展的系列转基因测量关键比对（CCQM-K86、CCQM-K86b、CCQM-K86c）和对应的研究性比对（CCQM-P113.3、CCQM-P113.4），充分考虑了复杂基质的特点、分析多方面影响准确测量的过程因素。在国际比对中，植物样本选取了转基因玉米的国际比对（CCQM-K86）、转基因水稻的国际比对（CCQM-K86b）、转基因油菜的国际比对（CCQM-K86c）等，而其中转基因油菜的国际比对是对高油量的复杂基质中的基因组DNA定量研究（Mester et al., 2020）。另外，国际比对加强了对食品安全掺假测量的重视，如动物源性样本核酸定量的关键国际比对（CCQM-K86d），就是满足对牛肉食品中掺入其他动物源性成分的检测，保障高蛋白含量的肉类检测的准确可比。虽然动物源性样本测量难度增加，但通过这样的国际比对可以逐步提高对生物样品中复杂基质的核酸含量测量能力。

对转基因核酸聚合酶链反应相对定量比对研究分析，是从样本制备、提取、扩增到测量的全过程重要环节进行多次和多品种转基因核酸测量比对设计，形成转基因核酸含量测量比对链（图6-5），以确保在转基因玉米、转基因水稻、转基因油菜等生物样本转基因核酸PCR定量测量结果的准确，将转基因植物核酸PCR测量全过程中会影响测量结果的不确定度进行评定分析，即全面评估转基因核酸测量结果的不确定度，最终得到用测量值与不确定度表示的测量结果进行比较。

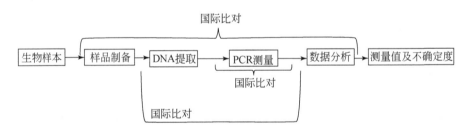

图6-5 转基因核酸PCR测量比对链

（三）核酸绝对定量测量国际比对

从对转基因核酸定量测量所采用的方法来看，已由早期的荧光定量PCR方法的相对定量，发展到数字PCR方法绝对定量。当前，核酸定量的数字PCR方法在临床检验、疾病诊断、食品安全、生物安全、兽药监察等各个领域也已被普遍采用（Barrett et al., 2012）。数字PCR作为一种核酸测量的绝对定量方法，通过国际计量比对结果来衡量各国计量机构具备的此方法核酸测量校准和测量能力。

2016年由韩国标准科学研究院主导完成了DNA绝对定量测量国际比对（CCQM-P154），比对中采用了流式单分子计数方法和数字PCR方法，通过该比对确定了各国数字PCR测量的能力。数字PCR方法成为DNA定量测量的绝对方法，与流式计数方法定量DNA在国际比对中具有可比性及溯源性（Yoo et al.，2016）。实现了核酸含量定量的溯源。在此比对之前，2014年，Hee-Bong Yoo等曾报道使用流式单分子计数测量装置来测量单个DNA分子，证明了对低浓度质粒DNA物质精确测量的可行性，为低浓度质粒DNA的直接量化测量建立了测量参考方法（Yoo et al.，2014）。

在CCQM-P154核酸DNA绝对定量测量国际比对中，中国计量科学研究院采用数字PCR方法的测量结果与主导实验室的单分子计数方法测量结果进行比较，用于国际比对参考值对各国比对结果等效度计算。同时，核酸拷贝数测量的数字PCR计量方法获得了国际互认的校准和测量能力。为后续应用该计量方法给生物标准物质赋值/定值起到了国际互认和溯源保障的支撑作用。

（四）核酸生物标志物测量国际比对

1. DNA甲基化测量比对

DNA甲基化是DNA碱基上加入甲基基团的一种核酸修饰，是一类重要的表观遗传修饰。DNA不同甲基化状态（过甲基化与去甲基化）或甲基化水平的异常都会导致生物体致病。对动植物而言，DNA甲基化的变化会导致动植物发育不正常，对人体而言，甲基化状态的改变是引起疾病和肿瘤等发生的重要因素，DNA甲基化检测成为肿瘤筛查诊断的手段。因此DNA甲基化的日常分析测量的准确可靠、可比互认的问题已备受重视。DNA甲基化的数据互认需要国际比对的支撑。

2007年，国际计量局CCQM生物分析工作组（BAWG）组织了一次CCQM-P94 DNA甲基化定量测量的国际比对，是对核酸修饰方面的第一个比对。该比对中采用了液相色谱-紫外（LC-UV）、液相色谱-质谱（LC-MS）和毛细管电泳（CE）等方法，研究比对影响因素，以期建立DNA甲基化测量的标准系统，使DNA甲基化定量测量可靠、可比、可溯源（Yang et al.，2009）。

CCQM-P94和CCQM-P94.1国际比对研究希望明确DNA甲基化测量比对的难度和问题，可定性反映出特定样品中的某基因是否经过甲基化修饰，可定量反映出癌变组织相对于正常组织中基因甲基化的程度。在测量比对中考虑的因素有

DNA 甲基化的控制、非甲基化 DNA 重亚硫酸盐的转化、甲基化序列的 PCR 扩增偏差等。因此，甲基化碱基比率、甲基化基因序列与非甲基化基因序列的比率、甲基化与非甲基化的界定标准等，都是国际比对中需要研究的内容。生物测量对象还有很多的修饰，且是动态变化的，如 DNA 修饰（如 DNA 甲硫基化）、组蛋白修饰（如甲基化、磷酸化和乙酰化）、非编码 RNA 修饰等，都需要获得准确测量的比对研究。CCQM-P94 DNA 甲基化的测量国际比对只是一个起点。2023 年一项新的人基因组 DNA 区域的 DNA 甲基化定量分析国际比对（CCQM-P94.3）开始进行。

大量证据表明表观遗传、人的表型与疾病紧密相关，如当前对罕见病、癌症、自身免疫病等的研究均与其关系密切。在表观遗传学的基础上，生物表型组也得到了迅猛发展，而这一领域的生物分析的精准测量，需要使核酸修饰物质的分析测量结果达到准确和可比，这也是使生物表型分析测量可靠的重要支撑，因此核酸修饰测量的国际比对非常重要。期望未来通过具备生物测量参考方法和标准物质，使与生物表型相关的核酸测量国际比对达到等效一致，实现数据的可比较、可互认，进而逐步满足日益发展的生物表型组对数据结果准确可靠、可比较、可互认的高质量要求。

2. 肿瘤基因测量比对

在核酸测量国际比对中，已经开始了针对肿瘤方面的 DNA、基因测量比对。如 CCQM-P155 国际比对是关于多种癌细胞生物标志物测量，针对乳腺癌 DNA 差异表达的测量比对；CCQM-P184 国际比对是关于肿瘤表皮生长因子受体 DNA 拷贝数浓度和突变丰度比对，测量 SNV 或 ln/Del。

在国家科技项目的支持下，中国计量科学研究院建立了突变基因测量技术和相关标准物质，并在 BIPM/CCQM 联合主导一项关于乳腺癌基因拷贝数变异的国际比对。目前该比对立项编号为 CCQM-K176/P218 乳腺癌生物标志物 HER2 拷贝数变异测量。

截至 2021 年，BIPM/CCQM 开展在癌症相关的生物标志物领域的测量国际比对有 3 项，还没有形成一个完整的癌症相关核酸定量系统。想要获得肿瘤生物标志物核酸测量的国家有证标准物质（CRM）与校准和测量能力（CMC），还有大量的工作要做。

3. RNA 测量比对

转录产物 RNA 生物标志物测量国际比对同样很重要。RNA 的测量可用于研究和监测一系列传染性和非传染性疾病，如多基因表达信使 RNA（mRNA）转录被越来越多地应用于癌症诊断和预防，转录组分析也可以作为特定生物标志物疾病诊断的参考。因此，RNA 生物标志物在诊断和预测多种疾病的指标上具有很大的潜力，如乳腺癌、结直肠癌和冠状动脉疾病的生物标志物检测。

考虑到每个生物标志物不同的特异性，转录效率变化，以及数据分析的复杂性，对 RNA 测量要达到可比带来难度，提高准确性的难度也加大。有必要建立测量标准和采取计量比对来提高 RNA 测量的可比性和准确可靠。RNA 测量的国际比对在 DNA 测量比对基础上发展，目前目标生物标志物 RNA 的测量比对已成为 BIPM/CCQM 核酸分析工作组的比对内容之一。

2013 年，生物分析工作组讨论了 CCQM-P103.1 RNA 测量比对，是对 RNA 转录产物的测量，此项国际比对由英国政府化学家实验室（LGC）和美国国家标准与技术研究院（NIST）提出并作为主导实验室，目的是评估实验室 mRNA 测量方法的可比性，以支持多种 mRNA 在基因表达分子诊断测量的未来发展。

2016 年，以 RNA 转录产物测量的国际比对项目 CCQM-P103.1 研究论文发表。该比对采用的是反转录荧光定量聚合酶链反应（RT-qPCR）方法、反转录荧光定量数字聚合酶链反应（RT-dPCR）方法，转录组测序方法（RNA-Seq）。RNA-Seq 方法是通过测序了解定量表达谱的准确性。RT-dPCR 方法采用了两个数字 PCR 平台，其中微流控芯片数字 PCR（cdPCR），将每个样品形成 700 多个亚纳米级反应室测量，而微滴数字 PCR（ddPCR）则将样品形成约 20 000 个亚纳米级乳状液滴进行测量。有 13 个国家的国家计量院参加了 CCQM-P103.1 国际比对，结果显示，大多数参比实验室间的 RNA 测量数据结果是一致的（Devonshire et al, 2016）。

随着 2019 年新型冠状病毒的出现，病毒核酸测量成为了急迫需要进行国际比对的工作，早在 2008 年，中国就在病原微生物核酸测量方面布局开展生物计量学研究，又在 2017 ~ 2020 年国家科技专项研究中，中国计量科学研究院进一步推动涉及影响动物和人类安全的病毒 RNA 测量方法和标准物质研究。2018 年，中国计量科学研究院参加 BIPM/CCQM 的人体免疫缺陷病毒 1 型（HIV-1）RNA 拷贝数浓度测量国际比对（CCQM-P199）。这些比对研究也为我国在病原微生物和病毒核酸测量能力打下基础。2020 年新冠疫情暴发后，英国政府化学家实验室、中国计量科学研究院、美国国家标准与技术研究院等及时共同主导了新型冠状病毒（SARS-CoV-2）RNA 测量的国际比对（CCQM-P199b）项目，这项比对仍然采用的是数字 PCR 拷贝数浓度测量和 IDMS 方法测量。

（五）基因组序列测量国际比对

2012 年，BIPM/CCQM 微生物特设指导组/微生物测量指导组（MBSG）启动第一个 1400bp 长片段序列的国际比对。该国际比对参比实验室使用的测序仪器有 ION TORRENT 测序仪和 Roche 454 测序仪。ION TORRENT 测序仪与 Roche 454 测序仪的测序读长不同，因此需要设计不同的引物进行扩增测序。中国计量科学研究院采用的是 ION TORRENT 测序仪，将 16S 区 1400bp 全长扩增后，再酶切成适合 ION TORRENT 测序长度 200bp 的片段进行测序。研究中设计了 6 对引物，将 1400bp 长的 16S 区分成 6 小片段进行扩增测序以适合测序仪的测序范围。我国对微生物源基因组序列的测量研究在国际比对中是一次很好的探索。

随着序列测量技术在不断发展，更多更长序列读取的测序仪器平台在涌现。从 2015 年开始，我国便进行了基因组序列测量的标准物质研制，在中精标计划（GSCG）中研制了包括微生物源和人源的基因组序列标准物质，这对基因组序列测量质量控制提供了支撑。结合基因组、转录组、蛋白质组、表观基因组的分析已成为发展方向，提升核酸序列测量的可比性对生命科学、精准医疗、生物安全等方面将起到有力保障作用。随着多年来基因组测序研究和测量标准的不断成熟完善，可以再次启动基因组测序国际比对。

（六）国际比对与核酸计量溯源

国际比对单位统一和互认是生物测量结果可溯源到国际单位制（SI）单位的重要支撑保障条件，例如在生物核酸拷贝数测量比对中，溯源性一直是讨论的焦点。如何认定溯源到自然数"1"，国际比对的国际互认和可比性的进程则给予了该类测量结果溯源的有力支撑。

2011 年，BIPM/CCQM 向国际计量委员会（CIPM）提交了建议，提出关于在计数测量结果中加强进一步指导的必要性，因考虑到基于计数测量的可比性在生物科学和生物技术中作用，而在 SI 单位手册中除了提到国际单位制，并没有涉及单位"1"对生物测量的内容。对此，鉴于计数的测量结果以各种单位表示，国际纯化学与应用化学联合会（IUPAC）和国际临床化学与实验室医学联合会（IFCC）建议使用单位"1"，并建议纳入到国际单位制 SI 单位手册中，以提供计数测量结果可用单位表示的指南（17th Meeting of the CCQM）。2013 年 5 月 25 日 CCU/13-09.3 文件中记录了对如量纲为 1 的计数量单位进行的讨论意见。多年后，在 2019 第 9 版 SI 单位手册中，对有关此类问题的说明，描述了无法溯源到 7 个基本量的原因。并就核酸拷贝数的溯源给予了解释。第 9 版 SI 单位手册中描述了计数量也是与单位"1"相关联的量，单位"1"是自然元素，通过验证测量程序，建立到国际单位制（SI）单位的溯源性（Bureau International des Poids et Mesures，2019）。

可以看到，在生物领域的核酸测量国际比对中，从第一个 CCQM-P44 比对开始，经过了 CCQM-P44.1。CCQM-P44.2、CCQM-P60、CCQM-K61、CCQM-K86、CCQM-K86b、CCQM-K86c 等转基因核酸测量比对，实现了转基因核酸测量能力的国际互认。在通过 CCQM-P154 DNA 绝对定量系列测量国际比对后，核酸拷贝数测量溯源到公认的自然数"1"已达成共识。而与核酸拷贝数测量紧密相关的数字 PCR 方法测量的多个国际比对互认，如对于转基因 DNA、病毒 RNA、肿瘤疾病目标基因、核酸生物标志物等的测量数据具有全球可比性起到重要的支撑保障作用。

三、蛋白质测量国际比对项目举例

（一）比对项目概述

蛋白质测量国际比对也是 BIPM/CCQM 优先发展的项目之一。目前，它重点围绕蛋白质含量、结构、活性等特性测量方面开展。从 2004 年开始提出第一个国际比对 CCQM-P55，到 2020 年，BIPM/CCQM 的蛋白质测量国际比对的数量已达到了 20 多项。其中关键比对仅有 6 项，而我国独立主导了其中 1 项国际关键比对（CCQM-K163）。

1. 关键比对

1）CCQM-K115 合成肽–C 肽蛋白纯度测量。

2）CCQM-K115.b 合成肽–催产素测量。

3）CCQM-K115.c GE 肽段纯度测量。

4）CCQM-K151 溶液中胰岛素定量测量。

5）CCQM-K163 人血清 α-淀粉酶活性测量。

6）CCQM-K177 血清中人生长激素含量测量。

2. 研究性比对

1）CCQM-P55 多肽蛋白质含量同位素稀释质谱测量。

2）CCQM-P55.1 多肽蛋白质含量同位素稀释质谱测量。

3）CCQM-P55.2 合成肽-C 肽纯度测量。

4）CCQM-P55.2b 合成肽–催产素纯度测量。

5）CCQM-P55.2c GE 肽段纯度测量。

6）CCQM-P58 荧光酶联免疫方法测量。

7）CCQM-P58.1 心肌钙蛋白 I 的荧光酶联免疫方法测量。

8）CCQM-P59 圆二色光谱法蛋白质结构测量。

9）CCQM-P59.1 圆二色光谱法蛋白质结构测量。

10）CCQM-P101 糖蛋白消解物中多糖分析。

11）CCQM-P137 人血清 α–淀粉酶活性测量。

12）CCQM-P164 血清中人生长激素含量测量。

13）CCQM-P191 水溶液中重组蛋白含量测量。

14）CCQM-P201 血液中总血红蛋白浓度含量测量。

15）CCQM-P216 新型冠状病毒单抗测量。

16）CCQM-P219 人血液中糖化血红蛋白定量测量。

（二）多肽和蛋白质含量测量国际比对

1. 蛋白质纯度/含量测量比对

不同肽、蛋白质的纯度测不准，会造成相同肽、蛋白质定量结果的差异大现象。因此需要通过国际比对提高不同分子量大小的肽和蛋白质含量的测量能力，实现世界各国蛋白质测量能力的可比、可溯源。

2004 年 5 月，CCQM-P55 多肽蛋白质同位素稀释质谱测量国际比对样本的发放，开启了多肽蛋白质含量测量的第一个国际比对。CCQM-P55 第一轮国际比对内容是分别测定溶液中游离氨基酸浓度含量，如苯丙氨酸（Phe）、脯氨酸（Pro）、缬氨酸（Val）、异亮氨酸（Ile），得到人血管紧张素 I 的质量浓度含量。

参加第一轮 CCQM-P55 国际比对的国家包括中国、美国、德国、英国、日本、韩国及欧盟等，中国计量科学研究院采用建立的同位素稀释质谱的蛋白质含量测量方法，应用在了 CCQM-P55 国际比对中。在国际比对完成后所形成 CCQM-P55 国际比对最终报告中，各国比对结果均达到国际等效。多肽测量不确定度和与标准值偏差结果显示，我国的测量不确定度为 $2.6\mu g/g$（$k=2$），与标准值偏差为 0.9%（武利庆等，2008）。在第二轮 CCQM-P55.1 多肽含量同位素稀释质谱测量国际比对中，中国的测量能力同样达到了国际等效。为确定肽纯度的测量影响因素，实现多肽测量的量值溯源，随后由国际计量局牵头制定了多肽计量的国际比对规划，组织开展了多肽含量测量的系列比对，如CCQM-K115、CCQM-K115.b和CCQM-P55.2b等国际比对，并确定了肽纯度的测量评估方法（Josephs et al.，2017a）。

在CCQM-K115合成肽-C肽纯度测量的国际比对中，各国参比实验室采用的方法有质量平衡法、杂质校正同位素稀释质谱法等。质量平衡法扣除的杂质包括相关结构杂质、水分、离子、挥发性有机物等，其中相关结构杂质有60种以上。通过此项国际比对研究，支持了各国参比实验室在使用质量平衡法与同位素稀释质谱法这两种方法及测量结果的一致性（Josephs et al.，2017b）。在CCQM-K115.b合成肽–催产素纯度测量中，选取了分子量在1000Da~5000Da的短肽催产素（OXT）样本，是具有9个氨基酸残基和二硫键的环肽，各国参比实验室采用的方法有质量平衡法、同位素稀释质谱法、核磁共振法，结果显示三种方法的测量结果也具有一致性（Josephs et al.，2020）。另外，各国参比实验室还完成了溶液中胰岛素定量测量的国际关键比对（CCQM-K151）（Jeong et al.，2021）。同时，糖基化修饰的比对也在进行中。

总而言之，通过多肽和蛋白质纯度/含量测定的国际比对，实现了相关测量对象多种测量能力的国际等效。同时，在采用的同位素稀释质谱方法中，将多肽和蛋白质水解成氨基酸，通过定量氨基酸的蛋白质含量测量实现到国际单位制（SI）单位的溯源，为建立多肽和蛋白质含量测量的同位素稀释质谱方法的溯源提供了国际互认的基础保障。

2. 复杂基质中蛋白质测量国际比对

对于生物体复杂基质中蛋白质测量研究，是一个较难的比对工作，对复杂基质蛋白质测量更具有现实意义。BIPM/CCQM进行了CCQM-P164、CCQM-K177和CCQM-P201国际比对，可用于评估复杂基质中蛋白质测量能力，开展对复杂生物基质血清中人生长激素含量测量、对生物基质血液中具有复杂结构的高丰度蛋白质测量的比对。

目前开展血红蛋白国际比对也显得非常重要。人体血红蛋白（Hb）是贫血的重要标志物，血红蛋白含量水平低则表明具有贫血的风险，血红蛋白异常还与地中海贫血等遗传性疾病有关。因此，人体血液中血红蛋白的准确测量对于临床诊断具有重要的意义。对全血样本中血红蛋白浓度测量，通常有液相色谱质谱（LC-MS）、液相色谱质谱联用（LC-MS/MS）等不同的测量方法，由于不同测量方法原理不同，过程复杂，就容易使测量结果出现不一致情况：当采用质谱方法，血红蛋白被高铁氰化钾氧化成高铁血红蛋白（Hi），再与氰离子（CN）结合，生成稳定的氰化高铁血红蛋白（HiCN），对 HiCN 进行测量，这也是 WHO 推荐的用于血红蛋白测定的方法，可以计算出血红蛋白浓度；当采用质谱联用方法，将标记肽添加到稀释样品中进行测量，再计算出血红蛋白浓度；而采用同位素稀释质谱方法，是将标记的血红蛋白添加到样品中进行测量（Liu et al.，2015）。不同的方法得到的人血液中血红蛋白含量测量结果出现不同，就更需要国际比对深入研究确定不同方向间测量结果的可比性。在本书第八章还有糖化血红蛋白相关内容分析。

目前，大分子蛋白质含量测量的国际比对还很有限。从发展历程上看，首先开展的多肽蛋白质含量测量的第一个研究性比对是从 2004 年开始的，直至 2015 年蛋白质含量测量才有了第一个国际关键比对。更多复杂大分子蛋白质和复杂生物基质中蛋白质的测量比对需要加强研究。

（三）蛋白质酶活性测量国际比对

活性测量是生物计量的重要研究内容，也是蛋白质特性测量的重要内容。

蛋白质是重要的生命基础物质之一，参与到生命活动过程。因此，对于蛋白质的测量，除了测量蛋白质的含量，人们关注更多的是活性蛋白质相关的含量测量、蛋白质的活性测量、蛋白质结构与功能及其关系的测量，而对它们的准确测量更为困难，测量可比性就显得很重要。比如说要对生物活性测量，描述蛋白质的形式多种多样，有酶活性、免疫活性、效价等，这些测量活动分别在不同的领域和应用中通常定义也不同、方法不同、单位不同，因此生物活性测量需要通过清晰描述被测量和方法定义建立测量方法及其参考测量程序解决不同的应用目的，并确保单位的统一。

为了使蛋白质活性测量准确和具有可比性，各国国家计量院有责任建立蛋白质活性测量的溯源性，并开展国际比对研究，以实现蛋白质活性测量的可比性、可溯源性为最终目的。我国在主导蛋白质活性测量国际比对研究中起到了重要的开篇作用。

2007 年中国计量科学研究院率先在国际上提出了酶活性测量的国际比对研究建议，并于 2008 年在国际计量局 CCQM 生物分析工作组会议上做了 α-淀粉酶活性测量项目报告。为了取得正式的立项并获得比对编号，每年我国参会代表都要在生物分析工作组会议上进行比对提案立项的报告和研究交流，直到 2015 年，该比对提案正式立项为国际计量局 CCQM 的国际比对项目 CCQM-P137。

为了使临床酶活性测定具有可比性，IFCC 曾提出了酶活性测定的相关参考方法。但是，对于各国国家计量院之间的蛋白质活性测量缺乏国际比对，因此进行第一次酶活性测量的国际计量比对意义深远。

中国计量科学研究院作为国际比对主导实验室，独立主导了CCQM-P137人血清α-淀粉酶测量比对研究。α-淀粉酶是一种蛋白质，通过人血清α-淀粉酶测量国际比对，研究酶活性测量的可比性，需要正确评定酶活性不确定度、评估催化酶活性测量的等效性。各国国家参比实验室都成功地测量了α-淀粉酶的催化活性浓度，评定了由底物、酶本身、测量过程中各步操作引入的不确定度，使参比实验室测量结果具有等效性，具备了血清α-淀粉酶活性测量的能力，并为申请酶活性测量的国际关键比对奠定了基础。在2019年的蛋白质分析工作组会议上，该研究性比对同意上升为国际关键性比对，正式同意立项，成为BIPM/CCQM的国际关键比对CCQM-K163项目，并将进行多种酶活性的测量。由中国计量科学研究院作为独立主导实验室主导的这个关键比对项目，也是BIPM/CCQM在酶活性测量的第一个关键性比对。

我国主导的蛋白酶活性测量的CCQM-P137和CCQM-K163两个国际比对，可为临床检验领域酶活性参考方法的可比性，以及提高建立全球可比互认的酶活性测量能力提供支撑。

（四）荧光酶联免疫吸附分析国际比对

蛋白质免疫分析是目前被应用在临床、环境、食品、司法、竞技体育等各领域的一种分析手段。

BIPM/CCQM进行的CCQM-P58系列国际比对项目，是以蛋白质免疫分析的荧光酶联免疫吸附分析（ELISA）方法为主的测量比对，目的是提高酶联免疫吸附分析方法的测量能力和水平。

其中CCQM-P58.1国际比对项目是以人心肌肌钙蛋白I为测量对象的免疫测量比对（Bunk et al.，2015）。参比实验室有德国联邦材料测试研究院（BAM）、墨西哥国家计量中心（CENAM）、比利时标准物质与测量研究院（IRMM）、韩国标准科学研究院、美国国家标准与技术研究院、中国计量科学研究院、日本计量科学研究院、英国国家物理研究所、德国联邦物理技术研究院、土耳其国家计量院（UME）、俄罗斯计量院（VNIIM）、泰国计量科学研究院、巴西国家计量标准和工业质量研究院（INMETRO）等。例如从比对样品1的测量来看，各参比实验室对心肌肌钙蛋白I测量国际比对结果如图6-6所示，其中画圈的是我国实验室的测量结果。

蛋白质免疫分析测量不确定度的影响因素较多，需要认真分析影响因素来正确评定不确定度。影响因素有仪器的校准、酶标板对荧光信号的影响，样品转移

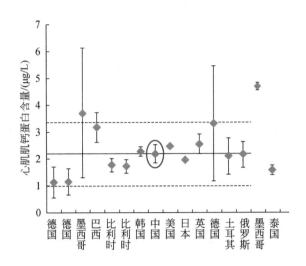

图 6-6　CCQM-P58.1 人心肌肌钙蛋白 I 免疫测量结果

资料来源：Bunk et al.，2015

加样的影响，抗体固定化及抗体与抗原非特异性吸附的影响，以及数据处理产生的影响等，通过分析这些影响因素，并对引入的不确定度进行计算，确定不确定度分量，得到测量不确定度。

另外，蛋白质测量的国际比对也有结构测量的比对，在蛋白质结构测量方面，物质的量咨询委员会生物分析工作组组织了蛋白质结构圆二色光谱测量的国际比对，该比对由美国国家标准与技术研究院（NIST）与英国国家物理研究所（NPL）联合作为主导实验室。通过蛋白质结构圆二色光谱测量的国际比对，旨在提高蛋白质结构测量的可比性（Ravi et al.，2010）。

四、国际比对与校准和测量能力

要获得国际互认的校准和测量能力（CMC）离不开国际比对及其测量结果的等效性。而申请校准和测量能力的过程离不开国际区域计量组织的组织评审，如在亚太区域，由亚太计量规划组织负责组织评审。目前，全球生物计量领域，各国的国家计量院或指定机构是否拥有国际互认的校准和测量能力，是要通过参加 BIPM/CCQM 组织进行的生物测量国际比对，并实现测量结果等效性。申请的校准和测量能力通过了评审，且在国际计量局网站上发布后才可以确认。校准和测量能力在本书第七章也有涉及。

由于生物测量国际比对的数量和关键比对数量都有限，在生物领域拥有国际互认的校准和测量能力的国家和项目数量也就更少。拥有生物测量国际互认的校准和测量能力的国家包括美国、英国、德国、澳大利亚、加拿大、中国、韩国等国家的国家计量院。

2003~2020年，在核酸测量领域，到2020年，各国申请的校准和测量能力包括转基因测量国际比对支撑下的转基因核酸测量的校准和测量能力、DNA绝对定量国际比对支撑下的数字PCR测量的校准和测量能力。在蛋白质测量领域，在国际比对的支撑下，主要申请的有多肽、蛋白质同位素稀释质谱测量能力。基于已完成的肽和蛋白质含量国际比对，国际上以肽和蛋白质为测量对象的校准和测量能力（CMC）已有4个。这对提高在肽和蛋白质测量的全球可比性，提高各国国内在肽和蛋白质含量测量能力和测量可比性上均起到了推动作用。研究性比对CCQM-P137和关键比对CCQM-K163将为申请酶活性的校准和测量能力提供支撑。

在此期间，我国已获得核酸测量、蛋白质测量的国际校准和测量能力，包括核酸聚合酶链反应定量测量的校准和测量能力，多肽同位素稀释质谱定量的校准和测量能力，核苷酸标准物质，转基因水稻、转基因玉米核酸测量的国际校准和测量能力等，为我国的核酸与蛋白质含量测量的校准和测量能力提升奠定了基础。这些国际校准和测量能力的相关信息可以从国际计量局（BIPM）公开网站和KCDB中查阅。

通过核酸与蛋白质测量研究性国际比对的逐步完成，关键比对的数量增加，核酸与蛋白质测量的校准和测量能力数量会不断提升，将逐步建立健全核酸与蛋白质测量核心测量能力。

第四节　区域性国际计量比对研究

一、亚太计量规划组织的生物测量比对

在区域计量组织（RMO）进行的区域性国际比对方面，亚洲地区的计量合作组织是亚太计量规划组织（APMP），它是目前国际计量委员会认可的全球6个区域计量组织之一。亚太计量规划组织负责组织开展各亚太国家的比对研究，还积极与亚太认可合作组织（APAC）进行合作开展能力验证（PT）研究。

在亚太计量规划组织框架内，亚太计量规划组织物质的量技术委员会

（APMP/TCQM）对应 BIPM/CCQM，主要组织进行化学和生物学领域的计量比对。1980 年 12 月中国正式加入亚太计量规划组织，中国计量科学研究院是我国在亚太计量规划组织的正式成员。在 APMP/TCQM 的组织下，2012 年，中国牵头首次主导了亚太地区的第一个转基因测量计量比对，即 APMP QM-P21 复杂基体转基因水稻 *Bt63* 相对定量国际区域性计量比对，并同时与国际计量局物质的量咨询委员会的国际比对同步结合，主导了在全球范围的国际关键比对 CCQM-K86b 和研究型比对 CCQM-P113.3。并于 2019 年，在 APMP/TCQM、亚太认可合作组织（APAC）支持下，我国首次在生物领域提出的转基因测量能力验证项目被纳入亚太计量规划组织（APMP）——亚太认可合作组织（APAC）联合能力验证计划。另外，2019 年我国还独立主导了 BIPM/CCQM 的比对项目 CCQM-P205 水中微生物计数国际比对和 APMP/TCQM 的比对项目 APMP.QM P35 水中微生物计数亚太区域性比对。

二、亚洲标准物质合作计划

以中国、日本和韩国三国签署的亚洲标准物质合作计划（ACRM），是以区域多边比对的方式进行标准物质联合研究的比对合作计划为主。在亚洲标准物质合作计划下组织开展的标准物质联合验证比对，验证三个国家的国家计量院实验室研制的标准物质量值或溯源的可靠性，以证明研制技术能力，对于推动三个国家的国家标准物质量值准确及应用具有重要意义。

自 2007 年以来，在亚洲标准物质合作计划下组织开展的生物标准物质联合验证比对，有猪胰岛素标准物质联合验证、寡核苷酸标准物质联合验证、转基因水稻标准物质联合验证、C 反应蛋白标准物质联合验证、λDNA 标准物质联合验证、糖化血红蛋白标准物质联合验证、人生长激素标准物质联合验证等。

其中蛋白质标准物质联合验证的比对，已完成的有由中国计量科学研究院主导的猪胰岛素、糖化血红蛋白等标准物质联合验证，日本计量科学研究院主导的 C 反应蛋白溶液标准物质联合验证，韩国标准科学研究院主导的人生长激素溶液标准物质联合验证。核酸标准物质联合验证比对中已完成的有由中国计量科学研究院主导的转基因水稻有证标准物质、λ-DNA 标准物质的联合验证，韩国标准科学研究院主导的寡核苷酸标准物质联合验证等合作研究项目。

下面以猪胰岛素标准物质多边验证为例，概述联合验证比对研究。

中国计量科学研究院研发的猪胰岛素标准物质，是通过建立的高效液相色谱-同位素稀释质谱方法、纯度杂质扣除法进行定值，结果为 (0.892 ± 0.036)

g/g。其联合验证是在 ACRM 组织下进行的。2014 年亚太地区的中、日、韩三个国家的国家计量院的实验室，对中国研制的猪胰岛素标准物质进行了多边比对验证研究，所采用的测量方法是高效液相色谱–同位素稀释质谱方法（Wu et al.，2015）。三个实验室对猪胰岛素标准物质的联合验证，三个实验室的测量结果通过归一化偏差（E_n）值来判断。

参照《化学计量比对》（JJF 1117.1—2012）国家计量技术规范的相关内容，采用归一化偏差（E_n）值来判断比对结果，可用于共同验证结果的等效性声明（国家质量监督检验检疫总局，2012）。E_n 值计算公式为

$$E_n = \frac{|x - x_0|}{\sqrt{U^2 + U_0^2}}$$

式中，x_0 为猪胰岛素标准物质的认定值；x 为各实验室的测量值；U_0 为猪胰岛素标准物质的扩展不确定度；U 为测量值的扩展不确定度。

通过公式计算每个实验室的 E_n。如果 E_n 小于 1，则证明了实验室间测量结果的等效性。

通过结果计算得出日本计量科学研究院和韩国标准研究院的 E_n 值分别为 0.09 和 0.43，E_n 值均小于 1（Wu et al.，2015）。同时证明了中国计量科学研究院研制的猪胰岛素标准物质的量值准确。

第五节　国内计量比对研究

一、基本程序和内容

众所周知，计量比对是通过检查测量结果的等效度，验证计量标准的可靠性和考察实验室测量的能力，以考察各实验室间出具的测量结果等效一致的重要手段。为保证我国量值的统一和准确可靠，2020 年国家市场监督管理总局专门给出了加强对计量比对的指导意见《市场监管总局关于加强计量比对工作的指导意见》的文件，并于 2023 年发布《计量比对管理办法》（国家市场监督管理总局令第 69 号）。以加强计量比对和监督管理，提高计量比对供给质量和效益。

开展一项国内计量比对，即国内比对，有国家计量比对和地方计量比对，均需要遵循计量比对国家计量技术规范的基本要求。其基本程序和内容包括：比对前调研、比对建议、比对计划的确定、参比实验室确定、比对实施方案的确定、

比对样本发放、比对实验数据提交、结果计算、完成比对报告、报送比对报告等。

在组织生物测量的国内计量比对前，先确定所用的量值传递标准，如标准物质应当稳定、量值准确，溯源到国家计量基准、国家有证标准物质等。无法实现溯源时，可采用其他溯源方式，如溯源到国际互认的校准和测量能力方式，目的是保障量值准确统一。

二、国内生物计量比对计划

比对计划的确定是实施比对的前提。根据需要提出比对需求，提交国家计量比对计划申报书，经行政主管部门批准下达比对计划后实施。2018年3月21日国家市场监督管理总局成立后，我国的国内计量比对计划就由国家市场监督管理总局计量管理部门下达。

目前生物计量领域的国内比对的归口管理工作由全国生物计量技术委员会负责组织申请的比对项目。自2010年开始，在全国生物计量技术委员会组织下，生物测量国内比对已经进行了蛋白质分子量、转基因核酸、基因序列、微生物核酸等多项测量的比对（全国生物计量技术委员会，2022），其中完成的核酸与蛋白质测量国内比对计划见表6-1。生物计量领域的比对还有数字PCR定量测量能力计量比对、新型冠状病毒N蛋白测量能力计量比对等。

表6-1 部分核酸与蛋白质测量国内比对计划项目

序号	比对名称
1	实时荧光定量PCR测量
2	多肽和蛋白质分子量测量
3	基因高通量核酸序列测量
4	病原微生物核酸qPCR测量
5	转基因实时荧光定量PCR检测

三、国内比对举例

国家计量比对实施方案应当包括计量比对针对的量、目的、方法、传递标准或者样品、路线及时间安排、技术要求等。必要时，也可以规定比对实验的具体方法和不确定度评定方法或者限定比对结果的不确定度范围[1]。下面以在2011年转基因核酸测量计量比对例子来简单说明比对研究的实施方案。

（一）比对调研和计划

进入21世纪，基因技术已被广泛地应用到植物遗传改良、疾病诊断与预防、司法鉴定、生物制造、食品制造等方面。其中以转基因技术成为农业生物技术培育新品种解决粮食安全问题的重要措施之一。

DNA聚合酶链反应定量分析是转基因核酸定量的不可或缺的检测手段。实时荧光定量PCR方法是完成DNA相对定量分析测量的主要方法之一，通过对生物样品DNA的体外扩增，用荧光检测实时定量目标DNA含量。为了提高国内转基因核酸聚合酶链反应方法的测量能力，需要进行转基因核酸拷贝数测量计量比对。

2011年，根据比对计划任务，中国计量科学研究院主导实时荧光定量PCR测量国内比对。以转基因植物（如水稻或玉米等）为比对样品，实施计量比对。目的是通过对转基因植物样本的测量，规范并提高实验室的实时荧光定量PCR测量能力。把主导实验室参加国际比对的核酸含量测量能力的溯源性很好地传递到国内各参比实验室，提升实验室实时荧光定量PCR方法测量能力和结果的准确可靠和可比。

（二）比对计划实施

参照《计量比对》（JJF 1117—2010）国家计量技术规范，制定比对实施方案，开展实时荧光定量PCR测量的国内比对。从征集确定参比实验室，提出比对要求，选择比对方式路线，准备比对样本和实验材料，发送比对样品等。

下面就比对实施的几个要素进行介绍。

1. 比对样本和实验材料

比对样本为转基因植物制备的粉末，比对样品要求稳定、均匀。选取两个不同含量（高、低）水平的比对样品，采用棕色玻璃瓶密封包装，于4°C恒温下保存。校准物质于-20℃保存，引物和探针及相关试剂按实验要求准备等。实验材料准备就绪。

---

[1] 参见《计量比对管理办法》。

2. 比对要求

比对要求包含但不限于参比实验室的资质、人员、仪器、样本接收、实验条件、比对结果上报等方面。以确保实验顺利和规范进行。

1）参比实验室有一定的实验资质，并提供资质证明，如通过实验室认证，或具有计量资质，或为国家重点实验室的相关证明材料。参比实验室所用于比对的仪器为实时荧光定量 PCR 仪，采用实时荧光定量 PCR 方法。

2）参加比对人员经过培训，对所用仪器能够熟练操作。

3）参比实验室收到比对样品后，按比对实施方案接收要求，正确保存好比对样品、校准品、试剂材料等。并按要求及时在当天将样品接收单（接收人签字）返回主导实验室，可以传真或扫描方式。

4）各参比实验室先对仪器进行校准后，方可按照比对实施方案的方法标准操作程序进行比对样品的测量。

5）提交比对结果报告单，测量结果不确定度评定报告，包含原始记录。不确定度评定全面、科学、客观，扩展不确定度计算取包含因子 $k=2$。

6）比对保密规定。为确保比对公正公平，在比对数据公布前，不允许刊发与比对有关的数据。在比对进行过程中，严格杜绝参比对实验室拼凑实验数据、实验室间交流比对数据等行为。

3. 比对路线

根据该比对的特点，参考《计量比对》计量技术规范，选择采用的比对路线是"星形"方式的比对路线（图 6-7），即由主导实验室发放比对样品给所有的参比实验室，参比实验室对收到的转基因植物比对样品进行测量，并在规定时间内将测量结果返回给主导实验室。主导实验室收到各实验室的比对结果和数据

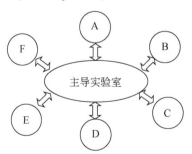

图 6-7 计量比对路线

后，对各个参比实验室的比对结果进行分析、比较、评价，以考察各个参比实验室是否达到等效性。

由主导实验室按实验方案条件将准备就绪的比对样品（高、低）统一发送到所有的参比实验室，各个参比实验室对收到的比对样品，妥善保存，适时采用实时荧光定量 PCR 方法对转基因植物比对样品进行核酸含量测量。

（三）比对结果分析评价原则

所有参比实验室在规定时间完成比对实验，并提交比对结果到主导实验室。主导实验室在对比对结果进行统计、分析、评价、上报的过程中掌握如下基本原则。

1）在比对进行期间，比对结果评价按照计量比对技术规范中的评价方法进行评价。

2）在比对进行期间，主导实验室对参比实验室提交的比对结果认真分析，总结存在的问题。

3）经比对结果评价、分析后，评价结果不好的参比实验室需进行必要的整改。

4）参比实验室对比对结果评价的结论有异议的，即可向比对组织者提出申诉。

5）经过比对结果进行统计、分析、评价及全体会议讨论后，主导实验室形成最后比对报告（含比对结果）和会议纪要，并及时上报给比对组织者，并将比对报告和比对结果按国家计量比对管理办法进行上报。

6）比对结果为转基因核酸测量的量值可比性提供参考。

（四）比对结果的评价方法

比对结果的评价方法有两种，即 E_n 值评价方法和 Z 比分数评价方法。

1. E_n 值评价方法

E_n 值又称为归一化偏差，在评价结果时计算各参比实验室的比对结果与参考值的差值与不确定度的比值。比对参考值的确定采用的是主导实验室的测量值，而这个测量值带有测量不确定度，并具有计量溯源性。

参比实验室测量结果用 E_n 值评价，E_n 的计算公式为

$$E_n = \frac{|x-x_0|}{\sqrt{U_{\text{lab}}^2 + U_{\text{ref}}^2}}$$

式中，x 为参比实验室的测量值；x_0 为参考值（主导实验室）；U_{lab} 为参比实验室测量值的扩展不确定度；U_{ref} 为参考值的扩展不确定度。

U_{lab} 和 U_{ref} 两者的置信水平相同，通常为 95%。则取包含因子 $k=2$。

当 $|E_n|\leq 1$，参比实验室的测量值与参考值的差值与不确定度之比在预期范围内，比对结果可接受；当 $|E_n|>1$，参比实验室的测量值与参考值的差值与不确定度之比超出预期合理范围内，不满意，比对结果不能接受。

对 $|E_n|>1$ 的比对结果，需要参比实验室对数据进行仔细分析，查找原因。

2. Z 比分数评价方法

稳健统计法是使用中位值代替平均值、标准化四分位距估计数据的分散度。也就是用 Z 比分数评价的方法。当用比对参考值为中位数进行计算，使用稳健统计，用 Z 比分数来评价比对结果。按下式计算 Z 值：

$$Z=\frac{x-\mathrm{Med}(x)}{\mathrm{Norm\ IQR}(x)}$$

式中，x 为参加比对实验室的测量值；$\mathrm{Med}(x)$ 为中位值，比对结果的中间值。如果比对数据是奇数，那么中位值是一个单一的中心值；如果比对数据是偶数，中位值则是两个中心值的平均。$\mathrm{Norm\ IQR}(x)$ 为标准化四分位。它等于四分位间距（IQR）乘以一个因子（0.7413）。

四分位间距是低四分位数值和高四分位数值的差值。低四分位数值（Q1）是有 1/4 的结果低于该值，高四分位数值（Q3）是有 1/4 的结果高于该值。在大多数情况下 Q1 和 Q3 是通过数据值之间的内插法获得。IQR = Q3 − Q1，Norm IQR = IQR×0.7413 [《计量对比》（JJF 1117-2010）]。

比对结果评定：

若 $Z\leq 2$，则参比实验室的结果为合格；

若 $2<Z<3$，则参比实验室的结果为可疑值；

若 $Z\geq 3$，则参比实验室的结果为不合格。

对可疑值和不合格的结果，需要对参比实验室的数据进行分析，查找原因。

（五）比对结果分析

此次采用的转基因水稻样本开展的实时荧光定量 PCR 核酸测量的国内比对，从比对结果评价也反映出当时的转基因核酸检测的现状，对转基因核酸低水平含量的测量，约 70% 参比实验室测量结果是等效的。而在对高水平含量比对样品的测量中，大部分实验室的测量结果未达到等效。

通过对出现问题的分析，产生不合格结果的主要原因有以下两方面。

1）参比实验室未能对定量 PCR 仪器正确校准、不确定度评定时对影响不确定度的因素考虑不全面，不确定度分量不全，导致不确定度评定后的数据偏小，使得比对测量结果（含不确定度）出现不等效的情况。

2）测量结果明显离群的实验室其 E_n 值大于1，而有些实验室虽然测量结果离群，但 E_n 值小于1，是因为该实验室所评定的测量不确定度非常大，不确定度评定不合理。

不确定度评定不准而影响比对结果，这是计量比对中出现的主要问题之一。如果不确定度评定影响因素考虑不全，会在不确定度评定中遗漏不确定度分量，造成合成不确定度的数据偏小。而对不确定度评定过大时，同样是对不确定度评定不合理，会出现测量结果离群而 E_n 值小于1的现象。通过该核酸测量比对的研究发现的问题，对提升我国实验室对转基因核酸 PCR 测量能力及对计量比对的认识都具有现实的意义。也正是在这样的第一次核酸测量国内比对工作的带动下，对后续组织开展的实验室间生物领域的国内计量比对给予了很好的借鉴作用。

为能做好一个计量比对，要保证人员素质和能力水平、规范操作、科学评定不确定度等各方面的能力。正确使用经过校准的仪器、标准物质、规范的测量程序，找出不确定度影响因素，科学合理评定测量不确定度和正确表示不确定度，最终达到满意的比对结果。

综上，本章从计量比对概念、作用、国际比对和国内比对项目的启动与发展进行了介绍。国际计量比对衡量了各国在核酸与蛋白质的测量能力，支持了核酸与蛋白质测量的可比性、溯源性和有效性。通过参与国际计量比对，大力推动了中国生物计量的研究和发展，中国从参加国际比对到独立主导国际比对，取得核酸与蛋白质的国际互认的校准和测量能力，在国际上有了主动权。同时组织开展的核酸与蛋白质国内计量比对研究，提供了国内实验室参与测量能力验证的一种方式，为提高核酸与蛋白质的生物分析测量能力起到推动和支撑作用。

未来核酸与蛋白质国际研究性比对和关键比对数量的不断增加，国际校准和测量能力的数量和种类为满足日益发展的国际全球化和命运共同体社会的需要也必将不断增加。可以预测生物中核酸与蛋白质的多特性融合测量比对将是今后的发展趋势。与此同时，加强国内计量比对的组织力度，与国际接轨的同时，发展符合本国国情的计量比对，带动实验室在生物分析测量有效性方面的提升。计量比对给出的比较答案，展现的是国家和实验室的测量实力、能力，更是体现确保生物特性量值统一、可溯源、准确可靠的价值。

第七章
生物分析测量有效性保障

　　生物技术及分析仪器的发展使生物得以被分析测量。分析技术的进步使得对生物物质核酸、蛋白质等生物大分子日常的检测、检验、测试、测量等（统称为生物分析测量）从定性到定量，再到量化定性和精准定量的进步。实现每个/次的生物分析测量数据结果准确，可使不同实验室间的数据结果可比较、可互认，数据结果准确可靠而具有真实可用性，即为生物分析测量有效性，它是在一定条件下获得准确、可靠的数据结果，反映应用的真实性。准确、可靠、可比是生物分析测量有效性的必要条件，而生物计量溯源传递体系是保障其必要条件的基础。生物分析测量有效性的实现需要以溯源链、校准链为保障。

　　健康安全、生物产业、生命科学研究等领域高质量发展离不开高准确的数据，生物分析测量质量是核心，明确生物分析测量有效性特征保证数据结果的有效性是关键。而保障生物分析测量有效性的前提是先确认六要素，即生物分析测量目的明确、人员专业能力、评估能力、方法与设备能力、质量控制能力、溯源性保证能力等，再分析有效性关键控制点，最后实施生物分析测量有效性保障措施。关键是以溯源链层级保证生物分析测量结果可溯源，建立可溯源分析测量体系；以有证标准物质验证方法有效，建立比对和能力验证的方法手段；以计量技术规范指导校准分析仪器，建立规范标准化的生物分析测量校准程序；形成生物分析测量有效性保障措施。使用户获得准确、可靠、可比的检测、检验、测试、测量等生物特性数据结果而有效应用，也就是保障了生物分析测量有效性，有助于推进生命科学和生物产业及生物经济的高质量发展。

第一节　引　　言

一、生物分析测量概念与外延

　　与前面章节所介绍的生物计量中的生物测量科学研究不同，生物分析测量是对生物分析、检测、检验、测试、测量等活动的统称,其虽然也有测量,但不是测量科学的计量,它是指日常实验中进行的对生物体和生物物质进行分析检测、测试等活动,即是生物分析测量活动。

生物体核酸与蛋白质的生物分析测量发展,是从观察(不测量)定性到量化定性(可测量)再到定量(可测量)的科学转化,并逐步向精准定量深化,形成并发展了可量化数据的单位。对复杂生物体的分析,是从未知到已知的进步。对核酸与蛋白质的认知,就是从宏观描述开始,随着生物分析技术的不断发展,实现对核酸与蛋白质的定性到含量、分子量、序列等特性的分析测量,发展到生物物质(含生物体)核酸与蛋白质其他特性的精准测量,从而实现了从宏观生物体到微观物质特性的认知深入,实现对生物体生命物质诸多特性数据化的精准测量。目前,生物分析测量产出大量可测量的数据,愈加突出的是对生物物质核酸与蛋白质检测产生越来越多数据的准确、可靠和可比的有效性要求。

生物分析测量是在一定条件下对生物物质可测量的一套操作活动,有时简称用"生物分析"或"分析测量"。生物分析测量的先决条件是生物物质特性可测量,以实验程序操作得到的生物物质特性数据可表示,产生应用作用,可以满足预期用途目的。生物分析测量涉及但不限于检测、检验、测试、测量等方面,其所获得的数据结果有以下几种情况:准确、不准确、不可靠。不准确的数据肯定是不能发挥应有的作用,看似准确但不可比导致不可靠的数据,也不能满足预期用途目的而有效应用。

在现实中,核酸与蛋白质的分析测量会面临难以达到准确、可比的程度,致使结果不可靠,这也是疾病诊断误判、生物产品贸易纠纷、生物安全信息不真实等情况发生的诱因,甚至可能导致生物产业失去国际竞争力、国家决策错误等严重后果,对社会产生负面的影响。

进入21世纪,生物学的发展日新月异,生物技术手段层出不穷,而生物分析测量需求也与日俱增,促使生物物质及其特性参数和指标数量的不断增加,例如与疾病诊断紧密相关的生物标志物指标,食品安全、生物安全中的生物危害因子指标等呈现逐年递增。与此同时,人们逐步意识到生物分析测量数据存在不准确、不可比等问题,并越来越重视数据的准确性、可比性、可溯源等与计量密切相关的关键性质。对生物核酸与蛋白质特性检测数据准确可靠的重要性日趋重要。例如糖化血红蛋白检测是人类糖尿病病情发展的重要监测手段;2019年底开始的新型冠状病毒感染疫情在全球持续暴发,促使人们对核酸、蛋白质检测有了更多的了解和认识,新型冠状病毒核酸检测不仅是预防感染病毒的监测手段,也是及时诊断新型冠状病毒感染的重要工具之一。核酸和蛋白质相关的生物分析测量已经与我们的日常生活密不可分。

因此，面对当前生物科技深入发展带来的分析测量生物数据不断大量产生的状况，让更多人了解生物分析测量有效性变得迫在眉睫。首先，要明确生物分析测量系统要素的重要性，再者要知道生物分析测量数据结果准确、可比是可靠的前提，可比、可溯源是有效性的重要保障，因此，生物分析测量的发展要站在更高质量发展的战略高度，加强生物分析测量有效性保障体系范式的思考、建立和应用，为日常生物分析测量有效性提供生物计量及其溯源和校准技术的支撑。总之，生物分析测量数据有效性与准确性、可比性、溯源性分不开。

二、生物分析测量有效性内容

有效性（validity）是达到准确和可靠的程度，即可用性（availability）。生物分析测量有效性，是使生物分析测量结果有效可用，那么这个生物分析测量就是有效测量。生物分析测量有效性最终反映的是被测生物特性数据结果与所采用的标准值或理论值相吻合的程度，数据结果与标准值越吻合，则分析测量数据有效性越高；反之，如偏离越大，则数据越接近无效。简单说生物分析测量的有效性就是可测的生物特性达到准确和可靠的程度，使得到的数据结果达到满足预期目的要求。

生物分析测量有效性的基础是数据结果准确，将数据结果进行比较后才能判断是否一致、可靠，因此可比的数据才是可靠的。既然可靠的数据须是可比的，要保证数据的可比，则须溯源性来保障，即通过不间断的溯源链保证量值标准和计量单位的统一，实现实验室内和实验室间的数据结果可比。由此可见，准确性、可靠性、可比性、溯源性是生物分析测量有效性的特征（属性），它们具有稳定的互助递进关系而相互关联，准确性是有效性的基础，而溯源性是有效性的根基和准确可靠标准量值的计量源头，是保证生物分析测量有效性的前提条件和根本保证（图7-1）。另外，要考虑日常生物分析测量过程与计量标准的互换性关系，特别对复杂基质的生物样本，生物标准物质互换性使标准与样品的测量数据结果具有一致性，以反映被测生物样本数据结果的真实性。可以认为良好生物分析测量（GBM）应是有效测量，即检测、测试等的数据结果有效性高，具体到4个有效性特征。要达到GBM，就需要依靠生物分析测量可溯源体系所包含的生物计量标准量值溯源链，通过量值溯源与传递，来保证生物分析测量数据的准确、可靠。

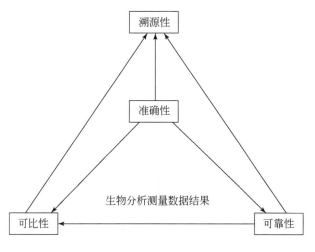

图 7-1 生物分析测量有效性特征关系

三、生物分析测量系统

保障生物分析测量有效性，是基于生物分析测量系统要素的确定和控制管理，最终实现 4 个有效性特征。

（一）生物分析测量系统要素

生物分析测量是一组实验操作过程，获得生物数据和结果。这个过程涉及环境、生物样本及其采集产品、人员、仪器设备（平台）、标准物质、数据软件和工具等多因素组成的分析测量系统而实现。因此，要获得预期有效生物数据结果，需要一个 GBM，一个 GBM 依赖于生物分析测量系统可操作程度和能力。该系统至少需要具备以下六个要素，即目的明确、人员专业能力、评估能力、方法与设备能力、质量控制能力、溯源性保证能力（图 7-2），这些是保障有效性的关键条件。

1）目的明确。这是进入实验操作的前提，也是第一个要素。生物分析测量的目的是为满足用户需求而开展，实验目标要明确可行，就需要分析开展实验的原因和是否可实现预期目的。通过目标验证进行评估判断，若目标明确可行，分析测量目的有效，即可进入实验操作；反之，如果通过分析评估后发现目的无效，则需调研验证重新对目的进行评估。

2）人员专业能力。生物分析测量需要专业人员执行生物样本采集采样、生

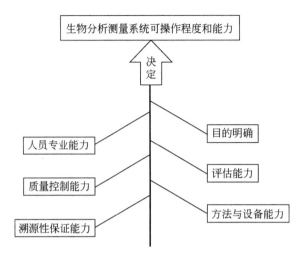

图 7-2　生物分析测量系统六要素

物样品处理、分析测量、数据分析、测量评估、质量控制等实验操作。操作人员须具备所需专业能力和水平。人员专业能力是保证生物分析测量有效性的关键要素。

3）评估能力。依据目标、标准、技术或手段，构建评估方式和程序来客观评估实验拥有能力。可采用有通过复杂基体有证标准物质、能力验证、比对（如计量比对、实验室间比对）等方式，对环境、人员、样本处理、方法、设备、数据处理和不确定度评定等进行评估。

4）方法与设备能力。具有有效的方法和设备能力是保证测量有效性的关键要素。须提前确认采用的分析测量方法，正确校准设备并保证其可正常使用，设备包括仪器、标准物质。方法与设备能力是使方法与设备保持质量稳定可靠而满足实验的能力。通过使用有证标准物质可确保方法验证有效；通过对生物分析测量系统中的设备校准，经校准链最终可溯源至同一计量基标准，使经校准后所获得的数据结果有效且具有计量溯源性。

5）质量控制能力。质量控制贯穿实验操作全程，包括但不限于环境、生物样本及其处理、人员、仪器设备、标准物质、试剂、分析测量程序、数据软件和工具等，使日常生物分析测量能满足分析测量能力性能要求，涉及对生物样本的稳定性、真实性进行确认，对分析测量操作程序进行确认，对校准链的不间断性进行评估确认，对不确定度评定确认等的质量控制。

6）溯源性保证能力。保证生物分析测量结果溯源性是满足测量有效性的重要关键要素。溯源性是数据结果可比性的保障。数据结果具有计量溯源性，应能通过溯源链逐级溯源到最高计量源头,实现可比的一致性。确保数据结果可相互比较、可互认,保证在不同时间和空间的分析测量结果数据结果可比、可靠,例如在不同实验室间、或不同方法间的数据结果可比性。

同时要考虑到,生物样本的复杂性,就需要保证数据结果是真实的,使用具有互换性的生物标准物质,这既是质量控制的内容,也是校准中使用具有溯源性计量标准时应该注意的方面,避免选择无互换性的生物标准物质。

因此,要保证生物分析测量数据结果的准确、可靠、可比,达到有效测量目的,就需要专业人员操作,具备实验操作能力、评估能力和质量控制能力,生物分析测量结果具有计量溯源性。国家生物计量溯源传递体系是保证生物分析测量数据结果准确、可比、可溯源的重要质量基础,具有最高校准和测量能力有力支撑生物分析测量有效性。

(二) 有效性关键控制点

实现良好的生物分析测量,以明确生物分析系统要素控制管理,确定有效性控制点特别是关键控制点是重要保证。从生物分析测量系统六要素入手,进行控制点分析,包括对生物样本的待测物或被测物基本情况的分析(如生物样本的稳定性、采集、前处理等)、人员专业能力、分析仪器(含自动化设备)选择和数据统计及数据结果、溯源性等,来确定关键控制点。从获得数据准确、可靠的层面考虑,在这个过程中最直接影响分析测量有效性的有:方法有效性、设备有效性、数据结果有效性、校准链和溯源性,他们是保证一个生物分析测量数据结果有效的关键,作为关键控制点(CCP)(图7-3)。运行前提是明确需求用途和目的后的实施可行,并通过验证。

分析有效性控制点简述如下:

1)预期需求目的确认。分析待测生物(物质)对象及其被测特性量,即被测特性量可达到的预期目的。预期验证确定实施能力是否有效。直到判断有效,才能继续对其他要素进一步分析,把握控制点。

2)人员专业能力。纳入实验操作人员的能力及其持续有效,包括人员培训和能力提升计划的落实。给出有效或无效的结论。

3)生物分析测量方法。需要考虑的内容包括取样、工作范围,线性范围,定量限(LoQ),检出限(LoD),精密度,准确度,稳健度,不确定度等因素,能否满足被测对象和生物特性要求,确认方法有效性,给出方法有效或无效的结论,是影响分析测量有效性的关键控制点。

4)设备。一般包括分析仪器、标准物质。需要关注设备考虑的重点是分析

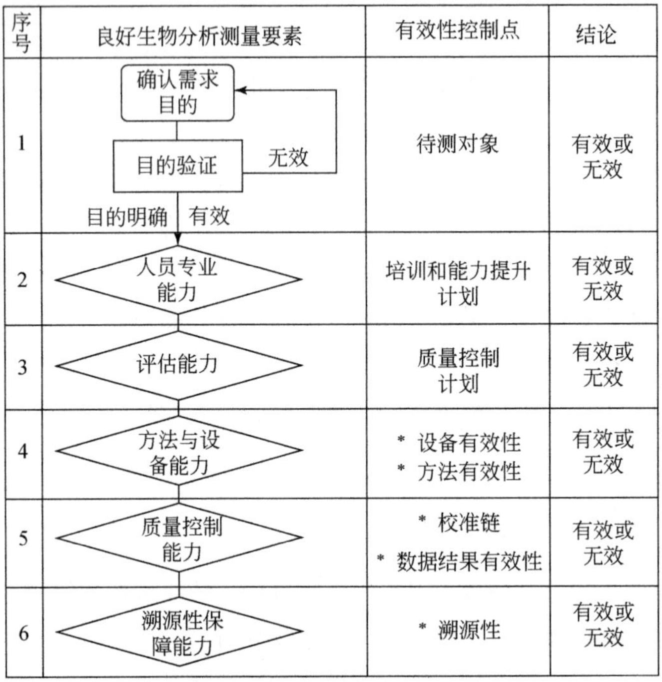

序号	良好生物分析测量要素	有效性控制点	结论
1	确认需求目的 → 目的验证（无效/目的明确 有效）	待测对象	有效或无效
2	人员专业能力	培训和能力提升计划	有效或无效
3	评估能力	质量控制计划	有效或无效
4	方法与设备能力	* 设备有效性 * 方法有效性	有效或无效
5	质量控制能力	* 校准链 * 数据结果有效性	有效或无效
6	溯源性保障能力	* 溯源性	有效或无效

图 7-3　生物分析测量系统要素的控制点

注：＊为关键控制点

仪器的工作范围、示值误差、不确定度等，标准物质的特性量及标准量值和不确定度等，以及能否满足被测生物特性要求，判定设备有效性，给出有效或无效的结论。这是分析测量有效性关键控制点。

5）校准和校准链。主要在质量控制能力范围中进行评价。通常生物分析测量系统的质量控制内容包括对人员、设备、生物样本、分析测量方法、试剂、校准和溯源等。质量控制贯穿全过程，其中校准和校准链与准确性和可靠性密切相关。因此，校准链和数据结果有效性是关键控制点。

在特殊情况下质量控制还包括标准物质互相性评估及方法的验证和确认实验，判断标准物质是否能满足预期复杂生物样本分析测量得到真实数据的目的。是在特殊应用情况下应考虑的控制点。

6）溯源性。溯源性是保障数据可比性的必要条件，是有效性的关键控制点。应充分地判定数据结果，可否通过溯源到国际单位制（SI）或国际公认单位，给出溯源性有效或无效的结论。

另外，对程序文件和记录管理的考察，是作为控制点的选项。若将生物分析测量系统的全部程序文件和记录管理作为分析测量有效性的控制点，就要对程序文件、记录和文件档案化管理，这是因为当分析测量系统过程出现问题时，可及时通过文件、记录进行追溯查找原因。这是控制点。

对分析测量系统过程的程序文件、记录和文件管理，包括但不限于如下内容。

1）生物样本采集/采样、取样处理、样本保存和处理的程序文件，保证生物样本的完整性、伦理和安全性，遵循国家法规和标准的相关规定。

2）测量程序文件、方法确认程序文件、设备校准程序文件和记录。

3）溯源性、数据统计分析及不确定度评定的程序文件和记录。

4）互换性评估、方法验证和确认程序文件和记录。

5）数据保护程序文件，包括计算工具、计算机记录、备份、收集、存储、使用、加工、传输、提供、公开等。保护数据完整性和安全性，应遵循《中华人民共和国数据安全法》[①] 的相关规定。

总之，对生物分析测量系统中影响有效性因素的分析，提出控制点，从分析测量准确、可靠方面考虑，确定分析测量有效性关键控制点。关键控制点主要包括溯源性、方法有效性、设备有效性、数据结果有效性、校准和校准链，后续以此制定关键控制点的有效性保障措施。

第二节 生物分析测量有效性保障体系

当今，生物分析测量的数据以几何速度增长，分析技术精度的提升发展迅猛，生物数据与人们的生命、生存、生活的关系紧密无间，当前生物数据结果的有效性比以往更加受到关注和重视，提出生物分析测量有效性保障体系化管理，以计量属性、标准化、系统化、稳定化的管理理念，可持续地保持和提升生物分析测量有效性。生物分析测量数据结果可用、可信，需要建立可以实现生物分析测量准确、可靠、可比、可溯源的有效性保障体系（图7-4）。

例如在核酸与蛋白质生物分析测量过程中，需要从生物分析测量系统要素出发，分析关键控制点，使用方法验证、计量比对、校准、溯源性等关键控制点的保障措施，来实现核酸与蛋白质分析测量准确、可比、可溯源，具有可用性，完成核酸与蛋白质生物分析测量有效性保障。

---

① 《中华人民共和国数据安全法》于2021年6月10日第十三届全国人民代表大会常务委员会第二十九次会议通过，2021年9月1日起施行。

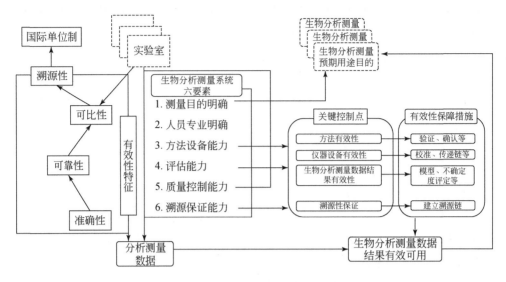

图 7-4 生物分析测量有效性保障体系化管理示意图

一、有效性保障总体要求

生物分析测量要到达预期用途目的离不开有效性保障。生物分析测量有效性保障是在生物分析测量系统要素间对有效性特征的持续稳定并可动态的支撑。以关键控制点为主要支撑对象。

有效性保障总体目标是达到 4 个有效性特征，即具备溯源性、可比性、可靠性和准确性。是通过生物分析测量有效性保障措施来实现。

因此，需要以生物分析测量有效性保障体系化的策略来建立质量管理理念，保持良好生物分析测量，从而达到满意的有效测量结果。生物分析测量有效性保障体系化是以有效性特征、生物分析测量系统要素、溯源链形成的生物分析测量体系、关键控制点、有效性保障措施等所组成，它们之间是相辅相成，使实验室的生物分析测量数据结果有效、可用，实现预期用途目的，服务不同领域用户对生物分析测量目的需求（图 7-4）。使生物分析测量有效性保障管理体系化，具有计量属性为前提的规范性、系统性、稳定性和可持续性。

当用户（实验室）开展生物分析测量有效性保障管理，除了人员专业能力保障外，主要围绕基于关键控制点建立溯源性、方法有效性、设备有效性、数据结果有效性的保障及其相关措施，设备有效性主要包括分析仪器有效性和生物标准物质有效性。下面就溯源性、方法有效性、分析仪器设备有效性、结果有效性的保障进行简要说明。另外生物标准物质有效性放在第八章的生物标准物质选用中介绍。

二、溯源性保障

(一) 建立计量溯源性

计量溯源性是生物分析测量数据结果准确可比的前提。溯源性是实验室开展生物分析测量自始至终的目标，它在明确分析测量目的和证明测量有效性中都是关键考虑因素，是测量有效性的重要关键控制点。开展生物分析测量的实验室具有溯源性的意识就非常重要，需要从预期目标获取待测物的数据结果/量值有效性的根基上进行溯源性确认和管理。

建立计量溯源性是满足生物分析测量有效性的保证措施。因此，在进行一个生物分析测量前，需要建立溯源性计划，通过建立或使用具有溯源性的生物计量基标准，将生物分析测量的数据结果可以溯源到标准量值。除了计量机构外，大部分实验室通常是从不同溯源层级逐级溯源到计量标准的溯源，满足生物分析测量溯源有效性的需要。

生物计量是确保生物分析测量溯源的重要支撑。通过具有计量学水平的生物计量方法、生物标准物质、校准及规范组成生物计量溯源传递体系应用，实现生物物质特性量值的溯源，保障日常生物分析测量有效性。

中国计量科学研究院是我国的国家计量院，目前已建立的核酸与蛋白质含量计量溯源体系，可实现从计量溯源源头来确保生物核酸与蛋白质分析测量的溯源和互认。

其他实验室在建立生物分析测量数据结果溯源性时，可根据建立的溯源性计划，选择采取通过使用具有溯源性的方式，达到连接日常生物分析测量溯源到国家计量标准，不仅能保障测量结果准确性，同时具有可溯源性，就能达到用户预期的目的。而且，将有证标准物质用于生物分析测量系统中的方法确认、仪器校准、质量控制中，使整个生物分析测量过程得到可靠可控的操作，最终将获得准确可靠的分析测量数据结果。

因此，为保证生物分析测量溯源性有效正常运行，用户可通过有效管理和实施措施，使方法、标准物质、校准和程序文件与记录持续有效。

在对核酸与蛋白质生物分析测量时，可采用核酸与蛋白质计量溯源传递体系为用户建立溯源层级提供支撑。并通过使用核酸与蛋白质标准物质的不同层级来实现逐级地溯源和传递。

在实际应用领域中，由于生物标志物核酸与蛋白质的数量多，而相对应的核酸与蛋白质标准物质少，具有溯源性的国家有证标准物质就更少，每一种生物标志物都有对应的有证标准物质是有难度的，对此，需要考虑另一种方式的溯源链来保证计量溯源性，具有现实需求意义。这种方式有采取参考测量程序的能力声明，使用可靠的参考测量程序建立溯源性，来促进核酸与蛋白质等生物标志的生物分析测量溯源可行有效。

生物分析测量系统中若采取参考测量程序能力声明，将参考测量程序放在溯源传递链中，建立参考测量程序层级，在符合标准规范要求的前提下起到溯源传递作用。参考测量程序也用于对标准物质的溯源性建立［标准物质计量溯源性的建立评估与表达计量技术规范（JJF 1854—2020）］。参考测量程序也分层级，有一级参考测量程序、二级参考测量程序。一级参考测量程序会采用计量学的基准方法，基准方法通常是由国家计量机构建立和维持，能直接溯源到国际单位制（SI），具有最低的测量不确定度的精准方法。在缺少计量基准方法的情况下，可用国际公认或约定符合条件的参考测量程序作为一级参考测量程序。

当采取参考测量程序的能力声明，根据预期目的建立参考测量程序的溯源层级后，通过一级参考测量程序、二级参考程序、参考测量程序来实现逐级的量值溯源和传递。这就是以参考测量程序层级来完成的生物分析测量数据结果的溯源方式（图7-5）。

在使用参考测量程序时应遵循国际组织所规定的溯源性。如在国际标准化组织发布的国际标准"校准物质和质控物质定值的计量学溯源性"（ISO 17511）中的要求内容，有对参考测量程序的规定。结合国际组织的规定要求，将参考测量程序通过标准物质进行量值传递到日常实验室，保障日常实验室的生物分析测量有效性，为最终用户提供有效的数据。

例如在医疗诊断中对蛋白质生物标志物的检测、生物安全风险因子病毒核酸检测、司法物证鉴定DNA检测等方面，根据特别需求情况进行具体分析，来选择采用溯源方式保证核酸、蛋白质等生物分析测量有效性。如临床检验复杂体液中核酸含量检测的溯源，采取参考测量程序声明方式，一级参考测量程序可选数字PCR绝对方法，该方法通过了国际计量比对的互认，与对应核酸标准物质结合的溯源溯源途径，使核酸分析测量体系的参考测量程序有效运行。

（二）建立可溯源生物分析测量体系

以生物分析测量系统六要素为基础，经规范化和关键点控制管理的生物分析测量系统，通过溯源链而形成可溯源的生物分析测量体系，主要由生物分析测量溯源链、标准化及评估能力形成，其中关系及可溯源性可见图7-4中所示。生物分析测量体系在满足生物分析测量系统要素前提下，强调以到国际单位制的溯源性为目标主线，溯源性宜与国际组织的协议、规则和标准协调一致，对实现生物分析测量结果的可溯源、可比和互认提供依据和可行性。

可溯源的生物分析测量体系结构组成主要包括：溯源链和传递链、有证标准物质、参考测量程序（分析测量方法、仪器设备）、不确定度评定，符合国际标准化组织的标准、国际计量机构互认协议、国际计量比对的规定，以及国际行业组织如国际检验医学溯源联合委员会的相关要求和活动（图7-5）。其中，需要对标准物质、校准、计量比对和能力验证（PT）计划等相关能力采取评估措施，最大限度实现生物分析测量可溯源、可比的目的。

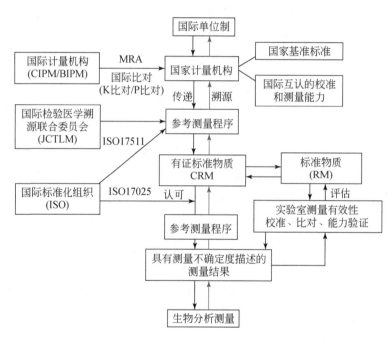

图7-5　可溯源的生物分析测量体系示例

注：向上箭头表示溯源；向下箭头表示传递

获得准确可比较的数据才是可靠的数据，需要进一步实现数据结果的统一可比。正如前章所介绍，计量比对是实现可比的重要方式，使数据结果量值准确统一等效。在国际上，通过BIPM/CCQM的生物测量关键比对和研究性比对，考察各国国家计量院的生物测量能力，最终使各国的生物测量能力、计量标准达到国际互认。国家计量机构履行建立国家溯源性的责任，如使核酸与蛋白质含量测量可以溯源到国际单位制（SI）单位，溯源到统一的国际单位制，通过计量比对实现可比性的要求，从源头来确保生物核酸与蛋白质测量的国际互认，这是国际计量比对的重要作用。它还用以支撑各国满足日常核酸与蛋白质等的生物分析测量可比和能力提升。可通过国内计量比对方式提高国内各实验室间数据可比性和等效性。

然而，现实中生物分析可测量的特性大部分都无法直接溯源到国际单位制（SI）单位，就需要在公认或声明的情况下采用其他可能的溯源途径实现溯源性。例如，按照国际标准化组织所发布的国际标准 ISO 17511 "校准物质和质控物质定值的计量学溯源性"，有采用参考测量程序来完成溯源性的方式。国际标准是用户（实验室）选择参考测量程序的溯源性依据，这也是通过国际标准化方式统一规范保障计量溯源性。

在生物分析测量过程中，视预期用途目的建立生物分析测量方法或程序。可以有多个测量程序，用于不同的目的需求。其中，在溯源性方面，会谈及参考测量程序（RMP），这是相对较为高级的分析测量程序。参考测量程序（RMP）是根据给定的原理详细描述建立的生物分析测量方法，通过数学模型得到分析测量结果和不确定度，具有优于其他测量程序和分析测量方法的特点。将参考测量程序放在溯源传递链中与计量标准相联系，则起到溯源传递作用。即参考测量程序通过向上逐级溯源到国家计量基标准，或通过国家计量基标准往下逐级传递到参考测量程序，再到分析测量程序或测量方法，完成生物分析测量的溯源传递。

在与人们生活、生存、健康密切相关的诸多领域中，进行的生物分析测量从科学性上都应该具有有效性。例如在前文谈及的医疗诊断中的生物标志物蛋白质检测、食品/农产品转基因检测、病原微生物核酸检测及物证鉴定 DNA 检测等方面，如果生物分析测量数据结果有效性越高，就能让用户安心和放心。而核酸与蛋白质生物分析测量有效性保证，离不开有效性保证措施的落实，更需要与国际互认相联系，国家计量实验室获得国际互认的校准和测量能力，进而提高其他实验室的校准和检测能力。

（三）提高校准和测量能力

前文所述的具有国际互认校准和测量能力（CMC）对生物分析测量有效性保障上同样具有重要作用。校准和测量能力（CMC）是校准实验室能够提供给客户的校准测量能力。国家计量院的校准和测量能力通常是提供给用户的最高校准测量水平，他们是在各国通过签署的国际互认协议（MRA）下，国家计量院在国际比对基础上获得的具有国际互认校准和测量能力，在国际计量局 KCDB 中可以查到各国的校准和测量能力（相关内容可参见本书第六章）。这份国际互认的校准和测量能力，为各国发布的国家计量标准、校准标准、校准和测量证书在世界范围内达到互认提供技术依据。

截至2020年，中国计量科学研究院已获得核酸与蛋白质测量的16项校准和测量能力，可溯源至国际单位制（SI）单位，为核酸与蛋白质的常规分析测量有效性提供计量源头保障作用。将国家校准和测量能力进行推动应用，有助于国内实验室在生物分析测量能力的提升。因此，各实验室可以采取与国家计量院紧密联系、自愿溯源方式，不断提高实验室的校准能力、生物分析测量能力。

随着生物技术的高速发展，全球对生存安全、生命健康和生物经济日益关注和重视，引起了各国在生物分析测量上的技术激烈竞争，进而引发了全球在国际计量、标准发展中的竞争。而发展生物计量，建立最高层生物特性测量的溯源性、国家最高生物测量校准和测量能力，达到国际计量比对等效度，通过国际互认协议使生物特性测量能力得到国际互认，无疑是对国家和全球生物经济竞争发展的重要支撑。形成国际互认的生物领域的校准和测量能力，则是对生物分析测量体系有效性保障的强有力条件。应用校准和测量能力来不断提高核酸与蛋白质分析测量有效性质量。而要获得更多更全面的国际互认的生物特性的校准和测量能力，是全球计量机构需要努力的方向。

总之，要为其他实验室从事生物分析测量有效性保障提供更多更全的生物计量溯源性、生物标准物质、国际互认的校准和测量能力，从事生物计量研究的科技工作者任重道远。

三、分析测量方法有效性保障

生物分析测量以生物物质为对象，在一定实验条件下使用分析测量方法测得生物物质特性数据的操作，是生物分析测量数据结果产生的关键。生物分析测量方法为有效性关键控制点，也是生物分析测量结果是否可靠的重要管理环节之一。生物分析测量方法有效性是保证生物分析测量方法有效，也就是提供有效生物分析测量方法，简称有效方法。

生物分析测量方法的有效性保障就是选择合适的方法，对方法进行确认或验证，证明方法的技术可靠性，能满足其应用目的的有效方法。只有经过验证或确认评价的有效方法才能用于对待测生物样本的分析测量。从取样、工作范围、线性范围、定量限、检出限、精密度、准确度、稳健度、不确定度等方面对生物分析测量方法进行认真评估，评估方法的有效性确定方法是否有效。采取的保障措施列举如下。

1）国家计量院可以通过国际比对的方式验证所建立的生物测量方法的有效性，通过国际计量比对结果的等效性，证明生物测量方法或计量标准的国际水平及实现国际互认，来保证在国家间不同实验室的生物测量的可比性和可溯源，从而具有国家最高的生物测量能力的有效性。

2）承担生物分析测量工作的国内其他实验室，要确认或验证所采用的生物分析测量方法的有效性，可以选择采用有证标准物质对方法进行评估，可选委托服务的方式。在选择使用有证标准物质时，需要注意其是否具有满足对待测对象及其生物特性的溯源性、不确定度的适应性，能否满足被测生物特性量要求；是否满足对分析测量方法验证或确认的实现要求。

例如，实验室要进行生物转基因核酸的分析测量或定量检测，需要对选择的转基因核酸检测方法进行验证，判断采用的检测方法是否能满足有效测量待测生物样本中的转基因成分，通过选择使用转基因核酸标准物质来评价所采用或建立的检测方法的有效性。如果实验室采用qPCR方法对转基因核酸进行检测，可选择使用具有拷贝数特性量值的转基因核酸有证标准物质来验证方法，通过确认qPCR方法的检测数据与转基因核酸有证标准物质标准量值的一致性，来判断qPCR方法是否具有可以满足预期转基因核酸成分检测的目的。选择生物标准物质时，建议优先选择采用国家有证标准物质。生物标准物质的应用可参见本书第八章。

四、分析仪器有效性保障

生物分析仪器作为有效性关键控制点，校准是其关键控制点的有效性保障措施之一。通过采用相同生物特性量的计量标准对分析测量系统校准，使不同实验室得到的数据结果来自所采用分析仪器校准溯源，至同一生物特性量标准，也就溯源至同一标准。实验室采用经校准后的分析仪器所测到的数据具有计量溯源性的保障。

在实验室日常工作中，对核酸与蛋白质的生物分析测量，当利用校准措施，采用核酸与蛋白质计量溯源性和量值传递系统，以标准量值的溯源与传递来保证生物分析测量结果的准确可比。校准分析仪器将计量标准或生物标准物质的量值传递到每一台运行的生物分析仪器，将标准值传递到实验室，实验室得到准确的数据结果，使实验室间的数据跨时空（不同时间和空间）等效。通过对分析仪器的校准及其校准层级保障，来保证生物分析测量数据结果准确、可靠、可比、可溯源的有效性。

校准是一项技术性强的保障有效性的计量措施。国家非常重视计量校准服务于社会生产。我国颁布的《中华人民共和国计量法》，对计量检定校准有明确规定。相关内容见本章第三节。

五、分析测量数据结果有效性保障

生物分析测量有效性的目的是获得生物样本的真实有效的数据结果，实现预期用途目的。生物分析测量数据结果准确可靠的有效性将起到科学、公正的应用效果，是对应用和管理的客观表达。而生物计量在保证生物分析测量的准确、可靠、可比、可溯源上起到重要质量基础保障作用。特别是生物计量体系的建立对生物分析测量有效性的保障作用，而使数据结果更具有可信性，从而被用户、政府所采信。

如上所述，通过解析影响生物分析测量数据结果有效性的主要因素，确定有效性关键控制点，采取控制措施，保障最后获得准确可靠的分析测量数据结果。在这个有效性保障过程中，首先对生物分析测量对象和生物特性进行充分了解，其次确定适合的有效方法，经验证或确认，针对生物分析测量的特性指标参数，选用满足要求的生物标准物质，包括生物标准物质的特性量值和测量不确定度及单位（参见本书第八章相关内容），利用校准了的分析仪器，进行生物分析测量程序操作产生数据，获得生物分析测量数据结果，实现预期设定的生物分析测量的目的用途。

这其中的生物分析测量数据结果需要通过数学相关性计算得到并正确表示。即确定生物分析测量方法并按分析测量程序操作，通过被测生物物质的分析测量数据（Y）与可测量的生物特性数据（X）建立关系，可表示为 $Y=f(X)$ 数学公式，对数据统计分析，得到有效的分析测量数据和不确定度。下面对分析测量数据结果的不确定度评定和表示进行说明。

1. 分析测量数据结果表示

生物分析测量数据结果的科学表示。需要先对生物分析测量得到的数据进行统计分析、评定，给出数据值及其可靠程度，即给出准确数据值和数据的偏离程度的不确定度范围，合理地表现被测生物特性数据的分散性，通过对不确定度的合理评定的大小来表达生物分析测量的水平。因此，日常的生物分析测量活动，采用分析测量数据与评定的不确定度表示分析测量数据结果是一种科学的表示方式，也是对数据结果有效表示的一个良好措施。

要保证生物分析测量数据结果有效，前提是测得的生物特性数据（X）要准确，再经过科学合理评定不确定度、科学描述不确定度，得到具有不确定度的分析测量数据结果。不确定度的描述方式有两种形式：绝对不确定度和相对不确定度。绝对不确定度表示的是与被测特性数据有相同的量纲，绝对不确定度简称为"不确定度"，可用符号"U"或"u"表示，不确定度有标准不确定度、扩展不确定度的划分。相对不确定度形式表示的为无量纲，通常的表示是在不确定度符号"U"或"u"上加上下标"rel"，即U_{rel}表示相对不确定度，以与绝对不确定度区别。对应不确定度的划分，相对不确定度有相对标准不确定度和相对扩展不确定度。

2. 分析测量不确定度评定

生物分析测量不确定度表示的是被测生物特性数据的分散性。由于生物分析测量的影响因素较多，对不确定度的影响来源也就多，构成了多个不确定度分量的组成，最后多个不确定度分量合成为一个总的不确定度（U），来表示所测到的生物特性数据的分散性。

生物分析测量不确定度的研究是一个发展过程。也是从无到有，从有到精的过程。对生物分析测量的不确定度进行科学合理评定，需要对生物分析测量不确定度的来源进行认真分析，查找影响分析测量的因素，并能合理评定数据，形成多个不确定度分量的相对大小。其中重点控制主要影响因素及评定他们的不确定度分量数据，这些影响因素数据反映在不确定度分量上，是总不确定度数据的主要贡献者。将科学合理评定的尽可能所有不确定度分量所合成的不确定度纳入分析测量数据结果的表示中，就形成了一个科学有效的生物分析测量数据结果。

目前，对于生物分析测量数据结果不确定度的评定，可参考相关的国家标准或计量技术规范，通常将不确定度分量分为 A 类不确定度、B 类不确定度两大类。通过分析研究找到影响不确定度来源的因素后，确定主要影响因素和次要影响因素，进行不确定度分量的分类，通过分析、计算，量化不确定度分量，分别纳入到不确度分量 A 类、B 类的计算中。其中，A 类不确定度是与分析测量数据有关的不确定度，在消除了分析测量系统效应影响的前提下，依据分析测量过程产生的一系列的所测到的数据进行统计分析而得到的一类不确定度分量；B 类不确定度是与分析测量系统的各因素有关的影响，是对分析测量系统效应影响所产生的相关信息的统计和计算得到的一类不确定度分量。从影响生物分析测量因素查找研究不确定度来源，影响因素列举如下：被测生物物质的特性定义、采用的标准物质、采用的分析测量方法和程序、生物样本的采样和取样、人员能力、仪器设备运行、环境变化、读取数据和计算变化等。

以此引入不确定度的分量可能有以下 10 个方面。

1) 被测生物物质的特性定义不清晰，而产生分析测量操作不当引入的不确定度。
2) 分析测量方法不合适被测的对象引入的不确定度。
3) 生物样本的采样不稳定、样品取样代表性不够引入的不确定度。
4) 采用的标准物质自身带入的不确定度。
5) 分析测量重复性的变化引入的不确定度。
6) 分析测量方法和程序的差异引入的不确定度。
7) 分析测量过程中环境变化影响引入的不确定度。
8) 仪器设备读取数据的人为因素引入的不确定度。
9) 仪器设备运行的分辨力不够引入的不确定度。
10) 计算数据工具选取不当引入的不确定度。

应针对生物分析测量所发生的特定影响因素进行不确定度研究和评定，查找影响因素产生的原因。按照建立的生物分析测量数学模型对不确定度分量逐一进行计算。

明确好由生物分析测量本身因素所导致产生的 A 类不确定度、由系统效应因素所导致产生的 B 类不确定度。通过对 A 类不确定度和 B 类不确定度的评定和计算，最后进行不确定度的合成。不确定度的计算按两种描述方式，表示为标准不确定度和扩展不确定度。不确定度用标准偏差表示时称为标准不确定度，标准不确定度又包括 A 类标准不确定度和 B 类标准不确定度，以及由 A 类标准不确定度和 B 类标准不确定度两者合成的合成标准不确定度（图 7-6）。合成标准不确定度是由 A 类不确定度标准（偏）差与 B 类不确定度标准（偏）差的平方和相加再开根方得到。最后采用包含因子计算得到扩展不确定度。扩展不确定度是用置信水平的区间半宽度表示，当置信概率为 95% 时，取扩展不确定度的包含因子（k）为 2，当置信概率为 99.73% 时，取扩展不确定度的包含因子（k）为 3。相对不确定度的计算和分类参照（绝对）不确定度分类进行类推（图 7-6）。

当完成了影响分析测量准确性的不确定度分量的评定和计算后，给出以标准不确定度或扩展不确定度表示的绝对不确定度值（图 7-6）。从而为每个特定生物分析测量赋予了包括不确定度值的一个合理的准确结果。如果对同一生物特性的生物分析测量数据准确，并达到了预期用途目的可以接受的不确定度水平，那么以此可以判断该分析测量所获得的数据结果对预期用途是适用的。从而合理地描述有效的生物分析测量数据结果。

以上主要对生物分析测量的测量不确定度的评定进行了一般规则的介绍。对于生物分析测量所产生的多参数数据和大数据，与以往单一测量数据的测量不确定度评定有所不同，这类数据的不确定度评定的规则将在后续研究中进行详细介绍。

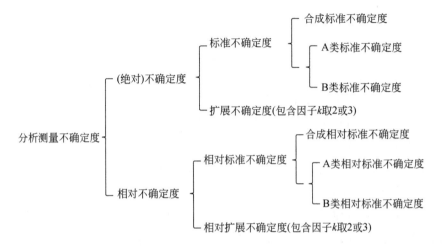

图 7-6　生物分析测量数据结果的不确定度表示及分类

第三节　生物分析测量校准

一、校准基本概念

校准（calibration）是在规定条件下确定由测量标准提供的量值与相应示值间关系的一组操作，测量标准和相应示值都带有测量不确定度。计量校准是量值溯源传递的一种方式，同样也是保证量值准确可靠的一种重要技术手段和行为措施。

校准可通过与计量标准或标准物质直接比较进行，通过校准，保证分析仪器的准确性和分析测量数据结果的可溯源，使实验室或用户在不同时间、不同空间的情况下采用统一标准校准过的分析仪器进行生物分析测量时所测到的数据结果准确和可比。

二、校准层级

校准活动是一个通过具有标准量值和溯源性的计量标准依据校准技术文件操作的过程。校准是实现计量溯源性的主要途径之一。为了保证生物分析测量数据结果的有效性质量，需要通过校准活动实施量值溯源行为和量值传递作用。

首先，校准在满足一定的计量条件下具有溯源性。校准的过程是通过校准层级进行，校准层级也是一条校准链，其反方向是一条溯源链。当进行校准时，每个层级的校准对象和特性量值单位应该是一致的，校准过程才有效，也才能保证在溯源链上的稳定和连续，为分析测量数据结果准确奠定基础。如果上下两级校准所测对象和特性量值及单位都不一样，就相当于校准链的中断，校准过程无效，同时其反向的溯源过程也就不存在。

校准所使用的工具是计量标准（标准器或标准物质），是实现校准的最重要的技术标准。生物计量体系研究中的计量基标准和校准技术规范是对生物分析测量过程校准的重要依据。基于生物计量体系，建立一个由计量基准方法、国际互认的校准和测量能力、计量标准（有证标准物质）等形成的一个有效的传递链或溯源链。通过计量方法、计量标准相联系实施溯源的应用。

当生物分析测量通过这条溯源链完成分析测量的任务，待测对象被测到的生物物质特性数据结果就有了溯源性。这个溯源性是通过自下往上逐级溯源途径实现，从分析测量方法、标准物质到计量标准、有证标准物质，再到国际互认的校准和测量能力。我国的核酸与蛋白质含量特性测量获得了国际互认的校准和测量能力（CMC）是提供给用户的最高校准测量水平。

其次，校准是一项技术性强的活动，需要有专业的知识，采取正确的计量标准，依据校准技术文件进行标准化操作，校准过程具有逐级校准的标准等级关系。从最高基准、标准的逐级实现校准，到直接用到生物分析测量目的需求的方法和分析仪器。在这校准活动期间，所依据的校准计量技术规范文件根据校准对象的不同而不同，如分析仪器所用的计量技术规范文件，及其校准所涉及的逐级计量标准（器）校准所用的计量技术规范文件，需要区别来用。而且所用的校准标准的不确定度也不同，比如逐级计量标准（器）的不确定度，用于分析仪器校准的生物标准物质的不确定度，是完全不同的，小心区分使用。

校准前，首先明确生物分析测量的特性量和单位，选择合适的计量标准，通过对特性量所实际复现的单位、计量基标准、测量程序等的不同层级，分析并建立生物分析测量系统的校准链和校准方案。以校准链层级关系，对应使用校准技术规范及计量标准的标准量值和不确定度，实现对生物分析测量系统的校准。通过明确的校准层级关系，逐级到分析测量系统最终的校准，经过这样的一个顺序完成校准和量值传递过程，可以保证生物分析测量数据结果的准确，通过使用同一标准的比较实现实验室间对相同物质及特性分析测量数据结果的等效（图7-7）。量值传递反方向就是从用户端逐级到最高计量基标准溯源，直至国际单位制的溯源。

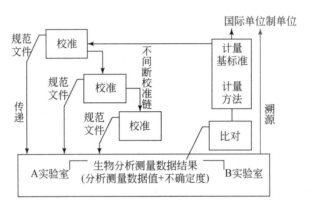

图 7-7　生物分析测量的不间断校准链

校准中所使用的计量标准（器）、测量程序的精度、准确性的差异，与校准链的每个层级的不确定度有关。校准层级从上向下不确定度逐级传递，不确定度也逐级增大，而每次校准的结果取决于上一层级和上一次校准的结果，每次校准结果的不确定度会带入到这次的校准中，每次校准会有不同的不确定度，因此在校准层级中的不确定度被逐级放大，会影响到最终用户采用的分析仪器测量生物物质特性数据结果的不确定度。

目前，国际标准化组织制定的 ISO 17511、ISO 15193 等国际标准，已用于临床医学体外诊断领域，标准中提出了对校准物质和质控物质定值的计量溯源性要求，规定了校准层级和溯源路径。根据被测生物物质的特性单位、定义和可实现的溯源途径，形成不同的生物分析测量对象的多种类型的校准溯源层级。例如通过不同的标准物质和不同的参考测量程序，建成对规定的生物物质特性的溯源等级。校准过程采用的不同层级的校准标准、参考测量程序，由相对应的实验室提供，到最终用户的实际应用需要。

从计量溯源性来讲，这里所提到的相对应的实验室包括了国际计量局实验室、国家计量院实验室、认可的参考实验室、分析系统（仪器、试剂等）制造商实验室、第三方用户实验室等，通过各个实验室所具备的基准、标准、测量程序，形成了一个完整的层级关系，即溯源层级、校准传递层级，通过溯源层级可溯源到国际单位制（SI）单位的计量溯源性。计量基准和计量方法可起到作为一级或二级参考测量程序的作用，由国家计量院实验室提供或采用。前面也已强调，校准传递层级与溯源层级是逆向过程，是每个层级校准环节不间断的准确量值传递链关系，因此，最终用户实验室完成了良好生物分析测量，其数据结果是可溯源的，理论上是准确可靠的。

以蛋白质含量的分析测量为例，一级参考测量程序可选择采用质量平衡法，二级参考测量程序可采用同位素稀释质谱方法，同位素稀释-表面增强拉曼光谱方法等。注意在测量程序应用过程中要考虑互换性评估对数据结果的影响。

在测量程序中考虑"互换性"（commutability），是考虑生物标准物质和被测物特性数据关系的一致性，也就是对一个以上给定的测量程序中得到的结果与给定具有量值的生物标准物质间的一致性，通过具体数值体现其之间的等效性。这与第五章中生物标准物质的互换的目的要求是一样的。特殊情况应选用具有互换性的有证标准物质。互换性是生物标准物质应具备的属性，在实际采用测量程序的应用中，数据结果具有由数学关系建立的一致性（ISO 指南 30：2015 第 2.1.20 条），也就具备了可以满足实际分析测量目的的互换性。如果不具备互换性，则无法满足预期用途目的，分析测量结果也就无效。

在本书第四章中列举的人生长激素标准物质互换性评估研究，如果不具备互换性，则测量无效。这样不仅影响实际应用效果，而且标准物质的互换性还可影响采用上一级参考测量程序定值的标准物质是否能够用于下一级标准物质定值的能力 [标准物质计量溯源性的建立、评估与表达计量技术规范（JJF 1854—2020）]。因而会造成溯源传递层级逐级受到影响，进而直接影响到最终的分析测量数据结果。事实上，生物分析仪器的校准也更需要关注互换性标准物质的选用。

三、生物计量校准技术规范

（一）作用和制定原则

计量校准技术规范是对校准有效性实施的关键性计量技术规范标准化文件。生物分析测量中所采用的分析仪器和匹配试剂组成的系统是获取生物分析测量数据不可或缺的主要实验手段和条件。因此，要使生物分析测量数据结果具有有效性，就需要保证仪器系统的有效性，除了确定试剂的匹配性外，需要对分析仪器进行科学校准，制定分析仪器的生物计量技术规范文件必不可少。

生物计量校准技术规范文件，简称为"校准规范"。通常使用发布的校准规范对生物分析仪器进行校准，按照校准程序实现校准任务。校准在一定条件要求下满足量值溯源传递的作用。校准规范中规定的计量标准不确定度和溯源性要求等，都为校准提供了溯源性的保障，不确定度在校准层级中体现不同层级的应用价值。

科学校准生物分析仪器依据的是校准规范，不同量值水平的计量标准或器具和分析仪器设备有不同的校准规范要求，自然也形成了校准的层级。在校准规范规定条件下，利用校准技术进行校准操作，将所确定的生物分析仪器系统进行测量得到的读数，与对应使用的计量标准或器具的标准量值之间的结果关系，给出分析仪器校准示值结果和测量不确定度。判定分析仪器是否需要重新校准，一是根据校准证书的建议，二是根据分析仪器在使用过程中对生物分析测量数据结果有效性问题。若影响分析测量数据准确度或不确定度超出校准规定的范围，将影响到生物分析测量数据结果有效性时，要求对分析仪器再次进行校准。

随着生物分析测量所使用的分析仪器越来越多，生物计量技术规范制定也在发展、完善和提高。校准技术规范是生物计量技术规范中的一类，在制定生物计量校准技术规范时，《国家计量校准规范编写规则》（JJF 1071）、《通用计量术语及定义》（JJF 1001）、《测量不确定度评定与表示》（JJF 1059.1）是制定生物计量技术规范的基础性引用文件。校准用标准物质的规定，要求使用有证标准物质。在没有有证标准物质的情况下，如果在校准规范中建议使用质量控制物质时，则应该在制定的规范中增加附录说明，在规范的附录中给出质量控制物质配制的方法，详细描述校准用标准的配制方法，配制方法中应给出不确定度评定相关内容，并给出通过实验研究确认的不确定度案例，同时应将确认的实验数据和专业的论证内容写入制定校准规范的编制说明中，以备校准规范验证所需。当分析仪器校准涉及到互换性，需要具有标准物质互换性说明，并应增加附录说明，给出互换性达到一致性的实验案例。生物分析仪器的校准所依据的文件是发布的生物计量技术规范，通常是生物计量校准规范为生物分析仪器的校准提供了技术标准化文件和校准依据。

国家生物计量技术规范，也是计量标准考核的重要依据。计量技术规范服务于法制计量。如果没有了国家有证标准物质或计量标准用于实施该生物计量技术规范，在进行计量建标考核时，有对计量标准的范围界定，此时技术规范就面临不可实施的风险。

（二）生物计量技术规范归口管理

全国生物计量技术委员会是从事有关生物计量技术工作的技术性组织，负责组织制定国家生物计量技术规范、开展国家计量基标准和方法的国内计量比对，及其归口管理工作。

全国生物计量技术委员会成立于 2007 年，2010 年第一个生物计量技术规范《生物计量术语及定义》（JJF 1265）发布实施，2022 年修订版发布。2010～2021 年，全国生物计量技术委员会归口的生物计量技术规范已发布 29 项，正在制定中的技术规范有 40 多项。大部分的校准规范文件保证了全国范围内在用核酸与蛋白质分析测量的部分分析仪器的校准，对核酸与蛋白质的分析测量数据结果准确、保证分析仪器性能的可比性均起到了规范作用。目前已发布实施的生物计量国家技术规范的 28 项收录在《生物计量国家计量技术规范指南》（全国生物计量技术委员会，2022）中，规范的具体内容、操作注意事项等可参阅该指南。

与核酸和蛋白质分析测量有关系的仪器校准规范有：聚合酶链反应分析仪校准规范（JJF 1527）；飞行时间质谱仪校准规范（JJF 1528）；凝胶成像系统校准规范（JJF 1530）；傅里叶变换质谱仪校准规范（JJF 1531）；平板电泳仪校准规范（JJF 1654）；全自动封闭型发光免疫分析仪校准规范（JJF 1752）；核酸分析仪校准规范（JJF 1817）；微孔板化学发光分析仪校准规范（JJF 1849）；糖化血红蛋白分析仪校准规范（JJF 1841）；遗传分析仪校准规范（JJF 1838）；微量分光光度计校准规范（JJF 1836）；（自动）核酸提取仪校准规范（JJF 1874）等。

近二十年来，生物计量国家计量技术规范的制定所用的生物标准物质主要依托生物计量研究的成果。核酸与蛋白质生物计量的发展在核酸与蛋白质标准物质、校准技术和校准装置等方面的研究和研制，对生物计量国家计量技术规范的制定给予了重要的技术支持。如牛血清白蛋白、糖化血红蛋白等标准物质可用于免疫分析仪、糖化血红蛋白分析仪的校准。目前，各省市的校准实验室已能在全国开展聚合酶链反应分析仪、遗传分析仪、核酸分析仪、飞行时间质谱仪、全自动封闭型发光免疫分析仪、糖化血红蛋白分析仪等 20 多种核酸与蛋白质分析仪器的校准活动，为保障生物分析测量有效性提供了有力的支撑。

四、仪器校准

（一）量值传递

在进行生物分析测量前，当确定分析方法后，应首先正确校准仪器设备，选择校准用有证标准物质，达到满足分析测量预期用途的能力。原则上对分析测量结果有影响的每台生物分析仪器在使用前都应经过校准，采取的方式有自校准或委托第三方校准实验室完成校准。

校准活动是按照计量技术规范进行操作，其中校准的计量参数指标应满足溯源性要求，通过溯源链溯源到计量基标准或有证标准物质，直至溯源到国际单位制（SI）。校准过程应采用符合技术规范要求的测量不确定度水平的标准进行校准，并进行校准结果的不确定度评定。通过这样的校准给出了分析仪器对特定特性测量的不确定度，分析仪器被给出准确并有不确定度表述的量值。根据分析仪器的校准结果和不确定度范围，可用来判定是否能满足生物分析测量预期用途的需要，以及使用该分析仪器进行生物分析测量时，用于生物分析测量数据结果不确定度分量的输入。

经过校准后的分析仪器，当用于生物分析测量中，是完成分析测量的重要操作工具，并通过采用的生物标准物质实现分析测量结果量值的溯源传递。生物标准物质作为生物量值的载体，在生物量值溯源传递过程中起着关键的作用，正确使用生物标准物质进行量值传递，使经过校准的仪器得出可信的最直接的数据结果。举例来说，核酸与蛋白质的测量是通过分析仪器的操作得出数据，而分析仪器本身是没有标准值的，需要以核酸与蛋白质的计量标准物质作为量值载体参照，通过分析仪器将核酸与蛋白质标准物质的量值传递下去，不确定度对分析仪器校准有直接影响。从逆向的溯源性来说，向上实现量值溯源到国际单位制（SI）单位或公认国际单位。通过已经形成的核酸与蛋白质生物计量基准方法赋值的生物标准物质的标准量值，完成核酸和蛋白质的量值传递和溯源。

（二）校准示值

按校准规范进行校准时，使用现行有效的计量标准或有证标准物质。原则上均应使用国家批准的有证标准物质（CRM），该标准物质具有计量属性，不确定度满足校准规范规定的要求范围之内。在校准时当用到质量控制物质，这时质量控制物质须是在校准前做自校准的选用，需要具备溯源性。

校准过程中，生物分析仪器通过自动功能或人工操作来读数。读出的数据会是被测特性数值的直接示值，直接以被测特性量的单位表示；当读出的数据不是直接以被测特性量的单位表示时，需要将直接示值乘以仪器常数或相关转换数，得到仪器的示值。使用生物标准物质用分析仪器进行测量，测出的特性数值应该是标准物质所认定的在不确定度范围内的标准值。由于仪器的示值误差有可能为零，因此通常不采用相对不确定度来表示校准的示值误差的不确定度。

生物分析测量中经常会遇到生物样本的复杂基质效应、交叉污染、干扰因素等的影响。正如前面所述，在校准中应该选用具备互换性的生物标准物质，否则会影响仪器的校准结果，而最终对实际生物样本分析测量的数据结果有效性产生影响。校准仪器的重要依据文件是校准规范，通常在校准规范中会强调校准所采用的有证标准物质的量值和不确定度范围、互换性等要求。

（三）校准规范使用举例

核酸与蛋白质分析测量所采用的分析仪器在生命科学研究、生物产业和不同行业领域中被广泛使用，对核酸与蛋白质分析仪器进行科学校准，是对核酸与蛋白质分析测量数据结果有效性的保障措施之一。

在进行核酸与蛋白质分析测量前，需要对所采用的生物分析仪器校准，保证核酸与蛋白质分析仪器读取的数据准确。校准用的计量标准、核酸与蛋白质标准物质和相关的校准规范是完成分析仪器校准不可或缺的条件和依据。

目前，随着核酸与蛋白质分析仪器的生物计量技术规范从无到有的发展，部分核酸与蛋白质的分析仪器的校准得以实施。目前对聚合酶链反应分析仪、遗传分析仪、微量分光光度计、免疫分析仪、糖化血红蛋白分析仪等分析仪器的校准需求较多。

1. 聚合酶链反应分析仪校准

聚合酶链反应（PCR）分析仪自商业化以来，就成为核酸分析测量用仪器，特别用于核酸定量和定性检测。目前我国已能自主生产 PCR 分析仪，并被广泛应用在生命科学研究、临床检验、法医检验、生物安全微生物检验、食品微生物检验、动植物检疫检验等方面，提供核酸分析测量数据，推动了生命科学研究、生物产品研发、安全监控和产品监督管理等，发挥了很大作用。而其检测数据结果的有效性是发挥作用的基础。在进行核酸分析测量前，对 PCR 分析仪进行校准是实验室应该采取的确保检测数据结果有效性的关键控制点保障措施。

目前对 PCR 分析仪的校准，依据的是 2015 年发布实施的《聚合酶链反应分析仪校准规范》（JJF 1527）。在校准规范中，规定了校准用核酸标准物质应为国家有证标准物质。应该使用量值准确且稳定的 DNA 标准物质，对定量 PCR 分析仪进行校准，以确保核酸量值能溯源并准确传递。规范中还包括对线性特性指标的校准，使用至少 5 个梯度的稀释的标准物质，确定线性指标校准结果（全国生物计量技术委员会，2022）。

定量 PCR 分析仪校准用标准物质的特性量值为拷贝数浓度值，校准采用有证标准物质，如 PCR 仪校准用标准物质，也可选用其他符合要求的国家有证标准物质。

2. 遗传分析仪校准

遗传分析仪是测序仪器的一种，属于第一代测序仪器，常用于司法鉴定、临床诊断等领域对基因序列的测定或比较测序，特别在司法鉴定领域最早使用遗传分析仪，对来自人、动物、植物等生物体的各种生物样本中的 DNA 进行鉴定分析、DNA 序列测定，包括对序列扩增多态性（SRAP）、简单重复序列（SSR）、单核苷酸多态性（SNP）等的 DNA 片段分析等。对遗传分析仪进行校准，使遗传分析仪检测的 DNA 数据有效性得到保障。

遗传分析仪的校准依据 2020 年发布实施的 JJF 1838《遗传分析仪校准规范》，校准时可选用符合要求的荧光标记 DNA 片段长度标准物质。

3. 微量分光光度计校准

微量分光光度计是可用于核酸和蛋白质分析的仪器。对该仪器进行校准，依据校准规范《微量分光光度计校准规范》（JJF 1836）进行操作。可选择 DNA 或 RNA、蛋白质含量标准物质，对该类仪器的示值误差、重复性等计量特性指标进行校准。

根据规范中要求，对仪器分析中的线性和线性范围的计量特性指标进行校准，校准用的标准物质选用不同含量的 DNA 有证标准物质，浓度含量范围选择（10~2000）ng/μL，或合适浓度的 RNA 标准物质，或蛋白质标准物质。选择时一定要注意标准物质的标准值、不确定度范围和单位，以满足不同类型微量分光光度计校准的需要（全国生物计量技术委员会，2022）。

4. 全自动封闭型发光免疫分析仪校准

全自动封闭型发光免疫分析仪常用于对肿瘤、甲状腺、肝炎、心肌标志物、贫血、糖尿病等疾病进行诊断的蛋白质总标志物临床检验项目的检测。对该类仪器进行校准，有助于蛋白质生物标志物分析测量数据结果的准确、可靠。

对该类分析仪器的校准依据2019年发布实施的《全自动封闭型发光免疫分析仪校准规范》（JJF 1752）。按照校准规范，校准用标准应采用蛋白质有证标准物质，其标准值的相对扩展不确定度应不大于5%（$k=2$）。例如，选择使用胰岛素标准物质，完成对全自动封闭型发光免疫分析仪的重复性、线性、携带污染率的指标校准。

对该仪器校准时，需要注意选用的蛋白质有证标准物质应被证明具有互换性，适用于被检系统的校准。由于免疫分析存在基质效应，当将有证标准物质稀释后使用会影响结果的互换性，因此这在选用标准物质时需要注意。校准前需要检查所用仪器配套的试剂盒、校准品、质控品是否在有效期内（全国生物计量技术委员会，2022）。

5. 糖化血红蛋白分析仪校准

糖化血红蛋白分析仪已广泛应用在临床检验中检测糖化血红蛋白。糖化血红蛋白（HbA1c）含量是临床糖尿病筛选、诊断、监控的检测指标之一。

因此，为保证糖化血红蛋白分析仪器检测得出的糖化血红蛋白含量数据准确可靠，需要采取校准措施，科学规范地对糖化血红蛋白分析仪进行校准。目前校准依据《糖化血红蛋白分析仪校准规范》（JJF 1841）。该校准规范规定了相对示值误差、测量重复性、携带污染率、线性相关性为糖化血红蛋白分析仪校准的计量特性指标。校准中会采用糖化血红蛋白标准物质，应使用糖化血红蛋白有证标准物质，包括低值、中值、高值3个标准值浓度含量，低值浓度范围应在4.5%~5.5%，高值浓度范围在9.5%~10.5%，相对扩展不确定度不大于4%（$k=2$）（全国生物计量技术委员会，2022）。

6. 飞行时间质谱仪校准

飞行时间质谱仪是一种高分辨质谱仪，将不同质量的离子按质荷比的大小进行分离，被用于蛋白质含量、分子量和蛋白质鉴定等。对该仪器的校准，是为对预期用途的蛋白质含量、分子量的分析测量数据结果准确可靠采取的有效性保障措施。

校准时依据《飞行时间质谱仪校准规范》（JJF 1528），规范为飞行时间质谱仪的校准提供了国家计量校准文件。该校准规范适用于电喷雾-飞行时间质谱仪和基质辅助激光诱导解吸飞行时间质谱仪的校准，不适合质荷比500以下的范围（全国生物计量技术委员会，2022）。

校准时采用国家有证标准物质。对于仪器的示值误差校准,应选择能够均匀覆盖所校区间内 3~5 个质荷比的一种或多种分子质量国家有证标准物质。对于仪器的重复性和漂移校准,应选择符合量值范围要求的相对分子质量国家有证标准物质进行校准,其不确定度水平应当满足用户对校准结果的需求。对于信噪比和分辨能力校准,使用［Glu1］-人纤维蛋白肽 B 国家有证标准物质,其标准量值范围相对扩展不确定度应不大于 10%（$k=2$）（全国生物计量技术委员会,2022）。

综上,本章对生物分析测量有效性的重要性、内涵外延、特征、控制点,生物分析测量系统要素和有效性保障体系及措施等进行了阐述。要保证日常实验室对生物核酸与蛋白质的检测、测试、测量等分析测量持续有效性,需要具备四个有效性特征、明确六要素、分析有效性控制点并采取四个关键控制点保障措施。计量与标准规范的融合是生物分析测量有效性保障的质量基础。核酸与蛋白质生物计量溯源传递体系提供了溯源性及计量标准、国际互认的校准和测量能力,核酸与蛋白质相关溯源性标准化的国际和国家标准规范等提供了一致的要求,使生物分析测量的数据结果准确可靠、可溯源,满足核酸与蛋白质分析测量有效性的目的。在生命科学研究、生物产业研发、生物服务（如第三方检测服务）以及健康、安全预防等方面应用中确保数据结果的准确性、可靠性、可比性和溯源性。

第八章

核酸与蛋白质生物计量应用

生物计量作为计量学新学科，是生物测量及其应用的科学。生物计量应用是生物计量体系的重要组成，其应用需要基于生物计量基标准体系，以国际单位制单位为目标，利用生物计量溯源传递，使用户形成自愿对生物特性量溯源的良好习惯，实现日常生物分析测量有效性，最终满足预期用途目的的价值作用。核酸计量与蛋白质计量是生物计量学优先发展的方向，我国建立的核酸与蛋白质含量溯源传递体系已经在生命健康、生存安全和生物产业等领域起到了重要的价值作用。可以满足应用中核酸与蛋白质生物分析测量数据结果准确、可比与可溯源的计量需求，进而提高核酸与蛋白质生物分析测量有效性，对人类健康与疾病诊断、生物安全监控、生物产品质量控制与标准化溯源性管理等的高质量要求起到了保障作用。生物计量应用也对应用领域亟待解决的高质量发展需求起到不断提升的作用。

第一节 引 言

20 世纪末到 21 世纪初，面对国际贸易中各国实验室的转基因成分检测结果不可比的现实问题，促使各国计量机构展开了生物核酸测量科学研究，进而催生了生物计量科学。通过生物计量对生物特性量溯源传递的方式，以准确统一的计量标准实现生物分析测量数据结果准确、可比与可溯源，提升生物数据结果使用有效性。

对生物计量的迫切需求首先体现在应对全球性粮食危机过程中的生物技术应用，以及人们对食品、农产品和原粮贸易中生物风险成分检测质量要求的提高。针对解决这一系列问题的生物计量研究发展至今，已经基本解决了食品、农产品、原粮贸易中转基因成分含量检测一致性、可比性的需求。然而，随着社会发展和生态环境变化，生物领域对检测数据质量的需求也在不断扩展和提升。由于环境微生物、传染性病毒、检疫性有害生物等生物风险逐年加大，因此无论是从对转基因成分含量检测质量要求,还是病毒核酸与蛋白质含量检测、疾病诊断相关基因检测中对数据准确、可靠、可比的要求均日益迫切,生物计量标准应用已经成为核酸与蛋白质检测技术对食品安全、生物安全、疾病诊断等正确判断的保障措施之一,以解决这些生物风险隐患。同时,在竞技体育反兴奋剂、生物样本库建设等领域,对核酸与蛋白质检测技术的数据准确、可靠的需求也与日俱增。伴随生命科学的发展和生物科技新技术的产生,可测量的生物特性数据呈爆发式的增长,愈加依赖于生物计量及其标准的量值统一、准确可靠的保障作用。

在我国,经过十几年的发展,生物计量已经由测量科学基础研究发展到生物计量应用研究阶段。一是生物计量方法和计量标准的国际计量比对应用,获得国际互认的核酸与蛋白质含量测量的校准和测量能力;二是用建立的生物计量溯源传递体系,支撑应用领域需求下的生物特性分析测量的准确、可比和可溯源。应用宗旨是促进生物产品进出口的国际贸易公平、提升健康和安全领域的数据可信和互信。

目前,通过优先发展核酸与蛋白质含量的生物计量溯源性研究,建立核酸与蛋白质含量计量溯源传递体系,已逐渐解决生物数据质量保障中缺少核酸与蛋白质计量标准的问题,使得检测机构、生物科技企业实现了选用国家有证标准物质代替国际相关标准物质、自制的质控标准物质或工作标准,以使用国家计量标准使生物试剂盒产品和生物分析仪器能进行溯源、校准。同时,体外诊断、病原微生物检测等缺少核酸、蛋白质计量标准的问题也在得以解决,例如已经实现及时为新型冠状病毒检测研发核酸标准物质、蛋白质标准物质,并在实践中使病毒核酸、蛋白质检测结果有效应用发挥了积极作用。

现阶段,生命健康、生存安全已成为全球关注的重点。生物计量在实际中应用的领域更为广阔,主要体现在为健康领域(如体外诊断、临床检验)、安全领域(如食品安全、生物安全、物证鉴定)、生物产业(如生物农业、生物制造、生物服务等)及生物样本库等领域提供质量基础保障支撑,并推动生命科学发展。

第二节 生物计量应用概述

一、生物计量应用内涵和外延

生物计量是生物测量及其应用的科学,既开展生物测量科学研究,也进行生物测量科学的应用研究，即生物计量应用。生物测量科学研究是基础，生物计量应用是保障。生物计量应用以研究建立的生物计量溯源传递体系，来保障不同领域的生物分析测量数据结果达到有效性和需求预期目的的应用，因此生物计量应用是生物计量的重要组成部分。

生物计量应用，依赖生物计量溯源传递体系，是包括生物特性（量）的计量基准、计量标准、计量方法、计量校准等，以溯源链和传递链保障在不同领域的生物分析测量数据结果达到准确可靠有效和预期用途的使用。通过生物计量研究制定的生物特性量统一标准，使量值准确和国际等效溯源至国际单位制单位，将统一标准的生物特性量值传递到日常生物分析测量数据中，并进行不确定度评定，使各领域生物分析测量数据结果准确、可比与可溯源，可靠而有效。生物计量应用这一概念提出，内涵是定义，外延由生物计量溯源传递体系应用、应用范围、应用领域组成（图8-1）。

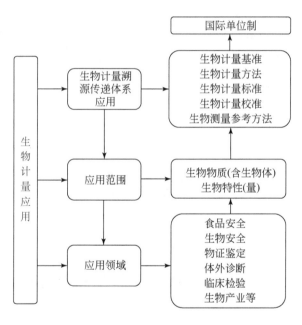

图 8-1 生物计量应用组成架构

生物计量的应用领域与开展生物分析测量的领域紧密关联，包括食品安全、生物安全、物证鉴定、临床检验、体外诊断、生物产业等领域。生物产业包含生物农业、生物制造、生物服务、生物环保等方面。目前根据生物计量应用对象归类，可将应用领域分为生命健康、生存安全、生物产业三类。其应用范围以被测物和被测量为内容，包括生物物质（含生物体）和生物特性量，生物物质有核酸、蛋白质、细胞、微生物、生物活性物质等，涉及含量、分子量、活性、结构、形态、分型等特性（量）和单位。生物计量应用能够最大限度地保障应用领域生物物质及其生物特性范围的生物分析测量有效性，也就是保证生物物质特性量在不同领域的检测、检验、测试等分析测量数据质量，从而保障生命健康、生存安全、生物产业质量，实现为人类生存"质量、健康、安全"服务宗旨。

同时，应用领域的高质量需求导向进一步促进了生物测量科学研究，推动生物计量学发展。更具挑战性的是如何实现对所有生物特性量值的溯源性，健全完善生物计量溯源传递体系，实现生物计量更广阔的应用，以及满足包括生物标称特性分析测量数据质量需求和有效性。

二、生物计量溯源传递体系应用说明

生物计量应用的目的是保障实验室在不同时间、空间、地域所进行的测量数据结果准确、可比和可溯源到国际单位制单位（图8-2）。这离不开生物计量溯源传递体系应用。生物计量溯源传递体系应用的关键是建立计量溯源层级，其应用主要包括国际和国内两个层面。

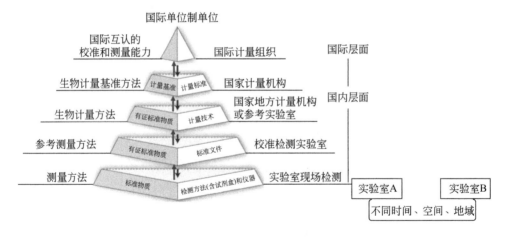

图8-2 生物计量溯源传递体系应用示意图
注：向上箭头表示溯源，向下箭头表示传递

在国际应用层面上，是通过国家计量机构建立的生物计量基准、计量方法和计量标准，用于国际计量比对，通过国家间的测量结果比较获得测量结果的国际等效一致，并可溯源至国际单位制（SI）单位，以此取得生物测量的国际互认的校准和测量能力，这个校准和测量能力会被纳入国际计量局 KCDB。当计量基准方法达到国际互认的校准和测量能力进入国际计量局关键比对数据库后，就说明被测量的特性量值准确可靠且得到国际互认，也就是说采用的计量基准方法是可溯源至国际单位制单位的高水平的测量能力，所建立的国家校准和测量能力代表了国家的计量水平具有了国际话语权。同时，校准和测量能力处于本国溯源层级上端，建立了源头的溯源性保障。

在国家应用层面上，建立本国溯源层级上端的校准和测量能力，进一步用于国内生物分析测量有效性的溯源性保障中。具备国际互认的校准和测量能力的基准方法、计量方法，具有溯源性的国家基准物质、有证标准物质建立溯源链，共同形成国家生物计量溯源体系。国家有证生物标准物质可直接用于应用领域日常生物分析测量和日常校准等，将标准量值传递到生物分析测量数据结果中。

总之，生物计量溯源传递体系的应用，是以国际互认的校准和测量能力为基础，通过生物计量基准、计量方法和计量标准，标准量值向上溯源到国际单位制单位，向下逐级传递到日常计量、校准中，或传递到计量、校准实验室；再进一步传递到日常生物分析测量中，或相关实验室，最后可以传递到现场检测。通过生物标准物质量值载体，传递生物特性量标准量值，为不同时间、空间、地域的不同实验室进行相同量的生物分析测量提供统一的可溯源的标准，将标准量值传递到日常生物分析测量（如检测）的数据结果中，实现不同实验室间结果的可比和可溯源（图 8-2）。

在溯源层级上，生物计量标准的主要形式之一是生物标准物质，生物标准物质是生物特性量标准量值的载体。要实现生物特性量溯源，通过从标准物质、有证标准物质、基准物质，溯源到国家计量机构，直至国际单位制。因此正确选用有证生物标准物质是解决用户的目标需求与测不准、不可比和无溯源等相矛盾问题的主要手段。溯源层级不同，生物标准物质的用途作用不同，从选用管理上可使用不同的生物标准物质达到预期用途目的。

截至 2020 年，在已建立的核酸与蛋白质生物计量溯源传递体系中，从体系组成上，核酸与蛋白质测量的国际比对已有 40 多项，通过国际比对的测量结果等效性，已获得的核酸与蛋白质测量国际互认的校准和测量能力达到十多项，并具有可溯源的核酸与蛋白质标准物质已超过 100 项，相关生物计量国家技术规范发布了 30 多项，已用于核酸与蛋白质含量分析测量数据结果准确、可靠保障上，来实现核酸与蛋白质含量的分析测量有效性。在实践应用中，合理选择核酸与蛋白质有证标准物质就显得非常重要。

第三节 核酸与蛋白质标准物质的选用

生物计量应用的目的是保障生物分析测量有效性和满足领域需求。生物标准物质的选用对生物分析测量有效性有重要的影响。生物分析测量有效性保障内容可见本书第七章。本节着重介绍核酸与蛋白质有证标准物质选用的相关内容，它们与第四节核酸与蛋白质计量应用领域中的内容紧密相关。

一、预期用途

作为生物计量标准的生物标准物质是生物计量溯源传递体系中的重要组成，其在生物领域的需求作用，从两个方面可充分体现。

一方面，从生物领域的发展广度看，生物产业的发展速度、经济贸易的需求高度，以及符合国际法规对溯源性要求等，要求生物分析测量数据结果具备准确性、可比性与溯源性，以支撑保证生物产品质量、维护持续的贸易公平。另一方面，生命科学研究领域的科学家对于实验数据质量也更为重视，实验数据的准确可重复是生命科学研究发展的基石。核酸与蛋白质生物计量标准作为生物特性量值标准，量值准确、单位统一、可溯源，也是生命科学数据准确可比的基础保障。

当核酸与蛋白质有证标准物质担负着计量标准量值的直接载体作用时，作为量值传递标准，可降低核酸与蛋白质分析测量中的偏差，提高生物样本中核酸与蛋白质的分析测量数据的准确性和保证结果可溯源性。其预期用途主要包括：用于生物分析测量，确认或验证分析测量方法或测量程序，建立计量溯源性，对分析仪器或分析测量系统进行校准，对其他质量控制物质、参考品/参考物等进行赋值，用于计量比对等；有时还可用于评价产品质量、能力验证、实验室间比对等（图 8-3）。

当生物标准物质作为生物计量标准使用时，正确选用生物标准物质，直接关系到生物分析测量数据结果的有效性，也就关系到应用目标的实现。在实际应用中，要实现生物分析测量数据结果有效性，需要选择合适的标准物质，并使用正确的统计学分析方法评估测量数据及结果的可比性，才可确保生物分析测量结果的准确及在验证或比对中达到等效可比。

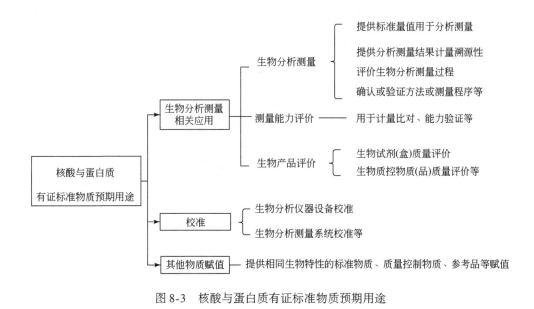

图 8-3　核酸与蛋白质有证标准物质预期用途

二、生物标准物质选用管理模式

在生物分析测量过程中，需要对生物样本进行采集和处理、对生物分析仪器进行校准、对生物分析测量、对数据进行分析、对结果不确定度进行评定等环节开展质量控制。为避免各环节对生物分析测量数据结果的准确性造成影响，须确保专业人员的操作水平，在整个生物分析测量环节中正确选用生物标准物质是关键。为达到所选择的生物标准物质在生物分析测量过程中得到满意目标的结果，需要在生物分析测量前、中、后的全过程对生物标准物质进行选择和应用管理。本书是提出在生物标准物质选择和应用的管理模式，包括从标准物质应用需求分析到生物标准物质研制/生产者或提供者，再到用户使用标准物质这三个层面范围及相关管理要素（图 8-4）。

以食品安全领域为例，在分析确定了转基因、蛋白质过敏原、病原微生物等食品安全风险分析关键控制点（HACCP）（杨洁彬等，1999），针对具体的食品要求，对这些食品安全风险因素进行检测，检测过程就是生物分析测量过程。如果所使用的核酸标准物质和蛋白质标准物质选择不当，就会影响食品安全风险因素的检测有效性和食品安全判定正确性。因此，专业人员要通过分析生物风险因素检测需求，正确选择核酸标准物质和/或蛋白质标准物质，并将选择的标准物质提供给本单位的质控实验室、第三方机构实验室等用户用于转基因、蛋白质过敏原、病原微生物等的检测，用户还需要对检测结果分析判断是否有偏差，并及时采取纠正措施，判定是否满足预期目的要求。

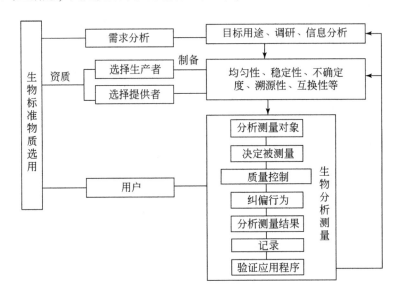

图8-4 生物标准物质选用管理模式

因此，作为生物分析测量重要量值传递载体的生物标准物质，从确定生物分析测量对象、决定被测量，到得到生物分析测量数据结果，如食品安全风险因素检测数据结果，需要从生物标准物质的需求分析、标准物质提供者选择到标准物质使用进行全程性管理。如果没有过程管理措施，标准物质选用不当就会造成生物分析测量结果的不可靠。要获得准确可靠的分析测量数据结果，就要在生物分析测量过程中选用合适且合格的生物标准物质，对生物分析测量全过程采取的措施进行管理，包括从需求分析、生物标准物质研制/生产者或提供者选择、到用户（实验室）的使用程序，在用户使用程序中同时要采取的纠偏和验证行为，以保证达到预期目的。即如果经生物分析测量后通过验证程序发现出现了异常，则需要返回到上一层从头分析标准物质选择和测量需求分析可能出现的与预期目的是否正确匹配的问题（图8-4）。做到生物分析测量前、中、后的全过程对生物标准物质选用的管理，模式内容分述如下。

1. 需求分析

在进行生物分析测量前，就要对标准物质预期用途可实现生物分析测量如检测的目标需求进行分析。是否有所需要的生物标准物质并能达到预期目标用途，这对生物标准物质的选择和应用都是首要的控制环节。通常会有两种情况出现。

1）根据生物分析测量的预期目的，按所需用途选择到适合的生物标准物质。然后针对建立计量溯源性、校准、对其他质量控制物质赋值、计量比对等用途，选用核酸与蛋白质有证标准物质。有证标准物质应具备的信息涉及溯源性、赋值方法、特性量值或标称特性值、不确定度、互换性、稳定性等。这些信息不仅是管理要素，且对选择生物标准物质供应商、研制者/生产者均适用。

2）根据生物分析测量的预期目的，通过调研发现没有对应的生物标准物质，确定研制或委托生产生物标准物质时，就要从包括调研、信息分析等方式确定目标，制定研制计划，明确特性量值或标称特性值，溯源性的解决途径，赋值方式方法和不确定度等内容。

2. 生产者和提供者选择

通过对生物标准物质应用的需求分析和调研，确定选择的生物标准物质方式途径：①选择提供者/供应商来获得所确定需要的生物标准物质；②选择研制者/生产者来研制或生产生物标准物质。均需要提前对他们的资质和能力进行确认。

如果根据实际情况采取第②条方式途径，则要确定所需要的生物标准物质研制目标和研制方案，研制生物标准物质的质量控制就成为了重要管理环节。因此从生物标准物质的研制到应用，需要有全程控制措施，最终落脚点是满足用户应用需求，只有这样才能保障预期生物分析测量的可控、可靠、可溯源。所有的标准物质生产者的都有明确的标准规则遵循，需要满足 ISO 17034 等国际标准规则，特别是有量值溯源性要求的标准物质，更需要注意赋值方法和溯源性的建立，并需要关注特别领域如诊断领域等相关国际标准。有证标准物质评审需要通过专业评审，专业技术内容包括对计量溯源性、不确定度、定值/赋值、均匀性、稳定性等的评审，重点认定标准物质的标准值和不确定度、溯源性及使用有效期。核酸与蛋白质标准物质研制相关内容参见第五章第二节的生物标准物质研制要素。

国家计量机构一般是国家基准、标准的研制者/生产者，也是国家标准物质提供者。有时标准物质生产者也可以不是国家计量机构，有证标准物质也可由国家计量机构以外的其他被认可的标准物质生产者（RMP）研制并提供。

生物标准物质研制者/生产者首先需要具备研制能力。当采取委托研制的方式时，要确定被委托的标准物质研制者/生产者的能力和资质，提供生物标准物质研制者/生产者能力和资质等相关证明材料。对生物标准物质研制者/生产者或提供者的能力确认，是正确选择生物标准物质的控制环节之一。

当需要选用具有溯源性生物标准物质，用于建立计量溯源性，可选择标准物质提供者，购置具有溯源性的国家有证标准物质；如果选择第②条研制生产标准物质的方式途径，则用具有计量溯源性基准方法或计量方法进行标准物质赋值，或经过计量比对的方法赋值，优先选择国家计量机构研制的生物标准物质。

所选择的生物标准物质，根据需要应具备从原料、制备、特性量值、赋值方法、溯源性、性能评价、比对验证（方法选择）到包装储存等信息，其中的性能评价是指对其均匀性、稳定性、互换性的评价，比对验证是确定生物标准物质的适应性、选择对应生物分析测量方法的依据。同时还要具备标准物质证书及匹配的技术文件，标准物质证书要体现出所选择的生物特性（量）值的信息，这是必不可少的要素，这些信息将为后续正确应用标准物质打下基础。

3. 用户

通过选择的生物标准物质提供给用户使用。这里所说的用户涵盖面广，诸如监管机构、政府实验室、计量机构、生物制药注册检测机构、大学和科研院所实验室、医院临床检验实验室、第三方检测机构、生物企业和行业（如生物农业生产者、食品生产者、生物制药行业、体外诊断企业、仪器制造商等），以及能力验证提供者等。

1）用户首先应该对标准物质研制和提供者进行甄选，以确定获得的标准物质是否为国家有证标准物质或具备计量学属性的标准物质。选用前，需要清楚不同层级生物标准物质的作用和用途。如明确用于计量溯源性建立则首先选用具备计量学水平的国家有证标准物质。

2）根据被测生物样本、被测生物物质和被测生物特性量，分清所选择的生物标准物质的特性（量）值及其单位，以及特性量值的溯源性及其实现方式，因特性量值和溯源性与赋值方法有关。进一步确认并合理应用所选择的标准物质。

3）终端用户在使用标准物质用于被测物的分析测量、仪器的检测、结果的确认等过程中，若发现结果异常等问题则需要根据发现的问题对生物分析测量过程中的行为进行纠偏，通过记录分析原因，必要时启动验证程序，对分析测量过程中的程序、校准、精密度、数据处理等进行检查。如果不是分析测量过程中问题，达不到预期目的，则需要返回到分析测量前的标准物质生产者或提供者、需求分析层面，检查可能出现的问题。最终通过全程管理模式选用到适合的标准物质，以期达到对用户预期目标的满意结果。

三、生物标准物质选择事项

生物标准物质选用是根据其应用用途和用户预期目的来进行正确选择，并采取选用管理步骤。生物标准物质不仅是生物分析测量过程中的标准量值载体，还可在量值溯源传递和质量控制中发挥作用。因此，生物标准物质用途作用在选择时必须考虑其用途外，还需要特别考虑生物分析测量前标准物质选择注意事项，避免误选甚至误用。

1. 选择生物标准物质注意事项

1）所选择生物标准物质标准值的单位应与被测生物物质的被测特性量单位一致。

2）所选择生物标准物质的层级、类型、状态，与被测生物物质和被测特性量值水平相匹配。

3）所选择生物标准物质的溯源途径和级别应该明确，与应用目的相匹配。

当选择量值是标准值、溯源途径清晰的有证标准物质，要达到溯源目的要求，确保较小不确定度，首选能溯源到国际单位制（SI）单位的有证标准物质。这类有证标准物质当具有相关量的国际比对、校准和测量能力、国际互认等信息时，则具有最高计量学水平，如国家基准物质或国家一级标准物质。

当量值无法直接溯源到国际单位制单位，可选择满足预期用途目的要求的标准物质结合参考测量程序达到可实现的溯源方式。

4）避免不当选择。在选择生物标准物质时要避免出现误选、误用标准物质，或标准物质不适当的情况。如将试剂、对照品、质控品等当作标准物质来使用，与实际用途不相符合；或使用与实际测量对象或量值不相符合的标准物质；或误选和误用质量不过关不规范的标准物质等，都属于非正确选用。当发现以上问题要具备判断能力，并及时采取纠正措施更正错误操作。加强和重视技术人员对标准物质相关的专业技术培训是避免误选、误用和及时纠正错误操作的关键。

2. 选择核酸与蛋白质标准物质举例

在选择核酸、蛋白质标准物质时，以下列举了要注意的几个方面。

1）根据分析测量对象、分析测量方法、分析仪器等的不同，选择满足不同目的需求的核酸标准物质和蛋白质生物标准物质。

2）对有证标准物质的溯源性和级别要明确，用在不同领域的核酸、蛋白质的检测中，做到能达到量值准确传递，并实现可溯源。

3）应特别关注标准物质的状态、赋值/定值方式和方法、特性量值范围和不确定度与被测物的量值范围的相关性、互换性等。

4）根据生物样本中被测物的分析测量水平，选择标准值水平适当的核酸与蛋白质标准物质，标准物质的特性量值水平要高于被测特性量。

5）互换性和基体效应是对复杂生物样本分析测量中极为关注的内容。生物标准物质组成与被测生物的核酸、蛋白质组成越接近越好，且生物基质越接近越好，这样可以消除因基体效应的引入导致的系统误差。

6）取样量不得小于有证标准物质证书中规定的最小取样量。

另外，要注意避免所使用的标准物质被环境污染而影响分析测量数据不准的问题，例如要避免使用质粒分子标准物质进行检测过程中可能受到环境交叉污染的影响。

3. 有证标准物质查询事项

为保证能正确选购有证标准物质，避免误购，应选择可靠的有证标准物质提供者，建议使用各国计量机构网站查询有证标准物质，进行购置。下面列举部分国家的国家计量机构的网址，可以在这些网站上进行各国国家有证标准物质查询（表8-1）。

表 8-1　部分国家计量机构有证标准物质查询网址

机构	网址
中国国家标准物质资源共享平台	http://www.ncrm.org.cn
美国国家标准与技术研究院	http://www.nist.gov/srm
欧盟联合研究中心	https://crm.jrc.ec.europa.eu/
澳大利亚计量院	https://www.industry.gov.au/policies-and-initiatives/national-measurement-institute
加拿大国家研究中心（NRC）标准物质	http://www.nrc-cnrc.gc.ca/

四、核酸有证标准物质选择分析

目前，在发布的国家有证标准物质中，核酸标准物质包括以下几种：①核酸纯度含量标准物质，如寡核苷酸标准物质、核苷酸标准物质；②基体核酸标准物质，如转基因基体标准物质；③质粒分子标准物质，如转基因质粒分子标准物质；

④基因组 DNA 标准物质，如 HER2 基因组 DNA 标准物质，BRAF（V600E）基因突变基因组 DNA 标准物质；⑤RNA 标准物质，如病毒 RNA 标准物质；⑥假病毒核酸标准物质等。另外，除了含量特性外，还有以序列特性命名的核酸标准物质。因此，可根据预期目的需求来选择相应的核酸标准物质。

（一）核酸纯度、含量有证标准物质

选择使用核酸纯度、含量国家级标准物质，有至少四方面的用途：一是满足建立核酸分析测量溯源性的需要，如核酸含量测量的溯源层级；二是满足生物产品中核酸成分检测的需要；三是用于核酸分析仪器的校准；四是为其他相同特性的核酸物质进行赋值。

如食品中核苷酸定量检测中选择核苷酸含量标准物质，一是作为定量标准物质使用，二是作为可溯源标准物质使用（高运华等，2012）。部分核苷酸国家一级标准物质见表 8-2。有报道核酸甲基化含量的分析测量中也会用到核苷酸标准物质（Inchul et al, 2009），核苷酸标准物质可以用于核酸甲基化。

核酸含量标准物质可用于校准分析仪器。如选择小牛胸腺 DNA 含量标准物质、鲑鱼精 DNA 含量标准物质除了可定量分析外，还可用于对核酸分析的仪器校准，校准内容参见本书第七章相关介绍。

表 8-2 部分核苷酸国家一级标准物质

序号	标准物质号	标准物质名称
1	GBW 09805	脱氧腺嘌呤核苷一磷酸含量标准物质
2	GBW 09806	脱氧胞嘧啶核苷一磷酸含量标准物质
3	GBW 09807	脱氧鸟嘌呤核苷一磷酸含量标准物质
4	GBW 09808	胸腺嘧啶核苷一磷酸含量标准物质
5	GBW 09809	腺嘌呤核苷一磷酸含量标准物质
6	GBW 09810	胞苷一磷酸含量标准物质
7	GBW 09811	鸟苷一磷酸含量标准物质
8	GBW 09812	尿苷一磷酸含量标准物质
9	GBW 09813	次黄嘌呤核苷一磷酸含量标准物质
10	GBW 09814	环腺嘌呤核苷一磷酸含量标准物质

(二) 核酸基体标准物质

核酸基体标准物质有以下几方面的用途：直接用于核酸检测、建立溯源性、质量控制、检测能力验证、检测方法验证、检测方法评价等的作用。

核酸基体标准物质除了直接用于核酸检测外，主要还起到从样本处理到检测全过程质量控制的作用，以减少生物样本前处理过程可能对后续分析测量带来的误差。

以转基因基体标准物质为例，转基因植物基体标准物质是一类以转基因植物来源为候选物而研制的基体标准物质。使用具有准确量值的转基因植物基体标准物质可以作为转基因检测中全过程质量控制，可满足对特定植物样本中转基因成分核酸、蛋白质检测过程控制，使转基因成分含量结果得到准确量值保证。因为转基因植物基体标准物质更接近转基因植物检测过程中实际植物样本的状态，可减少植物基体效应带来的检测误差。如转基因水稻种子粉标准物质，当具备特定转化体核酸、蛋白质的特性量值，不仅可用于水稻原粮中转基因成分的核酸检测，还可用于水稻加工产品中转基因成分核酸检测。

转基因植物基体标准物质多应用在实验室对转基因植物样本检测、能力验证、比对、检测方法验证等方面，因此，需要根据预期目的对转基因标准物质进行选择使用。

例如，在选择转基因食品检测用基体标准物质时，如选择转基因水稻种子粉基体标准物质（表8-3），可用于原粮大米农产品的转基因核酸检测和方法评价；对深加工的大米食品如饼干、米糕等进行转基因核酸检测和评价检测方法时，由于基体已不是原有的水稻种子，有必要通过验证实验进一步判定检测数据结果。因此，对于原粮、食品和农产品等复杂基体组织，要关注标准物质的适应性，尽可能消除多种潜在干扰物质对检测结果产生的影响。因此，要选择适应候选物来源的转基因水稻基体标准物质。

表8-3 部分转基因植物基体国家一级标准物质

序号	标准物质号	标准物质名称
1	GBW 10070 ~ GBW 10073	转基因 Bt63 水稻种子粉基体标准物质
2	GBW 10074 ~ GBW 10077	转基因克螟稻2号水稻种子粉基体标准物质
3	GBW 10127 ~ GBW 10131	Kefeng 8-86 转基因水稻种子粉状标准物质

由于生物技术的发展，生物技术在种植、养殖中的应用也已非常普及。由于

转基因成分的检测是食品、农产品、原粮、饲料等质量安全中非常重要的检测内容，操作检测实验的工作人员要根据待测生物样本对象和检测目的，合理选择相对应的转基因基体核酸标准物质和转基因基体蛋白质标准物质进行相关成分的检测。

(三) 质粒分子标准物质

质粒分子标准物质在核酸检测中已经成为了一类发展较快生物标准物质，如有转基因质粒分子标准物质，微生物质粒分子标准物质，病毒核酸质粒分子标准物质，耐药基因质粒分子标准物质等。选择时要分析区别质粒分子标准物质的应用领域，分析区别具有的计量水平和计量属性。

1. 转基因质粒分子标准物质

因转基因植物来源候选物的获取及转基因基体标准物质的复制有一定难度，故发展了与之配套的质粒分子标准物质。两种标准物质会采取不同的研制方式，当采用的定值方法不同，质粒分子标准物质的量值单位也就会有不同。有证标准物质的证书中会列出不同定值方法的标准值。如表8-4列举了不同定值方法对转基因玉米 *NK603* 质粒分子标准物质的定值结果，得到的拷贝数浓度和比值标准值及不确定度。

表8-4 质粒分子国家有证标准物质举例

标准物质号	标准物质名称	标准值	扩展不确定度（$k=2$）
GBW 10086	转基因玉米 *NK603* 质粒分子标准物质	1.00（测序比值）	0.04
		0.97（PCR比值）	0.09
		2.40×10^8 copies/μL	0.14×10^8 copies/μL

当选择转基因质粒分子标准物质进行转基因检测用时，需要考虑质粒分子标准物质与转基因基体标准物质之间的互换性以及单位的一致性，还需要关注转基因基体带来的基体效应影响检测结果的真实性。同时，选择使用转基因质粒分子标准物质，对植物样本转基因成分定量并计算分析时，要注意根据分子量换算。另外，还须考虑质粒DNA分子和基因组DNA的差异，以及PCR扩增效率与基因组DNA的扩增效率的差异等因素，根据实验获得校准系数对检测结果进行校正，通过科学计算以获得反映真实样本的检测结果。

2. 微生物质粒分子标准物质

目前，微生物质粒分子国家有证标准物质有霍乱弧菌 ompW 基因质粒 DNA 标准物质（GBW 09850）、霍乱弧菌 toxR 基因质粒 DNA 标准物质（GBW 09851）、单增李斯特菌 InlA 基因质粒 DNA 标准物质（GBW 09852）、单增李斯特菌 prfA 基因质粒 DNA 标准物质（GBW 09853）等，有拷贝数浓度和质量分数标准值。这些国家有证标准物质可为生物安全、食品安全的分子检测方法提供可选用的标准物质。

3. 病毒质粒分子标准物质

目前，病毒质粒分子标准物质可被用于生物安全监测和生物样本病毒检测中。如非洲猪瘟病毒 B646L 基因质粒标准物质[GBW（E）091034]。

另外，耐药基因质粒分子标准物质，可用于疾病诊断检测，准确可靠的检测数据有助于提供用药分析的参考。如耐药基因 NDM-1 质粒 DNA 标准物质（GBW 09854），可选择用于拷贝数浓度含量、质量分数的检测。

（四）基因突变标准物质

基因突变标准物质有从细胞中提取、纯化的基因组 DNA 标准物质，可用于定量和定性使用。选用时要关注标准值及其单位，以便正确选用需要的标准物质。例如，BRAF（V600E）基因突变基因组 DNA 标准物质采用的定值方法为绝对定量数字 PCR 方法，量值表示有两种形式，一个是突变基因/野生基因的拷贝数浓度（copies/μL），另一个是突变基因丰度（%），突变基因片段拷贝数占突变基因片段拷贝数和野生型基因片段拷贝数之和的比值（表 8-5）。而 GBW 09856 为人（男性）基因组 DNA 定量标准物质，GBW 09857 为人（女性）基因组 DNA 定量标准物质国家有证标准物质，其特性量的标准值为拷贝数浓度。

表 8-5 基因突变基因组 DNA 标准物质标准值及单位举例

标准物质号	标准物质名称	标准值	扩展不确定度（$k=2$）	单位
GBW 09855	BRAF（V600E）基因突变基因组 DNA 标准物质	8.58×10^3（突变基因）	0.61×10^3（突变基因）	copies/μL
		2.49×10^4（野生基因）	0.25×10^4（野生基因）	copies/μL
		25.7（突变基因丰度）	0.9（突变基因丰度）	%

已发布的基因突变国家有证标准物质，可在国家标准物质资源共享平台中查询到，表 8-6 中列出了部分发布的基因突变国家有证标准物质名称和编号，可供突变基因检测时的选用参考。选用基因突变有证标准物质时需要认真阅读有证标准物质证书，关注有证标准物质的量值范围、单位、最小取样量、溯源性等。定值/赋值方法的不同，量值描述不同，如编号为 GBW（E）090640、GBW（E）090641 的有证标准物质使用的是质量分数描述标准物质的标准值和不确定度，查看其定值是采用高分辨电感耦合等离子体质谱、液相色谱-电感耦合等离子体质谱等方法进行的定值。

表 8-6　部分基因突变国家标准物质

序号	标准物质号	标准物质名称
1	GBW 09855	BRAF(V600E)基因突变基因组 DNA 标准物质
2	GBW 09841	KRAS(G12A)基因突变标准物质
3	GBW 09842	KRAS(G12D)基因突变标准物质
4	GBW 09843	KRAS(G12R)基因突变标准物质
5	GBW 09844	KRAS(G12C)基因突变标准物质
6	GBW 09845	KRAS(G12S)基因突变标准物质
7	GBW 09846	KRAS(G12V)基因突变标准物质
8	GBW 09847	KRAS(G13D)基因突变标准物质
9	GBW(E)090640	EGFR-1(18-;19-;20-;21-)基因突变标准物质
10	GBW(E)090641	EGFR-2(18-719S;19-EA746_A750del;21-L858R)基因突变标准物质
11	GBW(E)090642	EGFR-3(18-719A,19-E746_A750del;21-L861Q)基因突变标准物质
12	GBW(E)090643	EGFR-4(20-T790_S768I)EGFR 基因突变标准物质
13	GBW(E)090644	EGFR-5(18-719C,19-L474_T751del)基因突变标准物质
14	GBW(E)090645	EGFR-6(19-L747_S752del,20-V769_D770insASV)基因突变标准物质
15	GBW(E)090646	EGFR-7(19-E746_S752>V,20-D770_N771insG)基因突变标准物质
16	GBW(E)090647	EGFR-8(19-E746_T751del,20-H773_V774insH)基因突变标准物质
17	GBW(E)090648	EGFR-9(19-L747_T751>P,20-D770_N771insSVD)基因突变标准物质
18	GBW(E)090649	EGFR-10(19-E747_A750>P)基因突变标准物质
19	GBW(E)090650	EGFR-11(19-L747_E749del)基因突变标准物质
20	GBW(E)090651	EGFR-12(19-L747_P753>Q)基因突变标准物质
21	GBW(E)090652	FMR-1 基因突变标准物质

(五) RNA 标准物质

截至 2020 年，我国已发布的 RNA 标准物质多为病毒类核酸标准物质。如动物疫病核酸标准物质、新型冠状病毒核酸标准物质 [GBW（E）091089、GBW（E）091090]、人类免疫缺陷病毒 1 型核糖核酸 (HIV-1 RNA) 血清（液体）标准物质 [GBW（E）090982]、丙型肝炎病毒核糖核酸 (HCV RNA) 血清血清（液体）标准物质 [GBW（E）090978] 等。

另外，国家发布的动物疫病核酸类国家二级标准物质 GBW（E）已有 12 种，这些标准物质为动物疫病的 DNA、RNA 检测提供了标准值和不确定度。其中，GBW（E）090928 猪繁殖与呼吸综合征病毒欧洲株 (PRRSV LV) 核酸标准物质、GBW（E）090929 猪繁殖与呼吸综合征病毒美洲变异株 (PRRSV JXA1) 核酸标准物质、GBW（E）090930 猪繁殖与呼吸综合征病毒美洲经典株 (PRRSV VR2332) 标准物质、GBW（E）091053 猪塞内卡病毒 (SVA HeNXX/swine/2017株) 核酸标准物质等为 RNA 标准物质。

目前，由于病毒核酸检测的发展需要，用于检测病毒载量的核酸标准物质逐步发展了起来，通过测量得出单位体积中生物样本被测物里病毒的数量，病毒载量以核酸拷贝数为单位时，得到的是单位体积（如每毫升）的病毒拷贝数，即 copies/mL，因此要选择病毒核酸标准物质，同样需要关注其定值/赋值方法和生物物质及其特性量值，注意单位的换算、标准物质溯源性的实现方式，是否与选用用途和预期目标相匹配。

(六) 假病毒核酸标准物质

假病毒核酸标准物质可用作检测、验证方法，同时可以起到在病毒核酸检测中，满足从生物样本核酸提取到核酸定量整个过程质量控制。

假病毒核酸标准物质由于制备方法不同，片段长度不同，选择使用时也就要考虑不同的限制因素。通常假病毒核酸标准物质有慢病毒包装和噬菌体包装等不同的制备方法。其中慢病毒包装方法是将病毒主要特征基因构建到慢病毒载体，转染细胞后经纯化获得假病毒颗粒；如大肠杆菌 MS2 噬菌体包装可以构建含有 MS2 噬菌体外壳基因和外源病毒基因的质粒。慢病毒包装比噬菌体包装的基因片段约大 10 倍以上，慢病毒包装的基因片段长度可以达到 5000bp 以上。

采用数字 PCR 方法对特征基因进行定值/赋值后，可得到假病毒核酸标准物质拷贝数浓度标准值。例如慢病毒包装制备的新型冠状病毒假病毒核糖核酸标准物质（NIM-RM5221），是含目标核壳蛋白 N 基因（全长）、包膜蛋白 E 基因

（全长）和开放阅读框 1ab（ORF1ab）基因，具有标准值和扩展不确定度，单位为单位体积拷贝数。

截至 2021 年，已发布的假病毒核酸国家有证标准物质有新型冠状病毒（2019-nCoV）假病毒 ORF1ab 基因核酸标准物质 [GBW(E)091114]、新型冠状病毒（2019-nCoV）假病毒 N 基因核酸标准物质 [GBW(E)091115]、新型冠状病毒（2019-nCoV）假病毒 E 基因核酸标准物质 [GBW(E)091116] 等。可选择性用于新冠病毒核酸检测。

五、蛋白质有证标准物质选择分析

目前，按照本书第五章生物标准物质的分类，蛋白质标准物质根据状态来划分，包括蛋白质纯物质（纯度）标准物质、蛋白质基体标准物质和溶液标准物质等，如表 8-7 列出了部分中国计量科学研究院研制的蛋白质标准物质。根据物质特性来划分，有蛋白质含量标准物质、蛋白质分子量标准物质、蛋白酶活性标准物质等。

表 8-7　蛋白质国家标准物质举例

序列	标准物质号	标准物质名称
1	NIM-RM3625	糖化血红蛋白成分标准物质（高）
2	NIM-RM3626	糖化血红蛋白成分标准物质（低）
3	NIM-RM3651	人血清白蛋白成分标准物质
4	NIM-RM3627-1	牛血清白蛋白溶液标准物质-高
5	NIM-RM3627-2	牛血清白蛋白溶液标准物质-中
6	NIM-RM3627-3 ~ NIM-RM3627-12	牛血清白蛋白溶液标准物质-低
7	NIM-RM3697/GBW09292	胰岛素（人）纯度标准物质
8	GBW09871 ~ GBW09873	冰冻人血清中 C 肽标准物质

截至 2022 年，已发布的蛋白质类国家有证标准物质已有 100 多种（http://www.ncrm.org.cn/）。但是能溯源到国际单位制（SI）单位的蛋白质国家标准物质不多，即通过计量学研究建立的具有计量溯源性的蛋白质国家标准物质不到 1/5。

(一) 蛋白质纯度、含量标准物质

蛋白质纯度国家一级标准物质是具有计量溯源性的高层级标准物质。所给定的国家标准物质主要用于量值溯源建立外,在某个特定蛋白质测量过程中,也是具有校准或质量控制的作用。

通过建立的质量平衡法、同位素稀释质谱方法等多种计量方法,研制出了系列蛋白质纯度、含量国家标准物质,如蛋白质纯度、含量国家一级标准物质 GBW 09816 胰岛素(猪)成分标准物质、GBW 09292 胰岛素(人)纯度标准物质、GBW 09815 牛血清白蛋白含量标准物质。按照本书第五章生物标准物质的分类,牛血清白蛋白含量标准物质、糖化血红蛋白成分标准物质和胰岛素(猪)成分标准物质等也是应用领域类别中的生物医药标准物质。

另外,蛋白质标准物质可用于蛋白质定量检测、其他物质的赋值、相关分析仪器校准等选择。例如国家有证标准物质已用于蛋白质分析仪器的校准中,如胰岛素标准物质用于《全自动封闭型发光免疫分析仪校准规范》(JJF 1752)的校准,质谱仪校准用[Glu1]-人纤维蛋白肽 B 标准物质用于质谱仪校准。

(二) 蛋白质相对分子质量标准物质

目前,我国已研制了相对分子量在 190~16000 的蛋白质相对分子质量标准物质,它们均是采用了蛋白质计量方法对标准物质进行定值/赋值。部分蛋白质分子量标准物质即相对分子质量标准物质的编号和名称列举如下。

1) GBW(E)100149 乙氨酰乙氨酰酪氨酰精氨酸相对分子质量标准物质。
2) GBW(E)100150 乙氨酰乙氨酰乙氨酸相对分子质量标准物质。
3) GBW(E)100151 牛血清白蛋白相对分子质量标准物质。
4) GBW(E)100152 胰蛋白酶抑制剂相对分子质量标准物质。
5) GBW(E)100153 细胞色素 c 相对分子质量标准物质。
6) NIM-RM3622 人血管紧张素 II 相对分子质量标准物质。
7) NIM-RM3624 马心肌红蛋白相对分子质量标准物质。

选择蛋白质分子量标准物质,目前可用于肽类功能性食品分子量分布测定,飞行时间质谱仪质量轴校准,功能因子(功效成分)的活性肽或蛋白质检测等方面。

(三) 蛋白质抗原标准物质

病毒蛋白质标准物质在判断病毒感染检测上是重要的检测用标准物质。新型冠状病毒的出现，加速了对蛋白质抗原、抗体标准物质的研制，目前通过建立的蛋白质计量方法进行对病毒蛋白质标准物质研制定值，包括病毒蛋白质抗原、抗体标准物质。

在实际应用中，对病毒蛋白质标准物质的选用，一要注意标准物质的量值（标准值和单位），以防选择不适合的标准值和单位与要达到的目标不符合。二要选用同一目标特性量的蛋白质标准物质，赋值/定值方式是否具有溯源性，是否能够溯源到国际单位制单位的统一性。三要考虑蛋白质标准物质的互换性，以及活性等要求。从而更好地选择合适的蛋白质标准物质来满足预期病毒蛋白质检测用途的需要。

如 GBW（E）091097 新型冠状病毒核衣壳蛋白溶液标准物质，标准值单位为 mg/g，使用了同位素稀释质谱方法定值，具有计量溯源性溯源到国际单位制（SI）单位；又如 GBW 09165 乙型肝炎 e 抗原（HBeAg）血清（冻干）标准物质，标准值单位使用了 IU/mL，其中 IU 是国际单位，不是国际单位制（SI）单位，用于临床检验领域溯源到国际单位。因此，具有量值和溯源性的蛋白质标准物质会处于不同溯源层级中。在选择蛋白质抗原标准物质应用时，一定要依据预期且使用相适应的标准物质，用于抗原检测的目的，还要考虑不同应用领域的特殊性要求。

总之，应当注意有证标准物质证书中表述的定值方法及标准物质互换性声明（如果存在），溯源性声明，预期用途，以及量值范围、不确定度和单位，并在规定的预期用途下使用，否则不能保证蛋白质特性量值溯源、单位统一的要求的蛋白质检测的有效性。

综合核酸与蛋白质有证标准物质的发布分析，截至 2022 年，我国具有可溯源至国际单位制单位的计量溯源性的核酸国家有证标准物质、蛋白质国家有证标准物质总和已有百余项。通过选择使用核酸国家有证标准物质、蛋白质国家有证标准物质，实验室建立进行核酸、蛋白质检测的溯源性，使能形成良好的量值溯源规范行为。通过选择使用核酸有证标准物质、蛋白质有证标准物质，对核酸分析仪器、蛋白质分析仪器进行校准，可将核酸有证标物质、蛋白质有证标准物质的量值传递到被测生物样本的核酸与蛋白质含量的分析测量数据结果中。通过核酸与蛋白质的检测应用，使用户享有了可获得准确、可靠、可溯源的数据结果目的。

以核酸有证标准物质、蛋白质有证标准物质为主的核酸与蛋白质计量应用已用于生命健康、生存安全和生物产业等三大领域。以下从三大类几个重要的应用领域介绍核酸与蛋白质生物计量的应用和需求，以及现阶段存在的问题及思考。

第四节 核酸与蛋白质生物计量应用领域

本章第二节已经介绍了生物计量应用，它是以保障不同领域的生物分析测量数据结果达到有效性和溯源性需求为主要目的。并在本书第七章中，我们也讲过生物分析测量有效性是以生物物质特性为测量目标，是生物分析测量质量的保证，实现每个/次的生物分析测量数据准确，具有溯源性，令不同实验室间的数据可比较。其中具有计量溯源性的生物标准物质起到了非常重要的作用，因此，在核酸与蛋白质生物计量应用的每一个领域都要选用好核酸与蛋白质生物标准物质，发挥不同的用途，保证生物分析测量数据的有效性。下面就以核酸与蛋白质生物计量在食品安全、生物安全、司法鉴定、体外诊断与临床检验、反兴奋剂、生物医药、生物样本库等领域的应用进行举例分析。

一、食品安全领域

食品安全是对食品按其原定用途进行生产，且食用时不会对消费者自身造成伤害的一种担保，即食品中不应含有可能损害或威胁人体健康的有毒、有害物质或因素（杨洁彬等，1999）。对食品安全风险的检测，也是食品质量保证的措施。当生物计量应用在食品安全质量的相关检测中时，是以保证检测数据有效性为目的。

（一）应用需求分析

生物计量在食品安全领域的应用，首先从分析食品安全检测需求开始。现代食品安全问题主要有膳食平衡问题（包括营养过剩或营养失衡），微生物致病、有害化学物质，以及生物技术食品风险等，食品安全有生物因素、化学因素、物理因素三大影响因素（杨洁彬等，1999）。因此，对营养成分或膳食补充剂、微生物、转基因成分等检测的质量需求，是生物计量应用在食品安全领域需要关注的内容。

（二）有效性保障措施应用

确定了生物计量应用在食品安全领域的需求后，就要按照生物分析测量有效性保障系统要素的控制点，确定食品安全的生物分析测量有效性保障及其相关措施。按照第七章有效性关键控制点和有效性保障总体要求，要保障转基因成分、微生物、营养成分或膳食补充剂的检测有效性的措施，包括人员专业能力、检测方法、仪器能力、溯源性、程序文件和记录管理等。措施的内容列举如下。

1）首先分析检测预期目标和目的用途：转基因成分、微生物、营养成分或膳食补充剂的检测是为了保证食品质量要求，保证原粮、农产品、食品的贸易公平等。

2）人员专业能力：除接受必要的培训外，通过完成比对、能力验证等说明具备的能力。

3）检测方法：通过选择合适的生物标准物质进行验证或确认。

4）仪器能力：通过校准确认分析仪器的可用于检测的能力。

5）溯源性：通过选择计量标准建立溯源性。

6）程序文件和记录管理有效可控。

对于转基因成分、微生物、营养成分三类检测的应用，为能突出对有效性保障措施应用的理解，下面具体以转基因成分检测有效性保障为例进行较为全面的分析，而对营养成分或膳食补充剂、微生物检测则从需求分析、生物标准物质的选择使用参考做简要说明。

1. 转基因成分检测有效性保障

（1）预期目标分析

众所周知，农作物是人类生存和经济发展的重要资源，粮食更是国家的命脉，因此各国都将保证粮食安全列为首要任务。

在世界上，多国将生物技术转基因应用于农业种植研发，至21世纪，该技术已在被广泛应用于大豆、玉米、水稻、棉花等作物，用以增加粮食产量、抵抗病虫害等，如种植转基因农作物是为了减少农药的使用，提高对除草剂的耐受性和对病原或昆虫的抵抗力，从而提高产量，使植物转基因技术对缓解粮食短缺问题提供了帮助，在一定程度上解决粮食危机。截至2019年，全球有29个国家种植转基因作物，另有42个国家/地区（其中欧盟国家26个）进口了转基因作物用于食品、饲料和加工（国际农业生物技术应用服务组织，2021）。

我国一直以来都将农业和粮食安全放在首位。历年备受关注的中央1号文件，数次以农业、农村和农民为主题。近十年来中央1号文件多次涉及转基因的有关内容，如2010年提出基因新品种产业推进专业化，2016年提出加强农业转基因技术研发和监管，2017年提出严格执行转基因食品等农产品标识制度。都体现出对转基因检测的重要性。

同时，转基因生物技术的大量应用，使转基因成分成为食品安全、农产品、原粮、饲料中非常重要的被检测对象。转基因检测在食品安全、原粮或农产品的质量、国际/国内贸易上都迫切需要公正可靠的数据来保障公平判定，避免贸易上的技术性壁垒引起纠纷，造成损失。

（2）检测方法和能力

在食品、农产品、植物原粮等的转基因成分检测中，多采用国际或国家标准，目前的分子生物学方法以定量 PCR 检测方法为主。

从生物分析测量系统要素分析，对于转基因成分检测能力，主要包括人员专业能力、方法设备能力、评估能力、质量控制能力、溯源保障能力。从建立的转基因含量溯源传递体系，通过选择使用转基因核酸有证标准物质，实施如下措施（图 8-5）。

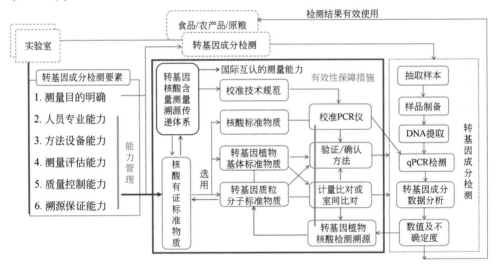

图 8-5　转基因成分检测要素及有效性保障措施

1）校准定量 PCR 分析仪，使用计量标准校准，保障分析仪器有效性（见本书第七章）。

2）确认或验证转基因检测方法，使用转基因植物基体标准物质进行实验，确认或验证 qPCR 方法的检测数据与转基因核酸标准物质的标准值的一致性，来判断 qPCR 方法满足预期转基因成分的检测能力，保障定量 PCR 检测方法有效性。

3）参加转基因核酸测量国内计量比对或实验室间比对，证明具备转基因检测能力；

4）使用转基因植物基体标准物质或质粒分子标准物质，用于大米、玉米、大豆、油菜或食品、农产品等的转基因成分检测，并评定检测过程引入的检测结果的不确定度。

5）使用转基因植物基体标准物质及质粒分子标准物质，建立转基因检测的溯源性（如图5-4）。

6）转基因核酸测量能力的国际互认，证明转基因测量的国家能力，以及国家计量标准的国际水平，为国内转基因检测提供有力支撑。如转基因水稻 *BT*63 质粒分子国家有证标准物质（GBW 10090）用于英国、德国、日本、斯洛文尼亚、土耳其、泰国等国家计量院参加的 CCQM *K*86.*b* 转基因水稻核酸测量国际关键比对中，量值可溯源至我国转基因水稻有证标准物质。同时，此国际关键比对结果达到国际互认，比对报告在国际关键比对数据库中可查到（https://www.bipm.org/kc-db）。

经过十多年时间，我国通过核酸计量方法、溯源途径、国际互认的校准和测量能力等的核酸含量生物计量科学研究，已经研制了转基因水稻、转基因玉米、转基因大豆等国家标准物质，建立了我国转基因核酸含量测量溯源传递体系，解决了2003年前对于生物转基因检测缺乏计量标准，各实验室检测结果之间不一致、不可比、无溯源的状况。

截至2020年，我国已发布的转基因植物核酸标准物质有国家一级标准物质（GBW）28种，国家二级标准物质有转基因大豆质粒DNA标准物质GBW(E)100274、转基因油菜T45质粒分子标准物质GBW(E)100340、转基因大豆粉标准物质GBW(E)100042、GBW(E)100043、转基因大豆MON89788基体标准物质GBW(E)100339等。

转基因植物核酸标准物质已在国内农业、海关（进出口贸易）等领域的转基因成分检测中，满足了食品安全关注的粮油食品如大豆油、玉米油及相关产品的转基因检测需求。同时，为海关口岸进出口大豆、玉米、棉籽和大米原粮及其加工制品等的转基因检测提供了支撑，满足了转基因大豆MON89788品系，转基因玉米 *NK603*、*BT11* 品系，转基因水稻 *TT51-1*（*bt*63）品系的进出境农产品和食品的转基因成分的检测，也使出口产品在符合不同国家对转基因的法规要求下，以实现实验室检测数据的国际互认，达成降低和避免技术性贸易壁垒（TBT）和国际贸易纠纷的目的。转基因核酸含量测量溯源传递体系已成为转基因成分检测数据结果有效性保障，保障了转基因成分检测数据结果的准确可比和可溯源。

2. 食品中微生物检测核酸标准物质选择

微生物检测是食品安全风险管理中预防和控制（病原）微生物污染的重要

手段。包括食品生产过程、食品和包装材料中微生物检测，除了传统计数方法外，目前用于病原微生物检测的分子生物学方法多是采取定量聚合酶链反应方法，即 qPCR 方法进行的微生物核酸定量检测，以此判断污染情况。目前，已发布的黄色葡萄球菌、肉毒杆菌、痢疾志贺菌、伤寒/副伤寒沙门氏菌、霍乱弧菌 O1/O139、单增李斯特菌、大肠杆菌 O157：H7 等的核酸分子标准物质可用于食品中病原微生物分子生物学检测，为准确定量和质量控制起到作用。

食品外包装材料微生物核酸检测的意义在于排除可能的微生物污染的发生。如 2019 新型冠状病毒感染疫情暴发，采用分子生物学方法及时发现了食品运输和包装的冷链环节受到病毒污染的可能性，以采取措施避免使带有病毒的生物危害因子具有感染人的风险。在进行病毒核酸检测中，可选择使用相关病毒核酸标准物质，获得病毒核酸拷贝数，判断是否在食品冷链包装上有病毒的污染。值得注意的是，病毒的生物学活性是判断病毒污染真实性的关键。采用辅助的 qPCR 方法对病毒核酸的检测要避免交叉污染、残留等因素而引起假阳性或误检出的情况，因此，微生物检测质量的控制措施除了正确选用相关微生物标准物质外，还应更加注意采样、前处理、环境等因素对检测结果的影响。

3. 食品营养成分/膳食补充剂检测标准物质选择

在食品安全中，如果膳食不均衡，饮食不规律引起对营养成分的吸收不完全，会导致人体正常的核苷酸、蛋白质的缺乏。膳食不平衡是重要的食品安全问题。因此，需要进行食品营养成分的检测，同时也需要对膳食补充剂或食品添加剂进行检测。核酸和蛋白质是重要的营养成分，也被用作膳食补充剂或食品添加剂，对核酸和蛋白质的检测需要核酸与蛋白质标准物质，满足对营养成分/膳食补充剂检测的准确性保障的目的。

例如，母乳中的部分核苷酸有助于提高婴儿的机体免疫调节功能和记忆力，当核苷酸缺乏会引起婴幼儿生长发育迟缓，因此在乳制品中允许添加适当的核苷酸。为保证乳制品质量，当乳制品中核苷酸的检测使用核苷酸标准物质，可对乳制品中核苷酸的检测提供准确量值和溯源性保证。我国发布的部分核苷酸国家有证标准物质可提供对食品中核苷酸检测的选用参考。

另外，乳清蛋白粉总氮和蛋白质含量标准物质（NIM-RM3648）、蛋白质相对分子质量标准物质等可用于功能因子（功效成分）的活性多肽或蛋白质的分析测量或检测，使食品营养成分、功能成分的检测数据有效使用，有助于食品营养成分、功能成分的标示管理。

食品营养成分检测用的其他标准物质相关内容和应用可参见《食品营养标签

和标示成分检测技术》中的第八章"食品营养成分检测的计量标准"（王晶，2007）。

二、生物安全领域

生物安全是国家安全的组成部分之一，也与生态安全紧密相关。我国的《中华人民共和国生物安全法》已于 2021 年 4 月 15 日正式生效，生物安全是指国家有效防范和应对危险生物因子及相关因素威胁，生物技术能够稳定健康发展，人民生命健康和生态系统相对处于没有危险和不受威胁的状态，生物领域具备维护国家安全和持续发展的能力。该法中生物因子是指动物、植物、微生物、生物毒素及其他生物活性物质。

20 世纪 90 年代，在关注生物安全初期，生物多样性公约卡塔赫纳生物安全议定书（简称生物安全议定书）中转基因和生物多样性是重要的内容。随着从 2003 年 SARS 的暴发，到埃博拉病毒（EBOV）、中东呼吸综合征冠状病毒（MERS-CoV）、新型冠状病毒等病毒的不断出现，病毒已成为生物安全领域重要的生物因子，如埃博拉病毒为第一类病原微生物（病原微生物实验室安全管理条例，2006），新型冠状病毒病原体以第二类病原微生物进行管理［新型冠状病毒实验室生物安全指南（第二版），2020］。随着分子生物学技术的快速发展以及不断成熟，使得在病毒核酸与蛋白质检测能力不断提高，通过大量被检出的病毒核酸和蛋白质含量数据，都显示出了具有传染性病毒的传播已影响人类健康，病毒成为生物安全风险防控对象已不容置疑。病毒核酸和蛋白质含量检测是对病毒安全的防控手段之一，对病毒核酸、蛋白质检测已逐渐成为了疾病预防和诊断的工作内容。核酸与蛋白质生物计量应用也就成为了生物安全领域病毒核酸、蛋白质含量检测质量控制和能力确认的保障措施。

下面以病毒核酸检测有效性保障为例，介绍核酸计量标准在病毒核酸含量检测质量控制和能力保障的应用（图 8-6）。

1. 需求分析

生物风险因子病毒，它的结构简单只含一种核酸（DNA 或 RNA），由一个核酸长链和蛋白质外壳构成。它利用自身核酸所包含的遗传信息产生新一代病毒，而危害包括植物、动物、人等宿主的生命，特别是对人体的危害会严重影响身体健康。因此，对病毒核酸的检测，为了保证病毒核酸检测数据的准确、可靠，应先对病毒核酸检测的全过程进行分析。

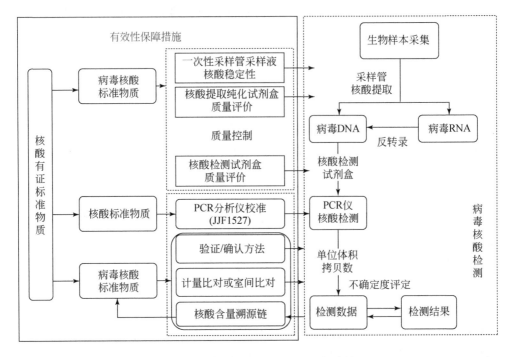

图 8-6 病毒核酸含量检测有效性保障措施

病毒核酸检测过程是从生物样本采集开始，到样品核酸提取、DNA 检测，获取病毒核酸检测数据，通过计算得出检测数据结果。当病毒核酸为 RNA 时，如新冠病毒核酸，从样本采集和核酸提取后，需要进行反转录过程，以 RNA 为模板，通过反转录酶，合成 DNA 后进行定量 PCR 检测。对病毒核酸检测进行过程能力确认和质量控制，需选用适合的有证标准物质，包括核酸标准物质、病毒核酸标准物质（如病毒基因组标准物质、假病毒标准物质）。

2. 能力确认和质量控制

病毒核酸检测的能力涉及人员专业能力、方法设备能力、评估能力、质量控制能力、溯源保障能力。

（1）能力确认

1）选择核酸有证标准物质，或采用国家计量机构建立的具有国际互认测量能力的方法，对病毒核酸标准物质研制准确赋值，提供核酸量值溯源性保证。

2）采用国家有证标准物质，对病毒核酸检测过程中使用的 PCR 仪器校准。全程使用校准过的相关仪器设备。

3）验证或确认病毒检测方法。可选用病毒核酸标准物质进行验证或确认实验。病毒核酸的标准量值应满足检测范围，目标基因应与需要检测的病毒所对应，如新冠病毒目标核壳蛋白 N 基因、包膜蛋白 E 基因、开放阅读框 1ab 基因等。直接用于所采集到的生物样本提取纯化后的样品检测，得到病毒核酸检测结果。

（2）质量控制

采用核酸有证标准物质要确保病毒核酸检测质量，还需完成生物样本采样、样本核酸提取、病毒核酸检测中三方面的质量控制。

1）生物样本采集质量控制。

生物样本采集是核酸检测前重要的环节。当采用一次性采样管采集生物样本，用于核酸检测，检测前需要对采样管核酸稳定性进行质量控制。

理论上准入的一次性采样管产品，当一次性采样管被用于生物样本采集进行病毒核酸检测时，如将采样的拭子放入一次性采样管采样液中，采样液能在规定时间内保证采集的生物样本中的核酸稳定。

检测前要清楚采样液中生物样本放置一段时间后的核酸是否稳定，可选用病毒核酸标准物质来进行核酸检测实验，评价采样管采集样本的核酸稳定性质量，从而判定采样管采样液对核酸稳定性的保持程度，以防降解，确保所采集的生物真实性提供给后续核酸检测。

2）核酸提取、检测试剂盒质量控制。

生物样本采集后，需要进行核酸提取，对病毒核酸进行检测，这两方面的质量控制的主要内容之一是试剂盒质量控制。核酸检测过程中会用到核酸试剂盒（包括核酸提取纯化试剂盒、核酸检测试剂盒）。如新型冠状病毒核酸检测就是利用核酸提取试剂盒、检测试剂盒结合 PCR，检测前，用采样拭子进行采样后，将采样拭子放入采样管中，将所采集的生物样本经过核酸试剂盒等提取后进行检测，用到核酸检测试剂盒，通过 PCR 仪检测核酸特性数据，检测是否含有病毒核酸，从而确定是否感染了新型冠状病毒。

检测病毒核酸时有时也会出现假阴性、假阳性和低敏感性风险，因此，对于核酸试剂盒的使用，首先需要确保试剂盒质量来提高核酸提取效率和检测限，就需要对所采用的核酸试剂盒进行质量控制。

在核酸试剂盒有效期内，确保使用可靠核酸检测试剂盒的质量控制要素包括如下方面但不限于这些内容。

① 使用前对核酸检测试剂盒和提取试剂盒的质量进行评估，应选择与试剂盒声称适用的样本一致或接近的标准物质对试剂盒质量评价。依据国家标准评估后，采用符合条件并获准入的评价良好产品。

② 使用前还需要对试剂盒的检出限、质控品进行确认把关。选择使用可达到预期目的范围的核酸试剂盒。关注试剂盒的检出限及使用单位,以防出现 copies/μL、copies/反应的不同标识单位,易造成数据结果单位不统一而使数据结果不可比的情况,因此需要特别强调在使用中关注每个试剂盒的检出限和标示的单位,分辨出不同试剂盒的单位差异及其是否具有可比性,是否单位统一。可采用病毒核酸标准物质评价,或对质控品进行验证。

③ 针对不同病毒的关键特征基因及其序列来选择合适量值和单位的标准物质,作为病毒检测试剂盒质量控制的有效工具。

④ 可采用病毒基因组标准物质或假病毒标准物质从不同的应用目的进行质量控制。如采用假病毒标准物质起到对生物样本从核酸提取到核酸检测的过程质量控制。

目前,已发布的国家标准《核酸检测试剂盒溯源性技术规范》(GB/T 37868—2019)、《核酸检测试剂盒质量评价技术规范》(GB/T 37871—2019)、《核酸提取纯化试剂盒质量评价技术规范》(GB/T 37875—2019)是核酸试剂盒的质量评价和溯源性要求的标准文件。运用核酸计量标准为核酸检测试剂盒产品建立溯源链提供支持,并选择合适的核酸标准物质对核酸试剂盒进行质量评价。

(3) 不确定度评定

qPCR 检测方法的不确定度评定方法,可参考国际标准 ISO 20395:2019 Biotechnology—Requirements for evaluating the performance of quantification methods for nucleic acid target sequences—qPCR and dPCR。

目前生物安全领域生物计量研究面临的挑战,是现代生物技术从研究、开发到生产、应用的全过程中所涉及的生物因子的安全性,都是社会关注的焦点。病毒是生物安全的重要生物因子之一。生物因子的预防检测、监控等需要生物计量应用的支撑。未来,建立国家生物计量体系,为动植物疫情、防范外来物种入侵与保护生物多样性、应对微生物耐药、防范生物恐怖袭击与防御生物武器威胁,完善对动物、植物、微生物、生物毒素及其他生物活性物质等的分析测量准确、可靠、可比、可溯源,都将成为生物计量技术支撑对生物安全领域应用的持续攻关内容。

三、物证鉴定领域

物证鉴定通常用在公安、司法的法庭科学和法医中,是与社会稳定和安全案件有关的一切物质和痕迹的物证材料进行检测鉴别和判断的活动。如犯罪人员的

DNA 鉴定、失散和拐卖儿童的 DNA 鉴定、亲子鉴定等，DNA 检测数据的准确可靠常会起到关键性作用。不仅如此，DNA 检验技术在侦查破案、打击犯罪中具有重要作用，其物证鉴定结论作为案件的证据。是保障社会稳定和安全的重要领域。

物证鉴定作为法庭科学和法医的重要内容，保证检测鉴别的生物特性数据准确可靠更为重要，它直接影响物证鉴定结论对案件的判定。国际法庭科学大会曾达成共识，明确需要建立对"高级别"稳定标准的溯源，来提高测量与检测方法的质量和可比性。只要有可能，就应当建立对国际单位制（SI）的溯源，如果不能做到对国际单位制的溯源，则要建立对其他国际认可的单位和标准的溯源。

1. 标准物质用于物证 DNA 定量检测

采取分子生物学技术对生物物质进行鉴定是较早用在司法物证鉴定中的方法，如采用的 DNA 序列定性分析方法。随着聚合酶链反应方法应用在核酸检测中的普及，定量 PCR 被用于司法领域比其他方法具有了一定的优越性，但是准确定量不容易。2004 年美国国家标准与技术研究院就对实验室间采取的定量 PCR 进行了方法学研究，以评估法医 DNA 实验室进行 DNA 定量的准确性和可比性，通过比较 DNA 短串联重复序列（STR）分型与定量 PCR 方法，两者的测量性能特征非常相似，且定量 PCR 方法在对目标 DNA 定量的浓度含量下表现得更为准确。在对定量方法评价研究基础上，美国国家标准与技术研究院开发了人源 DNA 定量标准物质 SRM2372，认定值为通过吸光度测量的值，可溯源到国际单位制比值单位（ratio unit），也就是"1"，信息值为单链 DNA 质量浓度（ng/μL），用 NaOH 处理从双链 DNA 到单链 DNA 的分析。DNA 定量标准物质可用于定量 PCR 方法中（Kline et al.，2009；Peter M. Vallone et. al.，2013）。

2. 标准物质用于校准仪器

司法鉴定领域中 DNA 检测用标准物质的应用，是保证司法鉴定领域 DNA 检测结果的准确可靠、可比、可互认的有效手段，而鉴定结果的可比性、通用性和互换性则是 DNA 数据库建设应用的基础。

2006 年以来，中国计量科学研究院与原公安部物证鉴定中心（现公安部物证中心）合作，对该领域的核酸、蛋白质相关计量标准进行了研究。DNA 标准物质用于核酸检测结果的可比性、可溯源性，结合聚合酶链反应分析仪和遗传分析仪校准，支持 DNA 数据库的建设，为跨地区案件数据可比性提供支撑作用。

四、体外诊断领域

1. 应用需求

体外诊断（IVD）是在生物体外，通过对生物样本（血液、体液、组织等）进行检测而获取临床诊断信息，进而判断疾病或机体功能的产品和服务，通常有人体的体外诊断、动物的体外诊断。本部分内容主要介绍人体的体外诊断医疗领域的生物计量应用。

在国家标准《体外诊断医疗器械制造商提供的信息（标示）第 1 部分：术语、定义和通用要求》（GB/T29791.1—2013）中，对体外诊断医疗器械的定义包括了试剂、校准物、控制物质、样品容器、软件和相关的仪器或装置或其他物品。在这里，将体外诊断仪器、体外诊断试剂、校准物、控制物质统称为体外诊断产品。体外诊断产品提供了确保人体健康的重要检测手段。通过检测生物样本中一种或多种生理、生物标志物所得到的数据，结合其他临床信息，辅助医生从数据结果判断身体健康状态、疾病状态或者疾病的阶段进程的状态，了解身体的现状。因此，使用体外诊断产品所产生的人体检验数据，其准确性、可靠性则是医生给出诊断结果非常重要的依据，也是确保患者接受对症治疗的重要参考因素。

当采用不同制造商的体外诊断产品和不同的测量程序出现不相同的数据时，医生使用数据可能会被误导，结果偏倚会导致错误的判断。这也就是国际上为什么在体外诊断产品上一直要强调其量值溯源性的原因。做好体外诊断产品的溯源性是保证诊断数据准确、可靠的必备要求，计量溯源性提供根本保证。

早在欧盟体外诊断医疗器械指令 98/79/EC 中，专门对体外诊断产品的质量保证提出了要求，对校准物质和质控物质赋值计量溯源性，量值溯源性必须通过可靠参考测量程序和更高一级参考物质来保证。

进入 21 世纪，在国际标准文件中不断提出计量溯源性的要求。在国际标准化组织的 ISO 17511、ISO 15193、ISO 15194、ISO 18153、ISO 15195 等多项与体外诊断领域、实验室医学领域相关的国际标准文件中，均有规定计量学溯源性要求，并明确了校准溯源层级。在体外诊断产品方面，我国等同采纳国际标准的文件有《体外诊断医疗器械 生物源性样品中的量的测量 校准品和控制物质赋值的计量学溯源性》（GB/T 21415—2008）（等同 ISO 17511），《体外诊断医疗器械 生物源性样品中量的测量 参考测量程序的说明》（GB/T 19702—2005）（等同 ISO

15193)、《体外诊断医疗器械 生物源性样品中的量的测量 有证标准物质及支持文件内容的要求》(GB/T 19703—2020)(ISO 15194)，以及行业标准《体外诊断医疗器械 生物样品中量的测量 校准品和控制物质中酶催化浓度赋值的计量学溯源性》(YY/T 0 638—2008)(等同 ISO 18153)。

国际标准和各个国家对体外诊断试剂的溯源性有严格的要求，量值溯源技术用于蛋白质类体外诊断物质的赋值和溯源，这对体外诊断产品注册检验、验证和确认非常重要。我国在体外诊断试剂的注册（检验）中对量值溯源就有要求。如我国 2019 年发布的《脑利钠肽/氨基末端脑利钠肽前体检测试剂注册技术审查指导原则》中审查重点强调了申请人应建立产品的溯源性，如果产品暂时没有国家标准品，可通过企业参考品来建立，企业参考品的建立过程要明确，溯源性应符合《体外诊断医疗器械 生物源性样品中的量的测量 校准品和控制物质赋值的计量学溯源性》(GB/T 21415—2008) 的要求（宋海波等，2022）。注册（检验）提出对于校准品和质控品要提供完整的溯源性资料及定值资料，也就是说校准物要溯源到高层级标准，从产品到校准品逐级溯源，从高层级标准量值传递到校准品直至产品，每一步量值的传递过程都必须有详细的实验数据记录，包括不确定度数据，这些数据信息最终要形成一个完整的文件上报，提供溯源性资料证明而注册。生产厂家要能提供完善的溯源资料用于产品的溯源链检查。对于有量值溯源变化的情况时需要说明，如果量值溯源有本质性的变化，也就是存在相对更高层级标准物质或者参考测量程序发生变化带来溯源链发生变化，将会直接影响检测结果，这种变化也被认为是在体外诊断试剂注册中的重要变化。

总之，要使体外诊断产品的检测结果得到医学诊疗应用，为正确的临床解读所用，离不开计量学水平来保证检测结果更加准确可靠，并具有可比性。从量值溯源上建立一个有效的量值传递链，从而保证试剂盒产品检测的准确性、可比性是非常重要的。最好的措施就是建立向上实现到国际单位制（SI）单位的溯源。这需要体外诊断企业正确使用标准物质，采取检测试剂盒的量值溯源措施，这样的措施可以保证不同厂家的试剂盒都使用统一的标准及其量值和单位进行溯源，可以确保检测试剂盒数据的准确、可比。

2. 蛋白质生物计量应用

目前，我国通过建立核酸与蛋白质计量溯源体系，可将具有溯源性的计量方法用于给生产厂家（企业）试剂盒中标准品/质控品赋值，并通过国家标准物质进行量值传递保证检测试剂盒的数据结果准确、可溯源。但是能够满足最高溯源要求的生物诊断产品不多。蛋白质计量研究中的计量方法和蛋白质标准物质已应用在对蛋白质类体外诊断产品的溯源性建立中，如蛋白质含量计量方法为体外诊断试剂公司研制的人心肌脂肪酸结合蛋白、磷脂酶 A2、髓过氧化物酶等多个心肌损伤免疫诊断试剂盒标准品赋值，建立体外诊断结果溯源性，为注册检验提供溯源性支持，用户采用有质量保证的试剂盒，可得到准确的检测数据。当提供准确检测结果给医生参考，进而为在心脑血管患者诊断中，结合其他参考依据而给出具有科学依据的判断。

同时，建立的血清蛋白类标准物质的准确量值，也可用于保证检测数据的准确性，来为疾病诊断提供准确数据参考。例如通过建立的蛋白质含量同位素稀释质谱计量方法，研制了人血清白蛋白、牛血清白蛋白、糖化血红蛋白、C 肽、胰岛素等蛋白质标准物质，具有准确量值和溯源性，可用于体外诊断仪器校准和体外诊断试剂溯源、对体外诊断产品建立的方法进行验证和确认，还可用在体外诊断产品生产企业的血清总蛋白试剂盒、糖化血红蛋白试剂盒、牛血清白蛋白试剂盒等产品在生产中的质量控制，以此来保障产品生产过程的质量。

补充注意事项，在体外诊断领域，用于校准和溯源性计划的标准物质须具有溯源性，特别是生物标准物质应具有互换性。以防在应用时选择无互换性的生物标准物质，在对实际生物样本（如临床样本）的检测时与所关联标准量值的一致性的数据偏离大，检测结果不准确而不能满足所要达到的预期体外诊断的目的要求。

五、临床检验领域

生物分析测量数据结果准确在临床领域是非常重要的。溯源性是实验室结果准确的关键。只有准确的实验室检测结果，才能有助于医生对患者的诊断和治疗。

西医疾病的诊疗已从对器官组织病理检查，发展到对肽、蛋白质、DNA、基因等生物标志物的分子水平的诊断分析，已完成从定性向定量检测的转化，这就是当今人们在各大医院所能感受到的临床检验中对生物标志物检测及在疾病诊疗中的应用。

临床检验数据是用于疾病诊断、治疗和药物干预效果的判断依据。随着诊疗技术的不断升级，通过生物标志物诊断方式的发展速度越来越快，应用也越来越广，在多次检验和传递检验结果的过程中需要保证诊断结果的准确性和一致性，实现体外诊断结果的互认，患者将是直接的受益者，这也是管理者和百姓看病所期望的。

临床检验与体外诊断是不可分割的两个领域，我国对口国际标准化组织的ISO/TC 212 临床实验室检测和体外诊断试验系统，成立了 SAC/TC136 全国医用临床检验实验室和体外诊断系统标准化技术委员会，是专业组织对医用临床检验实验室和体外诊断系统标准制定和归口的标准化技术委员会，有包含参考物质、参考测量程序和参考测量实验室三方面的参考系统通用标准，这些标准化工作与生物计量应用有了非常好的接口，临床检验与体外诊断领域的溯源性才能做到有据应用推广。

1. 溯源性要求

临床检验与体外诊断产品都有溯源性要求，且体外诊断产品通常也被用于临床检验中，国际标准化组织在临床实验室检测和体外诊断中都非常重视计量学溯源性。溯源性是实现校准物质和质控物质量值统一的关键，其可避免在临床检验中由于采用了不同程序的检测而导致不同结果的出现。

2002 年，由国际计量局（BIPM）、国际临床化学与检验医学联合会（IFCC）和国际实验室认可合作组织（ILAC）共同成立了国际检验医学溯源联合委员会（JCTLM），建立了计量标准数据库，开展了参考物质、参考测量程序和参考测量实验室的评价，对于推动临床检验中的量值统一起到了重要的作用。JCTLM 认为溯源性（traceability）是为患者提供准确实验室结果的关键（https://www.jctlm.org/）。在临床检验医学中采用 JCTLM 提出的溯源性，同时为制（修）订国际标准化组织（ISO）相关标准文件也提供了依据。

正如在体外诊断领域所述的国际标准化组织相关国际标准 ISO 17511 中对校准物质、质控物质等值的计量溯源性的要求，国际标准 ISO 18153 中对酶催化浓度校准物质和质控物质定值的计量学溯源性要求，及在国际标准 ISO 15193 中对生物源性样品中量的测量中参考测量程序的内容和表示要求等，均对体外诊断领域提出了溯源性相关内容的具体要求，这些国际标准化文件对体外诊断医疗器械产品提出的计量溯源性得到了各国的应用实施，必将直接关系到临床检验结果的溯源性。

如果按照国际标准 ISO 17511，校准物质的溯源可通过计量标准达到溯源到国际单位制（SI）单位的完整溯源链，需要通过溯源层级进行实现。蛋白质含量计量溯源性可帮助标准物质和/或参考测量程序来实现溯源。最高的溯源要求是可直接溯源到国际单位制（SI）单位。但当不能直接实现到国际单位制（SI）单位溯源时，可通过不同溯源层级，如以参考测量程序来实现溯源传递，即从建立一级参考测量程序，由一级参考物质（如选择纯度标准物质）来进行传递，而纯度标准物质通常会不具有满足临床检验的互换性；当传递到二级参考测量程序时，通过二级参考物质再进行传递，基体标准物质应具有良好互换性，与实际生物样本的一致性，满足临床检验项目的目的需要；然后再进行逐步向下传递，最后传递到设备产品制造商，通过仪器设备的分析测量得到数据结果传递到现场检测的生物体外诊断产品如试剂盒产品中，直至将检测数据结果传递到最终用户。也就是通过把标准量值传递到被测对象，最后得到被测对象具有溯源性的分析测量数据结果，这就是建立了一个相对完整的量值溯源链过程的描述。传递链是量值溯源链的反方向，即量值溯源和传递是两个互反的方向。溯源性过程也可参见第七章的介绍。

在实际应用中，大分子蛋白质的溯源性会面临很多困难，如果蛋白质测量的国际比对结果不等效没有互认，溯源途径不完整，而要建立到国际单位制单位溯源就更不容易了。

2. 蛋白质含量溯源性挑战

以在蛋白质含量检测溯源性建立为例。通常在临床检验中，蛋白质含量溯源性是通过标准物质/参考物质和/或参考测量程序来实现。而最高的溯源性，是通过对蛋白质计量基准方法和有证标准物质的研制所建立的蛋白质测量溯源链，实现溯源至国际单位制单位的溯源性。当将其应用于临床实验室开展蛋白质检测和蛋白质诊断产品溯源性要求时，可建立实现到国际单位制单位的溯源途径。

目前，从到氨基酸水平进行蛋白质测量的这一清晰的蛋白质含量计量溯源体系已建立，蛋白质含量计量溯源体系可参见本书第四章蛋白质计量的介绍，其在实际中可应用在临床实验室蛋白质检测的溯源链的建立。但对大分子蛋白质含量检测的溯源，如在糖化血红蛋白检测溯源性建立的应用，显得非常重要但在临床检验中又是不容易实现的。

糖化血红蛋白是糖尿病临床检验非常重要的生物标志物。广义糖化血红蛋白（GHb）是红细胞中的血红蛋白与血清中的糖类相结合的产物。糖化血红蛋白由HbA1a、HbA1b、HbA1c组成，而HbA1c约占糖化血红蛋白组成的一半以上，结构稳定而被用作糖尿病控制的监测指标、诊断糖尿病的重要指标。在《中国2型糖尿病防治指南（2022）》中规定，在有严格质量控制的实验室，采用标准化检测方法测定的HbA1c可作为糖尿病补充诊断标准，HbA1水平大于等于6.5（HbA1c≥6.5）；同时建议对大多数非妊娠成年2型糖尿病患者，合理的HbA1c控制目标为小于7.0%，HbA1水平是反映血糖控制的主要指标，并与糖尿病患者微血管并发症危险性紧密相关（中国预防医学会糖尿病学分会，2021）。因此其检测结果的准确性和可比性对疾病诊断非常重要，而要得到准确、可比的数据，建立溯源性的要求是保证临床检验数据准确而使诊断结果可靠的关键要素。

要确保临床诊断中的 HbA1c 指标数据的可靠，首先要保证临床生物样本中 HbA1c 检测结果的准确可靠，并可溯源。按照国际标准化组织（ISO）发布的体外诊断医疗器械国际标准中的对计量溯源性要求，国际临床化学与检验医学联合会（IFCC）对 HbA1c 的溯源性做了大量的研究工作，并将 HbA1c 溯源到国际约定的参考测量程序和国际参考物质，这里国际约定的参考测量程序是 IFCC 提出的用高效液相色谱-质谱方法或高效液相色谱-毛细管电泳（Jan-Olof Jeppsson et al., 2002），约定的标准物质是 IFCC 规定的蛋白质参考物质。它是通过参考测量程序和参考物质进行溯源，可溯源到指定的蛋白质参考物质上，以期保证不同实验室进行 HbA1c 含量检测的准确溯源（图 8-7）。这是按照国际标准化组织标准中描述的可溯源到约定的参考测量程序和参考物质的一种溯源方式。

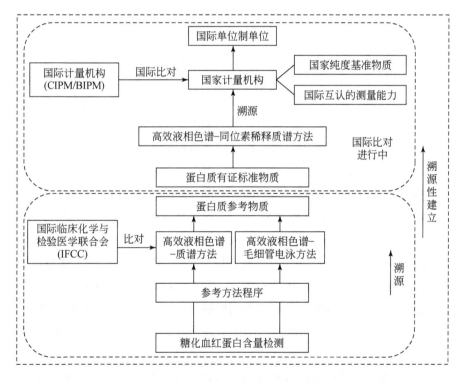

图 8-7　临床检验领域糖化血红蛋白检测溯源措施示意图

当可以溯源到国际单位制（SI）单位时，就能达到了最高层级的溯源。目前，在中国计量科学研究院（NIM）、新加坡卫生科学局（HSA）、韩国标准科学研究院、法国国家计量测试实验室（LNE）等国际计量机构和国家计量部门努力下，研究了同位素稀释质谱计量方法，对糖化血红蛋白标准物质进行赋值，实现了对 HbA1c 含量可溯源到国际单位制（SI）单位的溯源性。通过同位素稀释质谱计量方法定量糖化血红蛋白来溯源到国际单位制单位，这种溯源途径与前文所述 IFCC 溯源途径相比，发生了改变，这就会使得 HbA1c 含量的溯源层级发生变化，计量机构建立的溯源途径是到国际单位制单位统一的计量方法或国际互认的校准和测量能力来实现溯源性（图 8-7）。而这项工作需要通过国际计量比对的实现和 IFCC 等国际组织协调一致来推动，目前国际计量机构、国家计量部门、IFCC 在共同努力进行 HbA1c 国际比对，这项 HbA1c 国际比对和溯源性得到国际互认时，就实现了临床检验实验室在糖化血红蛋白检验结果溯源到国际单位制单位统一和国际互认的目标。

另外，需要注意的是，临床实验室检验中对蛋白质含量的检测，大量使用的还有生物免疫学方法，这时就需要将不同方法进行比对，解决生物样本被测物质蛋白质活性量值的互换性问题。同时，临床样本多为复杂的生物样本（如血液、尿液、粪便等），其中存在复杂基质有可能会影响检测结果。如前所述，在临床实验室检测中，用于溯源性计划的生物标准物质同样须具有互换性，并要结合采集患者生物样本的情况，实现互换性。因为不同生物样本的异常会影响检测数据的准确。例如，糖化血红蛋白的检测数据还需要结合患者的贫血和糖化血红蛋白异常的情况，判断检测数据是否准确，以便供医生使用参考。

在本书第五章的描述中也谈到了糖化血红蛋白标准物质，对其使用不同的赋值方法有不同溯源性的特点，提示在实际应用中是否具有可比性、是否具有互换性等。要获得在实际应用中数据结果的可比性、互换性，则需要通过一个科学的有权威的比对验证的测量过程来确定。在国际上，权威的机构是国际计量局（BIPM）组织的国际计量比对、JCTLM 致力于通过组织参考测量程序的比对，均是一种很好的比对验证合作方式。但是，仅靠这样的国际比对方式还是很有限，特别是对于所面对的大量的临床检验项目，需要合理解决可比性问题。因此，在很多情况下，临床检验领域会采用对不同检验项目的质量控制、室间质评方式来保证不同实验室检测结果的可比性，其中，使用校准标准和比对方式来完成校准是必需的，以期达到检验结果可比的目的。

总之，在临床检验中的蛋白质含量的溯源是检测结果准确可比必做的工作，而要真正溯源到国际单位制单位，需要经过大量的实验来比对、验证，需要通过国际比对、国际组织的协调一致来实现。期望包括 HbA1c 在内的蛋白质含量的溯源能真正实现全部到国际单位制单位的计量溯源性，解决在全世界不同时空中蛋白质检测数据结果的准确、可比、可溯源。

六、癌症治疗领域

个性化医疗或精准医疗未来面临的挑战将会是基因靶向治疗。癌症基因靶向治疗也是体外诊断产业发展的方向。目前已研制的国家基因突变标准物质主要应用在肿瘤疾病的治疗、方法评价、仪器的校准、试剂盒评价中。如 HER2 基因组 DNA 标准物质、EGFR 基因突变标准物质,作为一种标准量值载体,能够提高基因检测在临床上的准确性,能够对精准检测 HER2 基因、EGFR 基因突变存在及指导临床用药具有重要的参考价值。同时,基因检测方法(包括核酸试剂盒)的验证离不开核酸标准物质的使用和评价。以下就核酸计量标准可应用在癌症疾病和用药的基因检测方面进行简介。

1. 基因治疗中应用

针对 HER2 基因过度表达的治疗,在 HER2 基因疗法中,由于检测数据不准确可导致约 20% 的诊断假阳性/假阴性,诊断为假阴性的患者则可能因为得不到合适的治疗病情加重甚至死亡,因此提高 HER2 基因检测数据的准确性非常重要。美国国家标准与技术研究院为此开发出了用于 HER2 基因扩增检测的 HER2 基因组 DNA 标准物质(SRM 2373),美国国家癌症研究所对 SRM 2373 在提高 HER2 基因复制数量测量准确性方面的作用进行了评估,证明标准物质能够作为一种质量保障工具,增强 HER2 检测准确在临床上应用的信心。

2. 试剂盒评价中应用

在癌症治疗和方法研究中,会用到基因检测试剂盒。为确保核酸试剂盒的质量,来保证检测数据的质量,可使用基因突变标准物质对相关基因检测的核酸试剂盒进行评价。

核酸检测在肿瘤个体化诊疗、基因表达分析、无创产前检查等方面已得到应用。基因检测标准化和规范化对实现肿瘤个体化用药是一项意义重大且要求高的任务。指导临床个体化治疗可通过检测肿瘤生物样本中生物标志物的基因突变、基因分型、基因表达等的程度来预测药物疗效或做出评价,因此对检测标准化和使用与检测对应的标准物质使得临床检测数据结果的可比,以最大程度地保证检测结果的准确性具有重要的意义。

举例来说,肿瘤基因突变检测试剂盒作为体外诊断医疗器械注册和备案管理,取得批准的基因突变检测试剂盒有 EGFR 基因突变检测试剂盒、KRAS 基因突变检测试剂盒、*BRAF* 基因突变检测试剂盒、*HER2* 基因拷贝数检测试剂盒等。在分子病理检测中，对 *EGFR* 基因突变的检测，会使用已批准上市的基因突变检测试剂盒。基因检测试剂盒的质量好坏对基因检测的可靠性就很重要，通过采用基因标准物质等对此类检测试剂盒进行指标验证、分析，可以评价出不同生产商的同类基因试剂盒质量差异。可选择使用 *HER2* 基因组 DNA 标准物质（GBW 09116 ~ GBW 09120）评价 *HER2* 基因拷贝数检测试剂盒。

3. 癌症治疗中方法验证

对于细胞肿瘤治疗方法与药物的使用，方法的验证离不开核酸标准物质的使用。核酸标准物质对于临床检验和药物治疗研究也有积极的意义（Cuello-Nuñez et al., 2017）。例如，在癌症化疗中，铂药物进入人体后，铂与 DNA 单链或双链发生交联，抑制癌细胞的 DNA 复制过程，使之发生细胞凋亡。由于该药物相对较低的反应性，需要提高方法的检出限保证对 DNA 的毫克水平的纳克级铂（Pt）量的检测准确极为重要。对所建方法进行验证评价时，选择适合的标准物质就显得非常重要。如选择小牛胸腺 DNA 标准物质来评价方法，作为质量控制应用确定检测数据的可靠性，用来进行加标回收率实验验证方法，建立可溯源到国际单位制单位的检测方法，这对临床检验和癌症临床试验也具有重要的参考价值。

核酸标准物质还可用于基因筛查和检测中使用的 PCR 方法验证和仪器的校准。例如，目前用数字聚合酶链反应（dPCR）方法可以用来监控基因突变含量变化，从大量 *EGFR* 基因野生型的核酸中检测 T790M 位点突变，能够做到及早发现其耐药性。还有采用 dPCR 技术检测孕妇胎儿游离 DNA 的基因突变的应用，对数字 PCR 检测数据的准确性提出了更高要求。这时，采用核酸标准物质验证方法，并使用经过校准的仪器，可为基因检测提供信心。

对 *EGFR* 基因突变检测、ALK 融合基因检测、*ROS1* 融合基因检测、*BRAF* 基因突变检测、*KRAS* 基因突变检测、*NTRK* 融合基因检测和 PD-L1 表达检测等，核酸计量标准都将起到非常重要的质量保证作用。

七、反兴奋剂领域

反兴奋剂是防止在体育运动中使用兴奋剂，保护体育运动参加者的身心健康，维护体育竞赛的公平竞争，国家提倡健康、文明的体育运动。所指兴奋剂是指兴奋剂目录所列的禁用物质等（中华人民共和国《反兴奋剂条例》）。如蛋白同化制剂、肽类激素。

世界反兴奋剂机构会不定期发布禁用清单国际标准，提出禁用药物清单，如2020年1月1日起正式生效的2020年禁用清单国际标准（简称"禁用清单"）。胰岛素样生长因子（IGF-1）及其类似物、促黄体生成素（LH）、生长激素（GH）及其片段、干细胞生长因子（HGF）等蛋白质肽类激素兴奋剂，都是2020年反兴奋剂工作中重点检查的内容。

蛋白质计量方法和标准物质可用于对相关肽类激素的精准定量和溯源，因此可以实现肽类和蛋白质类兴奋剂检测结果的一致性、可比性和国际互认，可以减少不必要的重复检测和避免对数据可靠性质疑的发生。

近年来备受关注的基因兴奋剂具有潜在提高兴奋能力，同样被纳入到2020年禁用清单中，对使用核酸或核酸类似物兴奋剂的检测，可通过检测特异基因和序列来判断是否服用了基因兴奋剂。核酸计量方法和标准物质的应用，可实现各国和国际上在基因兴奋剂检测中数据的准确、可靠和可比。例如，澳大利亚计量院就用该国的计量法规和标准为其本国在兴奋剂检测中提供准确、可溯源的服务。

为了保证运动竞赛的公平与公正，在反兴奋剂斗争中，世界反兴奋剂机构（WADA）计划给每一位运动员建立"生物护照"。被测生物样本通常为尿、血等。运动员的尿样通常会被保存多年，使用准确可靠的可溯源的测量方法，可以对保存的样本进行准确，并确保兴奋剂中肽、蛋白质、基因等分析测量数据结果一致性和可比性。这是一个非常重要的生物计量应用领域。

八、生物产业领域

生物产业包括生物农业、生物医药、生物制造、生物服务、生物环保等方面，处于生物领域的大集群中。而食品安全、生物安全、临床检验、精准医疗、司法物证鉴定等安全、健康领域，离不开对生物制造中生物分析仪器和生物试剂（盒）的使用。生物产业与健康、安全紧密相关。

下面以生物试剂（盒）产品、生物医物产品为例，简述核酸与蛋白质生物计量标准的应用。

1. 核酸试剂盒产品

当前，核酸产业突飞猛进地发展，我国也在发展基于RNA开发各种疫苗及蛋白质类药物/药品的未来生物医药产业。

目前，基因检测产业正成为一项重要新动能力量展现在我国经济发展中。在动植物检测领域，人体健康、疾病的诊断、筛查、体检和临床分析领域，所涉及的基因检测都离不开核酸试剂盒产品。我国具有核酸检测能力的第三方检测机构数量在不断增加，带动国产核酸试剂盒产品市场占有率的提高，是市场经济发展的必然。因此，对于基因检测产品质量的监管也就显得非常重要。

核酸定性、定量检测是目前进行基因筛查常用的手段。与定量检测相比，基于试剂盒产品的最低检出限，给出阴性、阳性的定性结果的操作是核酸定性检测，用于判断有和无的结果，虽然操作简单，却也离不开依据数据来进行判断。由于不同试剂盒产品的检出限不同，灵敏度有差异，试剂盒得出的定量和定性检测结果会出现差异。使用核酸标准物质对核酸试剂盒最低检出限进行科学评价，有利于对核酸试剂盒的使用给出可靠的定性和定量结果。可参看前面在生物安全领域和癌症治疗领域的应用中对试剂盒产品的质量控制部分的介绍。

目前，我国自主研发生产的核酸提取纯化试剂盒、核酸检测试剂盒、荧光定量试剂等生物产品的研发过程和生产的质量保障中，通过国家计量方法、国家标准物质的应用，可为我国生物科技生产企业开发的核酸试剂盒产品提供具有计量溯源性支撑的质量保证。依据国家标准《核酸检测试剂盒溯源性技术规范》(GB/T 37868—2019)、《核酸检测试剂盒质量评价技术规范》(GB/T 37871—2019)等所规定的要求，采用核酸标准物质对核酸试剂盒进行评价和溯源性保障，为试剂盒生产企业和使用试剂盒的用户判定试剂盒质量提供了标准依据。例如，在进行植物DNA定量试剂盒的评价中，可采用适宜的植物基因组DNA标准物质对试剂盒的线性、重复性、特异性、检出限等进行验证。

可以看到，我国核酸计量溯源体系为我国制造的核酸试剂盒建立了产品溯源链，并提供了标准化规范，国家生物计量和标准呈现出的质量基础作用，使得核酸产业科技研发和核酸检测产品生产都有标准可依，从而有助于生产企业生产高质量的产品，为增强产品的市场竞争力给予支撑。

另外，与试剂盒配套的生物分析仪器是生物制造中的重要输出产品，用于核酸检测、蛋白质检测的分析仪器，可以通过计量校准来保证核酸、蛋白质检测中的有效性。校准部分内容可参见第七章。

2. 生物药物产品

除了在体外诊断方面的应用，核酸与蛋白质计量的另一个重要应用，是助力生物医药产业的发展。

国际计量局、各国计量院和药典委员会早在2006年BIPM/CCQM会议上都表现出在医药领域的合作意向。特别是在生物制药方面,药品的质量控制是非常重要的质量管理内容。在药品管理中规定大多数药品必须符合严格的标准和法规。其中,蛋白质类药物的占比相对较大,在质量控制中,需要对蛋白质鉴定、纯度含量和活性进行准确检测,其中纯度检测包括主要组成和杂质含量的分析,可采用核磁共振方法。使用液相色谱-质谱联用技术可以对蛋白质含量进行测定,使用圆二色光谱技术对蛋白质的结构进行测定和表征,同时需要对分析仪器进行校准。目前,用户已逐步提高了使用核酸蛋白质标准物质进行蛋白质药物的质量控制。如果能通过蛋白质计量体系提高医药产品质量,使其符合标准和法规的要求,可以提高对患者的准确诊断而减少浪费效果。

以胰岛素为例,胰岛素药物是治疗控制高血糖的重要手段,糖尿病患者依赖胰岛素药物进行治疗,因此胰岛素药物质量的保证是对患者负责,其纯度、含量分析是质量控制的重要指标。根据来源和结构不同胰岛素分为动物胰岛素、人胰岛素、胰岛素类似物。在药物生产中,如果要满足来自动物胰岛素药物质量检验中数据的准确和溯源要求,就要选择满足动物胰岛素如胰岛素(猪)成分含量国家标准物质。当需要对人胰岛素进行质量控制,优先选择使用人胰岛素标准物质,如果市场还没有国家有证标准物质时,则要根据需求研制与分类相匹配的胰岛素标准物质。采用具有溯源性的计量方法进行赋值,可以满足溯源到国际单位制单位。目前我国已有了 GBW 09816 胰岛素(猪)成分标准物质、GBW09292 胰岛素(人)纯度标准物质,可用于胰岛素药物生产中产品的质量控制,同时保障数据结果可溯源到国际单位制单位。在我国,蛋白质计量标准逐步用于重组蛋白药物产品的质量检验与控制上,而早在 2008 年中国计量科学研究院与中国食品药品检定研究院合作研制的胰岛素(猪)标准物质,用于验证胰岛素(猪)药物国家参考品量值的准确性,对保证我国胰岛素药品质量提供支持,具有重要意义。

胰岛素药品质量与糖尿患者用药安全紧密相关。世界卫生组织和英国国家生物制品检定所(NIBSC)研制了可溯源的胰岛素标准物质,世界卫生组织也开始考虑对具有溯源性的人生长激素标准物质的应用。在欧盟,通过建立的同位素稀释质谱法这一精准测量方法,对使用的药典中蛋白类药物的标准品的量值进行核验,从核验的结果来看,药典的标准品赋值使用的方法与采用同位素稀释质谱方法得到的结果有较大的差异。如果质量和安全提升采用蛋白质计量方法的应用来统一不同地区药典标准品的量值,有助于全球范围内用药的安全。

在疫苗研发过程中,对核酸含量进行测定,以评价疫苗的原料质量和真实效果。如在 2022 年,美国药典(USP)和我国国家食品药品监督管理局药品审评中心相继对信使核糖核酸（mRNA）疫苗研发质量有了指导原则，美国药典发布的"mRNA 疫苗质量分析方法"的指南草案中提出了对 mRNA 原料药的 RNA 含量指标的评估方法中建议采用 dPCR、dPCR 等方法，我国国家食品药品监督管理局药品审评中心发布的《体外基因修饰系统药学研究与评价技术指导原则（试行）》中，在质量研究建议上，mRNA 类的质量标准涉及到含量、mRNA 完整性、双链 RNA 残留等项目。因此，数字 PCR 计量方法可直接用于疫苗开发过程中对病毒核酸拷贝数浓度含量的绝对定量，准确评价疫苗研发中核酸测量结果，通过核酸计量基标准体系，将可实现不同实验室的数据准确、质量控制和平行比对，减少重复试验，为疫苗生产过程的质量控制提供一定的生物计量应用的保障。

九、生物资源和生物样本（库）

实现高质量生物分析测量有几个基本条件：一是需要确保生物样本质量真实性，二是需要确保生物试剂（盒）产品和/或分析仪器可靠性，三是需要确保生物分析测量结果有效性。因此，从生物样本采集，进行样品制备开始到分析测量结束，生物样本是首先需要采取质量控制措施的。生物样本质量是生物分析测量的前提。生物资源是与人类紧密联系的动物、植物、微生物等及其所组成的生物群落，生物样本资源离不开生物资源。

1. 需求分析

生物的结构层次由小到大依次是细胞、组织、器官、系统，都会是生物分析测量的对象。需要通过对生物的样本检测得到数据，而要拿到的生物样本应能达到预期目的的质量。生物样本的质量高低对生命科学研究、生物标准物质研制、临床研究和诊疗等都有重要的影响。

随着生命科学的发展，人类遗传资源是重要的生物资源，其安全问题更加得到关注和重视。2019 年，我国发布了《中华人民共和国人类遗传资源管理条例》，在条例中将人类遗传资源分为人类遗传资源材料和人类遗传资源信息。人类遗传资源材料是指含有人体基因组、基因等遗传物质的器官、组织、细胞等遗传材料，是生物分析测量的对象；人类遗传资源信息是指利用人类遗传资源材料所产生的数据等信息资料，这也是对生物样本进行分析测量具有生物特性值的非常重要的数据信息。2020 年我国国家药品监督管理局组织制定发布的《真实世界数据用于医疗器械临床评价技术指导原则（试行）》中指出，可从代表性、完整性、准确性、真实性、一致性以及可重复性方面进行考虑，对真实世界数据质量进行评价。从试验数据到真实世界数据的使用，都离不开准确性和一致性的要求。

目前，国际标准和国家标准都在逐步提高对生物样本的规范化和安全性活动。依据2018年发布的国际标准ISO 20387，我国等同采纳为国家标准的《生物样本库质量和能力通用要求》（GB/T 37864—2019），使具备生物样本库的相关机构有了标准，生物样本库的认可也有了依据，带动生物样本库的认可在不断发展中，生物样本库的规范管理进入了新时代。生物样本理想状态下只有保持生物源性原有质量，才能在不同需求如生命科学研究、临床检验等应用中提供真实样本，得到真实的科学数据发挥应用价值。因此，对生物样本质量的重视已进入了重要时期。

目前，作为质量基础的生物计量及其标准在生物样本中的作用逐步呈现。对生物样本质量的保证，通过对生物样本质量分析、评价来进行。而评价符合预期目的要求的生物样本的质量，离不开质量控制手段、生物计量标准的使用。

要保证生物样本的质量，与生物计量应用相关的质量控制管理，需要从生物样本需求分析后，涉及从采集开始到生物样本库的全过程质量控制和生物样本库质量控制管理，如采取实验室间质量评价（简称室间质评）措施。选择合适的生物标准物质进行质量控制评价（图8-8）。通过生物样本质量控制评价和人员培训，来保证生物样本的质量和提高专业人员能力。下面就生物样本质量控制进行分析。

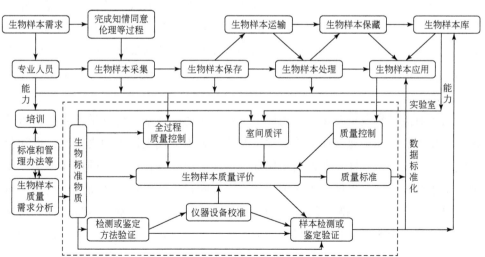

图8-8　生物样本质量控制模式

2. 生物样本的质量控制

生物样本从采集到进入生物样本库，全过程质量控制中除了在具备了人员专业能力、设施环境管理、保藏条件能力的前提条件外，主要应具备样本真实性验证的方法、质量控制的标准和重要分析仪器设备的校准管理措施。它们能够满足生物样本的质量检验和数据可靠、生物样本制备检验方法的验证和确认等，这些都是生物样本质量保证的重要控制管理环节。最终目的是要保证在不同领域使用有质量保证的生物样本时，生物样本数据标准化应用（图8-8）。结合生物分析测量数据准确、可比和可溯源的结果，有利于生命科学研究、精准医学和生物产业的发展。

（1）生物样本质量评价

生物样本库的作用就是保证生物样本的真实性、代表性、完整性、可靠性。生物样本包括器官、组织、细胞、血液（血浆、血清）、胆汁、唾液、尿液、粪便等样本，加上生物样本采集处理后有核酸样本、蛋白质样本、细胞样本等，其质量是否有变化、是否满足目标物的研究，都离不开检测手段来进行评价。核酸标准物质、蛋白质标准物质已开始并将在生物样本的质量控制、检测方法的确认和验证、生物样本库室间质评等方面得到应用。

以生物血液样本质量控制为例。血浆和血清样品是临床信息的重要来源。目前，对生物血液样本的采集、保藏、运输等有共识的标准操作流程措施，如采集生物血液样本后，尽量避免将血样样本暴露于室温，采取减少离体后全血样样本放置时间、减少血液的非冷冻保存期、保持存储温度恒定、长期存储应具备$-80℃$以下或液氮环境冷冻、避免反复冻融血样等。人体血液样本的分子指标和生物标志物等被广泛用于非侵入性疾病诊断、早期筛查、预后监控、健康体检等医学领域。

由于血液是易发生变化的生物样本，在应用血液样本进行科学研究或临床其他方面使用前，如果血液样本质量发生变化，就不能代表样本的真实性，也就会影响使用目的。血液样本在采集、保存、运输、保藏等各过程中的操作不当，血液样本中的成分就有可能发生显著变化，会影响样本的质量，从而会影响科学研究结果或疾病诊断的判断。因此，为保证血液样本质量，特别是尽量做到生物样本质量稳定不影响进行临床疾病诊断前的生物分析测量的使用，保证生物数据的准确可靠，就需要对生物样本的采集、保存、运输、保藏等全过程进行质量控制。Liang等（2016）从血液质控标志物的研究，寻求建立了一种血清多肽分析方法评估血液样本保存质量的参数标准，用作生物样品质量控制，用于考察包括常见肿瘤、心脑血管疾病、糖尿病等常见疾病患者血浆样品中多肽标志物的水平，评估血液样本质量是否产生影响临床应用的变化。这种从研究生物标志物的分析方法来有效识别血液样本的变化情况，是一种用于生物血液样本质量变化的质量控制手段的探索和尝试，通过生物标志性的多肽水平发生的显著性变化情况，来跟踪血清样本的质量。这个分析测量多肽变化的过程中可选用合适的多肽蛋白质标准物质，标准量值用于准确分析测量多肽含量水平的变化，此时多肽蛋白质标准物质可作为评价生物样本质量的测量标准。

(2) 生物样本库室间质量评价

生物样本库室间质评是对具备生物样本库保藏能力的实验室进行的生物样本质量水平测试的比对过程。室间质评的数据结果提供了生物样本库质量和样本保藏质量的客观证据，可通过生物标准物质进行生物样本库间实验室对生物样本的评价，作为判定生物样本库实验室所提供的生物样本质量水平的能力，以及监控生物样本库所具有的对生物样本质量管理的持续能力。

室间质评用生物标准物质是对生物样本库质量保证的外部监管工具，此项比对操作过程可以帮助生物样本库不断提高生物样本质量，识别生物样本库在质量管理中存在的问题，及时纠正问题。做好这项工作还需要加强对人员的生物计量和标准培训来提升人员专业能力。

目前，虽然在生物样本质量控制、生物样本库室间质评到生物样本质量评价还处于起步阶段，且生物标准物质的应用才刚刚开始，但是生物样本的质量控制过程中的质量变化评估、生物样本库的室间质评等方面都需要生物标准物质的使用，生物计量应用也将亟待解决生物样本的生物特性检测和鉴定验证的高质量需求。

综上，本章对生物计量应用概念和范围、生物标准物质选用管理、应用领域以及核酸与蛋白质生物计量应用案例给予了阐述。在食品安全、生物安全、物证鉴定、体外诊断、临床检验、癌症治疗、生物产业（如生物试剂盒产品、生物医药）、生物资源（如生物样本/库）等领域应用进行分析。体现了生物计量应用是使生物分析测量数据结果单位统一、数据量值准确可靠和可溯源为目的。

我国自建立核酸和蛋白质生物计量溯源传递体系，以国家计量（基准）方法和基标准物质为量值载体的溯源链，进行了在国家重要应用领域对核酸与蛋白质生物计量需求的应用，在一定程度上促进了食品安全检验、临床检验、体外诊断、生物产业产品等质量的提高。为不同实验室检测结果的准确与互认提供了支撑，保证贸易公平，避免重复检验带来的经济损失。核酸与蛋白质生物计量应用也为我国生物计量新学科建立奠定了基础。与此同时，还有很多问题需要解决，暂时还不能满足应用领域的大量需求。生物计量作为一个技术性强的计量新学科，对生物大分子特性计量溯源性的建立及应用，有很长的路要走，而且溯源性的应用离不开国际组织达成的协调一致，才能推动生物分析测量数据结果都能真正实现到国际单位制单位的溯源。期望做到从生物样本到生物分析测量全过程的有效性保障，建全生物计量溯源传递体系，确保在生命健康、生存安全和生物产业等领域的广泛应用。

第九章

生物计量发展展望

1999年国际计量大会提出生物领域计量、确定其后每年的5月20日是"世界计量日"。2021年,第21个世界计量日的主题被定为"测量守护健康",第一次直接将测量与健康联系在一起,这也标志着测量与生命的关系已经成为全人类更加关注的主题。

精准测量生物物质是守护健康和支撑社会发展的关键,是提升生命质量和产业高质量发展的基础。生物计量是精准测量生物物质特性,保证生物数据结果准确、可靠的测量科学及应用,与守护健康、确保安全、提升质量紧密联系,它关乎着人类的生存、健康与安全。

我国生物计量研究发展历经十余年所取得的成绩,已经为生物计量学发展奠定了基础。但是,也需要看到我国生物计量发展中的不足之处,包括自主创新能力还需要持续加强、基础研究力度不够、人才缺失严重等,从长远来看,解决这些问题都是非常重要的。

生物计量学科的可持续发展需要战略规划和精准布局,坚持基础研究和自我创新,不断提高生物计量基础水平和实力;加强守正创新和技术储备,服务国家战略和应对社会需求。只有使我国一直走在国际计量发展前沿,在世界舞台上拥有主导的话语权,才能深度参与全球生物计量发展,贡献我们的智慧;力求使生物计量紧密与生存健康、安全及质量相连接,逐渐形成为经济社会全域型应用的态势。使生物计量成为支撑我国粮食安全、健康中国、国家安全、生物产业等战略的实施与新时代下高质量发展、提升国家创新体系整体效能的中坚力量。相信在未来我国的生物计量必将能够为推动构建人类命运共同体做出更大贡献!

第一节 引 言

生命在地球上繁衍生长几十亿年,大自然供应着生命的一切需求,不同生物生命体相互交织关联,相依共存。21世纪生物技术革命性的进步,推动了生命科学和生物产业的快速发展。而生物物质的测量能力带来对生命健康与安全的影响也日益增大。

自1999年国际计量大会提出生物领域计量需求之后，2002年国际计量局物质的量咨询委员会成立生物分析工作组。2003年我国开始了生物测量第一个国际比对研究，直至2020年，中国计量科学研究院牵头的核酸与蛋白质生物计量研究成果获得国务院颁发的国家科技进步奖，我国生物计量事业的阶段性成果得到了国家的肯定。十余载光阴，我国的生物计量从无到有，从有到追求更加精准，如今在更多领域发挥应用价值。这些阶段性进步，已经为生物计量在我国未来的发展奠定了扎实的基础。2017年1月22日，在北京召开的中国计量测试学会科学技术成果鉴定会议上，王志新院士、方荣祥院士等专家一致认为"生物计量是21世纪最为活跃、影响最为深远的计量新学科"。

近几年来，特别是新型冠状病毒感染疫情突然暴发引起的世界性疫情，对人类健康与安全敲响了警钟。世界各国的关注点都集中在了人类健康与安全上，对生物分析产品巨大而多样的需求推动生物产业链以空前速度蓬勃发展，随之也出现了发达国家以生物技术搭建壁垒的趋向。面对这种情况，我国继续加大研发投入，以促进本国生物技术和生物产业的快速高质量发展势在必行。新形势下生物技术和生物产业已经是国际社会发展争相抢占的重要战略阵地，生物计量的支撑和保障作用将更为重要，面临的技术挑战也将更多、更艰巨。以国家需求为导向，生物计量研究快速发展和应对众多应用需求带来的社会影响力，不但使专家们的预言变成现实，而且将更为深远。

我们的经历已经证明，生物计量发展必须要有前瞻性，提早进行战略布局，提前进入世界第一梯队。发展一流水平的顶层生物计量技术，建立生物计量溯源传递体系，做好为生物领域服务的准备。在面对突发的健康和安全事件时可以尽快、尽早做出应对。多年来，我国在这方面的研究储备也一直是未雨绸缪，积谷防饥，做到了有备无患。2003年，应对国际贸易和粮食安全的需要，布局建立转基因检测的量值溯源传递体系，2008年针对生物安全的需要，布局建立核酸与蛋白质量值溯源传递体系，实现了在农业、环境、医药、公共卫生等领域的生物计量应用。2012年以来，在医疗体外诊断领域建立了生物标志物测量方法和溯源链，2015年加强了对生物基因组序列计量标准研究，开发了人源和微生物源基因组序列标准物质。十多年的奋力发展，实现了我国现阶段核酸与蛋白质生物计量研究和含量基标准体系的建立，并且在生命健康、生物安全、生物产业等相关领域都有了一定的应用，助力生物领域发展。而生物计量技术的储备，为2019新型冠状病毒感染疫情暴发后及时研发新型冠状病毒核酸与蛋白质标准物质起到了重要作用。如今，生存安全、生命健康需求使社会各界对核酸、蛋白质检测这些词不再陌生，也使人们逐渐了解、认识到核酸与蛋白质生物计量的应用价值。

十余年前生物计量起步之初，凭着科研人员对计量新学科的前瞻和使命，对未来十余年的生物计量发展作出了系统工作规划，包括构建生物计量体系、不断完善生物计量树，为使其能像一棵树一样稳固地向下扎根，向上生长。那些刻苦攻关、边学边干、努力奋斗的场景至今还历历在目。如今，经过多年的实践和应用已经印证，这些为生物计量事业未来的发展脉络打下的根基是正确的，也是重要的。截至 2020 年，阶段性目标已经完成，我国的生物计量发展从参加国际比对到独立主导国际比对，已经在创新的道路上起步前行并步入国际第一梯队。

随着生物计量对生存安全、生命健康及生物产业的影响日益深远，未来还有更多生物特性精准测量的生物计量溯源传递体系新标准等待建立。现阶段更需要我们认清发展的形势及状态，具有战略思考、提早战略布局，继续做好生物计量发展路径的延伸规划，为我国在世界生物计量领域拥有独立话语权做出更多的储备，铺筑自主实力更远更宽广的道路。

第二节　形势与战略思考

纵观我国生物计量的发展，过去十余年的成绩积累是奠基，未来更需要在已有的基础上创新、传承使之持久。十余年的积累，无论是面对生物技术及其产业发展，以及健康中国、国家安全对于生物计量需求，还是应对国际环境的技术壁垒挑战，国内生物计量的发展已经有了长足的进步和国际影响力。

但是，生物技术发展带动生物分析测量的进步，使生物计量发展所面临的现实问题包括但不限于：生物科技创新精度显著加强，进入精准调控阶段，也带来了生命伦理评估的挑战；我国的生物企业大量出现并快速成长，生物产业或多或少地存在着迫切需要解决生物产品质量保证和与国际标准或指令对溯源性要求接轨的问题。这些都涉及需要解决影响生物分析测量中出现多种不可重复、是否准确可靠的问题。要解决这些问题就要依赖生物计量溯源性和计量标准的支撑，急需解决的问题已经涌向当代生物计量科研人员，缩短解决问题的时间和找到解决问题的方法都需要科研人员以更多的使命感来承担这一切。毋庸置疑，生物计量研究和发展必将进入新的生物特性、多元化计量的创新阶段。面对新阶段，科研人员不仅需要得到科研环境的保障，而且还应该在实践过程中培养多维度全局思考的能力,在生物计量研究中勇于自主创新和突破,才能将生物计量研究做细、做深、做实以解决诸多需求问题。

在生物计量研究方向上。我国生物计量在起步阶段就把基础研究作为重点,需要从无到有的创新。经历了从核酸与蛋白质生物计量溯源性和基标准研究,到解决生物特性量溯源性并逐步建立计量溯源传递体系。尽管生物计量体系有了雏形,生物计量研究初具规模,但是现有的基础研究依然薄弱,还有大量的序列、形态、结构、活性等生物特性的计量未知空间需要探索和创新研究。必须要清醒地意识到生物计量基础研究的重要性。

在人才培养和储备方面。我国生物计量的专业人才缺口还很大。虽然在过去的十余年间国家计量院不断培养生物计量人才,已辐射到北京、上海、江苏、广东、湖南、湖北、四川、福建、哈尔滨、陕西、河南、浙江、山东、广州、南京、苏州等省、市计量院,且年轻一代的生物计量人在逐步快速成长,肩负着使命,但是截至目前,全国各省市计量机构从事生物计量研究的专业人才不足80人,人员数量还是太少,相比于国家以指数级快速发展的生物领域实际需求还相差甚远。人才队伍建设,必须有持续、稳定、高水平的人才培养和储备计划,以及前辈带后辈的传承计划。营造良好的科研环境培植,才能应对已经到来的国际、国内生物领域行业的巨大需求,应对新一轮的国际竞争,才不会因科研人员的短缺而造成生物计量事业可持续发展的动力不足。

与国际形势相比,我国的生物计量战略布局和落实还相对缓慢,支持力度不足。以标准生物大数据发展为例。2016年中国计量科学研究院牵头成立,与中国计量测试学会和中国遗传学会共同发起"中华基因组精标准计划"(GSCG),以自主建立本国生物体核酸、蛋白质、细胞和微生物等生物大数据测量的计量标准为己任,建立我国自己的生物标准。由于技术、物力、人力的局限,历时6年时间,该计划基因组序列标准和计量创新技术还处于起步发展与创新并存阶段,在2022年发布了第一批人源基因组、转录组国家有证标准物质。在研究起步和发展速度上都晚于美国国家标准与技术研究院(NIST)成立的瓶中联盟(GIAB),该联盟成立于2012年,2015年以来已发布了多项人源基因组标准物质,并被各国采用。因此,我国在生物计量发展上,一方面须要加快研究步伐,健全生物计量溯源传递体系,另一方面,须要创新加快研究落实生物体的新生物特性计量溯源性及生物标准物质研究,推动我国生物标称特性计量标准的建立。健全生物计量体系,必须抓紧突破计量属性研究的瓶颈问题,与国际接轨的同时,使生物计量研究不断向自主创新方向发展。

必须承认,我们对于生物计量科技创新的认知还非常匮乏。科技创新一直为国家所重视。而提早战略布局，则是生物计量可持续良好发展的基础，更是生物计量创新发展的源泉。从长期研究探索和经验中认为，生物计量的创新发展首先要解放思想，把好生物计量科学技术创新、生物计量应用创新两个方面关。即对生物物质（含生物体）计量和生物特性变量的计量学探索研究不断创新，对生物计量应用，结合食品安全计量、生物安全计量、生物产业计量、医学生物计量等领域计量研究不断创新。创新发展的目标是力求为国家的和谐生态环境、人类健康安全、生物经济的繁荣发展需求上做出更多的生物计量科学贡献。

我们正处在对生物计量需求蓬勃发展的时代，我国生物计量的发展战略布局不仅要紧跟新时代步伐，为应对当今世界正在经历百年未有之大变局，强大自身质量基础做好重要储备。更要有前瞻性、持续的动力和明确的方向，迎接生物计量的创新研究、科技成果共享应用的快速发展新阶段。要使生物计量创新研究在推动生命质量、构建人类命运共同体的多领域中，更好地发挥生物计量应用的更大作用，助力我国新时代生物科技和生物经济引领的更快发展。

第三节　发展战略布局

在过去的十多年时间里，我国的生物计量发展能取得一定的成绩，达到比肩国际水平，是在党和国家的大力支持下才得以实现的。生物计量及相关内容已经被纳入国家"十一五""十三五"生物产业发展规划，以及"十二五""十三五"期间发布的国家计量发展规划中。这些都说明我国对加快生物计量基础性及应用性研究的重视。

当前，测量与生存、健康是全世界生物计量领域关注的主题，测量精准度与精准农业、精准医学、精准监控生态安全等息息相关。现代健康与安全的精准测量及其深入百姓生活，影响百姓生活质量，对计量溯源性和计量标准（标准物质）的需求给生物计量提出了新任务。防疫检测、基因治疗、基因诊断、基因工程和克隆、生物催化技术、组织工程、功能/结构基因和蛋白质、计算生物学和深度学习等生物科技与信息科技运用，不断产生生物新数据和大数据，甚至是智能数据在形态、功能与结构预测的突破，已经进入实验室和实际应用中，对人们的日常生活和国家利益都有积极的影响。这些真实数据、科学数据、有效数据的获得，都需要依靠测量来实现，更需要统一生物测量科学语言，这就是生物计量。生物计量建立统一测量标准，需要对所有生物测量数据的单位统一和量值溯源负责。这有相当的难度，因此，过去的十余年和未来到2035年，对于生物计量战略规划的设计，须以国家战略为准绳，以人民健康和国家安全为己任，有的放矢地设计好生物特性计量新攻关重点，巩固基础，将生物计量发展在不断的创新积累中逐步推进。

一、以国家战略为准绳

面对世界生物技术发展大势，生物技术的国际竞争已经日益激烈。我国在2006年《中共中央、国务院关于实施科技规划纲要增强自主创新能力的决定》中就提出要"加强基础研究和前沿技术研究"，生物技术被列为前沿技术首位。生物计量发展战略布局则以国家战略为准绳，结合国家规划纲要等决定，强化生物计量自主创新和基础研究，助力生物技术应用领域及生物制造产业的发展，支撑国民经济、人民健康和国家安全。

1. 奠定生物计量基础战略

生物计量发展初期阶段，恰逢我国的《国家中长期科学和技术发展规划纲要（2006—2020年）》发布。在该纲要中明确提出"研究制定高精确度和高稳定性的计量基标准和标准物质体系……"，在基础研究方面：科学前沿问题中"生命过程的定量研究和系统整合"、面向国家重大战略需求的基础研究中"人类健康与疾病的生物学基础"、重大科学研究计划中"蛋白质研究"等均列为首位。体现出国家对于计量学、生物学、生命科学的重视和支持力度，以及它们在建设小康社会和国民经济中的作用。

正是因为国家对计量学和生物学的高度重视，随着我国生物计量十多年的发展，生物计量的研究已融入到国民经济和健康的重要领域，如在食品安全、生物安全、体外诊断、生物医药、生物农业、生物制造等领域中，这也是国家战略性新兴生物产业和生物经济发展的迫切需求。2013年，生物计量基础研究和生物标准物质研制等内容均已纳入国家《计量发展规划（2013—2020年）》，体现了加强我国的生物计量事业发展的重要性，奠定生物计量基础。同年，国家"十三五"《生物产业发展规划》的创新基础平台中提出"夯实生物计量和质量控制标准创新基础"。

生物计量作为计量领域的一个新学科，是一项潜力巨大和前景广阔，值得也必须长期发展的事业。想要更快更好奠定生物计量基础，一要做到遵循以计量科学研究的基础性、独立性和创新性为重点，以维护我国科学技术的主权地位。努力在计量溯源性和计量方法原始创新基础上取得新突破，推动生物计量关键核心技术自主可控。二要以国家战略需求为导向，夯实生物计量和质量控制标准创新基础、扩大生物计量和质量控制标准范围，紧密围绕粮食安全、食品安全、生物安全、生物产业和国家高质量发展需要，提供全溯源链、全产业链的支撑，在生命健康、生态安全及产业生态方面的发展中发挥重要作用。

2. 远景目标战略

进入"十四五"时期的新阶段，国家在2021年发布的《中华人民共和国国民经济和社会发展第十四个五年规划和2035年远景目标纲要》（以下简称"2035远景目标"）中，生物技术再一次被纳入国家战略性新兴产业。这将进一步推动生物技术和信息技术融合创新，加快发展生物医药、生物育种、生物材料、生物能源等产业，做大做强生物经济。同时在这一纲要中，基因技术也被纳入前沿科技和产业变革领域，是发展壮大战略性新兴产业规划目标之一。同年，国务院印发的《计量发展规划（2021—2035年）》再一次对我国计量中长期发展给出了科学的顶层设计，其中，加强计量基础和前沿技术研究，强调了生物技术领域精密测量技术研究，提出了生物大分子、核酸、微生物检测等标准物质能力提升工程。

生物计量与备受重视的提高人民生活品质和国家安全密切相关。远景目标将依然是对健康和安全的关注，并以现代化产业体系的强国理念，推动生物产业的快速发展，这将使生物计量提供的关键测量标准能够更好地为健康和安全的监测、生物产业质量评估提升服务，为国家生产出高质量的生物制造产品，满足国家在健康、安全和社会生态保护领域生物分析测量有效性的需要。

生物计量研究人员要有为实现"2035远景目标"和中国共产党第二十次全国代表大会报告提出的2035总体目标继续发力的决心，将生物计量自主创新研究和应用长期坚持下去。生物计量创新不但带动生物科技进步，并且是助力健康发展的动力之一；在国家的和谐生态环境和国家安全中也具有重要作用。因此，促进生物计量的长期发展壮大，要以基础研究为首，应用研究为营，创新建立健全生物计量基础研究和应用研究路径，持续提升生物物质计量，发展生物体计量，强化生物标称特性计量研究，实现生物计量全面发展的远景目标。

二、实施中的战略计划

尽管历经近20年发展，我国生物计量取得了一定的成绩，但是面对快速增长的健康、安全、质量保障对准确可靠生物数据（包括大数据）的大量需求和面临的问题瓶颈,存在着包括生物测量对象多、特性量多元、数据量大,生物计量标准的数量和种类不足及缺乏溯源性,生物计量技术体系不健全等诸多难题,远远不能满足实际需求,生物计量体系完善还面临很多新挑战。

要解决这些难题,需要持续攻克技术瓶颈,开拓生物计量技术和标准创新性研究,建立生物体和生物物质的计量新技术和溯源性,建立生物学与信息学结合的生物计量标准;需要加强应用研究策略,建立要加强与生命健康、生态安全紧密相关的生物分析测量用标准数据集(如基因序列标准数据集)、生物标准物质实物库建设;需要加强生物计量标准体系建设与共享,特别是对生命健康、生存安全等重要领域的应用,提高与生存相关粮食安全、健康相关体外诊断、安全相关防疫检测等的生物分析测量有效性,使生物计量战略计划不断发挥承上启下的作用。下面介绍几个已经启动的生物计量发展计划。

1. 生物组测量标准发展计划

生物组学的发展带动了生命科学及应用的发展与探索,也成为了生物计量研究攻关方向。生物组学领域的测量需要标准支撑,对其测量科学研究和测量标准建设,是生物计量发展计划之一。2016年12月1日,GSCG(Gold Standard of China Genome)计划启动。GSCG中第一个字母G代表的是"金",意味着最好、最高,S代表"标准",C代表"中国",第4个字母G代表的是"基因组",该计划的整体思路就是研究并建立以基因组为代表的生物组学领域精准测量标准和标准数据(集)及相关标准文件,因此特意用精代替金将GSCG计划取名为"中华基因组精标准"(简称中精标)计划。

该计划紧密围绕生物组学,从基因组标准物质研制起步,进一步发展转录组、代谢组、蛋白质组、微生物组、细胞组等测量标准,在本书中将它们统称为生物组测量标准,包括生物表型组测量标准。GSCG计划是由中国计量科学研究院牵头与中国计量测试学会、中国遗传学会共同发起,并联合大专院校及我国生物产业企业单位共同参与,以立足我国国情发展国家生物计量标准为准绳,以统一标准为己任,建立国家的生物组测量标准(物质),并加快计量和标准两方面的国际化步伐。

2016年,中国计量科学研究院和复旦大学牵头研制人源基因组标准物质,并在同年完成了该标准物质的制备。作者为其起了"中华家系1号"这个名字。2018年基因组标准物质完成专家鉴定,已应用于生命科学研究机构、临床检验实验室、生物企业、医疗机构等领域,被认为是"生命质量标准"(王晶等,2018)。2022年"中华家系1号"系列基因组、转录组标准物质获批为国家有证标准物质。

2. 生物计量和标准化融合发展计划

从生物计量和标准化融合发展，立足生命科学和生物产业集群的生物计量应用。2017 年 11 月 10 日，首个"生命科学计量-标准创新支撑平台"启动，该平台坐落于北京中关村生命科学园，是中国计量科学研究院与北京中关村生命科学园共建的平台。"生命科学计量-标准创新支撑平台"以生命科学及生物产业为对象，以生物计量为基础，生物标准为载体融合发展的一个创新质量基础体系，支撑生命科学产业集群的高质量发展。通过国家标准物质、检定校准、计量认证、质量评价、研制标准、知识培训等生物计量与标准资源共享应用。加强生物计量应用，为生命科学及生物企业提供生物计量和标准化一体的创新平台支撑。这一新的应用模式示范，期望带动生物计量在生命科学领域发展，也将生物计量与标准化相结合助力生命科学研究和产业发展。

2018 年，复旦大学联合中国计量科学研究院等单位成立了中国人类表型组研究协作组标准与技术规范工作组。对于已经到来的人类表型组的发展推动，则需要建立与生命物质分析测量紧密相关的生物表型（组）的精准测量和标准化体系，融合生物计量与标准化支撑，将带动生物分析测量表型组数据的准确表达，得出有标准数据助力的生物健康数据库，提高生命质量。2023 年，全国生物表型标准化工作组（SWG34）成立，对中国生物表型（组）研究和应用提供重要的标准支撑。

在发展战略规划上，计量大事必做于细。我国的生物计量工作自 2003 年起步，2005 年规划，生物计量研究规划的实施整整经历了三个国家五年规划。生物计量从零起步，从无到有，从有到更加精准，创建了核酸与蛋白质生物计量基标准体系，在服务于国家和百姓的粮食/食品安全、临床检验/体外诊断、生物安全、物证鉴定和生物医药等方面，取得了一些成绩。但生物计量自主创新研究、战略规划落实，依然任重而道远。

三、超前预估未来的需求

在 21 世纪生物科技呈现出蓬勃发展态势的同时，生物技术和生物制造也不断推陈出新，对生物计量和标准的巨大需求也更加凸显。而面对无法预知的生物性风险因素对人类健康、国家安全的威胁，将是对我们生物计量工作提出的极大挑战。因此，生物计量的研究在加强基础研究的同时，还要具有应对需求的超前性，必须洞察新形势下的国家需求和国际风险，有与应对各种未知风险挑战，预估需求和超前研发计量技术的能力。要适应科学技术的迅猛发展，适应社会可持续发展的需要，满足国家高质量发展监督管理的需要。

生物安全是国家总体安全的重要组成部分，关乎人民生命健康和国家长治久安。我国生物安全领域的生物计量基础研究早在 2008 年就开始布局，并得到了国家科技支撑计划"生物安全量值溯源传递关键技术研究"项目的大力支持。十多年来，生物计量研究在国家支持下发展，接下来不仅要持续解决与微生物领域和生物资源领域分析测量问题，生物计量的基础研究依然是重点。将生物特性计量与生物体计量相结合研究，突破解决生物计量溯源性还不能满足所有生物特性测量现状而急需解决还未解决的生物分析测量不准不可比的问题，亟待提前储备生物计量新技术能力。

目前生物技术发展带来新的测量挑战，在农业、医学等领域，生物技术已逐步进入精准应用引发精准测量的时代。被喻为"上帝的手术刀"的基因编辑技术，被用来以精准"修剪、切断、替换或添加"DNA 序列来改造生物。在这些领域对于生物计量研究未来发展，将会侧重研究如单细胞分析的多物质多特性计量、特异性修饰的基因编辑涉及的计量研究，以适应基因编辑植物、动物、微生物等对精准测量标准之需。生物技术也带来了生物表型（组）的精准测量发展。这都对生物计量及标准的创新研究提出了挑战。创新研究中不仅涉及核酸计量、蛋白质计量研究，还需要细胞计量、微生物计量、生物活性计量，虽然这些已在过去的 20 年时间得以布局、建立、发展，但从长远发展角度，还需要持续发力，将生物物质、生物特性和生物体测量科学再次进行整体规划，并明确溯源性研究是生物计量发展的基本前提。

总体上生物计量科学研究的挑战主要反映在单位定义的统一、生物特性和计量标准多样性、互换性、溯源性和不确定度评定等方面。如在生物全基因组序列测量方法研究中，其不确定度评定不能完全照搬传统的评估方法评定测量不确定度，又如面对生物标称特性测量不同定义单位特殊性，对如何统一单位、建立新的溯源途径，是当前需要面对的现实问题。这就对生物计量研究人员提出了高要求。

开展生物计量科学研究，一方面，需要建立生物测量顶层标准，定义生物测量单位，研究到国际单位制（SI）单位的溯源途径，形成国家生物计量基标准体系和量值溯源传递体系；另一方面，需要生物计量应用研究设计，解决生物领域无法到国际单位制（SI）单位的测量溯源问题，建立生物计量溯源传递校准体系，合理采用 SI 单位或研究提出公认单位的统一。

基于我国生物计量建立了核酸与蛋白质生物计量基标准体系后，更需要在以上两方面传承创新，继续完善生物计量体系，创新研究突破传统计量的生物计量新局面，以此来抢占国际计量的制高点，并为国际贸易和全球共同体做出贡献。在生物计量创新研究的同时，需要有提前预估需求的判断能力，加快促进提高生物分析测量有效性的生物计量应用研究，持续满足跨地域生物数据的可比、有效，紧跟健康中国、国家安全与提高人民生活品质紧密相关的发展需求。

第四节　发展路径和展望

一、发展路径

生物计量是继物理计量、化学计量后才发展的一门计量新学科。生物计量更为复杂、动态多样，溯源难和测量不确定度大，无法直接测量等特点而有别于物理计量和化学计量。生物测量科学研究的特性量和数据越来越复杂，如计量生物物质，以健康指标为例，从测量核酸、蛋白质物质的单一指标发展为测量多指标、多参数、组学数据集等。通过对整个生物体可测的数据集来分析生物健康状况，体现了环境和遗传基因所赋予生物个体的独有生物特性量所表现的表型状态。因此建立生物计量体系对全面提升生物特性数据质量就显得非常重要。

2018 年启动生物表型标准化的初衷，是需要规范生物表型分析测量的各生物特性的准确数据获取，确保数据的可靠有效和使用。对生物表型（组）的计量也将面对精准测量、溯源性和标准统一的挑战。

生物表型的计量研究会遇到与传统计量思维相比完全不同的难度，比如当生物形态"数据"有了，序列"数据"有了，结构"数据"有了，但它们的测量单位是什么，如何统一，怎么实现溯源，不确定度如何评定，有效性确认标准等，这些问题都需要进行研究、规范和解决。需要突破对生物特性，特别是生物标称特性及生物标准数据集的计量创新。

因此，下面就生物计量发展的研究路径，提出几个方面思考。

第一，生命物质核酸、蛋白质和细胞与生物体的一体化计量发展。要从分步实施入手，优先从核酸、蛋白质计量开始，与微生物计量结合，深入细胞计量。以计量基础研究的基础带动进行一体化研究，整合生物计量分类发展。

第二，国家计量体系源于物理计量，发展了化学计量，进而发展生物计量，这些发展历程注定了生物计量与物理计量、化学计量具有相联性，因此需要进行交叉学科的融合研究。借鉴物理计量、化学计量的基础和采用国际单位制（SI）基本单位，重视并发展生物计量独有的特性计量。生物计量与物理计量、化学计量在技术上紧密相连，但又创新发展出独有的空间，如生物计量与几何量、光学、电学、力学等计量科学融合，进行生物单分子和单细胞的生物特性量精确测量科学研究。

第三，生物计量的特性有标称特性的特点，使生物活性、形态，生物物质的结构、分型、序列等生物标称特性的精准科学测量发展为生物标称特性计量。虽然基因组序列标准物质已开始研究并有了国家标准物质，但是那些未解决的计量问题还存在，还需要深入研究解决。相信生物标称特性计量将随时间推移和科技思想的进步，通过不断创新突破、探索研究而实现在生物计量中特殊单位、溯源性和不确定度评定的统一国际共识。

第四，生物计量分类的共性技术多元化发展。从生物体、生物特性、生物应用的分类上，把共性计量技术、溯源性、单位的统一等多元素融为一体的发展已经是必然。以国际化水平和国家需求为导向，生物计量研究多元素发展满足对生物计量应用的发展。生物计量应用涉及各行各业，在制药、农业、海洋生物、食品、医疗诊断、生态环境等领域的作用在未来将持续加强，这也意味着生物计量的测量对象和测量单位统一的需求也将越来越多。

目前，国际生物计量发展是以国际计量组织和各国计量院为主导，联合国际其他机构或组织共同实施计量溯源以达成共识。比如国际计量局已开始与世界卫生组织（WHO）、英国国家生物制品检定所（NIBSC）、国际临床化学和实验室医学联盟（IFCC）等合作，在生物测量单位的统一和溯源到国际单位制（SI）单位方面不断努力，提供计量溯源的可比性支撑。

未来，随着生物测量的新单位不断出现，新的溯源途径将不断建立。因此，需要拓展思路用特定生物技术和装备来创新发展先进前沿的生物测量技术、计量基标准和生物特性标准数据集，并以建立计量基标准为目标，建立更为完整的生物特性溯源链，最大程度提供生物分析测量有效性保障措施来保证数据结果及其应用的质量。

二、发展动态性

生物计量是以精准测量溯源技术和基标准为主体，实现生物特性标准量值准确，在国际比对范围内可比和互认，使测量结果可溯源到国际单位制（SI）单位或国际公认单位。国家生物计量基标准则是生物计量体系中重要的标准量值载体和生物分析测量体系溯源传递的载体，确保生物计量应用的权威性和一致性。

理想的状态是生物计量基标准与生物物质的分析测量达到完美的平衡，既标准权威又全面覆盖分析测量领域，保持全面生物特性量值一致性传递。而实际上，生物体动态变化与个体差异、生物物质及特性的复杂性和多样性，使得生物计量基标准的发展难度增大，不仅无法实现全面覆盖特性，也很难跟上快速增长的领域大量需求，导致生物计量基标准极度缺乏。以往的化学计量和物理计量方法都无法直接复现大分子核酸与蛋白质的生物特性量值，而且也无法直接溯源到国际单位制（SI）单位。生物体和生物物质动态、复杂多样的变化将理想的这一平衡打破。这就需要设想如何能实现平衡。

从生物计量研究角度来说，离不开生物计量理论创新、生物物质特性测量技术创新、量值溯源性突破创新。以核酸计量、蛋白质计量、细胞计量、微生物计量共性技术为重点，从建立生物物质特性计量基准方法到计量基标准，发展生物数据集参考标准，建全生物计量溯源传递体系，实现生物计量标准的量值载体溯源传递作用，来满足应用领域（新）需求，扩展生物计量应用目的。

全球范围内对生物计量的需求最初起源于粮食贸易的转基因检测，随着我国生物计量的发展，我国在生物计量领域研究成果为国际社会做出了不小的贡献，在国际计量舞台上的话语权和在国际贸易中主动权也都在不断增强。2003年出现了SARS流行性疾病，到2019年新型冠状病毒的传播，反映了由人类、动物、病原体和环境形成的复杂生态系统中的动态平衡被打破。新型冠状病毒的出现给社会再一次敲响了警钟，核酸、蛋白质等生物物质检测及生物活性鉴定逐渐成为预防生物风险监控的重要手段之一。疫苗研发中对靶点的准确判定的检测，以及对病毒进化过程的监测等，更体现出生物分析测量数据准确的重要性。如果说2003年的SARS疫情与第一个核酸测量国际比对研究的偶遇，当年生物计量研究起步还无法支撑病毒检测防控，那么，之后多年的核酸与蛋白质测量国际比对研究，特别是2008年我国启动生物安全核酸与蛋白质量值溯源传递关键技术研究等，建立的核酸与蛋白质生物计量基准标准体系为保证核酸与蛋白质含量检测准确可靠打下了基础，为应对2019新型冠状病毒疫情的大暴发提供核酸检测、蛋白质检测数据有效性给予支撑，我们已经有了十多年生物计量积累的研究成果。毋庸置疑，生物计量应用在多个生物领域及应对疫情突发事件方面发挥了积极的作用。但是，我们还应该注意到，生物的活性及进化、基因突变等带来的多变性，使生物计量基标准的研究和储备还远远不够，需要加快生物计量的发展速度，迅速跟上生物多样性变化和生物科技对人类生活的影响。

生物计量的根本目的是为破解生物特性溯源性密码做好根基，提高生命质量、健康水平和生态安全的计量保障作用。当生物计量为基因序列靶向测量提供各种精度的量值及计量标准时，就如同提供了"尺子"和"砝码"，为生物基因分析测量有效性提供保障。

归根结底，生物计量发展需要突破动态变化因素，更侧重于战略和研究的思考与攻关，破解生物体动态变化和生物物质复杂性难题，建立生物计量预测系统、精准测量系统，以重点带全面，实现生物计量的根本目的，使生物活性和生物物质共性特性倾向生物计量基标准发展动态平衡。

三、发展展望

发展生物计量，重要目标包括获得计量能力的国际地位，服务国家和社会需求的需要。因此，还需努力在生物计量理论和基础研究实现创新、计量标准和体系实现创新建设与共享应用创新，以及生物计量科学普及上创新。

1. 理论和基础研究创新

理论和基础创新是生物计量发展的根本。生物活性、生物物质不稳定变化特性使建立可操作的生物计量溯源链难上加难。我们需要建立计量理论，研究生物活性计量，发展计量方法，掌控不稳定的生物物质的测量溯源链，逐步为生物特性量的精准整合计量积累技术。

生物计量需要在生物领域创新建立生物活性和形态，生物物质结构和功能分析测量的计量技术。随着产业升级，迫切需要进一步加快生物计量提升基础研究的步伐，需要突破生物体计量创新研究。所有这些都需要从保证生物分析测量数据准确可靠、单位统一和可溯源上下功夫。先要解决急需的生物分析测量有效性、单位统一的需求。要达到生物计量的国际制高点，更离不开生物特性测量理论和基础创新研究。

2. 计量标准和校准建设与共享

为国家服务和满足人民生活需求是生物计量应用的根本目的，要做好应用，前提是要创新建立计量标准和溯源传递体系。中国计量科学研究院通过建立核酸与蛋白质溯源体系和计量基标准体系，应用在不同领域，如大力推动了转基因标准物质的研制，形成以转基因核酸计量溯源传递方式，通过计量标准和校准建设共享的创新方式提供应用，可以为农产品、食品、食物、生物技术育种等转基因检测数据有效性提供生物计量支撑。

从这些应用过程中可以证明，建立生物计量标准为基础的溯源传递链，结合计量技术文件形成校准体系共享应用机制，各要素之间的结构关系和运行方式，是在应用中提高效率发挥作用的良好操作手段（图9-1）。即通过实现生物计量标准体系建设整体发展，发挥生物计量标准和校准体系的资源共享应用，以高效服务生物领域的需要。

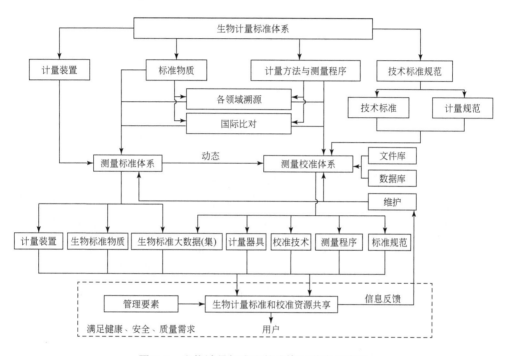

图9-1 生物计量标准和校准资源共享示意图

3. 发挥质量基础设施体系作用

发挥生物计量与标准化和认可的融合发展是质量基础设施体系中的重要应用方式。要加快对生物计量发展与标准化和认可的战略关系，增强生物计量更普及和规范的应用，助力我国生物产业高质量快速发展，需要计量、标准、认可的融合一致。虽然通过发展计量基准、参考测量程序、计量标准物质及溯源链的作用，生物计量应用已深入到各领域，确保生物分析测量数据结果的跨时空可比，保证应用结果判断的可靠和可信，但要满足国家对高质量发展需求，更需要加大力度形成以生物计量、标准化、检测校准认可为一体的质量保障体系，他们彼此之间相互关联、相互作用。这其中，认可来确保计量支撑生物分析测量的有效一致，标准化来保证对分析测量过程计量应用的协调一致，使生物分析测量结果溯源到最高计量标准，计量是基础，最终目的是达到单位统一和数据结果准确，保障生物分析测量数据结果高质量有效（图9-2）。

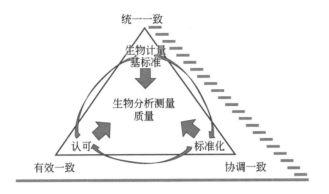

图9-2 生物计量与标准化和认可的融合作用

同时，生物计量技术要力求在国际计量局与国际标准化组织和国际认可组织合作框架下，满足日益增长的如生物产品、体外诊断等领域的国家和国际法规的计量溯源和质量控制新要求。目前，有不少国家标准、国际标准的指南或规则中使用计量溯源概念，如本书中多次提到的国家标准对核酸检测试剂盒计量溯源性要求，国际标准ISO 15189规定的诊断领域和临床实验室溯源性要求，使生物制造商对其诊断产品更高级别溯源的主动性在不断增加，这需要生物计量应用跟上国际规定的节拍。

4. 发展生物计量科学普及

继DNA双螺旋结构和人类基因组测序生物学革命后，合成生物学这一"第三次生物学革命"的到来，将进一步加深对生物技术应用的推动和可控，以逐渐深入使用生物分析测量的微观与宏观的连接。在20世纪已经形成的对生物学从宏观到微观测量，再到对生命宏观测量并存的阶段，使生物计量的发展也在测量对象的微观和宏观中展开研究，在研究发展的长河中持续创新，并为生命健康、公共安全和生物产业中的质量保证提供强有力的支撑。

因此，要让更多人知道、认识并了解生物计量，从生物计量定义、研究、成果，到在日常生产、生活中的应用，均需要进行科学普及。特别是核酸计量、蛋白质计量、微生物计量、细胞计量的特点，区别生物特性计量和测量单位、生物计量溯源性的概念，以及特别在健康、安全、质量保障应用中的作用和做出的贡献等。目前，被大家熟知的计量知识是法定计量单位，而计量标准与国际单位制的关系很多人不知道，而本书中出现频率较高的国际单位制单位，读者应该不陌生了。但是，在生物领域，单位的使用在不同行业领域会出现不同的情况，像世界卫生组织会用 IU 单位，使对应世界卫生组织定义的酶催化活性单位的标准物质更多是采用了 IU 单位，因此在现实工作中，用户要充分了解所使用的标准物质标准量值所对应的测量对象和单位信息，否则可能会导致选用的标准物质量值单位与预期要达到的目标不一致，造成不同实验室由于选用标准物质的单位表示不一致而导致数据结果不可比的混乱现象，也就需要知识讲解将计量单位、测量程序和生物体测量使用目的与标准物质量值溯源性一并讲清楚，用户就能正确选用标准值一致的合适标准物质了。可以看到科学普及的意义所在。

提高生物计量知识的科学普及力度，从而有助于帮助大家深入了解生物计量且应用好生物计量基标准，有助于更多发挥生物计量在生命健康、生存安全和生物产业中的质量保障作用，对生物计量科学普及任重道远。

5. 提升生物计量人才储备

科学技术研究人才是建设生物计量学科的基础性、战略性支撑，一定要加强生物计量学科人才培养。生物计量研究面临的诸多挑战，都决定了必须加大人才培养力度，使研究人员对生物测量科学问题进行深入仔细地研究，建立扎实的生物计量基础体系。同时，必须培养生物计量学科的人才梯队。生物计量的发展已经不是单纯地理解为生物与计量的相加，而是需要有具备计量学、遗传学、生理学、结构生物学、细胞生物学、生化学、计算学等多学科交叉的专业人才，更快成长为合格的生物计量人才，努力攻克生物计量学难题，自主创新发展我国的生物计量事业。

参 考 文 献

董莲华，李亮，王晶，等.2011a.转基因玉米pNK603质粒分子的构建与应用.农业生物技术学报，19（3）：565-570.

董莲华，盛灵慧，王晶，等.2011b.超声波破碎——高效液相色谱法定量检测核酸.分析化学，39（9）：1442-1446.

董莲华，余于笑波，宋贵文，等.2011c.转基因油菜T45质粒分子标准物质协同实验研究.计量学报，32：119-123.

董莲华，赵正宜，李亮，等.2012a.转基因植物标准物质研究进展.农业生物技术学报，20（2）：203-210.

董莲华，隋志伟，余笑波，等.2012b.转基因玉米NK603基体标准物质协同定值实验研究.计量学报，33（1）：81-82.

董莲华，孟盈，王晶，等.2012-12-13c.质粒DNA定量检测用标准品的制备方法：ZL201210541174.X.

董莲华，隋志伟，沈平，等.2013.转基因玉米NK603基体标准物质研制.农业生物技术学报，21（1）：12-18.

董莲华，隋志伟，王晶，等.2017.数字PCR方法准确测量质粒DNA拷贝浓度.计量学报，38（2）：247-251.

董莲华，王晶，傅博强，等.2018.数字PCR和下一代测序方法用于KRAS基因突变检测中的可比性研究.计量学报，39（3）：436-441.

傅博强，王晶，唐治玉，等.2013.核酸定量测量技术研究进展.中国计量，3：82-85.

弗林特S J，等.2015.病毒学原理（Ⅰ）——分子生物学.刘文军，许崇风主译.北京：化学工业出版社.

高原，陈川，王晶.2020.2019新型冠状病毒的抗原抗体检测.计量学报，41（5）：513-517.

高运华，李海峰，李建新，等.2010.荧光标记DNA高分辨电感耦合等离子体质谱定量分析.高等学校化学学报，31（12）：2360-2365.

高运华，陈鸿飞，盛灵慧，等.2015.DNA甲基化定量测量国际比对CCQM P94.2.中国测试，41（6）：47-51.

高运华，盛灵慧，张玲，等.2009a.次黄嘌呤核苷酸二钠盐纯度标准物质的研制.中国测试，35（6）：74-77.

高运华，盛灵慧，张玲，等.2009b.腺嘌呤核苷—磷酸纯度标准物质的研制.化学分析计量，

18（6）：6-9.

高运华，黎朋，侯东军，等．2012．配方奶粉中核苷酸含量高效液相色谱测定．中国测试，38（01）：44-47.

高运华，武利庆，王晶，等．2008．液相色谱同位素稀释质谱对寡核苷酸含量的测定研究．分析测试学报，27（z1）：33-36．（增刊）

国际农业生物技术应用服务组织．2021．2019年全球生物技术/转基因作物商业化发展态势．中国生物工程杂志，41（1）：114-119.

国家质量技术监督局计量司．2005．测量不确定度评定与表示指南．北京：中国计量出版社．

国家质量监督检验检疫总局．2010．中华人民共和国国家计量技术规范．测量不确定度评定与表示（JJF 1059.1—2010）．北京：中国质检出版社．

国家质量监督检验检疫总局．2016．新中国计量史．北京：中国质检出版社．

国家质量监督检验检疫总局．2011．中华人民共和国国家计量技术规范．通用计量术语及定义（JJF1001—2011）．北京：中国质检出版社．

国家质量监督检验检疫总局．2010．中华人民共和国国家计量技术规范，测量不确定度评定与表示（JJF1059.1—2010）．北京：中国质检出版社．

国家质量监督检验检疫总局．2012．中华人民共和国国家计量技术规范．化学量测量比对（JJF1117.1—2012）．北京：中国质检出版社．

国家质量技术监督局．2010．中华人民共和国国家计量技术规范．计量比对（JJF1117—2010）．北京：中国计量出版社．

国家市场监督管理总局．2020．中华人民共和国国家计量技术规范．标准物质计量溯源性的建立、评估与表达（JJF1854—2020）．北京：国家市场监督管理总局．

国家质量技术监督局．2018．中华人民共和国国家计量技术规范．转基因植物核酸标准物质的研制（JJF 1718—2018）．北京：中国标准出版社．

国家市场监督管理总局．2021．质量基础建设．北京：中国标准出版社，中国工商出版社．

金有训，石莲花，武利庆，等．2015．高效液相色谱-同位素稀释质谱法定量分析人生长激素．分析化学，43（7）：1016-1020.

李佳乐，武利庆，金有训，等．2016．人血清白蛋白纯品含量的同位素稀释质谱方法研究．计量学报，37（3）：328-332.

李佳乐，武利庆，刘文丽，等．2015．人转铁蛋白含量同位素稀释质谱测定方法研究．中国测试，41（5）：58-62.

李亮，王晶，臧超，等．2013．转基因水稻华恢1号检测用质粒标准分子研制．生物技术通报，1：96-101.

李亮，王晶，隋志伟，等．2012．转基因定量检测用质粒分子标准物质研究进展．生物技术通报，（2）：48-52.

米薇，王晶．2010．基于电感耦合等离子体质谱的蛋白质定量技术研究进展．生物化学与生物物理进展，（37）2：224-229.

米薇，王晶，应万涛. 2010. 螯合稀土金属标记蛋白质技术的建立与优化. 分析化学. 38 (10)：1393-1399.

全国标准物质计量技术委员会. 2020. 标准物质国家计量技术规范和国家标准汇编. 北京：中国标准出版社.

全国生物计量技术委员会. 2021. 生物计量国家计量技术规范指南. 北京：中国标准出版社.

人民网. 2013. 欧盟严查中国输欧非法转基因米制品. http://shipin.people.com.cn/n/2013/0629/c85914-22016105.html. [2013-6-29]

宋海波，唐勇，周旭一，等. 2022. 中国体外诊断产业发展蓝皮书2019—2020卷. 上海：上海科学技术出版社.

隋志伟，余笑波，王晶等. 2012. 转基因水稻 TT51-1 标准物质的研制，计量学报，33（5）：467-471.

泰瑞·奎恩. 2015. 从实物到原子——国际计量局与终极计量标准的探寻. 张玉宽主译. 北京：中国质检出版社.

王晶. 2007. 食品营养标签和标示成分检测成分. 北京：化学工业出版社.

王晶，方向. 2004. 生物计量：一个崭新的科学领域. 中国计量，(3)：5-6，11.

王晶. 2020. 论生物计量与质量控制标准战"疫"的作用. 中国标准化，(4)：46-51.

王晶. 2017. 生物计量再启创新前沿研究–建立测量源头支撑生命质量NQI专项项目"生物活性、含量与序列计量关键技术及基标准研究". 中国计量，(11)：40-41.

王晶，高运华，董莲华，等. 2016. 中国计量院生物计量之核酸计量研究进展. 中国计量，(11)：9-10.

王晶，石乐明，董莲华，等. 2018. 生命质量标准—基因组标准. 中国计量，(8)：75-76.

王晶，武利庆. 2016. 中国计量院生物计量之蛋白质计量研究进展. 中国计量，(7)：27-28.

王仙霞，武利庆，杨彬，等. 2020. 蛋白质活性计量技术研究进展. 生物技术进展. 10 (6)：607-612.

武利庆，王晶. 2007a. 蛋白质计量发展现状和趋势. 中国计量，(2)：21-22.

武利庆，王晶. 2007b. 同位素稀释质谱法测定多肽含量. 化学分析计量，(2)：20-23.

武利庆，王晶. 2007c. 高效液相色谱–同位素稀释质谱法测定血清中的苯丙氨酸. 分析测试学报. 26 (z1)：98-99，103.

武利庆，王晶. 2007d. 电喷雾质谱法测定牛血清白蛋白相对分子质量及测定结果的不确定度评估. 化学分析计量，(1)：20-22，25.

武利庆，谢宝民，王晶. 2007. 同位素稀释质谱法测定α–淀粉酶的蛋白质含量. 计量学报，28 (3A)(28)：290-294.

武利庆，王晶，张玲，等. 2008. 同位素稀释质谱法对溶液中血管紧张素Ⅰ含量的测定. 分析测试学报，27 (4z1)：21-22，25.

武利庆，王晶，谢宝民. 2009a. 浅谈蛋白质含量量值溯源传递体系的构建. 化学分析计量，18 (3)：73-75.

武利庆, 杨彬, 王晶. 2011. 酶活性测定结果不确定度评估的一般原则, 计量学报, 32 (65): 478-480.

武利庆, 王晶, 杨彬. 2009b. 蛋白质相对分子质量标准物质定值结果的溯源性. 中国计量, (5): 81-82.

武利庆, 王晶, 杨彬, 等. 2010. 蛋白质含量标准物质研究现状及趋势. 计量学报, 31 (5A): 125-127.

武利庆, 罗一, 米薇, 等. 2019-4-16. 基于圆二色光谱技术的手性分子含量的测定方法: CN106872595B.

武利庆, 金有训, 高运华, 等. 2015-4-29. 一种基体中蛋白质酶切效率的准确测定方法: CN104569134A.

杨彬, 武利庆, 毕佳明, 等. 2011. 牛血清白蛋白溶液标准物质定值结果的不确定度评定. 中国计量, 12: 82-83.

杨洁彬, 王晶, 王柏琴, 等. 1999. 食品安全性. 北京: 中国轻工业出版社.

杨焕明. 2017. 基因组学. 北京: 科学出版社.

于亚东, 刘洋. 2008. ISO/REMCO 的作用. 中国计量, (1): 52-53.

臧超, 傅博强, 宋贵文, 等. 2011. 转基因玉米 TC1507 基体标准物质协同实验及不确定度评定. 计量学报, 2011, 32 (6A): 110-113.

张玲, 陈大舟, 武利庆, 等. 2013a. 酸水解同位素稀释质谱法测量基因组 DNA 含量. 化学分析计量, 22 (5): 9-13.

张玲, 柳方方, 陈大舟, 等. 2013b. 非水溶剂电位滴定法测量碱基纯度. 计量学报, 34 (5): 508-5112.

张玲, 盛灵慧, 王晶, 等. 2011. 转基因大豆 Mon89788 基体标准物质多家验证研究及不确定度分析, 计量学报, 32 (6A): 106-109.

中华医学会糖尿病学分会. 2021. 中国Ⅱ型糖尿病防治指南（2020 年版）. 国际内分泌代谢杂志, 41 (5): 482-548.

中国计量科学研究院生物计量团队. 2022. 填补我国核酸与蛋白质生物计量关键技术的空白. 市场监督管理, 1 (1324): 66-67.

赵墨田. 2004. 同位素稀释质谱法特点. 质谱学报 (z1), 25: 167-168.

Barrett A N, McDonnell T C, Chan K C, et al. 2012. Digital PCR analysis of maternal plasma for noninvasive detection of sickle cell anemia. Clinical Chemistry Clin Chem, 58 (6): 1026-1032.

Bhat S, Herrmann J, Armishaw P, et al. 2009. Single molecule detection in nanofluidic digital array enables accurate measurement of DNA copy number. Analytical and Bioanalytical Chemistry, Anal Bioanal Chem, 394 (2): 457-467.

Bi J, Wu L, Yang B, et al. 2012. Development of hemoglobin A1c certified reference material by liquid chromatography isotope dilution mass spectrometry. Analytical and Bioanalytical ChemistryAnal Bioanal Chem, 403 (2): 549-554.

Bibikova M, Lin Z W, Zhou L X, et al. 2006. High-throughput DNA methylation profiling using universal bead arrays. Genome Research, 16 (3): 383-393.

Bibikova M, Lin Z, Zhou L, et al. 2006. High-throughput DNA methylation profiling using universal bead arrays. Genome Research, 16 (3): 383-393.

Boulo S, Hanisch K, Bidlingmaier M et al. 2013. Zegers, Gaps in the traceability chain of human growth hormone measurements, Clinical Chemistry, 59 (7): 1074-1082.

Brüchert W, Krüger R, Tholey A, et al. 2008. A novel approach for analysis of oligonucleotide-cisplatin interactions by continuous elution gel electrophoresis coupled to isotope dilution inductively coupled plasma mass spectrometry and matrix-assisted laser desorption/ionization mass spectrometry. Electrophoresis. 29 (7): 1451-1459.

Bunk D, Noble J, Knight A E, et al. 2015. CCQM-P58.1: Immunoassay Quantitation of Human Cardiac Troponin I. Metrologia, Volume 52 (1A), Number 1A,: 08006.

Bureau International des Poids et Mesures. 2019. The International System of Units (SI). 9th edition, v1.08. https://www.bipm.org/en/publications/si-brochure. [2021-8-31].

Burke D G, Dong L, Bhat S, et al. 2013. Digital Polymerase Chain Reaction Measured pUC19 Marker as Calibrant for HPLC Measurement of DNA Quantity. Anal Chem, 85: 1657-1664.

Burke D, Devonshire A S, Pinheiro L B, et al. 2023. Standardisation of cell-free DNA measurements: An International Study on Comparability of Low Concentration DNA Measurements using cancer variants. //https://doi.org/10.1101/2023.09.06.554514. [2023-9-6].

Chao S Y, Ho Y P, Bailey V J, et al. 2007. Quantification of low concentrations of DNA using single molecule detection and velocity measurement in a microchannel. Journal of Fluorescence, 17 (6): 767-774.

Claudia Frank, Olaf Rienitz, Reinhard Jährling, et al. 2012. Reference measurement procedures for the iron saturation in human transferrin based on IDMS and Raman scattering. Metallomics, 4: 1239-1244.

Clouet-Foraison N, Gaie-Levrel F, Coquelin L, et al. 2017. Absolute Quantification of Bionanoparticles by Electrospray Differential Mobility Analysis: An Application to Lipoprotein Particle Concentration Measurements. Anal Chem. 89 (4): 2242-2249.

Corbisier P, Bhat S, Partis L, et al. 2010. Absolute quantification of genetically modified MON810 maize (Zea mays L.) by digital polymerase chain reaction. Anal Bioanal Chem, 396 (6): 2143-50.

Corbisier P, Vincent S, Schimmel H, et al. 2011. CCQM-K86/P113.1: Relative quantification of genomic DNA fragments extracted from a biological tissue. Metrologia, 49 (1A): 08002-08002.

Cox M G, Ravi J, Rakowska P D, et al. 2014. Uncertainty in measurement of protein circular dichroism spectra. Metrologia, 51: 67-79.

Craig M J, Esnouf M P, Duewer D L. 2020. Thrombin: An approach to developing a higher-order reference material and reference measurement procedure for substance identity. Amounta and Biological Activities, 125: 125021.

Cox M G, Ravi J, Rakowska P D, et al. 2014. Uncertainty in measurement of protein circular dichroism spectra. Metrologia, 51 (1): 67-79.

Cuello-Nuñez S, Larios R, Deitrich C, et al. 2017. A species-specific double isotope dilution strategy for the accurate quantification of platinum-GG adducts in lung cells exposed to carboplatin. Journal of Analytical Atomic Spectrometry, 32 (7): 1320-1330.

Devonshire A S, Sanders R, Whale A S, et al. 2016. An international comparability study on quantification of mRNA gene expression ratios: CCQM-P103. 1. Biomolecular Detection and Quantification, 8: 15-28.

Dong L H, Wang S J, Fu B Q, et al. 2018b. Evaluation of droplet digital PCR and next generation sequencing for characterizing DNA reference material for KRAS mutation detection. Scientific Reports, 8 (1): 9650.

Dong L, Meng Y, Sui Z, et al. 2015. Comparison of four digital PCR platforms for accurate quantification of DNA copy number of a certified plasmid DNA reference material. sScientific rReports, 5: 131-174.

Dong L, Meng Y, Wang J, et al. 2014. Evaluation of droplet digital PCR for characterizing plasmid reference material used for quantifying ammonia oxidizers and denitrifiers. Analytical and bioanalytical chemistry, 406 (6): 1701-1712.

Dong L, Sui Z, Wang J, et al. 2018a. Final report for CCQM-K86. b relative quantification of Bt63 in GM rice matrix sample. Metrologia, 557 (1A): 08017.

Dong L, Wang X, Wang S, et al. 2020. Interlaboratory assessment of droplet digital PCR for quantification of BRAF V600E mutation using a novel DNA reference material. Talanta. 207: 120-123293.

Dong L, Yoo H B, Wang J, et al. 2016. Accurate quantification of supercoiled DNA by digital PCR. sScientific rReports, 6: 24230.

Dong L, Zang C, Wang J, et al. 2012. Lambda genomic DNA quantification using ultrasonic treatment followed by liquid chromatography-isotope dilution mass spectrometry, Analytical and Bioanalytical Chemistry, 402 (6): 2079-2088.

Duewer D L, Kline M C, Romsos E L, et al. 2018. Evaluating droplet digital PCR for the quantification of human genomic DNA: converting copies per nanoliter to nanograms nuclear DNA per microliter. Anal Bioanal Chem. , 410 (12): 2879-2887.

Ellison S L R, Holden M J, Woolford A, et al. 2009, CCQM-K61: Quantitation of a linearised plasmid DNA, based on a matched standard in a matrix of non-target DNA. Metrologia, 46 (1A): 08021.

Feng L X, Huo Z Z, Xiong J P, et al. 2020. Certification of Amyloid-Beta (Aβ) Certified Reference

Materials by Amino Acid- Based Isotope Dilution High- Performance Liquid Chromatography Mass Spectrometry and Sulfur-Based HighPerformance Liquid Chromatography Isotope Dilution Inductively Coupled Plasma Mass Spectrometry. Analytical Chemistry. 92 (19): 13229-13237.

Feng L, Zhang D, Wang J, et al. 2014. Simultaneous quantification of proteins in human serum via sulfur and iron using HPLC coupled to post- column isotope dilution mass spectrometry. Analytical Anal. Methods, 6, 7655-7662.

Feng L, Zhang D, Wang J, et al. 2015. A novel quantification strategy of transferrin and albumin in human serum by species- unspecific isotope dilution laser ablation inductively coupled plasma mass spectrometry (ICP-MS). Analytica chimica acta, Anal Chim Acta, 16 (884): 19-25.

Frank C, Rienitz O, Jährling R, et al. 2012. Reference measurement procedures for the iron saturation in human transferrin based on IDMS and Raman scattering. Metallomics, 4 (12): 1239-1244.

Fu B Q, Tang Z Y, Zhou T, et al. 2016. HPLC-ICP-SFMS analysis of sulfur in botulinum neurotoxin type B for the absolute protein quantification. Chengdu: Protein and Peptide Therapeutics and Diagnostics: Research and Quality Assurance International Workshop.

Goodwin P M, Johnson M E, Martin J C, et al. 1993. Rapid sizing of individual fluorescently stained DNA fragments by flow cytometry. Nucleic aAcids rResearch, 21 (4): 803-806.

Hansen M C, Nederby L, Henriksen M O, et al. 2014. Sensitive ligand- based protein quantification using immuno- PCR: A critical review of single- probe and proximity ligation assays. BiotechniquesBio. Technol., 56 (5): 217-228.

Harismendy O, Ng P C, Strausberg R L, et al. 2009. Evaluation of next generation sequencing platforms for population targeted sequencing studies. Genome Biology. 10 (3): R32.

Haynes R J, Kline M C, Toman B, et al. 2013. Standard reference material 2366 for measurement of human cytomegalovirus DNA. Mol Diagn, 15 (2): 177-185.

Holden M J, Rabb S A, Tewari Y B, et al. 2007. Traceable Phosphorus Measurements by ICP- OES and HPLC for the Quantitation of DNA. Analytical Chemistry, 79 (4): 1536-1541.

Hu T, Wu L Q, Sun X N, et al. 2020a. Comparative study on quantitation of human myoglobin by both isotope dilution mass spectrometry and surface plasmon resonance based on calibration-free analysis. Analytical and Bioanalytical Chemistry, 412 (12): 2777-2784.

Hu T, Zheng K, Su P, et al. 2020b. Comparative study on protein quantitation by digital PCR with G2- EPSPS as an example. Microchemical, 157: 104954.

Jackson C M, Esnouf M P, Winzor D J, et al. 2007. Defining and measuring biological activity: Aapplying the principles of metrology. Accreditation and Quality Assurance. 12: 283-294.

Jeong J S, Yim Y H, Liu Q D, et al. 2021. Key comparison study on protein quantification: purity-assessed recombinant protein contents in buffer solution using insulin analogue. Metrologia, 58 (1A): 08007.

Jeppsson J O, Kobold U, Barr J, et al. 2002. Approved IFCC Reference Method for the Measurement of HbA1c in Human Blood. Clinical Chemistry and Laboratory Medicine, 40 (1): 78-89.

Josephs R D, Li M, Daireaux D A, et al. 2020. CCQM-K115.b Key Comparison Study on Peptide Purity-Synthetic Oxytocin. Final Report. Metrologia, 57 (1A): 08014

Josephs R D, Li M, Song D, et al. 2017b. Pilot study on peptide purity—synthetic human C-peptide. Metrologia, 54 (1A): 08011.

Josephs R D, Martos G, Li M, et al. 2019. Establishment of measurement traceability for peptide and protein quantification through rigorous purity assessment—a review. Metrologia, 56 (4): 044006.

Josephs R D, Stoppacher N, Westwood S, et al. 2017a. Concept paper on SI value assignment of purity-model for the classification of peptide/protein purity determinations. Chemical. Metrology, 11 (1): 1-8.

Karlin-Neumann G. 2021. 数字PCR方法和方案. 刘毅, 郭永译. 北京: 科学出版社.

Kerr S L, Sharp B. 2007. Nano-particle labelling of nucleic acids for enhanced detection by inductively-coupled plasma mass spectrometry (ICP-MS). Chem Commun (Camb). 43: 4537-4539.

Kim Y, Jett J H, Larson E J, et al. 1999. Bacterial fingerprinting by flow cytometry: bacterial species discrimination. Cytometry. 36 (4): 324-332.

Kline M C, Duewer D L, Travis J C, et al. 2009. Production and certification of NIST Standard Reference Material 2372 Human DNA Quantitation Standard. Analytical and Bioanalytical Chemistry. 394 (4): 1183-1192.

Kline M C, Duewer D. 2020. Evaluating digital PCR for the quantification of human nuclear DNA: determining target strandedness. Analytical and Bioanalytical Chemistry. 412: (19): 4749-476010.

Lee H S, Kim S H, Jeong J S, et al. 2015. Sulfur-based absolute quantification of proteins using isotope dilution inductively coupled plasma mass spectrometry. Metrologia, 52: 619-627.

Lee H S, Kim S H, Jeong J S, et al. 2015. Sulfur-based absolute quantification of proteins using isotope dilution inductively coupled plasma mass spectrometry. Metrologia. 52 (5): 619-627.

Li J L, Wu L Q, Jin Y X, et al. 2016. A universal SI-traceable isotope dilution mass spectrometry method for protein quantitation in a matrix by tandem mass tag technology. Analytical and Bioanalytical Chemistry, 408 (13): 3485-3493.

Li M D, Guha S, Zangmeister R, et al. 2011. Method for determining the absolute number concentration of nanoparticles from electrospray sources. Langmuir. 27 (24): 14732-14739.

Li M D, Tan J J, Tarlov M J, et al. 2014. Absolute quantification method for protein concentration. Analytical ChemistryAnalyt. Chem., 86 (24): 12130-12137.

Li M, Josephs R D, Daireaux A, et al. 2018. Identification and accurate quantification of structurally related peptide impurities in synthetic human C-peptide by liquid chromatography-high resolution mass spectrometry. Analytical and Bioanalytical Chemistry. 410 (20): 5059-5070.

Li P, Wang J, Gao Y. 2009. Analysis of Fluorescent Dye-labeled Oligonucleotides by Ion-Pair Reversed-Phase High-Performance Liquid Chromatography. Chinese Journal of Analytical Chemistry, 37 (12): 1722-1726.

Liang K, Wu H M, Hu Y, et al. 2016. Mesoporous silica chip: enabled peptide profiling as an effective platform for controlling bio-sample quality and optimizing handling procedure. Clinical Proteomics, 13: 34.

Lim H M, Yoo H B, Hong N S, et al. 2009. Count-based quantitation of trace level macro-DNA molecules. Metrologia 2009, 46 (3): 375-387.

Liu H, Wong L, Yong S, et al. 2015. Achieving comparability with IFCC reference method for the measurement of hemoglobin A1c by use of an improved isotope-dilution mass spectrometry method. Analytical and Bioanalytical Chemistry, 407 (25): 7579-7587.

Luo Y, Wu L Q, Yang B, et al. 2018. A novel potential primary method for quantification of enantiomers by high performance liquid chromatography-circular dichroism. Scientific ReportsScient. Rep., 8 (1): 117390.

Ma R, Huang T, Zhang W, et al. 2018. High performance liquid chromatography-Quantitative nuclear magnetic resonance-High performance liquid chromatography for purity measurement of human insulin. Journal of Liquid Chromatography & Related Technologies, 41 (4): 170-179.

Marriott J, O'Conner G, Parkes H. 2011. Final Report: Study on Measurement Services and Comparison Needs for an International Measurement Infrastructure for the Biosciences and Biotechnology: Input for the BIPM Work Programme, Repport BIPM-2011/02 (Reprot Number: LGC/R2011/123 Number, BIPM.) http://www.bipm.org/utils/common/pdf/rapportBIPM/2011/02.pdf [2021-3-1].

Mester Z, Corbisier P, Ellison S L R, et al. 2020. Final report of CCQM-K86.c. Relative quantification of genomic DNA fragments extracted from a biological tissue. Metrologia., 57 (1A): 08004.

Muñoz A, Schimmel H, Klein C. 2007. Certification of the amount-of-substance fraction of HbA1c versus the sum of all Hb isoforms forming the glycated or non-glycated N-terminal hexapeptide of the β-chain in haemoglobin isolated from whole blood IRMM/IFCC-466. Luxembourg: JRC IRMM Certification Report.

Niu C Y, Dong L H, Gao Y, et al. 2021. Quantitative analysis of RNA by HPLC and evaluation of RT-dPCR for coronavirus RNA quantification. Talanta, 228: 12222.

Niu C Y, Yang J Y, Dong L H, et al. 2019. One-step Reverse Transcription Droplet Digital PCR for Quantitative Detection of Porcine Reproductive and Respiratory Syndrome Virus. IOP Conference Series: Earth and Environmental Science, 252: 042005.

Noble J E, Wang L, Cerasoli E, et al. 2008. An international comparability study to determine the sources of uncertainty associated with a non-competitive sandwich fluorescent ELISA. Clin Chem Lab

Med, 46 (7): 1033-1045.

Noble J E, Wang L, Cerasoli E, et al. 2008. An international comparability study to determine the sources of uncertainty associated with a non-competitive sandwich fluorescent ELISA. Clinical Chemistry and Laboratory MedicineClin Chem Lab Med, 46 (7): 1033-1045.

O'Connor G, Dawson C, Woolford A, et al. 2002. Quantitation of oligonucleotides by phosphodiesterase digestion followed by isotope dilution mass spectrometry: proof of concept. Analytical Chemistry, 74 (15): 3670-3676.

Park S R, Choi J H, Jeong J S. 2012. Development of Metrology for Modern Biology.//Cocco L. 2012. Modern Metrology Concerns. London: IntechOpen: 419-446.

Pavšič J, A Devonshire, A Blejec, et al. 2017. Inter-laboratory assessment of different digital PCR platforms for quantification of human cytomegalovirus DNA. Analytical and Bioanalytical Chemistry Anal Bioanal Chem., 409 (10): 2601-2614.

Ravi J, Schiffmann D, Tantra R, et al. 2010. International comparability in spectroscopic measurements of protein structure by circular dichroism: CCQM-P59.1, Metrologia, 47 (6): 631-641.

Romsos E, Kline M, Duewer D, et al. 2018. Certification of Standard Reference Material 2372a: Human DNA Quantitation Standard. Gaithersburg: NIST Special Publication, 260-189.

S Boulo, K Hanisch, M Bidlingmaier, et al. 2013. Zegers, Gaps in the traceability chain of human growth hormone measurements, Clin. Chem, 59: 1074-1082.

Sabine Zakel, Olaf Rienitz, Bernd Güttler, et al. 2011. Double isotope dilution surface-enhanced Raman scattering as a reference procedure for the quantification of biomarkers in human serum. Analyst, 136: 3956-3961.

Sanders R, Huggett J F, Bushell C A, et al. 2011. Evaluation of digital PCR for absolute DNA quantification. Analytical Chemistry. 83 (17): 6474-6484.

Sanders R, Mason D J, Foy C A, et al. 2013. Evaluation of digital PCR for absolute RNA quantification. PLoS One, 8 (9): e75296.

Seo J S, Rhie A, Kim J, et al. 2016. De novo assembly and phasing of a Korean human genome. Nature, 538 (7624): 243-247.

Song D W, Wu L Q, Liu S Q. 2012. Quantitation of Cry1Ac by Isotope Dilution Mass Spectrometry. Chinese Jouzl of Analysis Laboratory, 31 (10): 82-84.

Su P, He Z, Wu L, et al. 2018. SI-traceable calibration-free analysis for the active concentration of G2-EPSPS protein using surface plasmon resonance, Talanta, 178: 78-84.

Susana Cuello-Nuñez, Raquel Larios, Christian Deitrich, et al. 2017. A species-specific double isotope dilution strategy for the accurate quantification of platinum-GG adducts in lung cells exposed to carboplatin. Journal of Analytical Atomic Spectrometry 32: 1320-1330J. Anal. At. Spectrom. 32, 1320-1330.

Swart C, Fisicaro P, Goenaga-Infante H, et al. 2012. Metalloproteins-a new challenge for metrology, Metallomics, 4 (11): 1137-1140.

Swart C. 2013. Metrology for metallo proteins-where are we now, where are we heading? Analytical and Bioanalytical ChemistryAnal Bioanal Chem, 405: 56987-5723.

Sébastien P. 1982. Possibilités actuelles de la biométrologie des poussières suré chantillons de liquide de lavage bronchoalvéolaire [Current possibilities of the biometrology of dust in specimens of bronchoalveolar lavage fluid]. Annales de Biologie CliniqueAnn Bio lClin (Paris), 40 (3): 279-293.

Tran T T H, Kim J, Rosli N, et al. 2019. Certification and stability assessment of recombinant human growth hormone as a certified reference material for protein quantification. Journal of Chromatography B: 1126-1127.

Tran T T H, Lim J, Kim J, et al. 2017. Fully international system of units-traceable glycated hemoglobin quantification using two stages of isotope-dilution high-performance liquid chromatography-tandem mass spectrometry. Journal of Chromatography, 1513 (1): 183-193.

Vallone P M, Butts E L R, Duewer D L, et al. 2013. Recertification of the NIST Standard Reference Material ® 2370, human DNA quantitation standard. Forensic Science International Genetics Supplement Series. 4: 256-257.

Vogelstein B, Kinzler K W. 1999. PCR Digital. Proceedings of the National Academy of Sciences of the United States of America, 96 (16): 9236-9341.

Wang Y, Wu L Q, Duan F, et al. 2014. Development of an SI-traceable HPLC-isotope dilution mass spectrometry method to quantify beta-lactoglobulin in milk powders. Journal of Agricultural and Food Chemistry, J Agric Food Chem, 62 (14): 3073-3080.

Whale A S, Jones G M, Pavšič J, et al. 2018. Assessment of Digital PCR as a Primary Reference Measurement Procedure to Support Advances in Precision Medicine. Clinical Chemistry Clin Chem, 64 (9): 1296-1307.

Wu L, Takatsu A, Park S R, et al. 2015. Development and co-validation of porcine insulin certified reference material by high-performance liquid chromatography-isotope dilution mass spectrometry. Analytical and Bioanalytical Chemistry, 407 (11): 3125-3135.

Wu L, Yang B, Bi J, et al. 2011. Development of bovine serum albumin certified reference material. Analytical and Bioanalytical Chemistry, 400 (10): 3443-3449.

Yang I C, Park I Y, Jang S M, et al. 2006. Rapid quantification of DNA methylation through dNMP analysis following bisulfite-PCR. Nucleic Acids Research, 34 (8): e61.

Yang I, Han M S, Yim Y H, et al. 2004. A strategy for establishing accurate quantitation standards of oligonucleotides: quantitation of phosphorus of DNA phosphodiester bonds using inductively coupled plasma-optical emission spectroscopy. Analytical Biochemistry Anal Biochem. 335 (1): 150-61.

Yang I, Kim S K, Burke D G, et al. 2009. An international comparability study on quantification of total methyl cytosine content. Analytical BiochemistryAnal Biochem, 384 (2): 288-295.

Yang I, Park I Y, Jang S M et al. 2006. Rapid quantification of DNA methylation through dNMP analysis following bisulfite-PCR. Nucleic Acids Research, 34, (8): e61.

Yoo H B, Lee C, Hong K S, et al. 2020. Quantification of single-strand DNA by sequence-specific counting in capillary flow cytometry. Metrologia, 57 (6): 065019.

Yoo H B, Oh D, Song J Y, et al. 2014. A candidate reference method for quantification of low concentrations of plasmid DNA by exhaustive counting of single DNA molecules in a flow stream. Metrologia, 51 (5): 491-502.

Yoo H B, Park S R, Dong L, et al. 2016. International Comparison of Enumeration-Based Quantification of DNA Copy Concentration Using Flow Cytometric Counting and Digital Polymerase Chain Reaction. Analytical Chemistry, 88 (24): 12169-12176.

Zakel S, Rienitz O, Güttler B et al. 2011. Double isotope dilution surface-enhanced Raman scattering as a reference procedure for the quantification of biomarkers in human serum. Analyst, 136 (19): 3956-3961.

Zheng J, Yeung E S. 2003. Counting Single DNA Molecules in a Capillary with Radial Focusing. Australian Journal of Chemistry, 56 (3): 149-153.

Zook J M, Chapman B, Wang J, et al. 2014. Integrating human sequence data sets provides a resource of benchmark SNP and indel genotype calls. Nature biotechnology. 32 (23): 246-251.

缩 写 词 表

A

ACRM	Asian Collaboration on Reference Materials	亚洲标准物质合作计划
AFRIMETS	Intra-Africa Metrology System	非洲计量组织
AGAL	Australian Government Analytical Laboratorie	澳大利亚政府分析实验室
APEC	Asia-Pacific Economic Cooperation	亚太经济合作组织
APAC	Asia Pacific Accreditation Cooperation	亚太认可合作组织
APLMF	Asia Pacific Legal Metrology Forum	亚太法制计量论坛
APLAC	Asia Pacific Laboratory Accreditation Cooperation	亚太实验室认可合作组织
APMP	Asia Pacific Metrology Programme	亚太计量规划组织

B

BAM	Bundesanstalt für Materialforschung und-prüfung (Federal Institute for Materials Research and Testing)	德国联邦材料测试研究院
BAWG	Bioanalysis Working Group	生物分析工作组
BCR	Bureau Communautaire de Réference (EC bureau of reference)	欧共体标准物质局
BIPM	Bureau International des Poids et Mesures (International Bureau of Weights and Measures)	国际计量局
bp	base pair	碱基对
BRM	Biological reference materials	生物标准物质
BRMM	biomeasurement reference method	生物测量参考方法

C

CAWG	Working Group on Cell Analysis	细胞分析工作组
CCQM	Comité Consultatif pour la Quantité de Matière (Consultative Committee forAmount of Substance: Metrology in Chemistry and Biology)	物质的量咨询委员会：化学和生物计量，简称"物质的量咨询委员会"
CC	Consultative Committee	咨询委员会
CCP	critical control point	关键控制点
CCU	Consultative Committee for Units	单位制咨询委员会

CD	circular dichroism spectrometry	圆二色光谱
CENAM	National Metrology Center, Mexico	墨西哥国家计量中心
CFCA	calibration-free concentration analysis	无标定浓度分析
CFU	colony forming units	菌落形成单位
CGPM	Conférence Générale des Poids et Mesures (General Conference on Weights and Measures)	国际计量大会
CIBM	Conference on China International of Biometrology	中国生物计量发展研讨会
CIPM	Comité International des Poids et Mesures (International Committee for Weights and Measures)	国际计量委员会
CIPM MRA	CIPM Mutual Recognition Arrangement	国际计量委员会国际互认协议
CMC	calibration and measurement capability	校准和测量能力
CNV	copy number variation	拷贝数变异
CRM	certified reference material	有证标准物质
COMAR	Code d'Indexation des Matériaux de Référence	国际标准物质数据库/编码
COOMET	Euro-Asian Cooperation of National Metrological Institutions	欧亚计量合作组织
COVID-19	Corona Virus Disease 2019	新型冠状病毒肺炎

D

DI	designated institute	指定机构
DNA	deoxyribonucleic acid	脱氧核糖核酸
DoE	degree of equivalence	等效度
dNMP	deoxy-ribonucleoside monophosphate	脱氧核糖核苷酸
dPCR	digitalpolymerase chain reaction	数字聚合酶链反应
ddPCR	droplet digitalpolymerase chain reaction	微滴数字 PCR

E

EA	European Co-operation for Accreditation	欧洲认可合作组织
EQA	external quality assessment	室间质量评价
ELISA	enzyme linked immunosorbent assay	酶联免疫吸附分析
ERM	EuropeanReference Material	欧盟标准物质
ES-DMA	electrospray differential mobility analysis	电喷雾-差分电迁移率分析
EU	European Union	欧盟
EURAMET	European Association of National Metrology Institutes	欧洲计量合作组织
EBOV	EbolaVirus	埃博拉病毒

F

FDA	Food and Drug Administration	食品药品监督管理局

G

GBM	Good Bioanalysis Measurement	良好生物分析测量
gDNA	genomic deoxyribonucleic acid	基因组脱氧核糖核酸
GIAB	Genome in a Bottle	瓶中联盟计划
GM	genetically modified	转基因
GMO	genetically modified organism	转基因生物
GRC	Genome Reference Consortium	参考基因组联盟
GRCh38	Genome Reference Consortium Human Build 38	参考基因组联盟人类版 38
GSCG	Gold Standard of China Genome	中华基因组精标准计划
GULFMET	Gulf Association for Metrology	海湾计量联合会
GUM	Guide to the Expression of Uncertainty in Measurement	测量不确定度表示指南

H

hGH	human growth hormone	人生长激素
HPLC	high-performance liquid chromatography	高效液相色谱
HSA	Health Sciences Authority, Singapore	新加坡卫生科学局
HIV	human immunodeficiency virus	人类免疫缺陷病毒
HACCP	hazard analysis and critical control point	危害分析关键控制点

I

IAEA	International Atomic Energy Agency	国际原子能机构
ICP-MS	inductively coupled plasma mass spectrometry	电感耦合等离子体质谱
ICP-OES	inductively coupled plasma-optical emission spectrometry	电感耦合等离子体-发射光谱
ICP-SFMS	inductively coupled plasma-sector field mass spectrometry	电感耦合等离子体-扇形磁场质谱
IDMS	Isotope Dilution Mass Spectrometry	同位素稀释质谱
IEC	International Electrotechnical Commission	国际电工委员会
IFCC	International Federation of Clinical Chemistry and Laboratory Medicine	国际临床化学和实验室医学联盟
ILAC	International Laboratory Accreditation Cooperation	国际实验室认可合作组织
ILC	inter-laboratory comparisons	实验室间比对
In/Del	insertion/deletion	插入/缺失
INRiM	Istituto Nazionale Di Ricerca Metrologica, Italy	意大利国家计量院
INMETRO	National Institute of Metrology, Standardization and Industrial Quality, Brazil	巴西国家计量、标准和工业质量研究院
IPK	international prototype of the kilogram	国际千克原器

IRMM	Institute for Reference Materials and Measurements, Belgium	比利时标准物质与测量研究院，也称为欧盟联合研究中心–标准物质与测量研究院（JRC-IRMM）
IS	international standard	国际标准
ISAAA	International Service for the Acquisition of Agri-Biotech Applications	国际农业生物技术应用服务组织
ISO	International Organization for Standardization	国际标准化组织
IUPAC	International Union of Pure and Applied Chemistry	国际纯粹与应用化学联合会
IUPAP	International Union of Pure and Applied Physics	国际纯粹与应用物理学联合会
IVD	In Vitro Diagnostic	体外诊断体外诊断
IgM	immunoglobuilin M	免疫球蛋白 M

J

JCTLM	Joint Committee for Traceability in Laboratory Medicine	国际检验医学溯源联合委员会
JRC	European Commission, Joint Research Centre	欧盟联合研究中心
JRC-IRMM	Joint Research Centre- Institue for Reference Materials and Measurements	欧盟联合研究中心–标准物质与测量研究院
JCGM	Joint Committee for Guides in Metrology	计量导则联合委员会

K

KRISS	Korea Research Institute of Standards and Science	韩国标准科学研究院
KC	key comparison	关键比对
KCDB	key comparison D'base	关键比对数据库
KCWG	Working Group on Key Comparisons	关键比对工作组
KCRV	key comparison reference value	关键比对参考值

L

LC	liquid chromatography	液相色谱
LGC	Laboratory of the Government Chemist	英国政府化学家实验室
LoD	limit of detection	检测限
LoQ	limit of quantitation	定量限
LNE	Laboratoire National de Métrologie et d'Essais	法国国家计量测试实验室

M

MALDI-TOF-MS	matrix-assisted laser desorption ionization time-of-flight mass spectrometry	基质辅助激光解析电离飞行时间质谱

MBSG	Microbiology ad hoc Steering Groups / Steering Group on Microbial Measurements	微生物特设指导组/微生物测量指导组
MERS-CoV	middle east respiratory syndrome coronavirus	中东呼吸综合征冠状病毒
MRA	Mutual Recognition Arrangement	互认协议
mRNA	messenger RNA	信使 RNA
MS	mass spectrometry	质谱
MU	measurement uncertainty	测量不确定度

N

N_A	Avogadro constant	阿伏伽加德罗常数
NAWG	Working Group on Nucleic Acid Analysis	核酸分析工作组
NCBI	National Center for Biotechnology Information	美国国家生物技术信息中心
NCCL	National Center for Clinical Laboratories, China	中国国家临床检验中心
NIBSC	National Institute for Biological Standards and Control	英国国家生物制品检定所
NIMC	National Institute of Metrology, China	中国计量科学研究院
NMIJ	National Metrology Institute, Japan	日本计量科学研究院
NIST	National Institute of Standards and Technology, United States of America	美国标准技术研究院
NIMT	National Institute of Metrology, Thailand	泰国计量科学研究院
NMI	National Metrology Institution	国家计量院
NMIA	National Measurement Institute, Austrulia	澳大利亚国家计量研究院
NML	National Measurement Laboratory, Australia	澳大利亚国家计量实验室
NMP	ribonucleoside monophosphate	核苷酸
NPL	National Physical Laboratory, United Kingdom	英国国家物理研究所
NQI	national quality infrastructure	国家质量基础设施
NRCCRM	National Research Centre for Certified Reference Materials, China	中国国家标准物质研究中心
NGS	next-generation sequencing technology	高通量测序技术/下一代测序技术
NTRM	NIST traceable reference material	美国国家标准与技术研究院可溯源标准物质

O

OIML	Organisation Internationale de Métrologie Légale (International Organization of Legal Metrology)	国际法制计量组织

P

PAWG	Working Group on Protein Analysis	蛋白质分析工作组

PCR	polymerase chain reaction	聚合酶链反应
PHEIC	public health emergency of international concern	国际关注的突发公共卫生事件
PMM	primary methods of measurement	测量基准方法
PRM	Primary reference materials	基准物质
PRMP	primary reference measurement procedure	一级/原级参考测量程序
PT	proficiency testing	能力验证
PTB	Physikalisch-Technische Bundesanstalt, Germany	德国联邦物理技术研略究院
PC	pilot comparison	研究性比对

Q

QA	quality assurance	质量保证
QC	quality control	质量控制
qPCR	quantitative polymerase chain reaction	定量聚合酶链反应
qNMR	quantitative nuclear magnetic resonance	定量核磁共振
QMS	quality management system	质量管理体系
QCM	quality control material	质量控制物质

R

REMCO	Committee on Reference Material	标准样品委员会
RFLP	restriction fragment length poly-morphism	限制性片段长度多态性
RM	reference material	标准物质
RMO	Regional Metrology Organization	区域计量组织
RMP	reference measurement procedure	参考测量程序
RMM	reference method of measurement	测量参考方法
RNA	ribonucleic acid	核糖核酸
RSD	relative standard deviation	相对标准偏差
ReCCS	Reference Materials Institute for Clinical Chemistry Standards, Japan	日本临床化学标准参考物质研究所

S

SAC	Standardization Administration of China	中国国家标准化管理委员会
SD	Standard Deviation	标准差
SI	Système Internationale — d'unités (International System of Units)	国际单位制
SRM	standard reference material	标准参考物质
SPR	surface plasmon resonance	表面等离子体共振
SPWG	Working Group on Strategic Planning	战略计划工作组

SIM	Inter-American MetrologySystem	美洲计量组织
SRAP	sequence—related amplified polymorphism	相关序列扩增多态性
SSR	simple sequence repeat	简单重复序列
SNP	single nucleotide polymorphism	单核苷酸多态性
SNV	single nucleotide variations	单核苷酸变异
SILAC	stable isotope labeling by amino acids in cell culture	细胞培养稳定同位素标记
SV	structure variation	结构变异

T

TBT	technical barriers to trade	技术性贸易壁垒
TCQM	Amount of Substance, APMP	亚太计量规划组织物质的量技术委员会

U

UME	Ulusal Metroloji Enstitusu (National Metrology Institute), Turkey	土耳其国家计量院
USP	United States pharmacopoeia	美国药典

V

VIM	Vocabulaire International de Métrologie (International Vocabulary of Metrology)	国际计量术语
VMM	validated measurement method	有效测量方法

W

WADA	World Anti-Doping Agency	世界反兴奋剂机构
WHO	World Health Organization	世界卫生组织
WTO	World Trade Organization	世界贸易组织
WGS	whole genome sequencing	全基因组测序

索　引

A

阿伏伽德罗常数　48，97

B

标准物质　68

标称特性　38

不确定度　17

不确定度评定　70，250

标准（大）数据（集）　54

保障措施　32，241

C

超螺旋质粒　103

参考基因组　84，161

参考测量程序　63

传递链　59

D

蛋白质　111

蛋白质计量　111

等效度　205

蛋白质活性浓度　145

DNA 标准物质　109，154

蛋白质含量　114

F

赋值　177

G

关键控制点　239

国际单位制　43

国际计量局　2

国际单位　6

国际单位制单位手册　37

国际计量比对　201

管理模式　269

国际互认协议　5

H

含量　42

互换性　117

互换性评估　118

核酸拷贝数　37

核酸　76

核酸计量　78

核酸含量　79

活性　45

J

计量比对　203

校准　254

计量技术规范　171

校准活动　253

校准和测量能力　207

结构　138

K

科学普及　324

拷贝数　6

拷贝数浓度　37

可比性　205

M
酶催化活性　18

S
生物大分子　31
生物大数据　52
生物物质　52
生物测量　2
生物计量树　54
生物标准物质　68
数字聚合酶链反应　99
生物标称特性　38
生物特性量值　38
生物计量　33
生物分析测量　39
生物测量参考方法　63
溯源性　86
溯源传递体系　20
生物计量体系　50
生物计量应用　263

生物安全　289
食品安全　284

T
特性量值　34
脱氧核糖核酸　76

W
无量纲　45

X
序列　41

Y
胰岛素标准物质　74
有证标准物质　68
有效性　234
圆二色光谱　138

Z
总核酸　81
质量控制　149
自然数　44
战略　313

致　　谢

　　每当我坐在中国计量科学研究院的办公室里回顾过去，常会情不自禁感慨，20 年来我一直在潜心做好一件令自己终身无悔的事，就是不断推动我国生物计量学科的进步。这期间，贯彻"质量、健康、安全"的生物计量理念，努力奋斗的行动自始至终没有改变。一路走来，在党的路线指引下，靠着总局和单位各级领导的帮助、关怀和鼓励，靠着同志们的支持和甘苦与共，不断攻克一个又一个难关，换来了我国生物计量的快速发展，也使我在生物计量探索中有持续不断勇往直前的动力。

　　随着食品安全、生物安全和生态环境改变所带来的影响，人类生存与健康的挑战日益严峻，生物科技在不断发展进步，也对健康、安全领域和生物产业的数据质量提出了更高要求，数据准确可靠是生物科技进步和质量提高的前提，越发需要实现生物测量量值准确的生物计量科学的支撑。现代计量的发展也进入了新时代，生物领域的计量日益被国际重视，生物计量学逐渐成为计量科学发展的重点区域。

　　2003 年，我有幸接触到国际计量局并开始生物领域国际计量比对，感觉使命在心责任在肩，凭着对这一计量领域的敏锐洞察和国家的大力支持，开启了与中国乃至世界生物计量的探索、创新、发展深深交织的人生道路。尽管当时我国还没有"生物计量"这个概念，但是凭着勇气和信心，在全球启动第一个生物核酸测量国际比对时，我作为我国参加 BIPM/CCQM 生物分析工作组的代表勇敢地报名参加了这项国际比对。弹指一挥间 20 年过去了，在这 20 年里我国的生物计量研究人员靠着拼搏进取、敢为人先、不断学习、勇于创新的精神，使得我国的生物计量水平和独立主导国际比对能力跻身世界前列。

　　感谢国家科技项目的支持，各级领导的关心帮助。忘不了原国家标准物质研究中心主任、中国计量科学研究院原书记于亚东这样的伯乐和引路人，让我在踏上这条征途的时候充满了勇气与豪情，他对于我的支持一直延续到对本书写作的指导。感谢原国家质量监督检验检疫总局蒲长城副局长、中国计量科学研究院童光球（已故）院长、张玉宽院长、方向院长三位院领导对生物计量学科发展的大力支持。没有领导们的培养和给予的良好科研环境、对成立和培养生物计量创新团队的支持，也就没有中国生物计量的发展，更没有核酸与蛋白质生物计量基标准体系创新研究所取得的成绩。2019年，国家市场监督管理总局计量司指出"中国计量科学研究院自2006年创新开展了生物计量新学科的研究，在核酸与蛋白质生物计量溯源研究中取得了丰硕的成果，建立了核酸与蛋白质生物计量基标准体系，为生物计量新学科的建立奠定了基础，使生物计量已纳入国家《计量发展规划（2013—2020年）》和《"十三五"生物产业发展规划》，并有效夯实了生物计量和质量控制标准创新基础，推动生物产业和生命科学的科技进步"。感谢国家市场监督管理总局计量司的肯定，这也增强了我们继续前行的动力。

感谢生物学和生命科学领域的专家们对生物计量工作极具前瞻性的认可和不断给予的激励与帮助。2014年12月，为推动生物技术在粮食质量安全方面的计量工作及其应用和发展，中国计量科学研究院组织召开了粮食质量安全生物技术计量工作会议，小麦专家程顺和院士参加了会议，水稻专家袁隆平院士为此次会议专门发来贺信："生物技术在粮食质量安全方面的计量工作是个长期持续的工作，事关国计民生"肯定了生物技术计量工作的社会价值。2016年王志新院士、方荣祥院士等专家对我们的研究工作给予了高度评价，一致认为"建立了统一的国家核酸、蛋白质溯源和量传体系，夯实了国家生物计量的基础"，并认为"生物计量是21世纪最为活跃、影响最为深远的计量新学科"。感谢陈润生、杨焕明、张玉奎、赵进东、张学敏、高福、王红阳、金力、程京、周琪、詹启敏、吴清平、陈晔光、杨维才、张福锁、卞修武、李景虹、朱祯、秦川、郗恒骏等院士、专家的支持、关心、爱护和指引，使我能在生物领域不断汲取养分，将生物计量和标准的研究工作坚持到底，发扬光大。

从2003年开始带领小团队在生物计量研究的大海中摸索，一路走来，我对能和这样一群从对生物计量的懵懂到逐步成熟的年轻人一起探索而感到欣慰。他们不但是我前行中的动力，更是与我共同拼搏的同路人。我们同行的这一路，尽管遇到过各样的艰辛，甚至误解，他们却依然勇敢而执着地往前走。感谢年轻一代生物计量人的辛勤付出和奉献，高运华、董莲华、牛春艳、杨佳怡、张永卓博士在核酸计量领域取得的研究成绩，武利庆、米薇、金有训博士在蛋白质计量领域的创新研究，傅博强、隋志伟、张玲、刘颖瑛博士在微生物和细胞计量及与核酸、蛋白质计量研究结合中坚持不懈的学习探索，还有李亮博士、盛灵慧博士、胡滨博士、唐治玉、杨彬、赵正宜、黄峥、王志栋这群昔日伙伴的付出，以及与我的学生们一起度过的日子。感谢他们在艰难时期的陪伴和在发展过程中的努力！如今，他们也在各自的岗位上做出了卓有成效的成绩。

这本书的写作首先得到了中国计量科学研究院李天初（已故）院士的支持、

鼓励和指导，给了我坚持独立完成这本书的信心和勇气。感谢董莲华博士、武利庆博士的专业修改意见，感谢李曼莉、黄翔、刘思渊、高原硕士和刘芳博士生利用业余时间帮助查找文献及完成资料信息的核对，感谢冯流星博士和李明博士提供的文献资料，感谢陈红二级调研员给予在计量比对内容的指导，感谢祝欣博士对文稿的专业编辑指导，感谢科学出版社编辑的耐心修改。特别地感谢我的朋友谭竹女士和刘一鸣女士在书稿写作过程给予的帮助。本书撰写过程中还学习引用了一些国内外研究人员报道的有关研究内容，在此也感谢这些文献的作者们。

最后，我要感谢我的母亲、爱人和儿子对我的大爱和永恒的后盾助力，多年来爱人默默承担了所有家务，无怨无悔，始终在支持我、鼓励我，在我忙于工作无暇顾及儿子之时，是爱人把他培养成为独立有担当有爱心的优秀大学生、研究生，这一切不但让我能全身心扑在生物计量这样一个我人生挑战的事业上，也让我有勇气在获得国家科技进步奖后挤出时间完成了本书，再一次挑战自己的极限，拓展自己的能力，他们是我永恒的坚实后盾。由于写作时间仓促，水平有限，这本书的内容还略显简单，还不那么地完美和令人满意。然而我的内心充满了感谢，再次感谢所有人，也感谢自己。未来，我将勇往直前继续努力，为生物计量事业砥砺奋进、踔厉奋发。

作　者

2022 年 12 月